"十三五"职业教育规划教材

单片机原理与应用

主　编　陈忠平　黄茂飞
副主编　陈　娟　易礼智　尹　梅　高金定
编　写　李锐敏　陈建忠　侯玉宝　高见芳
　　　　邓　霆　周少华
主　审　邬书跃

中国电力出版社
CHINA ELECTRIC POWER PRESS

内 容 提 要

本书以80C51单片机为核心，采用教、学、做相结合的教学模式，以理论够用、注重应用的原则，通过循序渐进、不断拓宽思路的方法讲述单片机应用技术所需的基础知识和基本技能。全书分为8章，主要内容包括概述、80C51单片机的内部结构、80C51的指令系统及汇编语言程序设计、C51程序设计语言、单片机内部功能、80C51单片机的系统扩展、80C51单片机接口技术和单片机应用系统的设计与开发。本书阐述简洁透彻、清晰、可读性好，实例较多，程序翔实，实用性强。知识系统、全面，注重实验、实训及动手能力的培养。

本书可作为应用型本科、高职高专等高等院校的电子信息工程、计算机应用、通信工程、自动控制及相关专业的教材，也可供从事单片机开发与应用工程的技术人员参考。

图书在版编目（CIP）数据

单片机原理与应用 / 陈忠平，黄茂飞主编. —北京：中国电力出版社，2018.3
“十三五”职业教育规划教材
ISBN 978-7-5198-1601-8

Ⅰ. ①单… Ⅱ. ①陈… ②黄… Ⅲ. ①单片微型计算机–职业教育–教材 Ⅳ. ①TP368.1

中国版本图书馆CIP数据核字（2018）第007641号

出版发行：中国电力出版社
地　　址：北京市东城区北京站西街19号（邮政编码100005）
网　　址：http://www.cepp.sgcc.com.cn
责任编辑：冯宁宁（010-63412537）　孙　晨
责任校对：马　宁
装帧设计：郝晓燕　张　娟
责任印制：吴　迪

印　　刷：北京雁林吉兆印刷有限公司
版　　次：2018年3月第一版
印　　次：2018年3月北京第一次印刷
开　　本：787毫米×1092毫米　16开本
印　　张：24.5
字　　数：603千字
定　　价：60.00元

版 权 专 有　侵 权 必 究

本书如有印装质量问题，我社发行部负责退换

前　言

微电子技术和信息技术的发展，使计算机技术已深入人们生活和生产的各个领域。单片机技术作为计算机技术的一个主要分支，在当今的信息社会中扮演着重要角色。单片机应用的意义不仅在于它应用范围广泛，更重要的是它从根本上改变了传统的控制系统设计思想和方法，使用单片机并通过软件编程的方式来实现控制系统中硬件电路的大部分功能，这样简化了硬件电路的设计，并能提高系统性能的智能化控制。

目前世界上有许多公司生产单片机，达上百种机型，有 8 位、16 位、32 位单片机，但 8 位的 51 系列单片机及其兼容产品仍为主流，仍是广大工程技术人员首选的机型，因此，本书以 51 系列单片机中的 80C51 单片机为核心，以 Proteus 软件和 Keil C51 软件为教学、设计开发平台，采用教、学、做相结合的教学模式，遵循理论够用、注重应用的原则，通过循序渐进、不断拓宽思路的方法讲述单片机应用技术所需的基础知识和基本技能。

全书共分 8 章，第 1 章为概述；第 2 章为 80C51 单片机的内部结构，详细介绍了它的内部结构、存储器、I/O 端口、时钟与时序等内容；第 3 章介绍了单片机汇编指令及 7 种寻址方式，并通过实例介绍了单片机汇编语言程序设计；为紧随时代的技术潮流，第 4 章讲述了 C51 程序设计语言；第 5 章详细介绍了单片机内部功能，主要包括单片机的中断系统、定时器/计数器、单片机串行通信功能等内容；第 6 章主要介绍了 80C51 单片机的系统扩展，讲解了并行总线扩展、串行总线扩展（如 I^2C、SPI、单总线）、并存存储器扩展、串行存储器扩展，以及外部 I/O 端口的扩展等内容；第 7 章 80C51 介绍单片机接口技术，详细讲解了键盘接口技术、LED 显示器接口技术、液晶显示器接口技术、并行/串行模数及数模转换接口技术、SPI 总线的实时时钟转换接口技术、单总线的温度转换接口技术等内容；第 8 章为单片机应用系统的设计与开发，介绍了系统开发软件的使用、4 个综合应用实例、单片机应用系统抗干扰技术。

本书由湖南工程职业技术学院陈忠平、湖南电子科技职业技术学院黄茂飞任主编；湖南工程职业技术学院陈娟、易礼智、尹梅，湖南涉外经济学院高金定博士任副主编；湖南工程职业技术学院李锐敏、陈建忠、邓霆、周少华，湖南涉外经济学院侯玉宝，湖南科技职业技术学院高见芳参加编写。陈忠平对全书的编写思路与编写大纲进行了总体规划，指导全书的编写，并对全书进行了统稿。全书由湖南信息学院郛书跃教授主审。在本书编写过程中，参考了相关领域专家、学者的著作和文献，在此向他们表示真诚的谢意。

限于编者知识水平和经验，书中难免存在疏漏和不妥之处，敬请广大读者批评指正。

编　者

2017 年 10 月

目　录

第 1 章 概　　述

1.1 单片机概述

自从1946年美国宾夕法尼亚大学研制了世界上第一台数字电子计算机ENIAC（Electronic Numerical Integrator And Computer）以来，计算机的发展经历了四个时代。在短短的几十年中，已发展成大规模/超大规模集成电路的计算机，运算速度每秒钟可达上万亿次以上。近年来，计算机朝着智能化、网络化、微型化的方向不断发展。

微型化的发展也就是微型计算机的发展。在微型计算机中，单片微型计算机（简称单片机）是其重要的成员。单片机的发展也非常迅速，它依靠一定的硬件基础，根据特定环境，能完成一定的需求。因其结构比较简单、工作任务针对性较强，使得在国民经济各个领域中都有它的踪迹。

由于单片机的结构与指令功能都是按照工业控制要求设计的，因此称为单片微控制器（Single Chip Microcontroller）。目前，国外大多数厂商、学者普遍将其称为微处理器（Micro Controller），缩写为 MCU（Micro Controller Unit）以与 MPU（Micro Processer Unit）相对应。国内习惯性将其称为单片机，但其含义为 Micro Controller，而非 Micro Computer。

1.1.1 单片机的发展史

计算机最初是为了满足大量的数值计算而诞生的。长期以来，都是朝着不断提高运算速度、加大存储容量的方向发展。自从 1974 年美国仙童（Fairchild）公司运用计算机技术生产了世界上第一块单片机（F8）以来，在短短的几十年中，单片机作为微型计算机中的一个重要分支，其应用面极广，发展速度也很惊人。

单片机的发展主要经历了四个阶段。

第一阶段（1974～1976 年）：单片机初级阶段。此阶段的单片机结构比较简单，控制功能比较单一。例如，仙童公司的 F8 系列单片机，只包含了中央处理器（CPU）、64K 位的 RAM 和两个并行端口，还需外接具有 ROM、定时器/计数器、并行端口的芯片。

第二阶段（1976～1978 年）：低性能阶段。以 Intel 公司的 MCS-48 系列为代表，其特点是采用专门的结构设计，内部资源不够丰富。该系列的单片机片内集成了 8 位 CPU、并行 I/O 端口、8 位定时器/计数器、RAM、ROM 等。无串行 I/O 端口，中断处理系统也比较简单，片内 RAM、ROM 容量较小，且寻址范围小于 4KB。

MCS-48 系列单片机包括基本型 8048、8748 和 8035；高档型包括 8050、8750、8040；低档型包括 8020、8021、8022；专用型包括 UPI-8041、8741 等。

这一代的单片机产品除 MCS-48 系列外，还有 Motorola 公司的 6801 系列和 Zilog 公司的 Z8 系列。

第三阶段（1978～1983 年）：高性能阶段。这类单片机是在低、中档单片机基础上发展起来的。以 Intel 公司的 MCS-51 系列为代表，它完善了外部总线，丰富了内部资源，并确立了单片机的控制功能。采用16位的外部并行地址总线，能对外部64KB的程序存储器和数据存储器空间进行寻址；还有8位数据总线及相应的控制总线，形成完整的并行三总线结构。同时还提供了多机通信功能的串行I/O端口，具有多级中断处理，16位的定时/计数器，片内的RAM和ROM容量增大，寻址范围可达64KB。有的单片机片内还带有A/D转换接口、直接内存存取（DMA）接口、程序状态字（PSW）等功能模块。

在MCS-51单片机指令系统中，增加了大量的功能指令。如在基本控制功能方面设置了大量的位操作指令，使它和片内的位地址空间构成了单片机独有的布尔逻辑操作系统，增强了单片机的位操作控制功能；还有许多条件跳转、无条件跳转指令，从而增强了指令系统的控制功能。在单片机的片内设置了特殊功能寄存器（Special Function Register，SFR），为外围功能电路的集中管理提供了方便。

第四阶段（1983年至今）：8位超高性能单片机的巩固发展及16位、32位、64位单片机的推出与发展阶段。这一代单片机全速发展其控制功能，并且许多电气商纷纷介入，使其在各个领域得到广泛应用。

在第四阶段，一方面为满足不同用户的需要，不断完善8位高档单片机，改善其结构；另一方面发展16位单片机及专用单片机。超8位单片机增加了DMA（Direct Memory Access）直接数据存储存取通道、特殊串行接口等。16位单片机的CPU为16位，片内RAM和ROM的容量进一步增大，片内RAM为232B，ROM为8KB，片内带有高速输入/输出部件，多通道10位A/D转换器，8级中断处理功能，实时处理能力更强，并开发了片内带FLASH程序存储器（Flash Memory）等功能。

在今后相当长的时期内，主流机型仍是8位单片机。因为8位廉价型单片机会逐渐侵入4位机领域；另一方面8位增强型单片机在速度及功能上向现在的16位单片机挑战。故今后的机型很可能是8位机与32位机共同发展的时代。但从应用方面而言，在相当长的时间里32位机数量不会很多，16位机仍有一定的使用时期。

1.1.2 单片机的组成及特点

1. 单片机的组成

单片机是微型机的一个主要分支，它是在一块芯片上集成了中央处理部件（Central Processing Unit，CPU）、数据存储器（Random Access Memory，RAM）、程序存储器（Read Only Memory，ROM）、定时器/计数器和多种输入/输出（I/O）接口等功能部件的微型计算机，其片内各功能部件通过内部总线相互连接起来。

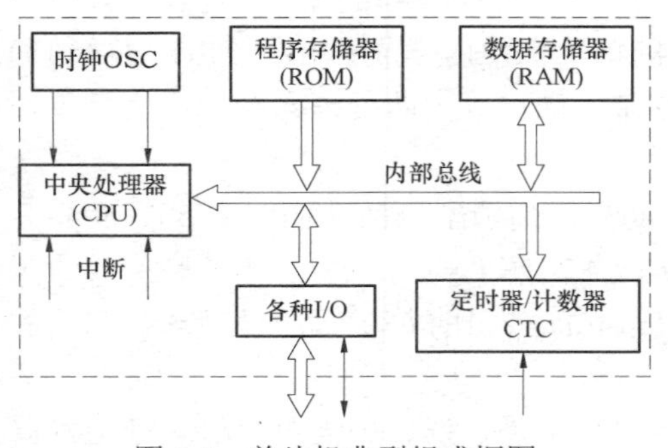

图1-1 单片机典型组成框图

图1-1为单片机典型组成框图，从图1-1中可看出，单片机的核心部件为中央处理器（CPU），它是单片机的大脑，由它统一指挥和协调各部分的工作。时钟电路OSC用于给单片机提供工作时所需的时钟信号。程序存储器和数据存储器分别用于存放单片机工作的用户软件和存储临时数据。中断系统用于处理系统工作时出现的突发事件。定时器/计数器用于对时间定时或对外部事件计数。内部总线把单片机的各主要部件连接为一体，其内部总线包括地址总线、数据总线和控制总线。输入/输出（I/O）

接口是单片机与输入/输出设备之间的接口。

2. 单片机的特点

单片机是把微型计算机主要部件都集成在一块芯片上，所以一块单片机芯片就是一台不带外部设备的微型计算机。这种特殊的结构形式，使单片机在一些应用领域中承担了大中型计算机，以及通用微型计算机无法胜任的一些工作。单片机的特点主要有以下几个方面。

（1）性价比高。高性能、低价格是单片机的显著特点之一。单片机尽可能将所需要的存储器，各种功能模块及 I/O 口集成于一块芯片内，使其成为一台简单的微型计算机。有的单片机为了提高运行速度和执行效率，采用了精简指令集计算机（RISC）流水线和数字信号处理技术（Digital Signal Processing，DSP）设计技术，使其性能明显优于同类型微处理器；有的单片机片内程序存储器可达 64KB，片内数据存储器可达 2KB，单片机的寻址已突破 64KB 的限制，八位和十六位单片机寻址可达 1MB 和 16MB。

单片机在各个领域中应用极广且量大，使得世界上各大公司在提高单片机性能的同时，进一步降低价格，性能与价格之比成为各公司竞争的主要策略。

（2）控制功能强。单片机是将许多部件都集成在一块芯片中，具有简单计算机的功能，工作任务针对性强，适用于专门的控制用途。在实时控制方面，单片机指令系统中有功能极强的位操作指令；在输入/输出方面有极为灵活的多种 I/O 端口的位操作和逻辑操作，能较方便地直接操作外部输入/输出设备。

（3）高集成度、高可靠性、体积小。微型计算机通常由中央处理器（CPU）、存储器（RAM、ROM）及 I/O 接口等功能部件组成，各功能部件分别集成在不同芯片上；而单片机是将 CPU、程序存储器、数据存储器、各种功能的 I/O 接口集成于一块芯片上，内部采用总线结构，布线短，数据大都在芯片内部传送，不易受外部的干扰，使得单片机内部结构简单、体积小、可靠性高。

（4）低电压、低功耗。许多单片机已互补金属氧化物半导体（CMOS）化，采用 CMOS 的单片机具有功耗小的优点，能在 2.2V 的电压下运行，有的单片机还能在 1.2V 或 0.9V 下工作；功耗降至微瓦级，一粒纽扣电池就能长时间为其提供电源。

1.1.3 单片机的应用

单片机由于体积小、集成度高、成本低、抗干扰能力和控制能力强等优点，因而在工业控制、智能仪表、家用电器、军事装置等方面都得到了极为广泛的应用。其应用主要在以下几个方面。

（1）在智能仪器仪表中的应用：用单片机制作的仪器仪表广泛应用于实验室、交通运输工具、计量等领域。能使仪器仪表数字化、智能化、多功能化，提高测试的自动化程度和精度，简化硬件结构，减少重量，缩小体积，便于携带和使用，同时降低成本，提高性能价格比。如数字式存储示波器、数字式 RLC 测量仪、智能转速表等。

（2）在工业控制方面的应用：在工业控制中，工作环境恶劣，各种干扰比较强，还需实时控制，这对控制设备的要求比较高。单片机由于集成度高、体积小、可靠性高、控制功能强，能对设备进行实时控制，所以被广泛应用于工业过程控制中。如电镀生产线、工业机器人、电机控制、炼钢、化工等领域。

（3）在军事装置中的应用：利用单片机的可靠性高、适用温度范围宽，能工作在各种恶劣环境等特点，将其应用在航天航空导航系统、电子干扰系统、宇宙飞船等尖端武器、导弹控制、智能武器装置、鱼雷制导控制等方面。

（4）在民用电子产品中的应用：在民用电子产品中，目前单片机广泛应用于通信与各种家用电器。如手机、数码相机、MP3 播放机、智能空调等。

1.1.4 单片机的发展趋势

总的来说，单片机发展的趋势将会朝着不断提高容量、性能、集成度，降低价格等方面发展；在内部结构上将会由 RISC（Reduced Instruction Set Computing）结构取代传统的复杂指令计算机（Complex Instruction Set Computing，CISC）结构的单片机。主要体现在以下几方面。

1. *CPU 的改进*

（1）采用双 CPU 结构，提高单片机的处理速度和处理能力。如 Rockwell 公司的 R65C289 系列单片机就采用了双 CPU。

（2）增加数据总线宽度，提高数据处理速度和能力。如 NEC 公司的 μPD-7800 系列内部数据总线为 16 位。

（3）采用流水线结构，指令以队列形式出现在 CPU 中，从而提高运算速度，以适用于实时数字信号处理。如德州仪器公司 TI（Texas Instrument）的 TMS320 系列。

（4）加快单片机的主频，减少执行指令时的机器周期。如 Philips 公司的 87C5X 系列单片机主频在 33MHz，执行一条指令时的机器周期减少为 6 个。

（5）增加串行总线结构，减少单片机引脚，降低成本。Philips 公司的 P87LPC76、P87LPC87 系列单片机采用 I^2C（Inter-Integrated Circuit）两线式串行总线来代替现行的 8 位并行数据总线。

2. *指令集结构的转变*

CISC 结构的单片机是传统的冯•诺依曼（Von-Neumann）结构，这种结构又称为普林斯顿（Princeton）体系结构。其片内程序空间和数据空间合在一起，取指令和操作数都是通过同一簇总线分时进行。当高速运算时，取指令和操作数不能同时进行，否则将会造成传输通道上的瓶颈现象。所以需要寻找另一种结构。

采用 RISC 结构的单片机是新型的哈佛（Harvard）结构，采用双总线结构。它是将单片机内部的指令总线和数据总线分离，而指令总线宽于数据总线，允许同时取指令和取操作数，还允许在程序空间和数据空间之间相互传送数据。如 Microchip 公司的 PIC 系列单片机。

3. *存储器的发展*

（1）存储容量扩大，有利于外围扩展电路的简化，增强电路的稳定性。新型的单片机片内 ROM 一般可达 4KB 至 8KB，甚至达 128KB，RAM 达 256B，如 P8xC591 单片机的 ROM 为 16KB，RAM 为 512B。

（2）片内可擦写可编程只读存储器（Erasable Programmable Read Only Memory，EPROM）、电可擦除可编程只读存储器（Electrically Erasable PROM，E^2PROM）、闪速存储器（Flash）。片内带有 EPROM 的单片机，在将程序编程写入芯片时，需要高压写入、紫外线擦抹，这给用户带来诸多不便。而采用 E^2PROM、Flash 后，不需紫外线擦除，只需重新写入。特别是在+5V 的电压下可直接对芯片进行读写的 E^2PROM、Flash，它既有静态 RAM 读/写操作简便的优点，又有掉电时数据不会丢失的优点。片内 E^2PROM、Flash 的使用不仅对单片机的结构产生影响，同时简化了应用系统的结构，提高了产品的稳定性，降低产品成本。如 Atmel 公司的 AT89 系列单片机，片内就采用了 Flash 功能。

（3）程序保密化：一般写入 EPROM 中的程序很容易被复制。为了防止程序被复制或非法剽窃，维护开发者的权利，需要对写入的程序进行加密。如 Intel 公司就采用键控可擦除可编程只读存储器（Keyed access EPROM，KEPROM）编程写入，还有的公司对片内 EPROM 或 E^2PROM 采用加锁的方式进行加密。加密后，片外无法读取其中的程序。若要去密，必须擦除片内 EPROM 或 E^2PROM 中的程序，从而达到加密的目的。

4. 片内 I/O 的改进

（1）增强并行接口的驱动能力，减少外围驱动电路。有的单片机可直接驱动七段显示器 LED 和 VFD 荧光显示器等，如 P89LPC9401 可直接驱动 LCD。

（2）增加 I/O 口的逻辑控制功能，有的单片机位处理系统能对 I/O 口进行位寻址和位操作，加强 I/O 口线的控制能力。

（3）串行接口形式的多样化为单片机构成网络系统提供了方便条件。如 P8xC591 具有 CAN 总线接口。

5. 片内集成外围芯片

随着集成电路技术的发展，芯片的集成度不断提高，在单片机片内集成了许多外围功能器件。有的单片机片内集成了模/数（Analog to Digital，A/D）转换功能、数/模（Digital to Analog，D/A）转换功能、DMA 控制器、锁相环（Phase Locked Loop，PLL）、串行外设接口（Serial Peripheral Interface，SPI）接口等。由于集成技术的不断提高，将许多外围功能电路都集成到单片机片内，这也是单片机的发展趋势，这样使得单片机功能扩大、稳定性增强，为人们提供更优质的服务。

6. 低功耗化

人们对节能的要求越来越高，所以在 8 位单片机中有 1/2 的产品采用 CMOS 化，以减少单片机的功耗，节省能源。为了进一步节能，这类单片机还普遍采用了空闲与掉电两种工作方式。例如 MCS-51 系列的 80C51BH 单片机正常工作（5V，12MHz）时，工作电流为 16mA，空闲方式时工作电流为 3.7mA，掉电方式（2V）时工作电流仅为 50μA。

1.2　常用 8 位单片机简介

随着集成电路的飞速发展，单片机从问世到现在发展迅猛，拥有繁多的系列、丰富的机种。

1.2.1　MCS-51 系列单片机

Intel 公司自 1976 年推出 8 位 MCS-48 系列单片机之后，相继又推出了 MCS-51 系列单片机，共有几十种型号产品，表 1-1 列出了比较典型的 MCS-51 系列单片机的主要性能指标。表中带有“C”字的型号为 CHMOS 工艺的低功耗芯片，否则为 HMOS 工艺芯片。

表 1-1　MCS-51 系列单片机主要性能指标

系列	型号	片内 ROM 形式		片内 RAM 容量	片外寻址能力		I/O 特性			中断源
		ROM	EPROM		RAM	EPROM	计数器	并行接口	串行接口	
51 系列	8031	—	—	128B	64KB	64KB	2×16 位	4×8 位	1	5
	8051	4KB	—	128B	64KB	64KB	2×16 位	4×8 位	1	5
	8751	—	4KB	128B	64KB	64KB	2×16 位	4×8 位	1	5
	80C31	—	—	128B	64KB	64KB	2×16 位	4×8 位	1	5
	80C51	4KB	—	128B	64KB	64KB	2×16 位	4×8 位	1	5
	87C51	—	4KB	128B	64KB	64KB	2×16 位	4×8 位	1	5
52 系列	8032	—	—	256B	64KB	64KB	2×16 位	4×8 位	1	6
	8052	8KB	—	256B	64KB	64KB	2×16 位	4×8 位	1	6
	8752	—	8KB	256B	64KB	64KB	2×16 位	4×8 位	1	6
	80C32	—	—	256B	64KB	64KB	2×16 位	4×8 位	1	6
	80C52	8KB	—	256B	64KB	64KB	2×16 位	4×8 位	1	6
	87C52	—	8KB	256B	64KB	64KB	2×16 位	4×8 位	1	6

MCS-51 系列单片机又分为 51 和 52 这两个子系列，并以芯片型号的最末位数字作为标志。其中 51 系列为基本型，52 系列为增强型。51 系列单片机片内集成有 8 位 CPU，4KB 的 ROM（8031 片内无 ROM），128B 的 RAM，两个 16 位的定时器/计数器，一个全双工的串行通信接口（UART），拥有乘除运算指令和位处理指令。52 系列单片机有 3 种功耗控制方式，能有效降低功耗，片内 ROM 增加到 8KB，RAM 增加到 256B，定时器/计数器增加到 3 个，串行接口的通信速率快了 6 倍。

MCS-51 系列单片机片内的程序存储器由多种配置形式：没有 ROM、掩膜 ROM、EPROM 和 E^2PROM。不同的配置形式分别对应不同的芯片，使用时用户可根据需求而进行选择。

当前，该系列的单片机在实际应用中使用较少，但是该系列单片机开创了 51 系列单片机的新纪元，为单片机的发展做出了不朽的贡献。Intel 公司在此基础上生产了 8031AH、8032AH、80C152JA 等。

1.2.2　80C51 系列单片机

80C51 系列单片机作为微型计算机的一个重要分支，它应用面很广且发展迅速。根据近年来的使用情况看，8 位单片机仍然是低端应用的主要机型。专家预测，在未来相当长的一段时间内，仍将保持这个局面。所以，目前教学的首选机型还是 8 位单片机，而 8 位单片机中最具代表性、最经典的机型，当属 80C51 系列单片机。

1. 80C51 系列单片机的发展

Intel 公司 MCS-51 系列单片机结构比较典型、总线完善、特殊功能寄存器（SFR）集中管理、具有丰富的位操作系统和面向控制功能的指令系统，为单片机的发展奠定了良好的基础。多年前，由于 Intel 公司彻底的技术开放，使得众多的半导体厂商参与了 MCS-51 单片机的技术开发。因 MCS-51 系列的典型芯片是 80C51（CHMOS 型的 8051）。为此，许多厂商以 80C51 为技术内核，纷纷制造了许多类型的 8 位单片机，如 Philips、Siemens（Infineon）、Dallas、

ATMEL 等公司，把这些公司生产的与 80C51 兼容的单片机统称为 80C51 系列。现在常简称 MCS-51 和 80C51 系列单片机为 51 系列单片机。不同厂家在发展 80C51 系列时都保证了产品的兼容性，这主要是指令兼容、总线兼容和引脚兼容。因此本书将以 MCS-51 单片机为主，介绍单片机的原理与应用。

众多厂家的参与使得 80C51 的发展长盛不衰，从而形成了一个既具有经典性，又有旺盛生命力的单片机系列。纵观 80C51 系列单片机的发展史，可以看出它曾经历了 3 次技术飞越。

（1）从 MCS-51 到 MCU 的第一次飞越。在 Intel 公司实行技术开放后，Philips 半导体公司（现为 NXP 恩智浦）利用其在电子应用方面的优势，在 8051 基本结构的基础上，着重发展 80C51 的控制功能及外围电路的功能，突出了单片机的微控制器特性。可以说，这使得单片机的发展出现了第一次飞越。

（2）引入快擦写存储器的第二次飞越。1998 年以后，80C51 系列单片机又出现了一次新的分支，称为 89 系列单片机。这种单片机是由美国 Atmel 公司率先推出的，它最突出的优点是将快擦写存储器应用于单片机中，具有在系统可编程性能。这使得系统在开发过程中修改程序十分容易，大大缩短了单片机的开发周期。另外，AT89 系列单片机的引脚与 80C51 是一样的，因此，当用 89 系列单片机取代 80C51 时，可以直接进行代换，新增加型号的功能是往下兼容的，并且有些型号可以不更换仿真机。由于 AT89 系列单片机的上述显著优点，使得它很快在单片机市场脱颖而出。随后，各厂家都陆续采用此技术，这使得单片机的发展出现了第二次飞越。

（3）向 SoC 转化的第三次飞越。美国 Silicon Labs 公司推出的 C8051F 系列单片机把 80C51 系列单片机从微控制器（MCU）推向片上系统（SoC）时代。现在兴起的片上系统，从广义上讲，也可以看作是一种高级单片机。它使得以 8051 为内核的单片机技术又上了一个新的台阶，这就是 80C51 单片机发展的第三次飞越。其主要特点是在保留了 80C51 系列单片机基本功能和指令系统的基础上，以先进的技术改进了 8051 内核，使得其指令运行速度比一般的 80C51 系列单片机提高了大约 10 倍，在片上增加了模/数和数/模转换模块；I/O 接口的配置由固定方式改变为由软件设定方式；时钟系统更加完善，有多种复位方式等。

2. 89 系列单片机的特点及分类

C8051F 系列单片机虽然性价比最高、功能最全面，但由于其使用难度较大，初学者不容易入门，所以本教材还是以价格较低，较容易理解和使用，并且应用广泛的 AT89 系列单片机为例进行讲解。

AT89 系列单片机的成功促使几个著名的半导体厂家也相继推出了类似产品，如 NXP 恩智浦半导体公司的 P89 系列、STC 公司的 STC89 系列、华邦公司的 W78 系列等。后来，人们就简称这一类产品为“89 系列单片机”，实际上它仍属于 80C51 系列。AT89C51（AT89S51）、P89C51、STC89C51、W78E51 都是与 MCS-51 系列的 80C51 兼容的型号。这些芯片相互之间也是兼容的，所以如果不写前缀，仅写 89C51 就可能是其中任何一个厂家的产品。

由于 Atmel 公司的 AT89C51/C52 曾经在国内市场占有较大的份额，与其配套的仿真机也很多，因此，为方便教学，本书在介绍具体单片机结构时，选用了 AT89S51 单片机（因为 AT89C51/C52 在 2003 年已停产，AT89S51/S52 是其替代产品，国内市场上常用的 STC89 系列、STC12 系列、STC15 系列单片机兼容此产品）。而作为一般共性介绍时，还是用符号 80C51 代表；请读者注意，此时它指的是 80C51 系列芯片，而不是 Intel 公司以前生产的 80C51 型号芯片。

AT89S51 单片机也采用 CHMOS 工艺，其片内含有 4KB 快闪可编程/擦除只读存储器（Flash Programmable and Erasable Read Only Memory，FPEROM），使用高密度、非易失存储技术制造，并且与 80C51 引脚和指令系统完全兼容。芯片上的 FPEROM 允许在线编程或采用通用的非易失存储器编程对程序存储器重复编程，因为 89C51 性价比远高于 87C51。

89 系列单片机主要特点如下。

（1）内部含 Flash 存储器。在系统的开发过程中可以十分容易进行程序的修改，这就大大缩短了系统的开发周期。同时，在系统工作过程中，能有效地保存一些数据信息，即使断开外界电源也不影响所保存的信息。

（2）有些型号和 80C51 的引脚完全兼容。当用 89 系列单片机取代 80C51 时，可以直接进行代换。

（3）采用静态时钟方式。可以节省电源，这对于降低便携式产品的功耗十分有用。

（4）错误编程也无废品产生。一般的一次性编程（OTP）产品，一旦错误编程就成了废品，而 89 系列单片机内部采用 Flash 存储器，所以错误编程之后仍可以重新编程，直到正确为止，不存在废品。

（5）可进行反复系统试验。用 89 系列单片机设计的系统，可以反复进行系统试验，每次试验可以编入不同的程序，这样可以保证用户的系统设计达到最优，而且随用户的需要和发展，还可以反复修改。

89 系列单片机分为标准型、低档型和高档型 3 类。标准型单片机的主要结构与性能详见第 2 章。低档 89 系列单片机是在标准型结构的基础上，适当减少某些功能部件，如减少 I/O 引脚数、Flash 存储器和 RAM 容量、可响应的中断源等，从而使体积更小、价格更低，并在某些对功能要求较低的家电领域得到广泛的应用。高档 89 系列单片机是在标准型的基础上增加了部分功能而形成的，所增加的功能部件主要有串行外围接口（SPI）、看门狗定时器、A/D 功能模块等。例如，AT89S51/S52 相对于 AT89C51/C52 就增加 SPI 和看门狗定时器。

1.3 常用数制和编码

数据是计算机处理的对象，在计算机内部，各种信息都必须经过数字化后才能被传送、存储和处理。

1.3.1 数制及其相互转换

数制也称计数制，是用一组固定的符号和统一的规则来表示数值的方法。如在计数过程中采用进位的方法，则称为进位计数制。进位计数制有数位、基数、位权三个要素。数位，指数码在一个数中所处的位置。基数，指在某种进位计数制中，数位上所能使用的数码的个数，例如，十进制数的基数是 10，二进制的基数是 2。位权，指在某种进位计数制中，数位所代表的大小，对于一个 R 进制数（即基数为 R），若数位记作 j，则位权可记作 R^j。

人们通常采用的数制有十进制、二进制、八进制和十六进制。在单片机中使用的数制主要是二进制、十进制和十六进制。

1. 十进制数

十进制数有两个特点：① 数值部分用 10 个不同的数字符号（0、1、2、3、4、5、6、7、

8、9）来表示；② 逢十进一。

例：123.45

小数点左边第一位代表个位，3 在左边 1 位上，它代表的数值是 3×10^0，1 在小数点左边 3 位上，代表的是 1×10^2，5 在小数点右边 2 位上，代表的是 5×10^{-2}。

$$123.45=1\times10^2+2\times10^1+3\times10^0+4\times10^{-1}+5\times10^{-2}$$

一般对任意一个正的十进制数 S，可表示为

$$S=K_{n-1}(10)^{n-1}+K_{n-2}(10)^{n-2}+\cdots+K_0(10)^0+K_{-1}(10)^{-1}+K_{-2}(10)^{-2}+\cdots+K_{-m}(10)^{-m}$$

式中：k_j 为权系数，是 0、1…9 中任意一个，由 S 决定；m，n 为正整数；10 为计数制的基数；$(10)^j$ 为权值。

2. 二进制数

BIN 即为二进制数，它是由 0 和 1 组成的数据，PLC 的指令只能处理二进制数。它有两个特点：① 数值部分用 2 个不同的数字符号（0、1）来表示；② 逢二进一。

二进制数化为十进制数，通过按权展开相加法。

例：$1101.11\text{B}=1\times2^3+1\times2^2+0\times2^1+1\times2^0+1\times2^{-1}+1\times2^{-2}$

$=8+4+0+1+0.5+0.25$

$=13.75$

任意二进制数 N 可表示为

$$N=\pm(K_{n-1}\times2^{n-1}+K_{n-2}\times2^{n-2}+\cdots+K_0\times2^0+K_{-1}\times2^{-1}+K_{-2}\times2^{-2}+\cdots+K_{-m}\times2^{-m})$$

其中，k_j 只能取 0、1；m，n 为正整数；2 为二进制的基数。

3. 八进制数

八进制数有两个特点：① 数值部分用 8 个不同的数字符号（0、1、3、4、5、6、7）来表示；② 逢八进一。

任意八进制数 N 可表示为

$$N=\pm(K_{n-1}\times8^{n-1}+K_{n-2}\times8^{n-2}+\cdots+K_0\times8^0+K_{-1}\times8^{-1}+K_{-2}\times8^{-2}+\cdots+K_{-m}\times8^{-m})$$

其中，k_j 只能取 0、1、3、4、5、6、7；m，n 为正整数；8 为基数。

因 $8^1=2^3$，所以 1 位八制数相当于 3 位二进制数，根据这个对应关系，二进制与八进制间的转换方法为从小数点向左或向右每 3 位分为一组，不足 3 位者以 0 补足 3 位。

4. 十六进制数

十六进制数有两个特点：① 数值部分用 16 个不同的数字符号（0、1、2、3、4、5、6、7、8、9、A、B、C、D、E、F）来表示；② 逢十六进一。这里的 A、B、C、D、E、F 分别对应十进制数字中的 10、11、12、13、14、15。

任意十六进制数 N 可表示为

$$N=\pm(K_{n-1}\times16^{n-1}+K_{n-2}\times16^{n-2}+\cdots+K_0\times16^0+K_{-1}\times16^{-1}+K_{-2}\times16^{-2}+\cdots+K_{-m}\times16^{-m})$$

其中，k_j 只能取 0、1、2、3、4、5、6、7、8、9、A、B、C、D、E、F；m，n 为正整数；16 为基数。

因 $16^1=2^4$，所以 1 位十六制数相当于 4 位二进制数，根据这个对应关系，二进制数转换为十六进制数的转换方法为从小数点向左或向右每 4 位分为一组，不足 4 位者以 0 补足 4 位。十六进制数转换为二进制数的转换方法为从左到右将待转换的十六制数中的每个数依次用 4

位二进制数表示。二进制与其他进制数之间的关系见表 1-2。

表 1-2 二进制与其他进制数之间的对应关系

十进制	二进制	八进制	十六进制	十进制	二进制	八进制	十六进制
0	0	0	0	9	1001	11	9
1	1	1	1	10	1010	12	A
2	10	2	2	11	1011	13	B
3	11	3	3	12	1100	14	C
4	100	4	4	13	1101	15	D
5	101	5	5	14	1110	16	E
6	110	6	6	15	1111	17	F
7	111	7	7	16	10000	20	10
8	1000	10	8				

1.3.2 计算机中的数据表示方法

数据是指能够输入计算机并被计算机处理的数字、字母和符号的集合。平常所看到的景象和听到的事实，都可以用数据来描述。数据经过收集、组织和整理就能成为有用的信息。

1. 计算机中数的单位

在计算机内部，数据都是以二进制的形式存储和运算的。计算机数据的表示经常使用到以下几个概念。

（1）位。位（bit）简写为 b，音译为比特，是计算机存储数据的最小单位，是二进制数据中的一个位，一个二进制位只能表示 0 或 1 两种状态，要表示更多的信息，就得把多个位组合成一个整体，每增加一位，所能表示的信息量就增加一倍。

（2）字节。字节（Byte）简记为 B，规定一个字节为 8 位，即 1Byte = 8bit。字节是计算机数据处理的基本单位，并主要以字节为单位解释信息。每个字节由 8 个二进制位组成。通常，一个字节可存放一个 ASCII 码，两个字节存放一个汉字国际码。

（3）字。字（Word）是计算机进行数据处理时，一次存取、加工和传送的数据长度。一个字通常由一个或若干个字节组成，由于字长是计算机一次所能处理信息的实际位数，所以，它决定了计算机数据处理的速度，是衡量计算机性能的一个重要标识，字长越长，性能越好。

2. 计算机中数的表示

计算机中的数均用二进制数表示，通常称为“机器数”，其数值为真值。真值可以分为有符号和无符号数表示，下面分别介绍其表示方法及运算。

（1）有符号数的表示方法。数学中有符号数的正、负分别用“+”和“−”表示。在计算机中，由于采用二进制，只有“0”和“1”两种数码，所以通常将机器数的最高位作为符号位。若该位为“0”，则表示正数；若该位为“1”，则表示负数。以 8 位带符号位数为例，最高位（D7）为符号位，D0～D6 则为实际表达的数值。

计算机中有符号数的表示方法有 3 种：原码、反码和补码。由于在 8 位单片机中多数情况是以 8 位二进制数为单位表示数字，所以下面所举例子均为 8 位二进制数。下面用两个数值相同但符号相反的二进制数 X1、X2 举例说明。

1）原码。正数的符号位用“0”表示，负数的符号位用“1”表示。这种表示方法称为“原码”。例如：

X1=+1001001　　　　$[X1]_{原}$=01001001

X2=−1001001　　　　$[X2]_{原}$=11001001

左边数称为“真值”，即为某数的实际有效值。右边为用原码表示的数。两者的最高位分别用“0”“1”代替了“+”“−”。

2）反码。反码是在原码的基础上求得的。如果是正数，则其反码和原码相同；如果是负数，则其反码除符号为“1”外，其他各数位均逐位取反，即 1 转换为 0，而 0 转换为 1。例如：

X1=+1001001　　　　$[X1]_{反}$=01001001

X2=−1001001　　　　$[X2]_{反}$=10110110

3）补码。补码是在反码的基础上求得的。如果是正数，则其补码和反码、原码相同；如果是负数，则其补码为反码加 1 的值。例如：

X1=+1001001　　　　$[X1]_{补}$=01001001

X2=−1001001　　　　$[X2]_{补}$=10110111

虽然原码简单、直观且容易理解，但在计算机中，如果采用原码进行加、减运算，则所需要的电路将比较复杂；而如果采用补码，则可以把减法变为加法运算，从而省去了减法器，大大简化了硬件电路。

（2）无符号数的表示方法。无符号数因为不需要专门的符号位，所以 8 位二进制的 D7～D0 均为数值位，它的表示范围为 0～255。

1.3.3　计算机中常用编码

字符又称为符号数据，包括字母和符号等。计算机除处理数值信息外，大量处理的是字符信息。由于计算机中只能存储二进制数，这就需要对字符进行编码，建立字符数据与二进制数据之间的对应关系，以便于计算机识别、存储和处理。计算机中常用的编码有十进制代码、格雷码和 ASCII 码。

1. 十进制代码

为了用二进制代码表示十进制数的 0～9 这十个状态，二进制代码至少应当有 4 位。4 位二进制代码一共有 16 个（0000～1111），取其中哪十个，以及如何与 0～9 相对应，有许多种方案。表 1-3 给出常见的几种十进制代码，它们的编码规则各不相同。

表 1-3　　常见的几种十进制代码

编码种类 / 十进制数	8421（BCD）码	余 3 码	2421 码	编码种类 / 十进制数	8421（BCD）码	余 3 码	2421 码
0	0000	0011	0000	5	0101	1000	1011
1	0001	0100	0001	6	0110	1001	1100
2	0010	0101	0010	7	0111	1010	1101
3	0011	0110	0011	8	1000	1011	1110
4	0100	0111	0100	9	1001	1100	1111

（1）8421（BCD）码。8421 码又称为 BCD（Binary Coded Decimal）码，是十进制代码

中最常用的一种。按4位二进制数的自然顺序，取前十个数依次表示十进制数的0～9，后6个数不允许出现，若出现则认为是非法的或错误的。

8421码是一种有权码，每一位的权是固定不变的，它属于恒权代码。从高到低依次为8，4，2，1，例如，8421码的0111=0×8+1×4+1×2+1×1=7。

8421码的特点：① 与四位二制数的表示完全一样；② 1010～1111为冗余码；③ 8421码与十进制的转换关系为直接转换关系。

（2）余3码。余3码是由8421码加3形成的，其编码规则与8421码不同。如果将两个余3码相加，所得的和将比十进制数和所对应的二进制数多6。它是一种无权码，有6个冗余码，0和9、1和8、2和7、3和6、4和5的余3码互为反码，这对于求取对10的补码是很方便的。

（3）2421码。2421码是按4位二进制数的自然顺序，取前8个数依次表示十进制数的0～7，8和9分别为1110和1111。其余6个数不允许出现，若出现则认为是非法的或错误的。

2421也属于恒权代码，从高到低依次为2，4，2，1，例如2421码的1110=1×2+1×4+1×2+0×1=8。

2. 格雷码

格雷码每一位的状态变化都按照一定的顺序循环，见表1-3。它是一种无权码，其最大优点是在于当它按照表1-4的编码顺序依次变化时，相邻两个代码之间只有一位发生变化。这样在代码转换的过程中就不会产生过渡“噪声”。

表1-4 格雷码

编码顺序	二进制代码	格雷码	编码顺序	二进制代码	格雷码
0	0000	0000	8	1000	1100
1	0001	0001	9	1001	1101
2	0010	0011	10	1010	1111
3	0011	0010	11	1011	1110
4	0100	0110	12	1100	1010
5	0101	0111	13	1101	1011
6	0110	0101	14	1110	1001
7	0111	0100	15	1111	1000

3. ASCII码

美国信息交换标准码（American Standard Code for Information Interchange，ASCII码）是由美国国家标准化协会（ANSI）制定的一种信息代码，已被国际标准化组织（ISO）认定为国际通用的标准代码，广泛应用于计算机和通信领域中。它是一种7位二进制代码，共有128种状态，分别代表128种字符，详见附录A。

微型计算机是计算机中的一个主要分支，而单片机是微型计算机中的一个重要成员。单

片机是在一块芯片上集成了 CPU、RAM、ROM、定时器/计数器、I/O 接口等部件。人们对单片机有着不同的称呼。随着半导体技术的发展，单片机经历了四个不同的发展时代，其技术进一步完善、功能进一步加强。单片机具有体积小、功耗低、性价比高、控制功能强、可靠性强等优点，自问世以来得到了非常广泛的应用。其中 MCS-51 系列单片机在我国推广应用最为广泛。单片机中常用的数制有二进制、十进制和十六进制。计算机中数的表达形式有原码、反码和补码，数的正负在最高位分别用“0”和“1”表示。通过本章的学习，要求掌握有关单片机的基本知识，以便后续单片机的学习。

习　　题

1. 什么是单片机，单片机由哪些部分组成？
2. 单片机经历了哪几个发展阶段？各阶段有哪些主要特征？
3. 单片机有哪些特点？
4. 单片机是如何分类的？
5. 单片机主要应用在哪些方面？

第 2 章　80C51 单片机的内部结构

在 MCS-51 系列中，各类单片机是相互兼容的，只是引脚功能略有差异。89 系列单片机属于 80C51 系列单片机中的子系列。在进行原理介绍时，本章将以 89S51 单片机为例介绍单片机的结构及引脚功能。在进行原理介绍时，凡属于与 80C51 系列单片机兼容的用符号“80C51”表示，此时并不专指某种具体型号。

2.1　80C51 单片机的组成

AT89S51/S52 单片机与 Intel 公司 MCS-51 系列的 80C51 型号单片机在芯片结构与功能上基本相同，外部引脚完全相同，主要不同点是 89 系列产品中程序存储器全部采用快擦写存储器，简称“闪存”。此外，Atmel 公司的 AT89S51/S52 单片机与已停产的 AT89C51/C52 单片机的主要不同点是增加了 ISP 串行接口和看门狗定时器。

2.1.1　单片机引脚及功能

AT89S51/S52 单片机采用了塑料引线芯片载体（Plastic Leaded Chip Carrier，PLCC）、塑料双直列直插式（Plastic Dual In-line Package，PDIP）、薄塑封四角扁平封装（Thin Quad Flat Package，TQFP）3 种不同的封装方式，其外形及引脚名称如图 2-1 所示。AT89S51/S52 单片机实际有效的引脚有 40 个，PLCC、TQFP 封装的 NC 表示该引脚为空脚。

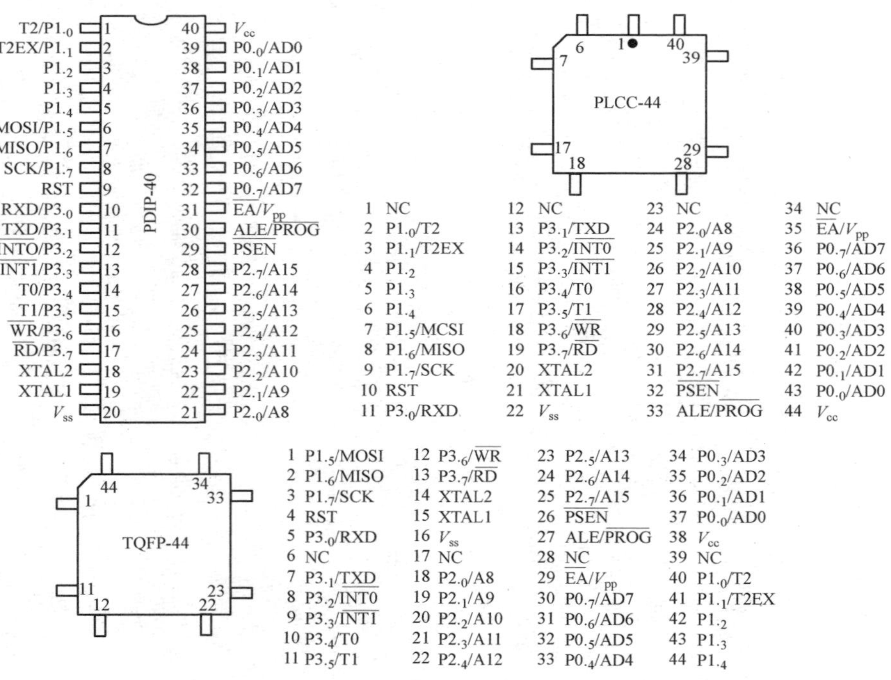

图 2-1　AT89S51/S52 单片机引脚图

为了尽可能缩小体积，减少引脚数，AT89S51/S52 单片机不少引脚还具有第二功能（也称为“复用功能”）。这 40 个引脚大致可分为 4 类：电源、时钟、控制和 I/O 引脚。其逻辑图如图 2-2 所示。

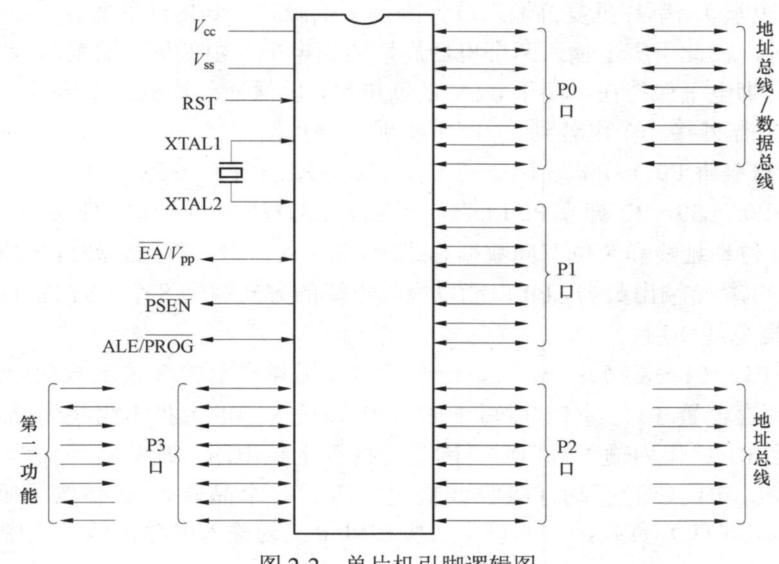

图 2-2　单片机引脚逻辑图

1. 电源引脚 V_{ss} 和 V_{cc}

（1）V_{ss}（20 脚）：接地，以 0V 为标准。

（2）V_{cc}（40 脚）：接+5V 电源，提供掉电、空闲、正常工作电压。

2. 时钟引脚 XTAL1 和 XTAL2

XTAL1（19 脚）和 XTAL2（18 脚）：内部振荡电路反相放大器的输入/输出端。使用内部振荡电路时，外接石英晶体；外部振荡脉冲输入时，XTAL2 接外部时钟振荡脉冲，XTAL1 悬空不用。

3. 控制引脚 ALE/$\overline{PROG}$、$\overline{PSEN}$、$\overline{EA}/V_{pp}$、RST

（1）ALE/$\overline{PROG}$（30 脚）：地址锁存/编程脉冲输入引脚。当单片机访问外部存储器时，ALE 的输出用于锁存 16 位的低 8 位地址信号。即使不访问外部存储器，ALE 端仍以时钟频率的 1/6 周期性地输出正脉冲信号。因此，它可用作对外输出的时钟，或用于定时目的。但是访问片外数据存储器时，将跳过一个 ALE 脉冲，即丢失一个 ALE 脉冲。ALE 可以驱动（吸收或输出电流）8 个低功耗肖特基 TTL（Low-power Schottky TTL，LSTTL）（功耗值为传统 TTL 的 1/5）负载。

（2）$\overline{PSEN}$（29 脚）：外部程序存储器读选通信号输出端。在从片外程序存储器取指令（或常数）期间，$\overline{PSEN}$ 在每个机器周期内两次有效。每当访问片外数据存储时，这两次有效的 $\overline{PSEN}$ 信号将不会出现。$\overline{PSEN}$ 同样可以驱动 8 个 LSTTL 负载。

（3）$\overline{EA}/V_{pp}$（31 脚）：$\overline{EA}$ 为内部程序存储器和外部程序存储器选择端。当 $\overline{EA}$ 输入高电平时，单片机访问片内程序存储器。若程序计数器（PC）值超过片内 Flash 地址范围时，将自动转向访问片外程序存储器。当 $\overline{EA}$ 为低电平时，不论片内是否有程序存储器，单片机只能访问片外程序存储器。

当 RST 释放后 $\overline{EA}$ 脚的值被锁存，任何时序的改变都将无效。该引脚在对 Flash 编程时接 12V 的编程电压（V_{pp}）。

（4）RST（9 脚）：单片机复位输入端。刚接上电源时，其内部各寄存器处于随机状态，当振荡器运行时，在此引脚上输入两个机器周期的高电平（由低到高跳变），将单片机复位。复位后应使此引脚电平保持在不高于 0.5V 的低电平，以保证单片机正常运行。内部有扩散电阻连接到 V_{ss}，只需外接一个电容到 V_{cc} 即可实现上电复位。

4. 输入/输出引脚 P0.$_0$～P0.$_7$、P1.$_0$～P1.$_7$、P2.$_0$～P2.$_7$、P3.$_0$～P3.$_7$

（1）P0.$_0$～P0.$_7$（39～32 脚）：P0 口是一个 8 位三态双向 I/O 端口，在访问外部存储器时，它是分时作低 8 位地址线和 8 位双向数据总线用。在不访问外部存储器时，作通用 I/O 口用，用于传送 CPU 的输入/输出数据。P0 口能以吸收电流的方式驱动 8 个 LSTTL 负载，一般作为扩展时地址/数据总线使用。

（2）P1.$_0$～P1.$_7$（1～8 脚）：P1 口是一个带内部上拉电阻的 8 位准双向 I/O 端口（作为输入时，端口锁存器置 1）。对 P1 口写 1 时，P1 口被内部的上拉电阻拉为高电平，这时可作为输入口。当 P1 口作为输入端口时，因为有内部上拉电阻，那些被外部信号拉低的引脚会输出一个电流。P1 口能驱动（吸收或输出电流）4 个晶体管-晶体管逻辑（Transistor-Transistor Logic，TTL）负载，它的每个引脚都可定义为输入或输出线，其中 P1.$_0$、P1.$_1$ 兼有特殊的功能。

1）T2/P1.$_0$：定时/计数器 2 的外部计数输入/时钟输出。

2）T2EX/P1.$_1$：定时器/计数器 2 重装载/捕捉/方向控制。

（3）P2.$_0$～P2.$_7$（21～28 脚）：P2 口是一个带内部上拉电阻的 8 位准双向 I/O 端口，当外部无扩展或扩展存储器容量小于 256B 时，P2 口可作一般 I/O 口使用，扩充容量在 64KB 范围时，P2 口为高 8 位地址输出端口。当作为一般 I/O 口使用时，可直接连接外部 I/O 设备，能驱动 4 个 LSTTL 负载。

（4）P3.$_0$～P3.$_7$（10～17 脚）：P3 端口是一个带内部上拉电阻的 8 位准双向 I/O 端口。向 P3 口写入 1 时，P3 口被内部上拉为高电平，可用作输入口。当作为输入时，被外部拉低的 P3 口会因为内部上拉而输出电流。第一功能作为通用 I/O 口，第二功能作控制口，见表 2-1。P3 能驱动 4 个低功耗肖特基晶体管-晶体管逻辑（Low-power Schottky Transistor-Transistor Logic，LSTTL）负载。

P0～P3 端口各有各的用途，在扩展外部存储器系统中，P0 口专用于分时传送低 8 位地址信号和 8 位数据信号，P2 口专用于传送高 8 位地址信号，P3 口根据需要常用于第二功能，真正可提供用户使用的 I/O 口是 P1 口和一部分未用作第二功能的 P3 口端线。

表 2-1　P3 口引脚的第二功能

P3 引脚	第二功能	功能描述	P3 引脚	第二功能	功能描述
P3.$_0$	RXD	串行口输入	P3.$_4$	T0	定时器 0 的外部输入
P3.$_1$	TXD	串行口输出	P3.$_5$	T1	定时器 1 的外部输入
P3.$_2$	$\overline{INT0}$	外部中断 0 输入	P3.$_6$	$\overline{WR}$	片外数据存储器写信号
P3.$_3$	$\overline{INT1}$	外部中断 1 输入	P3.$_7$	$\overline{RD}$	片外数据存储器读信号

2.1.2　单片机内部结构

1. 内部结构

AT89S51/S52 属于标准型单片机，其功能组成如图 2-3 所示。从图中可以看出，其内部由中央处理器（CPU）、存储器、定时器/计数器、并行 I/O 端口、串行口、中断系统等部分组成，它们是通过片内总线连接起来的。该图中 P0～P4 为 4 个可编程 I/O 端口，TXD、RXD 为串行口的输入/输出端。

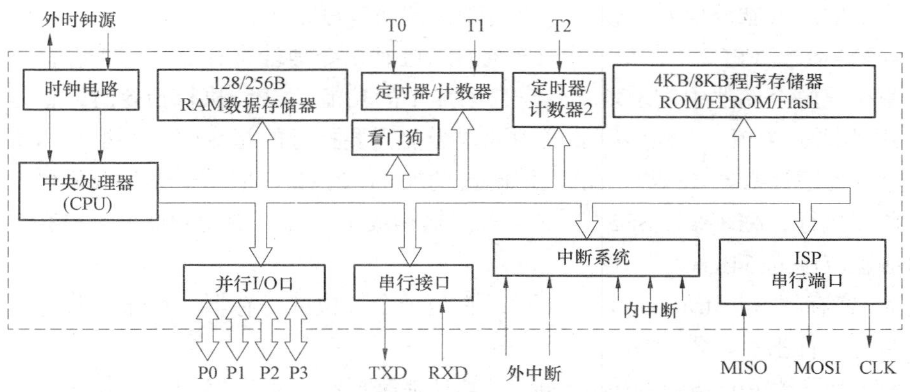

图 2-3　AT89S51/S52 单片机功能框图

AT89S51/S52 单片机片内带有 Flash 存储器，而 Intel 公司生产的 MCS-51 系列单片机片内没有带 Flash 存储器。Flash 编程/擦写 10 000 次左右。与 MCS-51 单片机相比较，AT89S51/S52 单片机增加了定时器/计数器 2，此外 AT89S51/S52 单片机还增加了看门狗（Watch Dog，WD）、并可对器件实现在线系统可编程（In-System Programming，ISP）等功能。图 2-4 所示为 AT89S51/S52 单片机的内部结构框图。

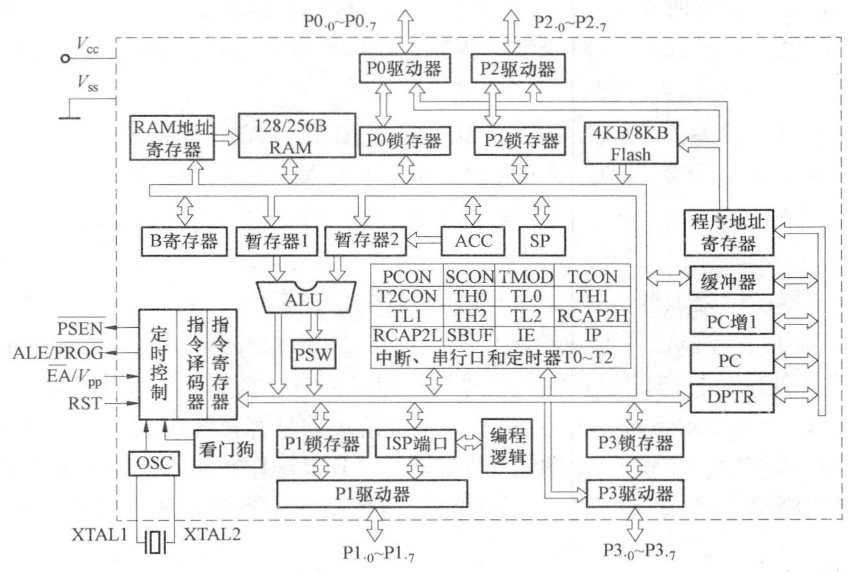

图 2-4　AT89S51/S52 单片机内部结构框图

2. 中央处理器（CPU）

CPU是单片机的核心部件。主要是产生各种控制信号，控制存储器、输入/输出端口的数据传送、数据的算术运算、逻辑运算及位操作处理等。它由运算器和控制器等部件组成。

（1）控制器：其功能是对来自存储器中的指令进行译码，通过定时控制电路，在规定的时刻发出各种操作所需的内部和外部控制信号，使各部分协调工作，完成指令所规定的功能。它由程序计数器（PC）、指令寄存器、指令译码器、定时控制与条件转移逻辑电路等部分组成。通过输出电压或脉冲信号，使单片机自动协调而有序地工作。

1）程序计数器（PC）：它是一个16位的二进制指令地址寄存器，用来存储下一条需要执行的指令在程序存储器中的地址，具有自动加1的功能。CPU执行指令时，根据程序计数器（PC）中的地址CPU从程序存储器中取出当前需要执行的指令码，并把它送给控制器分析执行，随后程序计数器（PC）中的地址码自动加1，为CPU取下一条指令码做好准备，以保证指令顺序执行。AT89S51/S52由16个触发器构成，编码范围为0000H～FFFFH，即程序存储器的寻址范围为64KB。

2）指令寄存器（Instruction Register）：它是一个8位的寄存器，用来接收并暂存从存储器中取出的待执行指令，等待译码。

3）指令译码器（Instruction Decode）：其功能是对指令寄存器中的操作码进行译码。根据译码器输出的信号，再经定时控制电路定时产生执行该指令所需要的各种控制信号。

4）数据指针DPTR（Data Pointer）：它是一个16位专用地址指针寄存器，用来存放片外数据存储的16位地址。由DPH和DPL两个独立的8位寄存器组成，DPH为高8位字节，DPL为低8位字节，分别占用了83H和82H。当对64KB外部数据存储器空间寻址时，可作为间接地址寄存器用。在访问程序存储器时，可作为基址寄存器用。

（2）运算器：其功能是进行算术逻辑运算、位变量处理和数据传送等操作。由算术逻辑运算部件（ALU）、位处理器（又称布尔处理器）、累加器（Acc）、暂存器、程序状态字寄存器（PSW）、BCD码运算调整电路等组成。为了提高数据和位操作功能，片内还增加了一个通用寄存器B和一些专用寄存器。

1）算术逻辑运算部件（Arithmetic Logic Unit，ALU）。ALU是由加法器和其他逻辑电路组成，用于对数据进行算术四则运算和逻辑运算、移位操作、位操作等功能。ALU的两个操作数，一个由累加器（Acc）通过暂存器2输入，另一个由暂存器1输入，运算结果的状态送PSW。

2）位处理器：位处理器用来处理位操作，以进位标志位C为累加器的，可执行置位、复位、取反、等于1转移、等于0转移且清0、进位标志位与其他可寻址位之间的数据传送等位操作，也能使进位标志位与其他可位寻址的位之间进行逻辑与、或操作。

3）累加器（Accumulator，Acc）：它是一个最常用的具有特殊用途的二进制8位寄存器，简称A，专门用来存放一个操作数或中间结果。大部分单操作数指令的操作数取自累加器A；很多双操作数指令的一个操作数取自累加器A，算术运算结果都存放在累加器A或AB寄存器中。

4）通用寄存器B（General Purpose Register）：B是一个8位寄存器，主要用于乘法和除法运算。乘法运算时，两个乘数分别存于A和B。乘法操作后，其结果存放在BA寄存器对中。除法运算时，被除数存于 A，B 是除数。除法运算后，商数存放于 A，余数存放于 B 中。

在其他指令中，B 寄存器可作为一般数据寄存器来使用。

5）程序状态字寄存器（Program Status Word，PSW）：它是一个 8 位寄存器，用来存放指令执行的有关状态信息。PSW 中各位的状态信息一般是在指令执行过程中形成的，但也可以根据需要由用户采用传送指令加以改变。PSW 的位状态可以用位指令进行测试，也可以用一些指令将状态读出来。一些转移指令是根据 PSW 有关位的状态进行程序转移。PSW 的结构及各位定义见表 2-2。

表 2-2　　PSW 的结构及各位定义

PSW	$PSW._7$	$PSW._6$	$PSW._5$	$PSW._4$	$PSW._3$	$PSW._2$	$PSW._1$	$PSW._0$
	D7	D6	D5	D4	D3	D2	D1	D0
位符号名	CY	AC	F0	RS1	RS0	OV	—	P

a. P（$PSW._0$，Parity）：奇偶标志位，用于表示累加器 A 中二进制数值为 1 的奇偶性。当采用偶校验时，如果累加器 A 中二进制数 1 的个数是奇数，则 P 置“1”，否则 P 置“0”。凡是改变累加器 A 中内容的指令均会影响 P 标志位。因此在串行通信中，通常用奇偶校验的方法来检验数据传输结果的正确性。

b. F0（$PSW._5$，Flag zero）：用户标志位。作为用户自行定义的一个状态标志，可以用软件来置位或清零。该标志位一经设定，便可通过软件测试 F0 以控制程序的流向。

c.OV（$PSW._2$，Overflow）：溢出标志位，用于指示算术运算中是否有溢出。当进行算术运算时，如果产生了溢出，则由硬件将 OV 置“1”，否则 OV 清“0”。

在带符号数加法或减法运算时，OV=1 表示加减法运算超出了累加器 A 所能表示的符号数有效范围（–128～+127），即执行有符号数的加法指令或减法指令时，当 D6 位有向 D7 位的进位或借位时 D_{6CY}=1，而 D7 位没有向 CY 位的进位或借位 D_{7CY}=0 时，则 OV=1；或 D_{6CY}=1，D_{7CY}=0 则 OV=1，溢出的逻辑表达式为 $OV=D_{6CY}\oplus D_{7CY}$。

例如：两个有符号数+106 与+68 相加，二进制与十进制加法运算如下：

```
    0 1 1 0 1 0 1 0              +106
+）0 1 0 0 0 1 0 0            +）68
    1 0 1 0 1 1 1 0=（–46）      +174
```

两个正数相加，结果却为一个负数，显然是错误的，这是因为在二进制数加法中，发生了加法溢出。即 D_{6CY}=1，D_{7CY}=0，$OV=D_{6CY}\oplus D_{7CY}=1\oplus 0=1$，产生了溢出。

在无符号数的乘法指令执行中，也有可能产生溢出。当累加器 A 和通用寄存器 B 中的两个乘数的乘积超过 255 时，OV=1，有溢出时积的高 8 位在 B 中，积的低 8 位在 A 中。在除法指令中，若除数为 0 时，除法运算不能进行，OV 溢出为“1”。

因此，根据执行运算指令后的 OV 状态，可判断累加器 A 中的结果是否正确。

d.RS1、RS0（$PSW._4$、$PSW._3$）：工作寄存器选择控制位。工作寄存器共有四组，用户通过软件选择 CPU 当前工作的寄存器组。AT89S51/S52 单片机有 4 个 8 位的工作寄存器 R0～

R7。它们的对应关系见表 2-3。

表 2-3 RS1、RS0 与工作寄存器地址之间的对应关系

RS1 RS0	工作寄存器组	R0～R7 的物理地址	RS1 RS0	工作寄存器组	R0～R7 的物理地址
0 0	第 0 组	00H～07H	1 0	第 2 组	10H～17H
0 1	第 1 组	08H～0FH	1 1	第 3 组	18H～1FH

单片机上电或复位后，RS1 RS0=00，CPU 选中第 0 组的 00H～07H 这 8 个单元为当前工作寄存器。用户根据需要利用传送指令或位操作指令来改变其状态，这样的设置对程序中保护现场提供了方便。

例如，主程序中使用第 1 组，单片机片内 08H～0FH 8 个单元为当前工作寄存器 R0～R7。主程序中要调用某个子程序时，在子程序中通过位操作指令 SETB RS1 将 RS1 RS0 置为 10，则子程序中就可以使用第 2 组 10H～17H 8 个单元作为当前工作寄存器 R0～R7。第 1 组 R0～R7 的内容保持不变。

e.AC（$PSW_{.6}$，Auxiliary Carry）：辅助进位标志位。当进行加法或减法运算并产生由低 4 位向高 4 位进位或借位时，AC 将被硬件置“1”，否则清“0”。即 AC=1，表示在加法或减法过程中 A3 向 A4 进行进位或借位；AC=0，表示 A3 没有向 A4 进位或借位。在十进制调整中，AC 位用于低 4 位 BCD 码调整的判断位。

f.CY（$PSW_{.7}$，Carry）：进位标志位。用于表示加法或减法运算时最高位是否有进位或借位，如果在进行加减法运算时，操作结果的最高位有进位或借位，CY 被置“1”，否则被清“0”。在进行位操作时，CY 还可作为位累加器使用，相当于累加器 A。

6）堆栈指针（Stack Pointer，SP）。堆栈就是只允许其一端进行数据压入或数据弹出操作的线性表，它是一种数据结构。数据写入堆栈称为压入（PUSH），即入栈；数据从堆栈中读出来称为弹出（POP），即出栈。堆栈的特点是先进后出（First-In Last-Out，FILO），或后进先出（Last-In First-Out，LIFO）。堆栈主要是为子程序调用和中断操作保护现场而设定的，用来暂存数据和地址，保护断点和现场。

堆栈是一个特殊的存储区，堆栈指针 SP 是一个 8 位专用寄存器。80C51 单片机的堆栈设在内部 RAM 中，是向上增长的。入栈时 SP 自动增量，指向内部 RAM 的高地址，指示出堆栈顶部在内部 RAM 中的位置。堆栈由栈顶和栈底两部分组成，栈顶由栈顶地址指示，即栈顶位于堆栈的顶部，由 SP 指示，是可以改变的，它决定堆栈中是否存放数据；栈底固定不变，决定堆栈在 RAM 中的物理位置。当堆栈中无数据时，栈顶与栈底重合；栈中存放的数据越多，栈顶地址与栈底地址间隔就越大，SP 始终指向堆栈中最上面的那个数据。

系统复位后，SP 初始化为 07H，堆栈实际上从 08H 单元开始。但是 08H～1FH 单元分别属于寄存器 1～3 区，而 20H～2FH 单元为位寻址空间，若程序中要用到这些区，最好将 SP 值改为 30H～7FH。

以上所述主要介绍 AT89S51/S52 单片机的 CPU 部分硬件结构，有关存储器、定时器/计数器、I/O 端口、中断结构、串行端口将在以后各章节中分别介绍。

2.2　单片机存储器组织

2.2.1　存储器结构和地址空间

存储器是计算机的主要组成部分，其用途是存放程序和数据。80C51 系列单片机的存储器结构与一般的通用计算机不同。一般的通用计算机通常只有一个逻辑空间，即程序存储器和数据存储器都是统一编址的。访问存储器时，同一地址对应唯一的存储空间，可以是 ROM，也可以是 RAM，并用同类访问指令，这种存储器结构称为“冯・诺依曼结构”。80C51 系列单片机的程序存储器和数据存储器在物理结构上是分开的，这种结构称为“哈佛结构”。80C51 系列单片机的存储器在物理结构上可以分为如下 4 个存储空间：片内程序存储器、片外程序存储器、片内数据存储器和片外数据存储器。

80C51 系列单片机各具体型号的基本结构与操作方法相同，但是存储容量不完全相同，下面以 AT89S51 单片机为例进行说明。图 2-5 所示为 AT89S51 的存储器结构与地址空间。从逻辑上来划分，80C51 系列有 3 个存储空间：

（1）片内外统一编址的 64KB 的程序存储器地址空间（用 16 位地址）。

（2）片内数据存储器地址空间，寻址范围为 00H～FFH。

（3）64KB 片外数据存储器地址空间。

从图 2-5 中可以看出，片内程序存储器的地址空间（0000H～FFFFH）和片外程序存储器的低地址空间相同；片内数据存储器的地址空间（00H～0FFH）与片外数据存储器的低地址空间相同。通过采用不同形式的指令产生不同存储空间的选通信号，即可访问 3 个不同的逻辑空间。

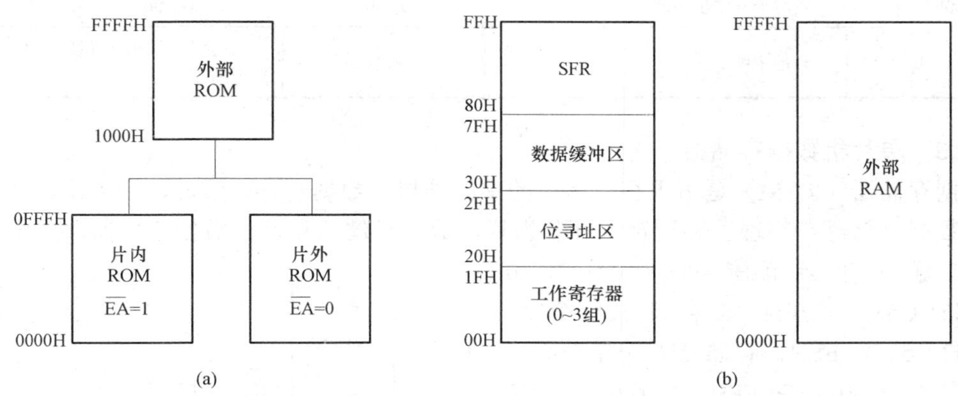

图 2-5　AT89S51 的存储器结构与地址空间

（a）程序存储器地址分配；（b）数据存储器地址分配

2.2.2　单片机程序存储器

程序存储器是只可读不可写，用于存放编好的程序和表格常数。在 89 系列单片机中，程序存储器全部采用闪存，AT89S51/C51 内部配置了 4KB 闪存，AT89S52/C52 内部配置了 8KB 闪存。对于 AT89S51 单片机而言，可寻址的程序存储器总空间为 64KB，其中 0000H～0FFFH 的 4KB 地址区可以为片内 ROM 和片外 ROM 公用。1000H～FFFFH 的 60KB 地址区为片外

ROM 所专用。在 0000H～0FFFH 的 4KB 地址区，片内 ROM 可以占用，片外 ROM 也可以占用，但不能为两者同时占用。为了指示机器的这种占用，设计者为用户提供了一条专用的控制引脚 $\overline{EA}$。$\overline{EA}$ 接高电平时，程序计数器（PC）的值在 0000H～0FFFH（4KB）地址范围内，单片机执行内部 ROM 中的命令，超出此地址范围则自动执行片外 ROM 中的命令；当 $\overline{EA}$ 接低电平时，单片机将忽略内部存储器，直接从外部程序存储器中读取指令。

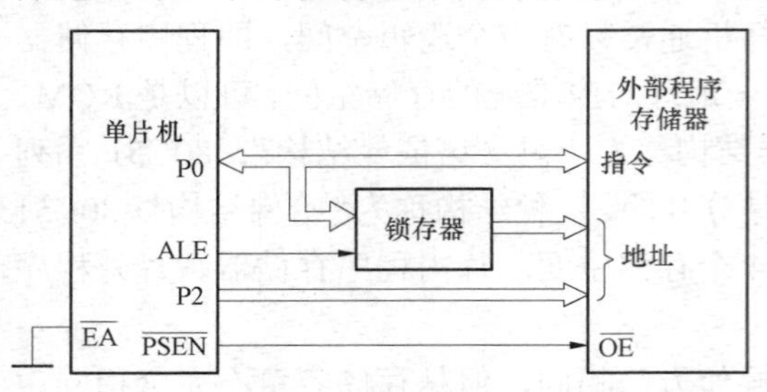

图 2-6　80C51 系列单片机读取外部程序存储器

外部程序存储器读选通信号 $\overline{PSEN}$，读取片内程序时，不产生 $\overline{PSEN}$ 信号。读取外部程序时的硬件连接如图 2-6 所示。在访问外部程序存储器时，要用到 P0 口和 P2 口来产生程序存储器的地址。

在 64KB 的程序存储器寻址空间中，有 7 个地址单元具有特殊功能。这 7 个地址单元专门用来存储特定的程序地址。单片机复位后，PC 的内容为 0000H，系统必须从 0000H 单元开始取指令执行程序。因为 0000H 是系统的启动地址，所以使用时通常在该单元放一条绝对跳转指令，使程序跳转到用户安排的中断处理程序的起始地址。除 0000H 单元外，其他 6 个特殊单元都有一固定地址，分别对应着 6 个不同的中断入口的矢量地址，见表 2-4。

表 2-4　　程序存储器的中断入口的矢量地址

入口地址	中　断　源	入口地址	中　断　源
0003H	外部中断 0	001BH	定时器 1 溢出中断
000BH	定时器 0 溢出中断	0023H	串行口中断
0013H	外部中断 1	002BH	定时器 2 溢出或 T2EX（P1.$_1$）端负跳变时

2.2.3　单片机数据存储器

数据存储器（RAM）是用于存放运算的中间结果、数据暂存、缓冲、标志位、待调试的程序。数据存储器在物理上和逻辑上都分为片内数据存储器和片外数据存储器，其中片内数据存储器的存储范围为 00H～7FH/FFH（AT89S51/C51 为 7FH，即存储 128 个字节；AT89S52/C52 为 FFH，存储 256 个字节），片外存储范围为 0000H～FFFFH，即片外为 64KB。片外数据存储器通常采用间接寻址方式，用 8 位的 R0、R1 和 16 位的 DPTR 作为间接地址寄存器，与外部 I/O 端口地址统一编址。图 2-7 所示为扩展片外数据存储器的硬件连接。

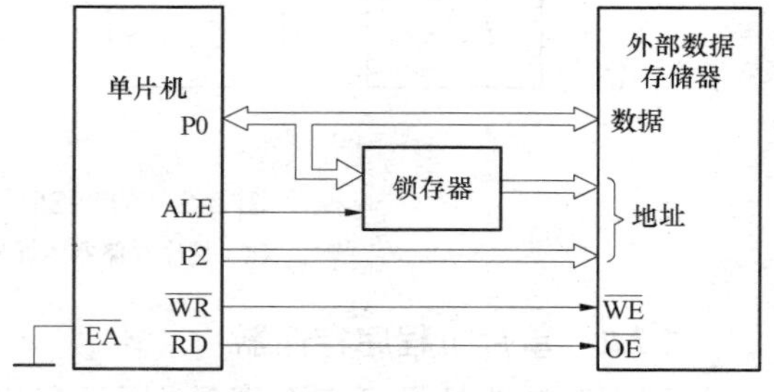

图 2-7　AT89S51 读取片外数据存储器

80C51 系列单片机将片内数据存储器从功能和用途上分为三个不同的区：工作寄存器区（00H～1FH）、位寻址区（20H～2FH）、堆栈和数据缓冲区（30H～7FH/FFH）。

（1）工作寄存器区。片内数据存储器的工作寄存器区地址范围为 00H～1FH，分为 4 组，每组 8 个单元总共 32 个 RAM 单元。工作寄存器的地址见表 2-3。每组寄存器可选作为 CPU 当前工作寄存器，通过 PSW 状态字中的 RS1 RS0 的设置来改变，请参阅 PSW 中 RS1 RS0 工作寄存器的选择。

（2）位寻址区。在低 128 位字节中，20H～2FH 共 16 个 RAM 单元，既可作为普通内部 RAM 单元存取字节，又可以对每个单元中的任何一位单独存取，进行位寻址。这 16 个单元的每个单元的每一位都有一个特定的地址，这个特定的地址称为位地址，16 个单元占据了 128 个位地址，其分布情况见表 2-5。由于位寻址区既可作字节存取，又可对每个单元中的任何一位单独存取，所以该区一般不被其他操作占用。堆栈 SP 指针应在 2FH 以上，即从 30H 开始。

表 2-5　　RAM 位寻址区地址

字节地址	位地址							
	D7	D6	D5	D4	D3	D2	D1	D0
2FH	7F	7E	7D	7C	7B	7A	79	78
2EH	77	76	75	74	73	72	71	70
2DH	6F	6E	6D	6C	6B	6A	69	68
2CH	67	66	65	64	63	62	61	60
2BH	5F	5E	5D	5C	5B	5A	59	58
2AH	57	56	55	54	53	52	51	50
29H	4F	4E	4D	4C	4B	4A	49	48
28H	47	46	45	44	43	42	41	40
27H	3F	3E	3D	3C	3B	3A	39	38
26H	37	36	35	34	33	32	31	30
25H	2F	2E	2D	2C	2B	2A	29	28
24H	27	26	25	24	23	22	21	20
23H	1F	1E	1D	1C	1B	1A	19	18
22H	17	16	15	14	13	12	11	10
21H	0F	0E	0D	0C	0B	0A	09	08
20H	07	06	05	04	03	02	01	00

（3）堆栈和数据缓冲区。堆栈和数据缓冲区主要是用于堆栈操作和存放用户数据。中断系统的堆栈一般设在该区域内，数据缓冲区内的每个 RAM 单元是按字节存取的。

在片内 RAM 中，低 128B 区中的所有单元既可采用直接寻址方式，也可采用间接地址的方式进行访问。

2.2.4　单片机特殊功能寄存器

80C51 系列单片机内的锁存器、定时器、串行口、数据缓冲器及各种控制寄存器、状态寄存器都是以特殊功能寄存器（Special Function Register，SFR）的形式出现。SFR 离散地分布在 80～FFH 地址范围内，见表 2-6。SFR 中有些寄存器既可字节寻址又可位寻址的，在单片机片内凡是地址以“0”或“8”结尾的单元都可以进行位寻址的。对于 AT89S52/C52 而言，因为 RAM 为 256B，所以高 128B 和 SFR 区的地址是重合的。但是访问 RAM 高 128B 时，只能采用间接寻址的方式，访问 SFR 时采用直接寻址方式，这样通过不同的寻址方式进行区分。

表 2-6　　特殊功能寄存器（SFR）

SFR 符号	位地址/位功能								字节地址	复位值
B*	F7	F6	F5	F4	F3	F2	F1	F0	F0H	00H
ACC*	E7	E6	E5	E4	E3	E2	E1	E0	E0H	00H
PSW*	D7	D6	D5	D4	D3	D2	D1	D0	D0H	000000x0B
	CY	AC	F0	RS1	RS0	OV	—	P		
TH2#									CDH	00H
TL2#									CCH	00H
RACAP2H#									CBH	00H
RACAP2L#									CAH	00H
T2MOD#	—	—	—	—	—	—	T2oE	DCEN	C9H	xxxxxx00B
T2CON#	TF2	EXF2	RCLK	TCLK	EXEN2	TR2	C/$\overline{T2}$	CP/$\overline{RL2}$	C8H	00H
IP*IPH#	BF	BE	BD	BC	BB	BA	B9	B8		
	—	—	PT2	PS	PT1	PX1	PT0	PX0	B8H	xx000000B
	—	—	PT2H	PSH	PT1H	PX1H	PT0H	PX0H	B7H	xx000000B
P3*	B7	B6	B5	B4	B3	B2	B1	B0	B0H	FFH
	$\overline{RD}$	$\overline{WR}$	T1	T0	$\overline{INT1}$	$\overline{INT0}$	TXD	RXD		
IE*	AF	AE	AD	AC	AB	AA	A9	A8	A8H	0x000000B
	EA	—	ET2	ES	ET1	EX1	ET0	EX0		
P2*	A7	A6	A5	A4	A3	A2	A1	A0	A0H	FFH
	P2.$_7$	P2.$_6$	P2.$_5$	P2.$_4$	P2.$_3$	P2.$_2$	P2.$_1$	P2.$_0$		
SBUF									99H	xxxxxxxxB
SCON*	9F	9E	9D	9C	9B	9A	99	98	98H	00H
	SM0/FE	SM1	SM2	REN	TB8	RB8	TI	RI		
P1*	97	96	95	94	93	92	91	90	90H	FFH
	P1.$_7$	P1.$_6$	P1.$_5$	P1.$_4$	P1.$_3$	P1.$_2$	P1.$_1$/T2EX	P1.$_0$/T2		
TH1									8DH	00H
TH0									8CH	00H
TL1									8BH	00H
TL0									8AH	00H
TMOD	GATE	C/$\overline{T}$	M1	M0	GATE	C/$\overline{T}$	M1	M0	89H	00H
TCON*	8F	8E	8D	8C	8B	8A	89	88	88H	00H
	TF1	TR1	TF0	TR0	IE1	IT1	IE0	IT0		
PCON	SMOD	SMOD0	—	POF	GF1	GF0	PD	IDL	87H	00xxx000B+

续表

SFR 符号	位地址/位功能								字节地址	复位值
DPH									83H	00H
DPL									82H	00H
SP									81H	07H
P0*	87	86	85	84	83	82	81	80	80H	FFH
	$P0._7$	$P0._6$	$P0._5$	$P0._4$	$P0._3$	$P0._2$	$P0._1$	$P0._0$		

注　1. 带“*”号的 SFR 可进行位寻址。
2. 带“#”号的 SFR 表示从 80C51 的 SFR 修改而增加的。
3. “–”表示保留位。
4. 带“+”号的复位值由复位源决定。
5. “x”表示任意值。

从表 2-6 可以看出，特殊寄存器（SFR）与单片机相关部件是有关系的，都有系统规定的复位值，其字节地址也是固定的。

2.3　单片机 I/O 端口

单片机 I/O（Input/Output）端口，称为 I/O 接口，或称为 I/O 通道或 I/O 通路。I/O 端口是单片机与外围器件或外部设备实现控制和信息交换的桥梁。80C51 系列单片机有 4 个双向 8 位 I/O 口 P0～P3，共 32 根 I/O 引线。每个双向 I/O 口都包含了一个锁存器，即专用寄存器 P0～P3，一个输出驱动器和输入缓冲器。

在访问片外扩展存储器时，低 8 位地址和数据由 P0 口分时传送，高 8 位地址由 P2 口传送。在无片外扩展存储器的系统中，这 4 个 I/O 口的每一位均可作为双向的 I/O 端口使用。

2.3.1　P0 端口

1. P0 口的结构

P0 口包括 1 个输出锁存器、2 个三态缓冲器、1 个输出驱动电路和 1 个输出控制端，如图 2-8 所示。锁存器是由 D 触发器组成。输出驱动电路由一对 FET 场效应管（Field-Effect Transistor）F1、F2 组成，其工作状态受输出控制端的控制，它包括 1 个与非门、1 个反相器和 1 个转换开关 MUX。

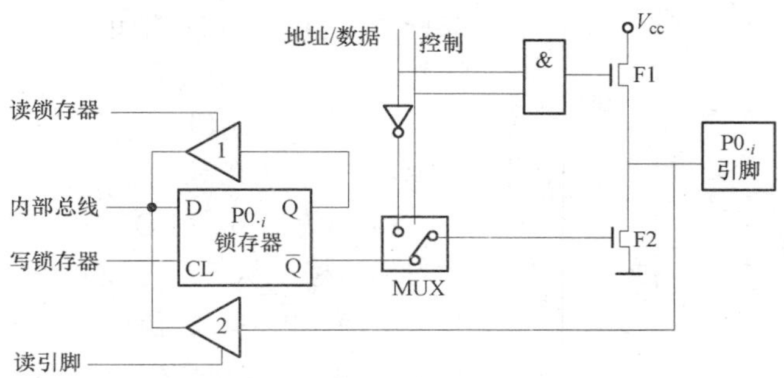

图 2-8　P0 口某位结构

2. P0 口的功能

单片机 P0 口既可作通用 I/O 口使用，又可作地址/数据总线使用。

（1）P0 口作通用 I/O 口使用时。图 2-8 中的转换开关 MUX 的位置由 CPU 发出的控制信号决定。在控制信号的作用下，MUX 可以分别接通锁存器输出 $\overline{Q}$ 或地址/数据线。80C51 系列单片机无片外扩展 RAM、I/O、ROM 时，P0 口作通过 I/O 口使用，此时 CPU 发出控制低电平“0”信号封锁与门，使输出上拉场效应管 F1 截止，同时转换开关 MUX 把输出锁存器 $\overline{Q}$ 端与输出场效应管 F2 栅极连通。此时 P0 口作为一般的 I/O 口使用。

1）P0 口作输出口时：内部数据总线上的信息由写脉冲锁存至输出锁存器，输入 D=0 时，Q=0 而 $\overline{Q}$=1，F2 导通，P0 口引脚输出“0”；当 D=1 时，Q=1 而 $\overline{Q}$=0，F2 截止，P0 口引脚输出 1。由此可见，内部数据总线与 P0 端口是同相位的。输出驱动级是漏极开路电路，若要驱动 NMOS 或其他拉电流负载时，需外接上拉电阻。P0 口中的输出可以驱动 8 个 LSTTL 负载。

2）P0 口作输入口时：端口中有 2 个三态输入缓冲器用于读操作。其中图 2-8 中输入缓冲器 2 的输入与端口引脚相连，故当执行一条读端口输入指令时，产生读引脚的选通信号将该三态门打开，端口引脚上的数据经缓冲器 2 读入内部数据总线。

图 2-8 中输入缓冲器 1 并不能直接读取端口引脚上的数据，而是读取输出锁存器 Q 端的数据。Q 端与引脚处的数据是一致的。结构上这样的安排是为了适应“读—修改—写”一类指令的需要。这类指令的特点是先读端口，再对读入的数据进行修改，然后再写到端口。例如 ANL P0，A 指令，就是这一类指令，此指令先把 P0 口的数据读入 CPU，再与累加器 A 的内容进行逻辑与操作，然后再把与运算的结果送回 P0 口，为一次“读—修改—写”操作过程。

另外，从图 2-8 中还可以看出，在读入端口数据时，由于输出驱动管 FET 并接在端口引脚上，如果 FET 导通，输出为低电平将会使输入的高电平拉成低电平，造成误读。所以在端口进行输入操作前，应先向端口输出锁存器写入“1”，使 $\overline{Q}$=0，则输出级的两个 FET 管均截止，引脚处于悬空状态，变为高阻抗输入。这就是所谓的准双向 I/O 口。

（2）P0 口作地址/数据总线复用时。在扩展系统中，P0 口作为地址/数据总线使用时，可分为两种情况：一种是以 P0 口引脚输出地址/数据信息。这时 CPU 内部发出高电平的控制信号，打开与门，同时使转换开关 MUX 把 CPU 内部地址/数据总线反相后与输出驱动场效应管 F2 栅极接通。F1 和 F2 两个 FET 场效应管处于反相，构成了推拉式的输出电路，其负载能力大大增加。另一种情况由 P0 口输入数据，此时输入的数据是从引脚通过输入缓冲器 2 进入内部总线。当 P0 口作地址/数据总线复用时，它就不能再作通用 I/O 口使用了。

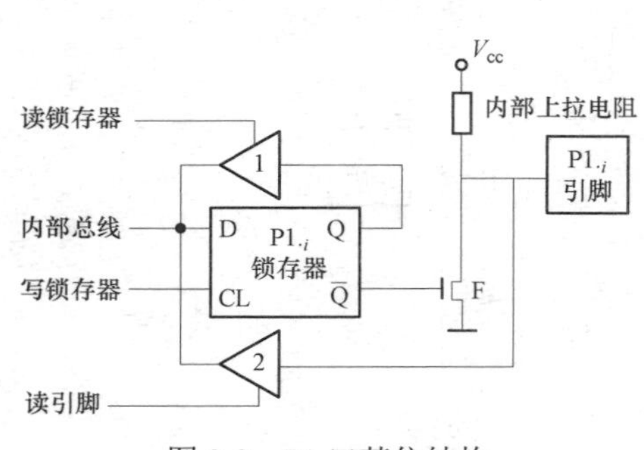

图 2-9 P1 口某位结构

2.3.2 P1 端口

1. P1 口的结构

P1 口为准双向 I/O 口，图 2-9 所示为 P1 口某位的内部结构。从图中可以看出，P1 口与 P0 口内部结构不同。P1 口没有转换关 MUX 和控制电路，只有 1 个 FET 场效应管 F，增加了 1 个内部上拉电阻。上拉电阻直接与电源相连，作为阻性元件使用，代替了 P0 口中的 F1，在此相当于 1 个 FET 场效应管，因此又将其称为负载场效应管。F 在此称为工作场效应管。

2. P1 口的功能

P1 口主要是作通用 I/O 口使用，但 $P1._0$、$P1._1$ 还能作为多功能口线使用。

（1）P1 口作通用 I/O 口使用时。当 P1 口作通用双向 I/O 口使用时，P1 口的每一位口线都能独立地用作输入/输出线。

1）P1 口作输出时，将“1”写入锁存器，使 FET 截止，输出线由内部上拉电阻提升为高电平，输出为“1”；将“0”写入锁存器，使 FET 导通，输出线为低电平，输出为“0”。

2）P1 口作输入时，必须先将“1”写入锁器，使 FET 截止。该口线由内部上拉电阻拉成高电平，同时也能被外部输入源拉成低电平，即当外部输入“1”时，该口线为高电平，而外部输入为“0”时，该口线为低电平。P1 口作输入时，可被任何 TTL 电路和 MOS 电路所驱动，由于具有内部上拉电阻，也可直接被集电极开路和漏极开路电路所驱动，不必外加上拉电阻。P1 口可驱动 4 个 LSTTL 门电路。

（2）P1 口作多功能口线使用时。$P1._0$、$P1._1$ 除作为一般双向 I/O 口线外，还能作为多功能口线使用。$P1._0$ 作定时器/计数器 2 的外部计数触发输入端 T2，$P1._1$ 作定时器/计数器 2 的外部控制输入端 T2EX。

2.3.3 P2 端口

1. P2 口的结构

图 2-10 是 P2 口的位结构图。P2 口的位结构中上拉电阻与 P1 口类同，但增加了 1 个输出转换多路控制部分。

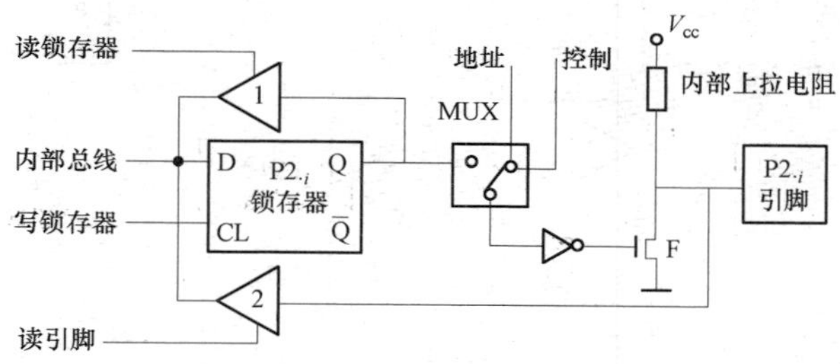

图 2-10 P2 口某位结构

2. P2 口的功能

P0 口和 P2 口内部均有一个受控制器控制的二选一的选择电路，所以它们除可以用作通用 I/O 口外，还具有特殊的功能，即 P2 口还可作地址总线使用。

（1）P2 口作通用 I/O 口使用时。当 P2 口作通用 I/O 口使用时，若 80C51 单片机没有扩展外部 RAM、I/O、ROM 或扩展小于 256B 时，P2 口作通用 I/O 口使用。作通用 I/O 口使用时，P2 口为准双向 I/O 口。多路转换开关 MUX 倒向左边即锁存器 Q 端，锁存器与输出级接通，引脚可接 I/O 设备，其输入/输出操作与 P1 口完全相同。

（2）P2 口作地址总线使用时。若单片机系统扩展外部存储器时，P2 口用于输出高 8 位地址 A15～A8。这时在 CPU 的控制下，转换开关 MUX 倒向右边，接通内部地址总线，P2 口的口线状态取决于片内输出的地址信息。因为访问外部程序存储器的操作是连续不断的，

P2 口要不断输出高 8 位地址，所以 P2 口此时不能作通用 I/O 口使用。

在不接外部存储器时，可以使用“MOVX @Ri”类指令访问片外存储器，由 P0 口输出低 8 位地址，而 P2 口引脚上的内容在整个访问期间不会变化，所以此时 P2 口仍可作通用 I/O 口用。

在外部扩充的存储器容量大于 256B 而小于 64KB 时，可以用软件方法利用 P1～P3 口中的某几位口线输出高几位地址，而保留 P2 中的部分或大部分口线作通用 I/O 口用。

若外部扩充的存储器容量较大，需用“MOVX @DPTR”类指令时，寻址范围为 64KB，由 P0 口输出低 8 位地址，P2 口输出高 8 位地址。在读写周期内，P2 口引脚上将保持高 8 位地址信息，但从图 2-10 所示的结构可以看出，输出地址时并不要求 P2 锁存地址，故锁存器的内容也不会在送地址的过程中改变，因此在访问外部数据存储器周期结束后，多路转换开关 MUX 自动切换到锁存器 Q 端，P2 锁存器的内容又会重现在引脚上。这样，根据访问片外 RAM 的频繁程度，P2 口在一定限度内仍可作一般 I/O 口使用。

2.3.4 P3 端口

1. P3 口的结构

P3 口是一个多用途的准双向 I/O 口，在内部结构上 P3 口与 P1 口的输出驱动部分及内部上拉电阻相同，但比 P1 口多了一个第二功控制部分的逻辑电路（由一个与非门和一个输入缓冲器组成），如图 2-11 所示。

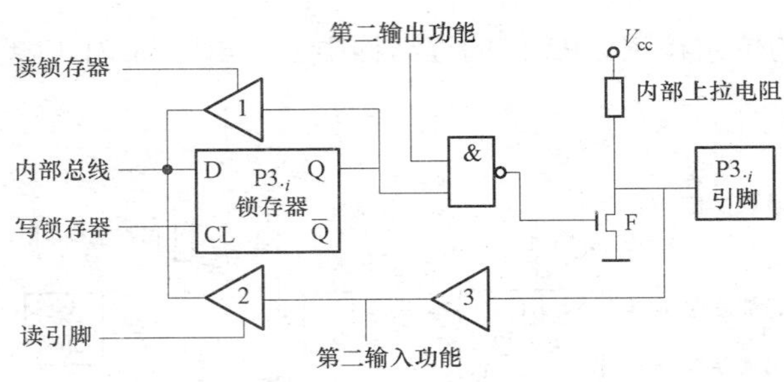

图 2-11 P3 口某位结构

2. P3 口的功能

P3 口除可以作为通用 I/O 口使用外，还具有第二功能。

（1）P3 口作通用 I/O 口使用时。当 P3 口作通用 I/O 口使用时，其操作方法与 P1 口相同。输出功能控制线为高电平，打开与非门，锁存器输出可以通过与非门送 FET 管输出到引脚端。输入时，引脚数据通过三态缓冲器 2 和 3 在读引脚选通控制下进入内部总线。

（2）P3 口作第二功能口线使用时。P3 口作为第二功能口使用时，其第二功能见表 2-1。第二功能端内容通过“与非门”和 FET 送至端口引脚。当作第二功能输入时，端口引脚的第二功能信号通过缓冲器 3 送到第二输入功能端。

总之，无论 P3 口作通用输入口还是作第二输入功能口用，相应位的输出锁存器和第二输出功能端都应置“1”，使 FET 截止。P3 口的引脚信号输入通道中有 2 个缓冲器，当作第二输入功能时，引脚输入信号取自缓冲器 3 的输出；作通用输入口时输入信号取自三态缓冲器 2。

2.4　单片机的时钟与时序

CPU 功能总的来说，是以不同的方式执行各种指令。不同的指令其功能各异，有的指令涉及 CPU 各寄存器之间的关系；有的指令涉及单片机核心电路内部各功能部件之间的关系；有的则与外部器件如外部程序存储器发生联系。事实上，CPU 是通过复杂的时序电路完成不同指令功能的。所谓的时序是指控制器按照指令功能发出一系列在时间上有一定次序的信号，控制和启动一部分逻辑电路电路，完成某种操作。CPU 本身是一个复杂的同步时序电路，为了保证同步工作方式的实现，时序电路应在唯一的时钟信号控制下，严格地按时序在时钟脉冲的推动下进行工作。

2.4.1　时钟电路

1. 单片机内部时钟电路

80C51 系列单片机的内部有 1 个高增益反相放大器。引脚 XTAL1 为放大器的输入端，XTAL2 为放大器的输出端。单片机的这个放大器与作为反馈元件的片外晶体，或陶瓷谐振器和电容 C 一起构成了稳定的自激振荡器，发出的脉冲直接送入内部的时钟电路，作为单片机 CPU 的时钟。图 2-12 所示为内部时钟电路的连接方法。

当外接晶振时，电容 C1 和 C2 容量值通常选择 30pF；外接陶瓷谐振器时，C1 和 C2 的典型值约为 47pF。在设计印刷电路板时，晶体或陶瓷谐振器和电容应尽可能安装在单片机芯片附近，以减少寄生电容，保证振荡器稳定和可靠工作。为了提高温度稳定性，应采用 NPO 电容（具有温度补偿特性的单片陶瓷电容器）。C1、C2 对频率有微调作用，振荡频率范围是 1.2MHz～12MHz。晶振频率越高，系统时钟频率也高，单片机的运行也就越快。运行速度越快，对存储器的速度要求就越高，对印刷电路板的工艺要求也越高。

2. 单片机外接时钟电路

在系统中，若有多片单片机组成时，为了使各单片机之间时钟信号的同步，应当引入唯一的公用外部脉冲信号作为各单片机的振荡脉冲。公用的外部脉冲信号由 XTAL2 端输入，XTAL1 可悬空不用，如图 2-13 所示。

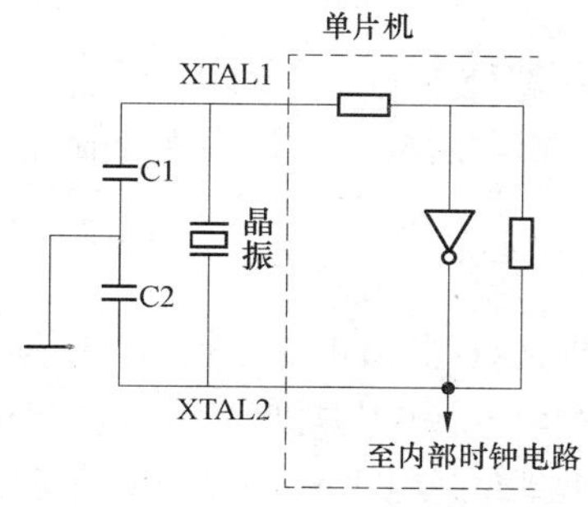

图 2-12　单片机内部时钟电路

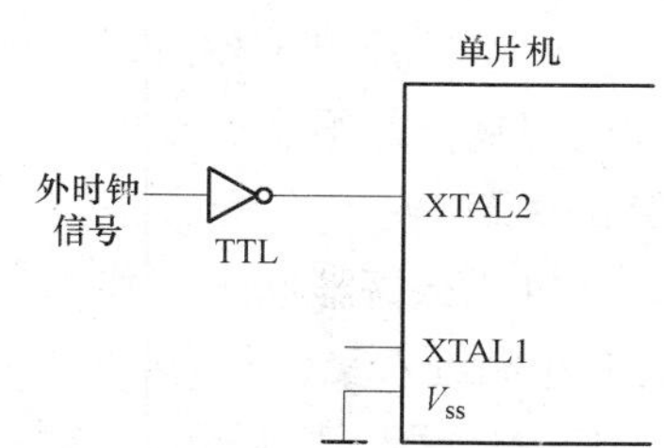

图 2-13　单片机外部时钟电路

外部脉冲信号通过一个二分频的触发器而成为内部时钟信号，故对外部信号的占空比没有什么要求，但最小的高电平和低电平持续时间应符合产品技术的要求。一般为频率低于 12MHz 的方波。

2.4.2 单片机时序

单片机时序是用来描述指令执行时间，通常由几个周期时序组成。

1. 时钟周期

一般将振荡脉冲的周期称为振荡周期或节拍 P，振荡脉冲经过二分频后，就是单片机的时钟信号，将时钟信号的周期定义为时钟周期 T，又称为状态周期 S。

时钟周期是时序中最基本的时间单位，是振荡器频率的倒数。例如，某单片机采用的振荡器为 10MHz，则它的时钟周期 T 为 0.1μs。每个时钟周期包含 2 个时钟节拍，前半个周期对应的节拍称为 P1，后半个周期对应的节拍称为 P2。通常算术逻辑操作在 P1 时进行，而内部寄存器传送在 P2 时进行。时钟发生器向芯片提供了一个 2 节拍的时钟信号。在每个时钟 S 的前半周期，节拍 P1 信号有效；后半周期内，节拍 P2 信号有效。

2. 机器周期

单片机采用定时控制方式，它有固定的机器周期。单片机的每 1 个机器周期是由 6 个时钟周期即 6 个状态周期 S 构成的。每个状态周期分为两个节拍，因此 1 个机器周期中的 12 个振荡周期可以表示为 S1P1、S1P2、S2P1、S2P2、S2P3、S3P1…S6P1、S6P2。由于 1 个机器周期共有 12 个振荡周期，所以机器周期就是振荡脉冲的 12 分频。当振荡脉冲频率为 12MHz 时，1 个机器周期为 1μs；当振荡脉冲频率为 6MHz 时，1 个机器周期为 2μs。

3. 指令周期

执行一条指令所需要的时间称为指令周期，它是最大的时序定时单位。由于机器执行的指令不同，所需的时间也不相同，所以不同的指令包含的机器周期数也不相同，可包含 1、2、3、4 个机器周期。通常将包含 1 个机器周期的指令称为单周期指令，包含 2 个机器周期的指令称为双周期指令。

指令的运算速度与指令所包含的机器周期数有关，1 条指令中，包含的机器周期越多，指令执行的时间越长，所以有的单片机将指令的机器周期数减少，以提高运行速度。4 周期指令只有乘法和除法指令两条，其余均为单周期指令和双周期指令。

2.5 单片机的复位

单片机的复位操作，使 CPU 和系统中的其他部件都处于一确定的初始状态，并从这个初始状态开始工作。在单片机工作时，接电时要复位，断电后要复位，发生故障后要复位，所以弄清楚单片机的复位是很有必要的。

2.5.1 复位状态

单片机在开机或振荡器起振工作后，在复位引脚 RST 上出现 24 个时钟周期（即两个机器周期）时，单片机进入复位状态。只要 RST 保持高电平，单片机便保持复位状态。复位后，除 SP 值为 07H、P1～P3 口为 FFH、ALE 和 $\overline{\text{PSEN}}$ 引脚为高电平外，其他所有 SFR 的复位值均为 00H，具体复位值请参阅表 2-6。

2.5.2 复位电路

单片机通常采用上电复位和按钮复位两种方式。图 2-14（a）所示为上电复位电路，图 2-14（b）、（c）所示为按钮复位电路。

上电复位是利用电容的充放电来实现的。RC 构成微分电路，上电瞬间，RST 端的电位

与 V_{cc} 相同，RC 电路充电，随着充电电流的减少，RST 端的电位逐渐下降。只要 V_{cc} 的上升时间不超过 1ms，振荡器的建立时间不超过 10ms，该时间就能足以保证完成复位操作。上电复位所需的最短时间是振荡周期建立时间加上 24 个时间周期，在这个时间内 RST 端的电平就维持高于施密特触发器（Schmidt trigger）的下阈值。

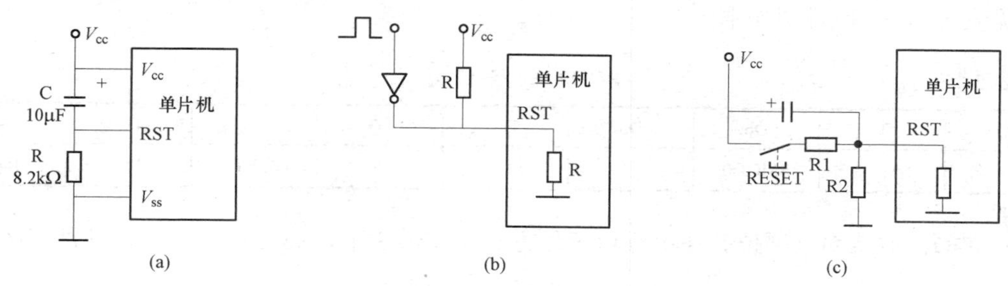

图 2-14　单片机复位电路

（a）上电复位；（b）按钮脉冲复位；（c）按钮电平复位

按钮复位有按钮脉冲复位和按钮电平复位两种方法，如图 2-14（b）、（c）所示。按钮脉冲复位是由单片机外部提供一个复位脉冲，此脉冲保持宽于 24 个时钟周期。复位脉冲过后，由内部下拉电阻保证 RST 端为低电平。按钮电平复位，是上电复位和手动复位相结合的方案。上电复位的工作过程与图 2-14（a）相同，在手动复位时，按下复位按钮 RESET，电容对 R1 迅速放电，RST 端变为高电平，RESET 松开后，电容通过电阻 R2 进行充电，使 RST 端恢复为低电平。

2.6　低功耗节电模式

低功耗节电模式是一种减少单片机功耗的工作模式，通常可以分为空闲（等待）模式和掉电运行（停机）模式两种，只有 CHMOS 型器件才有这种工作方式。CHMOS 型单片机是一种低功耗器件，正常工作时消耗 11～20mA 电流，空闲状态时为 1.7～5mA 电流，掉电模式为 5～50μA。因此，CHMOS 型单片机特别适用于低功耗应用场合。低功耗方式是减少单片机功耗的一种工作方式，可分为待机模式和掉电模式。单片机低功耗的工作模式取决于图 2-15。

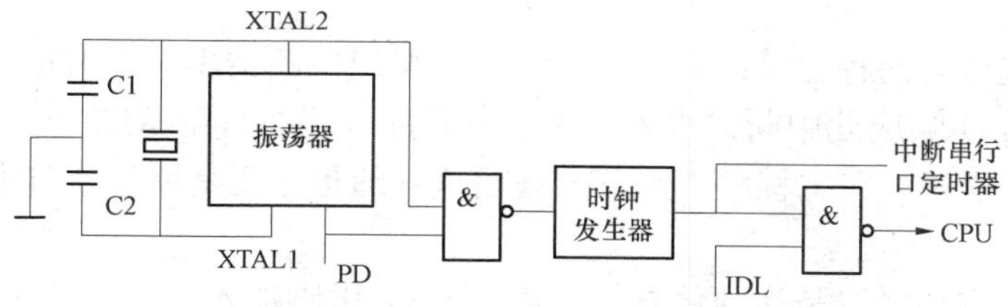

图 2-15　待机和掉电模式控制电路

当 IDL=0 时，振荡器继续工作，中断、串行口、定时器继续由时钟驱动，此时的时钟信号不送入 CPU，即单片机处于待机模式。当 IDL=1 时，振荡器停止工作，片内 RAM 和 SFR 寄存器中的内容被保存，单片机处于掉电模式。待机和掉电这两种模式是由 SFR 中的电源控制寄存器 PCON 设定的。

2.6.1 电源控制寄存器

PCON（Power Control Register）是一个专用电源控制寄存器，待机和掉电两种模式由 PCON 的相关位进行控制，PCON 的字节地址是 87H，复位值 00xxx000B 与复位源有关。PCON 定义见表 2-7，各位说明如下。

表 2-7 PCON 的各位定义

PCON	D7	D6	D5	D4	D3	D2	D1	D0
位符号名	SMOD	SMOD0	—	POF	GF1	GF0	PD	IDL

SMOD：波特率倍增位。在串行口工作方式 1、2、3 下，SMOD 置“1”，使波特率提高 1 倍。

SMOD0：决定串行口控制寄存器 SCON 最高位的功能。若 SMOD0 清“0”时，$SCON_{.7}$ 是 SM0 位，当 SMOD0 置“1”时，$SCON_{.0}$ 是 FE 标志。

POF：上电标志。掉电复位或掉电中断时自动置“1”，软件清零。上电后，该标志一直维持到软件清除。在程序设计时，可以直接将其置“0”，以降低功耗。

GF1、GF0：通过标志 1、0，由软件置位或复位。

PD：掉电模式控制位。当 PD 置“1”时，单片机进入掉电工作模式。软件清“0”。

IDL：待机模式控制位。当 IDL 置“1”时，单片机进入待机工作模式。软件清“0”。

2.6.2 空闲模式

80C51 若执行如下指令，单片机将进入到空闲模式：

```
MOV  PCON, #01H        ;IDL←1
```

这条指令使 $PCON_{.0}$，即 IDL 软件置“1”。IDL 为“1”，单片机进入待机模式。在这种模式下，提供给 CPU 的时钟信号被切断，CPU 停止工作进入休眠状态，但时钟信号仍继续提供给中断系统、串行口和定时/计数器。CPU 内部的全部状态（有 SP、PC、PSW、Acc 及所有工作寄存器）在待机期间都被保留起来。所以功耗很小。

单片机在待机模式下，ALE 和 $\overline{PSEN}$ 都为高电平，所有 I/O 口引脚的状态不变。若单片机执行的是外部程序存储器中的程序时，P0 口呈高阻状态，而 P2 口上出现的是程序计数器中高 8 位地址；若单片机是执行片内程序存储器中的程序时，P0、P2 口上呈现的是口寄存器的内容。

终止待机模式可有两种途经：方法一由中断源发出中断请求，则 IDL 位将被硬件清除，结束待机状态，CPU 响应此中断，进入中断服务程序。当执行到 RETI 中断返回指令时，结束中断，返回到主程序。在主程序中，下一条要执行的指令正是原先使 IDL 置位指令后面的那条指令。

终止待机方式方法之二是靠硬件复位。需在 RST 引脚加入一个脉冲大于 24 个时钟周期的正脉冲。IDL 被清“0”，单片机继续执行原先使 IDL 置位指令后面的那条指令，完成复位操作。

PCON 中的通用标志位 GF1 和 GF0 可以用来指明中断的发生是在正常操作，还是在待机方式期间发生的。在待机模式时，除用指令使 IDL=1 外，还可先用指令使 GF1 或 GF0 置位。

当由于中断而停止待机模式时，在中断服务程序中可以检查这些标志位，说明是从待机模式进入中断。

2.6.3　掉电运行模式

为了进一步降低功耗，可以使用掉电模式。若执行以下指令，单片机将进入掉电模式：

```
MOV   PCON,02H         ;PD←1
```

这条指令的执行，使 PD 变为高电平，单片机进入掉电工作模式。在该模式下，片内振荡器停止工作，随着振荡器的停止，片内所有的器件都停止工作。只有片内 RAM 及专用功能寄存器 SFR 的内容仍保持不变。端口的输出值由各自的端口锁存器保存。ALE 及 $\overline{\text{PSEN}}$ 引脚输出为低电平。

退出掉电模式可采用硬件复位和外部中断的方法。复位操作将重新确定所有专用寄存器的内容，但不改变片内 RAM 的内容。外部中断允许 SFR 和片内 RAM 都保持原有信息。

在进入掉电模式之前，V_{cc} 的功耗可以降到最小，但 V_{cc} 不能降低；同样在终止掉电模式前，应使 V_{cc} 恢复到正常工作电压值。复位不但能终止掉电模式，也能使振荡器重新工作。在 V_{cc} 未恢复到正常值之前不应该复位；复位信号在 V_{cc} 恢复后应保持一段时间，以便使振荡器重新启动，并达到稳态，通常不少于 10ms 的时间。

使用外部中断时，$\overline{\text{INT0}}$ 和 $\overline{\text{INT1}}$ 必须为低电平触发，使振荡器重新启动。退出掉电模式后，$\overline{\text{INT0}}$ 和 $\overline{\text{INT1}}$ 必须恢复为高电平。若外部中断被响应后，当执行到 RETI 中断返回指令时，结束中断，返回到主程序。

本章小结

80C51 单片机芯片是一个由 8 位 CPU，片内含 128B/256B 的 RAM、内置 4KB/8KB 的 ROM、20 多个特殊功能寄存器、4 个 8 位并行 I/O 口、两个 16 位定时/计数器、一个串行输入输出口和时钟电路组成。芯片有 40 个有效引脚，除了电源、接地、时钟端和 32 条端线外，有 4 个控制引脚：ALE（地址锁存允许）、$\overline{\text{PSEN}}$（外 ROM 读选通）、RST（复位）和 $\overline{\text{EA}}$（内外 ROM 选择）。

80C51 单片机从逻辑上有 3 个不同的存储空间，分别为片内外统一编址的 64KB 程序存储器 ROM、64KB 片外数据存储器 RAM 和 128B/256B 片内 RAM，用不同的指令和控制信号可实现操作。片内低 128B 的 RAM 可分为工作寄存器区（00H～1FH)、位寻址区（20H～2FH）和堆栈、数据缓冲区（30H～7FH）。片内高 128B 离散存放着 20 多个特殊功能寄存器：累加器 A、通用寄存器 B、程序状态字 PSW、堆栈指针 SP、数据指针 DPTR、地址指针 PC 等，它们均有特殊的用途和功能。

80C51 单片机 4 个 I/O 口在扩展外部 RAM 和 ROM 时，P0 口分时传送低 8 位地址和 8 位数据，P2 口传送高 8 位地址，P3 口常用于第二功能，提供给用户的只有 P1 口和部分未使用第二功能的 P3 口端线。

指挥 80C51 单片机有条不紊工作的是时钟脉冲，执行指令均按一定时序操作。机器周期是 80C51 单片机工作的基本定时单位，一个机器周期包含 12 个振荡脉冲，6 个时钟脉冲。

复位是单片机一个重要的工作状态。复位的条件是 RST 引脚保持 2 个机器以上的高电平；复位电路一般由 RC 微分电路构成；复位后的状态：PC 值为 0000H，SP 的值为 07H，P0～P3 口的值为 FFH。

习　题

1. 80C51 系列单片机有哪些功能部件？

2. 80C51 系列单片机 CPU 由哪几个部分组成，各部分功能如何？

3. 80C51 系列单片机有哪几组功能寄存器，各组的物理地址多少，单片机复位后，使用哪组工作寄存器？

4. 程序状态寄存器 PSW 有什么作用，有哪些状态位？

5. 如何判断算术运算中是否有溢出？

6. 80C51 系列单片机将片内数据存储器从功能和用途上分为哪几个区，分别有什么作用？

7. 位地址和字节地址有区别吗？位地址 43H 在片内 RAM 什么位置？

8. 80C51 系列单片机有几种复位方法，应注意的事项?

9. 80C51 系列单片机有几种低功耗方式，如何实现?

10. 简述时钟周期、机器周期、指令周期的关系。

第 3 章　80C51 的指令系统及汇编语言程序设计

指令是计算机根据人的意图所执行的操作命令，是与计算机内部结构、硬件资料密切联系的，某种计算机所有指令的集合称为指令系统。不同系列的计算机具有不同的指令系统。本章将讲述 80C51 的指令系统，以及如何使用相关指令进行汇编程序代码的编写。

3.1　指令格式与寻址方式

单片机通过 CPU 中的控制器进行一系列的运算和数据处理操作，将这些能够执行的操作以命令形式写下来的代码称为指令（Instruction）。单片机控制器能自动控制执行存放在存储器中的指令，每一条指令对应一种操作。单片机所能执行的指令集合（Instruction Set）称为指令系统。单片机指令是由 0 和 1 组成的二进制编码，这种能够执行操作的编码称为机器码，又称为机器语言。单片机只能识别和执行机器语言指令，若直接以二进制编码书写指令，则编写程序极为不方便。为了便于编程、容易理解和记忆，通常用汇编语言指令（如 MCS-51 单片机指令系统）或高级语言（如单片机 C51 语言）来描述指令系统。汇编语言需通过汇编程序或人工的方法汇编成机器能够识别和执行的机器语言指令，高级语言需经过编译或解释成机器能识别和执行的机器语言指令。

3.1.1　指令格式

80C51 系列单片机与 MCS-51 单片机兼容，完全采用了 MCS-51 单片机指令系统，还可使用单片机 C 语言进行编程。

80C51 的汇编语言指令与其他微机指令一样，由标号、操作码、操作数、注释等部分组成，其格式如下：

[标号]：操作码 [操作数 1]，[操作数 2]，[操作数 3]；[注释]

第一部分为标号。它是用户定义的符号地址。标号值代表该指令在程序存储器中的存放地址。通常以字母开头，后跟 1～8 个数字或字母，并以冒号“：”结尾。

第二部分为操作码。它是指令操作助记符。由 2～5 个字符组成的字符串，规定了 CPU 执行指令的操作功能。指令中必须有操作码。

第三部分为操作数。表示参加操作的数据或数据的地址。与操作码之间必须由 1 个或多个空格隔开，操作数与操作数之间必须用逗号“，” 隔开。根据不同的指令功能，操作数可以为 1、2、3 个。例如传送类指令大多有两个操作数，写在左边的为目的操作数（表示操作结果存放的单元地址），写在右边的称为源操作数（表示操作数的来源）。

第四部分为注释。它是用户对该条指令或该段程序的功能说明，以便于阅读。以分号“；”开始，注释必须在一行内写完，若一行未写完需换行时要另外以分号“；”开始，注释内容可为字母、汉字或数字。

[ ]表示为可选项，一条指令中，最多由以上四个部分组成。

在指令的描述中经常会用到一些特殊符号，现将这些符号说明如下。

（1）A：累加器 Acc。

（2）@：为间接寻址寄存器或基址寄存器的前缀。如@Ri，@A+PC，@A+DPTR。

（3）B：专用寄存器，用于乘（MUL）和除（DIV）指令中。

（4）bit：表示内部 RAM 或专用寄存器中的直接寻址位。

（5）C：进位标志或进位位，或布尔处理机中的位累加器。

（6）#data：表示包含在指令中的 8 位立即数。如果用十六进制表示，后缀字母为“H”，数据范围为 00～0FFH，不得以字母开头；如果用十进制表示，则无须任何后缀，但必须在 0～255 之间。

（7）#data16：表示包含在指令中的 16 位立即数。

（8）addr11：表示 11 位的目的地址。用于 ACALL 和 AJMP 的指令中，目的地址必须存放在与下一条指令第一个字节同一个 2KB 程序存储器地址空间之内。

（9）addr16：表示 16 位的目的地址。用于 LCALL 和 LJMP 指令中，目的地址范围是 64KB 的程序存储器地址空间。

（10）direct：表示 8 位内部数据存储器单元的地址。它可以是内部 RAM 的单元地址 0～127 或专用寄存器的地址，如 I/O 端口、控制寄存器、状态寄存器等（128～255）。

（11）DPTR：为数据指针，可用作 16 位的地址寄存器。

（12）rel：表示 8 位带符号的偏移量。用于 SJMP 和所有的条件转移指令中。偏移字节相对于下一条指令的第一个字节计算，在–128～+127 范围内取值。

（13）R*i*：表示当前选中的寄存器区中的 2 个寄存器 R0、R1，可作地址指针即间接寻址寄存器（*i*=0、1）。

（14）R*n*：表示当前选中的寄存器区的 8 个工作寄存器 R0～R7（*n*=0～7）。

（15）/：加在位操作数的前面，表示对该位进行非（取反）运算。

（16）(x)：某寄存器或地址单元的内容。

（17）((x))：在间接寻址方式中，表示由间址寄存器 x 指出的地址单元中的内容。

（18）$：当前指令的地址。

（19）←：表示将箭头右边的内容传送到箭头的左边。

3.1.2 单片机寻址方式

执行指令时，需要一定的操作数，这些数据可能存放在指令中，或在寄存器、存储器、或 I/O 端口中。为了对这些操作数进行正确操作，需指出它们的单元地址，即寻址。访问这些操作数所在地的方法称为寻址方式。

根据指令操作的需要，单片机提供了多种寻址方式，寻址方式愈丰富，CPU 指令功能愈强，灵活性愈大，但指令系统愈加复杂。80C51 系列单片机指令系统中有立即寻址、直接寻址、寄存器寻址、寄存器间接寻址、基址加变址间接寻址、相对寻址和位寻址等 7 种寻址方式。下面逐一介绍各种寻址方式。

1. 立即寻址

立即寻址的操作数包含在指令字节中，即操作数就是放在存储器中的常数。立即寻址方式的指令一般是双字节的，第一个字节是指令的操作码，第二个字节是立即数。立即数前面应加前缀“#”号，以区别于地址。

例如：

```
MOV  A,#0B3H      ;将立即数 B3H 送入累加器 A 中,即(A)←0B3H
MOV  TMOD,#35H    ;将立即数 35H 送给 TMOD,即 TMOD←35H
```

其中，0B3H 和 35H 都是立即数。为区别于在操作数区段出现的字符，以字母开头的十六进制数据前面都要加“0”。

2. *直接寻址*

直接寻址方式中，指令中的操作数部分为操作数的存储单元地址。该地址指出了参与操作的数据所在的字节地址或位地址。采用直接寻址的指令一般是双字节或三字节指令，第一字节为操作码，第二、三字节为操作数的地址码。只有片内 RAM 低 128B 和专用寄存器才能使用直接寻址方式，因为片内 RAM 高 128B 的地址与专用寄存器的地址是重叠的，所以片内高 128B 不能使用直接寻址，只能采用间接寻址方式。而且专用寄存器和位地址空间只能用直接寻址方式进行访问。

例如：

```
MOV  A, 43H       ; 将片内 RAM 43 单元中的内容传送至累加器 A 中,即(A)←(43H)
LJMP  3000H       ; 将 16 位的地址 3000H 送至 PC 中
```

3. *寄存器寻址*

寄存器寻址是由指令指出某一个寄存器中的内容作为操作数。寄存器寻址方式可用于访问选定的工作寄存器 R0～R7、A、B、DPTR 和进位 CY 中的数进行操作。其中 R0～R7 由操作码低三位的 8 种组合表示，A、B、DPTR、C 则隐含在操作码之中。

例如：

```
MOV   A, R5       ;将 R5 中的内容传送至 A 中,R5 中的内容就是操作数,即(A)←(R5)
INC   R0          ;将 R0 中的内容加 1 再送至 R0 中,即(R0)←(R0)+1
```

4. *寄存器间接寻址*

寄存器间接寻址是由指令指出某一个寄存器的内容作为操作数的地址。在这种寻址方式中，存放在寄存器中的内容不是操作数，而是操作数所在的存储器单元地址。寄存器间接寻址是用于访问片内数据存储器或片外数据存储器。当访问片内 RAM 或片外的低 256 B 空间时，可用 R0 或 R1 作为间接寻址寄存器；当访问片外整个 64KB 的地址 RAM 空间时，用 16 位寄存器 DPTR 作间接寻址寄存器。这类指令都为单字节的指令，操作码的最低位表示是采用 R0 还是 R1 作间接寻址寄存器。

在执行 PUSH 和 POP 指令时，也可采用寄存器间接寻址，此时用堆栈指针 SP 作间接寻址寄存器。

寄存器间接寻址用符号“@”表示。

例如：

```
MOV   DPTR, #0A389H     ;将十六位数 0A389H 赋给数据指针 DPTR
MOVX  A, @DPTR          ;将片外 RAM 或接口 0A389H 单元中的内容传送至 A
MOV   A, @R0            ;将 R0 指示的地址单元中内容传送至累加器 A 中
```

若 R0 中的内容为 65H，而片内 RAM 65H 单元中的内容是 5CH，则 MOV　A,@R0 的功能是将 5CH 这个数送至累加器 A 中，如图 3-1 所示。

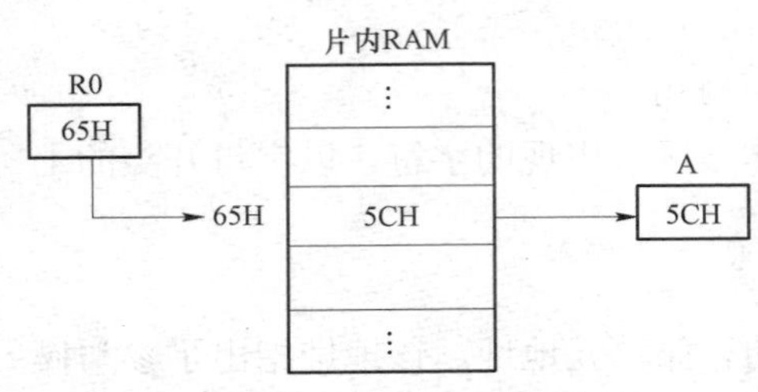

图 3-1 寄存器间接寻址方式示意

5. 基址加变址间接寻址

基址加变址间接寻址是以 16 位的程序计数器（PC）或数据指针 DPTR 作为基址寄存器，以 8 位累加器 A 作为变址寄存器，基址寄存器和变址寄存器中的内容为无符号数，两者相加形成新的 16 位地址，该地址作为操作数地址。这种寻址方式用于读取程序存储器中的某个字节，常用于查表操作。

例如：

```
MOVC  A,@A+DPTR       ;将地址为(A)+(DPTR)的ROM单元中的数送入A中
MOVC  A,@A+PC         ;将A+PC所指的程序存储器单元的内容送至A
JMP   @A+DPTR
```

设 A 的原内容为 A0H，DPTR 中的值为 2010H，20B0H 单元中的内容是 2EH，执行“MOVC A,@A+DPTR”指令则操作数的地址为 A0H+2010H=20B0H，即将 20B0H 单元中的内容 2EH 传送至 A 中。该指令的执行过程如图 3-2 所示。

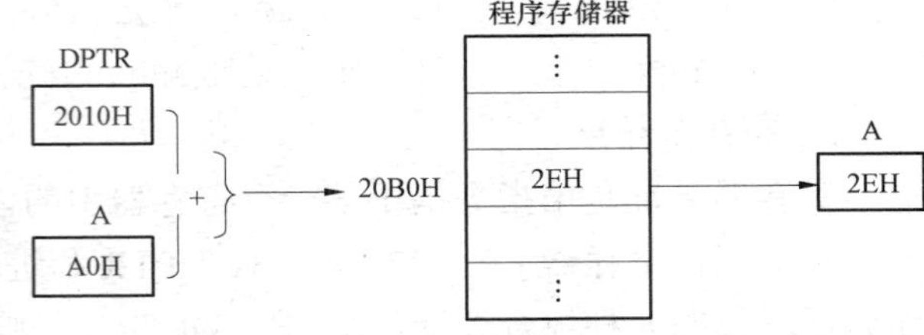

图 3-2 基址寄存器加变址寄存器寻址方式示意图

虽然基址加变址间接寻址方式较复杂，但基址加变址间接寻址的指令却都是单字节指令。

6. 相对寻址

相对寻址方式是将当前程序计数器（PC）中的内容与指令第二字节所给出的数相加，其和为跳转指令的转移地址，转移地址也称为转移目的地址。PC 中的当前值称为基地址，指令第二字节的数据称为偏移量（rel）。偏移量为带符号的数，其值为–128～+127。故指令的跳转范围相对 PC 的当前值在–128～+127 跳转。此种寻址方式一般用于相对跳转指令。转移目的地址可由下列公式计算：

目的地址=基地址+相对转移指令的字节数+rel

例如：

```
SJMP   12H  ;指令代码是双字节的，即80，12H
```

设 PC=3000H 为本指令的地址，转移目的地址=(3000+02）+12H=3014H，加 02H 是因为当前跳转指令代码为两个字节。执行完指令后，单片机的 PC=3014H。将转移至 3014H 程序单元去执行程序。

相对寻址中大多数为双字节指令，但也有个别为三字节指令。

7. 位寻址

位寻址是指对片内 RAM 的位寻址区（字节地址 20H～2FH）和可以位寻址的专用寄存器进行位操作时的寻址方式。在进行位操作时，借助于进位 C 作为位操作累加器。操作数直接给出该位的地址，然后根据操作码的功能对其进行位操作。位寻址的位地址与直接寻址的字节地址形式完全一样，主要由对应的操作数的位数来区分。

例如：

```
MOV  20H,C          ;20H是位寻址的位地址（C是位累加器）
```

```
MOV  C,P1.7      ;将 P1.7 口线的状态送给 C
SETB  P1.0       ;将 P1.0 口线置 1
```

通过对单片机指令系统寻址方式的介绍可以看出，以上各种寻址方式的举例主要是针对源操作数而言的，实际上目的操作数也有寻址。但是，在指令中对源操作数进行寻址的方式多，而对目的操作数寻址的方式较少，对目的操作数的寻址方式只有直接寻址方式、寄存器寻址方式、寄存器间接寻址方式和位寻址方式，因此理解了源操作数的寻址方式就很容易掌握目的操作数的寻址方式了。

3.2 单片机指令系统

80C51 系列单片机指令系统共有 111 条指令，具有指令字节少、节省存储空间、机器周期少、速度快等特点。指令系统有 42 个助记符、33 种功能。42 个助记符能够指明 33 种功能操作，有的功能操作有几个助记符（如数据传送：MOV，MOVC，MOVX）。按照指令功能的不同，可分为 5 大类指令：数据传送和交换类、算术运算类、逻辑运算类、控制转移类、位操作类等。

3.2.1 数据传送和交换类指令

数据传送指令（Data Transfer Instructions）一共 29 条，这类指令的操作是把源操作数传送到指令指定的目的地址，指令执行后，源操作数不变，目的操作数改为源操作数。数据传送类指令是向 CPU 提供运算操作数据最基本、最重要的操作，是编程时使用最频繁的一类指令。数据传送类指令除可以通过累加器进行数据传送外，还有不通过累加器的数据存储器之间或工作寄存器与数据存储器之间直接进行数据传送的指令。传送类指令一般不影响标志位，只有堆栈操作可以直接修改程序状态字（PSW）。另外，对目的操作数为 A 的指令将影响奇偶标志 P 位。

29 条数据传送指令使用了 8 种助记符：MOV、MOVX、MOVC、XCH、XCHD、SWAP、PUSH、POP，实际上传送指令归纳起来有 5 种：片内数据存储器传送（MOV）；片外数据存储器传送（MOVX）；程序存储器传送（MOVC）；累加器交换（XCH、XCHD、SWAP）；堆栈操作（PUSH、POP）。

1. MOV（Move）类传送指令（16 条）

MOV 类传送指令主要包括了立即数传送指令、内部 RAM 单元之间的数据传送指令、累加器数据传送指令。MOV 的汇编格式如下：

```
MOV  <目的操作数>,<源操作数>
```

MOV 是操作码助记符，功能是将源操作数内容送到目的操作数，而源操作数内容不变。该类指令介绍如下：

（1）源操作数为立即寻址方式的传送指令。源操作数为立即寻址方式的传送指令，简称立即数传送指令。立即数传送包括了下面 4 条 8 位指令，其目的操作数为 A、直接地址、工作寄存器、间接地址寄存器。

```
MOV  A,#data          ;(A)←data
MOV  direct,#data     ;(direct)←data
MOV  Rn,#data         ;(Rn)←data
```

```
MOV  @Ri,#data      ;((Ri))←data
```

这 4 条指令的功能都是实现 8 位立即数的传送，将 8 位立即数送入不同寻址方式的内部 RAM 单元中。此外，还有 1 条 16 位的立即数传送指令：

```
MOV  DPTR,#data16
```

这条指令的功能是将 16 位立即数送入 16 位数据指针寄存器（DPTR），其中高 8 位立即数送入 DPH，低 8 位立即数送入 DPL。当要访问片外 RAM 或 I/O 端口时，一般用于给 DPTR 赋初值。

【例 3-1】 将立即数 A3H 送入累加器 A。

```
MOV  A，#0A3H
```

【例 3-2】 将立即数 76H 送入片内 30H，可执行以下指令。

有以下两种传送方式：

```
MOV  A,#76H
MOV  R0,#30H
MOV  @R0,A
```

或直接执行

```
MOV  30H,#76H
```

在使用立即数传送时，源操作数前必须要有“#”。

（2）内部 RAM 单元之间的数据传送指令。内部 RAM 单元之间数据传送指令有两直接地址之间、直接地址与工作寄存器之间、工作寄存器与直接地址之间、直接地址与间接地址寄存器之间、间接地址寄存器与直接地址之间的传送指令，如以下 5 条指令：

```
MOV direct2, direct1     ;(direct2)←(direct1)
MOV direct, Rn           ;(direct)←(Rn)
MOV Rn, direct           ;(Rn)←(direct)
MOV direct, @Ri          ;(direct)←((Ri))
MOV @Ri, direct          ;((Ri))←(direct)
```

【例 3-3】 将 50H 单元的数据直接送入 30H，R1 内容指定的内部 RAM 单元的内容送入 PSW 寄存器，片内 RAM 60H 单元的内容送入 R4 中，用以下指令完成。

```
MOV  30H,50H             ;50H 单元数据送入 30H 单元
MOV  D0H,@R1             ;D0H 为 PSW 的单元地址
MOV  R4,60H
```

【例 3-4】 将 R2 中的内容送入 P0 口。

```
MOV  P0,R2
```

也可使用

```
MOV  80H,R2          ;80H 即 P0 口单元地址
```

（3）累加器的数据传送指令。与累加器有关的数据传送指令有累加器与工作寄存器之间，累加器与直接地址之间、累加器与间接地址寄存器之间的传送，如以下 6 条指令：

```
MOV A, Rn            ;(A)←(Rn)
MOV Rn, A            ;(Rn)←(A)
MOV A, direct        ;(A)←(direct)
```

```
MOV direct, A        ;(direct)←(A)
MOV A, @Ri           ;(A)←((Ri))
MOV @Ri, A           ;((Ri))←(A)
```

这 6 条指令用于累加器与不同寻址方式的内部 RAM 单元之间数据的传送。

【例 3-5】 将 R6 的内容送入累加器 A。

```
MOV A,R6
```

【例 3-6】 将 R4 清零。

```
MOV A,#00H
MOV R4,A
```

也可使用

```
MOV R4,#00H
```

2. MOVX（Move External）类传送指令（4 条）

累加器 A 与片外数据存储器之间的数据传送是通过 P0 口和 P2 口进行的。片外数据存储器的低 8 位地址由 P0 口送出，高 8 位地址由 P2 口送出，数据总线也是通过 P0 口与低 8 位地址总线分时传送。

在单片机中，CPU 对片外 RAM 的访问只能用寄存器间接寻址的方式，由于单片机指令系统中没有设置访问外设的专用 I/O 指令，且片外扩展的 I/O 端口与片外 RAM 是统一编址的，因此对片外 I/O 端口的访问，只能使用以 DPTR 和 R*i* 为间接地址的 MOVX 类传送的 4 条指令，且仅有 4 条指令。以 DPTR 间接寻址时，由于 DPTR 为 16 位地址指针，因此寻址的范围达 64KB；以 R*i* 间接寻址时，由于 R0、R1 是 8 位地址指针，故只能寻址低 256B 的范围。而且片外 RAM 的数据只能和累加器 A 之间进行传送，不能与其他寄存器和片内 RAM 单元直接进行传送。

外部 RAM 单元只能使用间接寻址方法，分别以 DPTR 和 R*i* 作为间接地址寄存器。因此 MOVX 传送类有两组不同的间接寻址指令。

（1）使用 DPTR 进行间接寻址。与 DPTR 间接寻址有关的指令有以下 2 条：

```
MOVX A,@DPTR         ;(A)←((DPTR))
MOVX @DPTR, A        ;((DPTR))←(A)
```

【例 3-7】 设某输出设备口地址为 6000H，将片内 RAM　40H 单元中的数据输出至该端口。

用以下指令完成。

```
MOV    DPTR, #6000H ;指向 6000H
MOV    A, 40H       ;将片内 RAM 的 40H 单元中的内容送入 A
MOVX   @DPTR, A     ;A 中的内容送入 6000H 单元
```

【例 3-8】 将片外 RAM 3000H 单元中的内容送至 4000H 单元中。

用以下指令完成。

```
MOV  DPTR,#3000H
MOVX A,@DPTR
MOV  DPTR, #4000H
MOVX @DPTR,A
```

（2）使用 R*i* 进行间接寻址。与 R*i* 间接寻址有关的指令有以下 2 条：

```
MOVX A,  @Ri          ;(A)←((Ri))
MOVX @Ri, A           ;((Ri))←(A)
```

【例 3-9】 将片外 RAM（8FH）中的内容 0B5H，传送至寄存器 R6 中，而将 R1 中的值 0A4H 写入片外 RAM（90H）。

用以下指令完成。

```
MOV  R0,#8FH          ;指向片外 8FH 单元
MOVX A, @R0           ;将片外 8FH 单元内容暂存 A
MOV  R6,A             ;暂存结果送入 R6 中
MOV  A, R1            ;取 R1 中的内容
MOV  R1,#90H          ;指向片外 90H 单元
MOVX @R1,A            ;0A4H 送入片外 90H 单元
```

3. MOVC（Move Code）类传送指令（2 条）

MOVC 类指令是对程序存储器（ROM）进行数据传送，因此又称为程序存储器传送指令，由于 MOVC 类指令通常用于查表，所以也称为查表指令，其表格放在程序存储器（ROM）中。MOVC 类传送指令是以基址寄存器（PC 或 DPTR）的内容与变址寄存器 A 作为无符号数的内容相加，形成新的 16 位地址，该地址单元的内容送至累加器 A，且只能送至累加器 A。

MOVC 类有以下两条传送指令：

```
MOVC A, @A+DPTR       ;(A)←((A)+(DPTR))
MOVC A, @A+PC         ;(PC)←(PC)+1,(A)←((A)+(PC))
```

这两条指令都是单字节指令，专用于查表，功能完全相同，但在具体使用时，还是有一定的区别：MOVC A，@A+DPTR 传送指令，是以 DPTR 作为基址寄存器，在使用前可以给 DPTR 进行赋值，因此查表范围为 64KB；MOVC A，@A+PC 传送指令，是以 PC 作为基址寄存器，当前的 PC 值是由本身的存储地址固定，A 的内容为 8 位无符号数，因此只能在 PC 当前值以后的 256B 地址范围内进行查表。

使用 MOVC　A，@A+DPTR 查表时分三个步骤：第一步将要查表的数据字作为偏移量送累加器 A 中；第二步将表的首地址送 DPTR 中；第三步执行该指令即可获得所需的内容。

使用 MOVC A，@A+PC 查表时也分三个步骤：第一步将表中的第 n 项作为变址值送累加器 A 中；第二步将查表指令的下一条指令地址到表首地址的差值与 A 中的内容相加作为偏移量；第三步执行该指令即可获得所需的内容。

【例 3-10】 在程序存储器中，从 8000H 开始存有 A～Z 的 ASCII 码，将 D 的 ASCII 码取出。

```
8000H :    41H     ;（41H 为“A”的 ASCII 码，存放在 8000H 单元中）
8001H :    42H     ;（42H 为“B”的 ASCII 码，存放在 8001H 单元中）
8002H :    43H     ;（43H 为“C”的 ASCII 码，存放在 8002H 单元中）
8003H :    44H     ;（44H 为“D”的 ASCII 码，存放在 8003H 单元中）
8004H :    45H     ;…
⋮
```

设完成此操作的程序存放在 4000H 开始存储器中。执行以下程序：

```
4000H :  MOV  A, #03H        ;A ← 03H 偏移量
4002H :  MOV  DPTR,#8000H    ;DPTR ← 8000H
4005H :  MOVC A,@A+DPTR      ;取出 D 的 ASCII 码送累加器 A
```

执行结果：（A）=44H，（PC）=4006H。

4. XCH、XCHD、SWAP 类指令（5 条）

累加器交换指令 XCH、XCHD、SWAP，主要是在片内 RAM 和累加器 A 之间进行数据的交换，包括全字节、半字节、高低 4 位数据交换。

（1）XCH（Exchange）全字节交换。

```
XCH  A, Rn          ;(A)←→(Rn)
XCH  A, direct      ;(A)←→(direct)
XCH  A, @Ri         ;(A)←→(Ri)
```

这三条指令都是全字节进行交换，XCH A，R*n* 是寄存器 R*n* 内容和累加器 A 内容进行互换；XCH A，direct 是片内 RAM 或 SFR 内容与累加器内容互换；XCH A，@R*i* 是片内 RAM 内容与累加器 A 内容互换。

R*n* 是由 PSW 中的 RS1 RS0 来选定，R*n* 对应该工作寄存器组的 R0～R7 中的某一个；直接地址 direct 为片内 RAM 的 00H～7FH 单元及 80H～FFH 中的专用寄存器 SFR；间接寻址 @R*i*，用当前工作寄存器 R0 或 R1 作地址指针。

（2）XCHD 低半字节交换（Exchange low-order Digit）。

```
XCHD A, @Ri         ;(A)0～3 ←→(Ri)0～3
```

这条指令将累加器 A 内容的低 4 位与 R*i* 所指片内 RAM 单元中的低 4 位内容互换，各自的高 4 位不变。

（3）SWAP 高 4 位与低 4 位交换（Swap nibbles within the Accumulator）。

```
SWAP A              ;(A)7～4 ←→(A)3～0
```

这条指令将累加器 A 的高 4 位与低 4 位的内容互换。

【例 3-11】 将片内 RAM 中 40H、45H 单元的内容互换，并将互换后的 45H 单元内容存入 R0 指示的片内 RAM 单元。

```
MOV  A,40H          ;40H 单元的内容送 A 中
XCH  A,45H          ;40H 单元与 45H 单元中的内容互换
MOV  @R0,A          ;互换后的结果存入 R0 指示的单元中
```

由上可知，A 是一个特别重要的寄存器，无论它作目的寄存器还是源寄存器，CPU 对它都有专用指令。A 的字节地址为 E0H，也可以采用直接地址来寻址。例如 MOV A，Rn 的指令，也可以用 MOV E0H，Rn，执行结果都是将 R*n* 的内容传送至 A 中。但后一指令要多一个字节，需 2 个机器周期。工作寄存器 R*n* 也有相同的特点。

5. PUSH、POP 类指令（2 条）

单片机片内 RAM 中可以设定一个先进后出 FILO 的堆栈。在特殊功能寄存器（SFR）中有一堆栈指针（SP），由它指出栈顶的位置。其堆栈操作指令有 2 条：

（1）PUSH 入栈操作（Push direct byte onto stack）。

```
PUSH    direct      ;(SP)←(SP)+1,(SP)←(direct)
                    ;堆栈指针先加 1，将数据压入栈顶
```

PUSH 指令是入栈（或称压栈或进栈）指令，其功能是先将栈指针（SP）的内容加 1，然后将直接寻址单元中的数传送到 SP 所指示的片内 RAM 单元中。

（2）POP 出栈操作（Pop direct from stack）。

```
POP   direct          ;(direct)←(SP),(SP)←(SP)-1
                      ;将数据从栈顶弹出存入direct,SP再减1
```

POP 是出栈（或称弹出）指令，其功能是先将栈指针（SP）所指示的片内 RAM 单元内容送到直接地址指出的片内 RAM 字节单元中，然后将 SP 的内容减 1，仍指向栈顶。

系统复位或上电时 SP 的值为 07H，而 08H～1FH 正好也是 CPU 的工作寄存器区，为不占用寄存器区，程序中需使用堆栈时，应先给 SP 设置初值。但应注意不超出堆栈的深度。一般 SP 的值可以设置在 1FH 或更大一些的片内 RAM 单元。

【例 3-12】 设 DPTR 指向了 4000H 单元，将其压入堆栈中，然后弹出到片内 RAM 的 60H、61H 单元中。

用如下指令完成。

```
MOV    DPTR,#4000H
PUSH   DPL
PUSH   DPH
POP    61H             ;DPH弹出到61H单元
POP    60H             ;DPL弹出到60H单元
```

堆栈操作指令一般用于子程序调用、中断等保护数据或保护 CPU 现场。在使用时，PUSH 和 POP 都是成对出现。

数据传送类指令种类较多，为程序中数据的传送提供了很大的方便，在使用的时候应注意以下几点。

（1）同样的数据传送，可使用不同的寻址方式指令。

（2）有些指令表面上看起来相似，但实际是两条不同的指令，例如：

```
MOV  23H,A
MOV  23H,0E0H
```

这两条指令都是将累加器中的内容送至片内 RAM 23H 单元，功能相同。但是它们使用了不同的寻址方式。MOV 23H，A 的源操作数是寄存器寻址方式，为双字节指令；MOV 23H，0E0H 的源操作数是直接寻址，为三字节指令。

（3）数据传送类指令不影响 PSW。

3.2.2 算术运算类指令

算术运算类指令也相当丰富，一共有 24 条，其中包括加、减、乘、除 4 种基本的算术运算指令。该类只有 8 位，而没有 16 位数的运算指令，它只能对 8 位无符号数进行直接的运算，但借助溢出标志也能对有符号的二进制整数进行加、减运算。同时借助进位标志，可以实现多精度的加、减和循环移位，也可以对压缩的 BCD 数进行运算（在一个字节中存放 2 位 BCD 数，称为压缩 BCD 数）。

算术运算指令对程序状态字（PSW）中的进位标志位（CY）、半进位标志位（AC）、溢出标志位（OV）、奇偶标志位（P）四个标志位有影响，根据运算的结果可将它们置 1 或清除。但是加“1”指令和减“1”指令不影响这些标志位，而其余指令会影响这些标志位。

1. 加法运算指令

加法运算指令共有 13 条，由不带进位 CY 加法、带进位 CY 加法和增 1 指令等 3 种组成。

（1）ADD（Addition）不带进位加（4 条）。

```
ADD A,Rn            ;(A)←(A)+(Rn)
ADD A,@Ri           ;(A)←(A)+(Ri)
ADD A,direct        ;(A)←(A)+(direct)
ADD A,#data         ;(A)←(A)+data
```

这 4 条指令的功能是把 A 中的数与源操作数所指出的内容相加，结果仍存于 A 中。其中第 1 条指令是与寄存器相加；第 2 条指令是与间接地址内容相加；第 3 条指令是与直接地址相加；第 4 条指令是与立即数相加。相加过程中若位 3 和位 7 向高位有进位，则将辅助进位标志 AC 和进位标志 CY 置位，否则清“0”。

对于无符号数相加时，若和数大于 255，则 CY=1，否则 CY=0。表示指令根据运算结果将进位标志置 1 或复位。

对于有符号数相加时，位 6 或位 7 之中只要有一位进位时，溢出标志位 OV=1，说明和产生了溢出（即大于 127 或小于 –128）。溢出表达式 $OV=D_{6CY}\oplus D_{7CY}$；D_{6CY} 为位 6 向位 7 的进位，D_{7CY} 为位 7 向 CY 的进位。

【例 3-13】 有符号数相加，执行以下程序，说明 PSW 有关标志位的内容。

```
MOV    A,#6AH
MOV    R0,#75H
ADD    A, R0
```

```
     0 1 1 0 1 0 1 0      (A)
  +) 0 1 1 1 0 1 0 1      (R0)
  ---------------------
     1 1 0 1 1 1 1 1      (A)
```

执行结果：$OV=D_{6CY}\oplus D_{7CY}=1\oplus 0=1$；说明和产生溢出；PSW 的 CY=0，AC=0，OV=1。

（2）ADDC（ADD with Carry）带进位加（4 条）。

```
ADDC A,Rn           ;(A)←(A)+(Rn)+CY
ADDC A,@Ri          ;(A)←(A)+((Ri))+CY
ADDC A,direct       ;(A)←(A)+(direct)+CY
ADDC A,#data        ;(A)←(A)+data+CY
```

这 4 条指令的功能是把源操作数所指示的内容与累加器 A 中的内容及进位标志 CY 相加，结果存入 A 中。运算结果对 PSW 中相关位的影响与不带进位的 4 条加法指令相同。

带进位加法指令一般用于多字节数的加法运算，低字节相加时产生的进位，可通过带进位加法指令将低字节的进位加到高字节上去。高字节求和时必须使用带进位的加法指令。

【例 3-14】 在 R5R4、R7R6 中有两个 16 位的无符号数，其值分别为 45FEH 与 85ACH，计算两个数的和，结果仍存于 R5R4 中，并说明 PSW 中相关位的内容。

```
CLR  C
MOV  A,R4
ADD  A,R6
MOV  R4,A
```

```
MOV  A,R5
ADDC A,R7
MOV  R5,A
```

程序执行时先计算低字节之和：

```
    11111110      FEH
 +) 10101100      ABH
   110101010
```

低字节之和=AAH，CY=1，AC=1，OV=0，然后再计算高字节之和：

```
    01000101      45H
    11000101      85H
 +)        1      CY
    11001011
```

高字节之和=CBH，CY=0，AC=0，OV=0。

程序执行完后的最后结果：R5R4=CBAAH，CY=0，AC=0，OV=0。

（3）INC（Increment）增 1（5 条）。

```
INC  A            ;(A)←(A)+1
INC Rn            ;(Rn)←(Rn)+1
INC @Ri           ;((Ri))←((Ri))+1
INC direct        ;(direct)←(direct)+1
INC DPTR          ;(DPTR)←(DPTR)+1
```

这一组指令的功能是将操作数指定的单元或寄存器中的内容加 1。其结果送回原操作数单元中。若指令为直接地址寻址方式，可访问 P3～P0 口，其地址为 B0H、A0H、90H、80H，原来端口数据值将从 P 口锁存器读入，而不是从引脚读入。

除第 1 条指令影响 P 标志外，其余 4 条不影响 PSW 任何标志位。

第 4 条指令，若直接地址是 I/O 端口，则进行“读—修改—写”操作。其功能是先读入端口的内容，随后写到端口锁存器内。

第 5 条指令是唯一的一条 16 位加 1 指令，指令首先对 DPL 加“1”，当 DPL 产生进位时，就对 DPH 加“1”，不影响标志位，用于修正数据指针 DPTR。

【例 3-15】 设（A）=16H，（R0）=0FFH，（00H）=4CH，（DPTR）=2345H 执行以下程序后，结果为多少？

```
INC  A
INC  R0
INC  @R0
INC  DPTR
```

执行结果：（A）=17H，（R0）=00H，（00H）=4DH，（DPTR）=2346H。

（4）DA（Decimal-Adjust）十进制调整。

```
DA   A
```

这条指令是在进行 BCD 码加法运算时，用来对 BCD 码的加法运算结果（在累加器中）自动进行十进制调整。为什么要使用 DA A 指令和如何使用 DA A 指令？

ADD 和 ADDC 都是二进制加法指令，对于二进制和十六进制数的加法运算时，都能得到正确的结果。但是，在计算机中十进制数字 0～9 可用 BCD 码来表示，然而计算机在进行运算时，指令系统中没有专门的十进制运算指令，只能按二进制规则进行，对于 4 位二进制数有 16 种状态，对应 16 个数字，而十进制数只用其中的 10 种表示 0～9，因此按二进制的规则运算就可能导致错误的结果。

例如：（a）2+6=8　　（b）6+8=14　　（c）7+9=16

```
  0010          0110          0111
+) 0110       +) 1000       +) 1001
  1000          1110         10000
```

其中：（a）的运算结果正确；（b）的运算结果错误，因为二进制数 1110 不是 BCD 码；（c）的运算结果错误，因二进制数 10000 不是 BCD 码。但是将（b）和（c）的运算结果进行+6 修正后，可得到正确结果，如下所示：

```
(b) 1110            (c) 10000
 +) 0110             +) 0110
   10100               10110
```

由于 BCD 码是 4 位二进制编码，4 位二进制数有 16 个编码，而 BCD 码只用了 0000～1001（即十进数 0～9）这十个编码，而 1010～1111（即十进制数 10～15）这六个编码没有使用，称为无效码，当两个 BCD 数之和为无效码，即和在 10～15 之间时，必须对结果进行+6 修正才能得到正确的 BCD 数。而 DA　A 指令正是为完成此功能而设置的十进制数调整指令。此指令的操作过程：

当低 4 位和 A3～0>9 时或 AC=1，则 A3～0 ← A3～0+6。

当高 4 位和 A7～4>9 时或 CY=1，则 A7～4 ← A7～4+6。

【例 3-16】 76+64=140

```
  76          01110110
+) 64       +) 01100100
 140          11011010     高 4 位和低 4 位均大于 9
            +) 01100110    故高、低 4 位和均应+6 修正
            101000000      修正后正确结果：140
```

DA　A 指令使用时一般跟在 ADD 和 ADDC 指令之后，用来对十进制数加法和进行修正。其运算前后的数必须均是 BCD 码，书写表达方法在数字后面加“H”，与十六进制数一样。

【例 3-17】 写出上例两个数相加的指令：

```
MOV    A, #76H
ADD    A, #64H   ;A7～4=1101>9, A3～0=1010>9
DA     A         ;执行此指令时，对高 4 位和与低 4 和分别+6 修正
```

执行结果：（A）=40H，CY=1，OV=0，A 中内容是 BCD 码的值为 40。

2. *减法运算指令*

（1）SUBB（Subtract with Borrow）带借位减法指令。

在减法运算中，只有带借位的减法指令，共 4 条，如下所示：

```
SUBB A,Rn        ;(A)← (A)-(Rn)-CY
```

```
SUBB A,@Ri       ;(A)← (A)-((Ri))-CY
SUBB A,direct    ;(A)← (A)-(direct)-CY
SUBB A,#data     ;(A)← (A)-data-CY
```

这4条指令的功能是把累加器A中的内容减去不同寻址方式的源操作数所指出的内容和进位标志CY，其差再存入A中。减法过程中，如果位7需借位，则CY置位，否则CY清“0”；如果位3需借位，则AC置位，否则AC清“0”；如果位6需借位而位7不需借位，或者位7需借位而位6不需借位则溢出标志OV置位，否则OV清“0”。对带符号数进行减法运算时，只有两个操作数符号位不同时，才有可能产生溢出。

1）若一个正数减一个负数，差为负数，则一定有溢出，OV=1。

2）若一个负数减一个正数，差为正数，则一定有溢出，OV=1。

计算机中的减法运算实际上是变成补码相加。

【例3-18】 若CY=1，执行以下程序，说明PSW有关标志位的内容。

```
MOV   A, #85H
MOV   54H,#0AEH
SUBB  A, 54H
```

```
    10000101
    10101110
 -)        1
 ------------
   111010110
```

执行结果：（A）=0D6H，CY=1，AC=1，OV=0，P=1。

（2）DEC（Decrement）减1指令。

```
DEC    A           ; (A)← (A)-1
DEC    Rn          ; (Rn)←(Rn)-1
DEC    @Ri         ;((Ri)) ← ((Ri))-1
DEC    direct      ;(direct)←(direct)-1
```

该4条指令的功能是将操作数所指定的单元或寄存器中的内容减1，其结果送回原操作数单元中。若原来的内容为00H，减1后下溢为0FFH。这组指令中，除对累加器A操作时，影响P标志外，其余操作不影响其他标志。

当指令中的直接地址direct为P0～P3端口，即direct等于80H、90H、A0H、B0H时，指令用来修改一个输出口的内容，也就是进行“读—修改—写”操作。指令执行时，首先读入端口的原始数据（数据来自端口的锁存器，而不是从引脚读入），在CPU中执行减1操作，再送入端口。

在指令系统中，只有数据指针DPTR加1，而没有DPTR减1的指令。

【例3-19】 设（A）=00H，（R2）=18H，（50H）=6FH，（R0）=5CH，（5BH）=0FEH，执行以下指令：

```
DEC    A
DEC    R2
DEC    50H
DEC    @R0
```

指令执行后的结果：(A)=0FFH，(R2)=17H，(50H)=6EH，(R0)=5BH，(5BH)=0FEH。

3. 乘、除法运算指令

（1）MUL（Multiplication）乘法指令（1条）。

```
MUL     AB      ;(B)(A)←(A)×(B)
```

这条乘法指令的功能是实现两个8位无符号数的乘法操作，2个数分别存在累加器A和寄存器B中。乘积为16位，积的低8位存于A中，积的高8位存于B中。若积大于255，溢出标志位OV置位，否则清“0”。执行指令时CY位总是为0。乘法指令是整个指令系统中执行时间最长的2 条指令之一，它需4个机器周期（48个振荡周期）。若STC89单片机使用12MHz晶振时，一次乘法操作需4μs。

（2）DIV（Division）除法指令（1条）。

```
DIV  AB        ;(A)←(A)/(B) (商), (B)←(A)/(B)(余)
```

这条除法指令的功能是实现两个8位无符号数除法操作，一般被除数放在A中，除数放在B中。指令执行后，所得商放在A中，而余数在B中。进位标志CY和溢出标志OV清“0”，只有当除数为0时，A和B中的内容为不确定值，此时OV位置位，说明除法溢出。在任何情况下CY都清“0”，指令的执行时间和乘法指令执行时间一样长，一次除法操作也需4μs。

3.2.3　逻辑运算类指令

逻辑运算类指令有与、或、异或、清除、求反、左右移位等24条操作指令。此类指令执行时一般不影响程序状态寄存器（PSW），只有目的操作数为A时对奇偶标志位（P）有影响，带进位的移位指令影响CY位。逻辑运算指令用到9种助记符：ANL、ORL、XRL、RL、RLC、RR、RRC、CLR和CPL等。这9种助记符可以分为对累加器A的单操作数逻辑操作指令和双操作数逻辑操作指令两大类。

1. 单操作数的逻辑操作指令

单操作数的逻辑操作指令是对累加器A进行操作。

（1）CPL（Complement）累加器取反指令。

CPL　A　　　;(A) ← $(\overline{A})$

这条指令是对累加器中的内容逐位进行逻辑取反操作，结果送入A，不影响标志位。

【例3-20】 若（A）=0A3H=10100011B，执行

```
CPL  A
```

结果：（A）=01011100B=5CH。

（2）CLR（Clear）累加器清零指令。

```
CLR  A         ;(A) ← 0
```

这条指令是对累加器中的内容清零操作，结果不影响CY、AC、OV等标志。

【例3-21】 若（A）=89H，执行

```
CLR  A
```

结果：（A）=00H。

（3）（Rotate）循环移位指令（4条）。

1）RL（Rotate Left）循环左移（如图3-3所示）。

RL　　A　　　; A_{n+1}← A_i，A_0← A_7

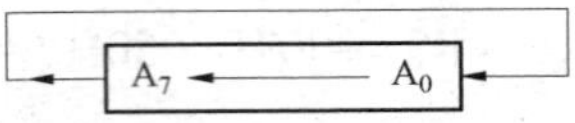

图 3-3 循环左移

2）RR（Rotate Right）循环右移（如图 3-4 所示）。

```
RR      A         ; An←An+1, A7← A0
```

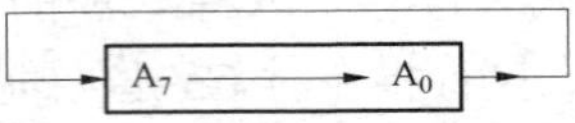

图 3-4 循环右移

3）RLC（Rotate Left through the Carry flag）带进位循环左移（如图 3-5 所示）。

```
RLC     A         ; An+1←An, CY← A7, A0← CY
```

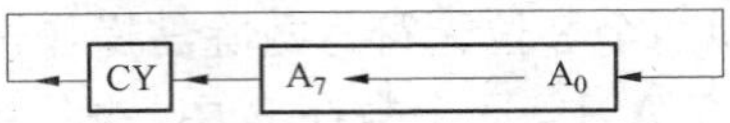

图 3-5 带进位循环左移

4）RRC（Rotate Right through the Carry flag）带进位循环右移（如图 3-6 所示）。

```
RRC     A         ; An← An+1, A7← CY, CY← A0
```

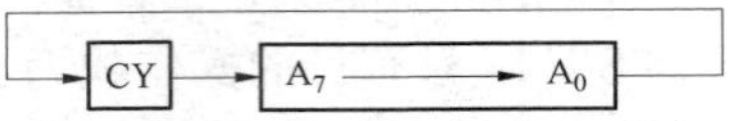

图 3-6 带进位循环右移

前 2 条指令是将累加器 A 的内容循环左、右移一位，指令执行后不影响 PSW 的标志位。后 2 条指令是将 A 的内容带进位位 CY 的左、右循环移位，指令执行后影响 CY 位。

【例 3-22】 若（A）=0CH，CY=1，顺序执行以下指令：

```
RL      A         ;（A）=18H, CY=1
RLC     A         ;（A）=31H, CY=0
RR      A         ;（A）=98H, CY=0
RRC     A         ;（A）=4CH, CY=0
```

结果：（A）=4CH，CY=0。

2. 双操作数逻辑操作指令

（1）ANL（Logical-AND）逻辑“与”运算指令（6 条）。逻辑“与”操作是按位进行的，若“与”两个位都为 1，则该位“与”的结果为 1。逻辑“与”用符号“∧”表示。

```
ANL A,Rn            ;(A)←(A)∧(Rn)
ANL A,@Ri           ;(A)←(A)∧((Ri))
ANL A,#data         ;(A)←(A)∧data
ANL A,direct        ;(A)←(A)∧(direct)
ANL direct,A        ;(direct)←(direct)∧(A)
ANL direct,#data    ;(direct)←(direct)∧data
```

前 4 条指令是 A 的内容与源操作数所指出的内容进行按位逻辑“与”操作，结果送 A 中。指令执行后影响奇偶标志位（P）。后两条指令是将直接地址单元中的内容和源操作数所指出的内容按位进行逻辑“与”，结果送入直接地址单元中。若直接地址是 P0～P3 时，则可进行“读—修改—写”的逻辑操作。当直接地址的内容与立即数操作时，可以对内部 RAM 的任何一个单元或专用寄存器，以及端口的指定位进行清“0”操作。

【例 3-23】 已知（A）=53H，（40H）=6AH，执行

```
ANL    A,40H
```

```
        01010011            （A）=53H
    ∧   01101010            （40H）=6AH
    ------------
        01000010
```

结果：（A）=42H，（40）=6AH，P=0。

【例 3-24】 将片内 40H 单元的高 4 位清 0，低 4 位保持不变，已知（40H）=0A4H，执行 `ANL  40H,#0FH`

```
        10100100
    ∧   00001111
    ------------
        00000100
```

结果：（40H）=04H。

（2）ORL（Logical-OR）逻辑“或”运算指令（6 条）。逻辑“或”是按位进行的，若两个位中任一位为“1”，则该两位“或”的结果为“1”，用符号“∨”表示。

```
ORL    A, Rn           ;(A)←(A)∨(Rn)
ORL    A, @Ri          ;(A)←(A)∨((Ri))
ORL    A, #data        ;(A)←(A)∨data
ORL    A, direct       ;(A)←(A)∨(direct)
ORL    direct,A        ;(direct)←(direct)∨(A)
ORL    direct,#data    ;(direct)←(direct)∨data
```

这组指令前 4 条指令是 A 的内容与源操作数所指示的内容按位进行逻辑“或”运算，结果存 A 中，指令执行后影响奇偶标志位 P。后 2 条指令是直接地址中的内容与 A 或立即数按位进行逻辑“或”运算，其结果送入直接地址单元中。若直接地址是 P0～P3 时，这是一条“读—修改—写”端口指令。当直接地址中的内容与立即数操作时，可以对内部 RAM 的任何一个单元或专用寄存器，以及端口的指定位进行置位操作。

【例 3-25】 若（A）=46H，（R1）=53H，（53H）=75H，（64H）=72H，顺序执行以下指令：

```
ORL    A,R1        ;（A）=57H
ORL    A,64H       ;（A）=77H
ORL    A,#3AH      ;（A）=7FH
ORL    A,@R1       ;（A）=7FH
ORL    64H,A       ;（64H）=7FH
ORL    64H,#96H    ;（64H）=0FFH
```

【例 3-26】 将累加器 A 的高 4 位传送到 P0 口，但 P0 口低 4 位保持不变。可以执行以下程序：

```
ANL   A,#0FFH     ;A的高4位不变,低4位清“0”
ANL   P0,#0FH     ;暂取P0的低4位
ORL   P0,A        ;A的高4位送P0端口高4位,P0端口低4位不变
```

（3）XRL（Logical Exclusive-OR）逻辑“异或”运算指令（6条）。

逻辑“异或”也是按位进行的，两位进行“异或”，若有一位为“1”时，“异或”的结果为“1”，若两位都为“1”或“0”，“异或”结果为“0”，逻辑“异或”运算符用 “⊕”表示。

```
XRL A,Rn             ;(A)←(A)⊕(Rn)
XRL A,@Ri            ;(A)←(A)⊕((Ri))
XRL A,#data          ;(A)←(A)⊕data
XRL A,direct         ;(A)←(A)⊕(direct)
XRL direct,A         ;(direct)←(direct)⊕(A)
XRL direct,#data     ;(direct)←(direct)⊕data
```

这组指令的前4条指令是A的内容与源操作数所指示的内容进行按位逻辑“异或”，其结果存入A中，指令执行结果影响P位。后2条指令是直接地址中的内容与A或立即数进行按位逻辑“异或”，其结果送回直接地址单元中。若直接地址是P0～P3，可对端口进行“读—修改—写”操作。当直接地址的内容与立即数进行操作时，可以对片内RAM的任一单元及专用寄存器和端口进行位取反的操作。

【例3-27】 已知（45H）=57H，执行

```
XRL 45,#0B4H
```

```
  01010111
⊕ 10110100
----------
  11100011
```

结果：（45H）=0E3H。

3.2.4 控制转移类指令

PC自动加1可实现程序的顺序执行，有时因操作的需要或程序较复杂时，程序指令不能按顺序逐条执行，需改变程序的执行顺序，实现分支转向，即通过强迫改变PC值的方法实现。在单片机指令系统中有控制程序转移的指令。

控制程序转移类指令共17条，不包括布尔变量控制程序转移的指令，主要功能是控制程序转移到新的PC地址上。其中有64KB地址范围的长转移和长调用指令；2KB地址范围的绝对转移（短转）和绝对调用（短调）指令；整个64K空间的间接转移和相对转移指令及条件转移指令。

1. 无条件转移指令（4条）

无条件转移指令共有4条，指令执行后不影响PSW标志位。

（1）LJMP（Long Jump）长转移指令。

```
LJMP  addr16       ;(PC)←add16
```

长转移指令允许转移的目标地址在64KB空间的范围内。该指令执行时，将16位操作数的高8位装入DPH，低8位装入DPL，无条件地转移到指定地址。长转移指令为三字节指令，依次为操作码、高8位地址、低8位地址。

（2）AJMP（Absolute Jump）绝对转移指令。

```
ALMP  addr11      ;(PC)←add11
```

绝对转移指令是 1 条双字节指令，指令中包含有 11 位的转移地址，即转移的目标地址是在下一条指令地址开始的 2KB 范围内。在 11 位地址中 A7～A0 在第 2 字节，A10～A8 在第 1 字节的高 3 位，指令操作码 00001 在第 1 字节的低 5 位，这样一起构成 16 位的转移地址。如图 3-7 所示。

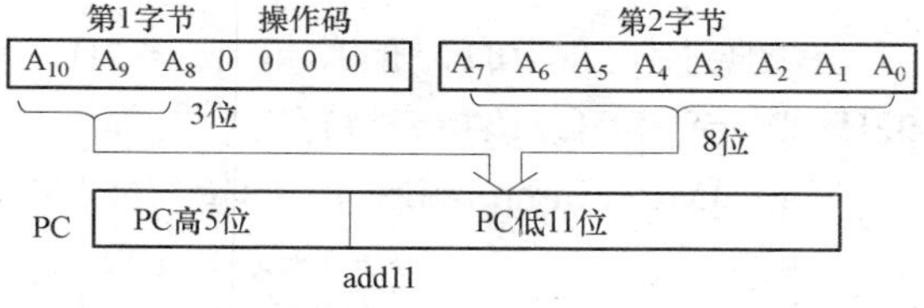

图 3-7　11 位转移地址的形成示意图

由图 3-7 可知，11 位的转移目的地址是由指令的第一字节高 3 位 A10A9A8 和第二字节的 8 位 A7～A0 组成，PC 的高 5 位可有 32 种组合，分别对应 32 个页号，即把 64K 的存储器空间划分为 32 页，每页为 2KB，由 PC 的高 5 位来指定。而指令的第一字节高 3 位 A10A9 A8 有 8 种组合，对应 8 种操作码，每一页有 8 种操作。AJMP 和 ACALL 指令操作码与页面的关系见表 3-1。每一种操作码转移地址的范围为 2KB 的空间。

表 3-1　　AJMP 和 ACALL 指令操作码与页面的关系

操作码		子程序入口转移地址页面关系
ACALL	AJMP	
11	01	00 08 10 18 20 28 30 38 40 48 50 58 60 68 70 78 80 88 90 98 A0 A8 B0 B8 C0 C8 D0 D8 E0 E8 F0 F8
31	21	01 09 11 19 21 29 31 39 41 49 51 59 61 69 71 79 81 89 91 99 A1 A9 B1 B9 C1 C9 D1 D9 E1 E9 F1 F9
51	41	02 0A 12 1A 22 2A 32 3A 42 4A 52 5A 62 6A 72 7A 82 8A 92 9A A2 AA B2 BA C2 CA D2 DA E2 EA F2 FA
71	61	03 0B 13 1B 23 2B 33 3B 43 4B 53 5B 63 6B 73 7B 83 8B 93 9B A3 AB B3 BB C3 CB D3 DB E3 EB F3 FB
91	81	04 0C 14 1C 24 2C 34 3C 44 4C 54 5C 64 6C 74 7C 84 8C 94 9C A4 AC B4 BC C4 CC D4 DC E4 EC F4 FC
B1	A1	05 0D 15 1D 25 2D 35 3D 45 4D 55 5D 65 6D 75 7D 85 8D 95 9D A5 AD B5 BD C5 CD D5 DD E5 ED F5 FD
D1	C1	06 0E 16 1E 26 2E 36 3E 46 4E 56 5E 66 6E 76 7E 86 8E 96 9E A6 AE B6 BE C6 CE D6 DE E6 EE F6 FE
F1	E1	07 0F 17 1F 27 2F 37 3F 47 4F 57 5F 67 6F 77 7F 87 8F 97 9F A7 AF B7 BF C7 CF D7 DF E7 EF F7 FF

当执行 AJMP add11 指令后时，（PC）←（PC）+2，高 5 位地址保持不变，被修改的只是 PC 的低 11 位地址。

【例 3-28】 若（PC）=2090H，执行指令

```
AJMP  15BH
```

执行结果：（PC）=（PC）+2=2092H，程序转移地址=0010000101011011B=215BH。

（3）SJMP（Short Jump）相对转移指令。

```
SJMP  rel       ;PC ← PC+2+rel
```

SJMP 相对转移指令又称为短转移指令，也是双字节指令。指令中的相对地址是一个带符号的 8 位 rel 偏移量（2 的补码）其范围为 –128～+127。负数表示向后转移，正数表示向前转移。该指令执行后程序转移到当前 PC 与 rel 之和所指示的单元，即目的地址=(PC)+2+rel。

【例 3-29】 在片外 8010H 地址上有 SJMP 指令：

```
8010H   SJMP  32H
```

源地址为 8010H，偏移量 rel=32H 为正数表示程序向前转移，目的地址=8010H+02H+32H=8044H。该指令执行完后，程序转移到 8044H 地址去执行。

（4）JMP（Jump Indirect）间接长转移指令。

```
JMP @A+DPTR       ;(PC)←(A)+(DPTR)
```

这是 1 条无条件的间接转移（又称散转）指令。转移的目的地址由数据指针 DPTR 和 A 的内容之和形成，即目的地址=（A）+（DPTR）。相加之后不修改 A 和 DPTR 的内容，而是把相加的结果直接送 PC 寄存器，执行后也不影响 PSW 标志位。

【例 3-30】 机床控制中有一键盘，键盘上有多个功能键控制电机运行状态，1 号键表示启动，2 号键表示停止、3 号键表示正转，4 号键表示反转，电机的控制可用以下程序表示：

```
        MOV    A,#data         ;data 表示输入键值
        MOV    DPTR，#TABLE
        JMP    @A+DPTR         ;转操作键处理程序
TABLE:  AJMP   MOT0            ;转启动电机子程序
        AJMP   MOT1            ;转电机停止子程序
        AJMP   MOT2            ;转电机正转子程序
        AJMP   MOT3            ;转电机反转子程序
          ⋮
```

当 A=0 时，散转到 MOT0，A=2 时散转到 MOT1…，由于 AJMP 是双字节指令，所以 A 中内容必须是偶数。

2. 条件转移指令（8 条）

该类指令是根据它上一条指令执行的结果，看是否满足条件，当满足条件时，程序转移到当前 PC 值加偏移量的地址去执行指令，否则继续执行下一条指令。

（1）判累加器 A 是否为零的转移指令。

```
JZ   rel     ;(A)=0 转，(PC)←(PC)+2+rel，否则继续执行(PC)←(PC)+2
JNZ  rel     ;(A)≠0 转，(PC)←(PC)+2+rel，否则(PC)←(PC)+2
```

这是两条双字节指令，其中第 1 条指令是（A）=0 时跳转，第 2 条指令是（A）≠0 时跳转，否则继续执行。

（2）CJNE（Compare and Jump if Not Equal）数值比较转移指令（4 条）。

```
CJNE  A,#data,rel                ;不相等转移
                                 ;(A)=data ， (PC)←(PC)+3 ， C←0
                                 ;(A)>data ， (PC)←(PC)+3+rel，C←0
                                 ;(A)<data ， (PC)←(PC)+3+rel，C←1
CJNE  A,direct,rel               ;不相等转移
                                 ;(A)=(direct)， (PC)←(PC)+3，C←0
```

```
                                    ;(A)>(direct), (PC)←(PC)+3+rel, C←0
                                    ;(A)<(direct), (PC)←(PC)+3+rel, C←1
    CJNE  Rn,#data,rel              ;不相等转移
                                    ;(Rn)=data, (PC)←(PC)+3, C←0
                                    ;(Rn)>data, (PC)←(PC)+3+rel, C←0
                                    ;(Rn)<data, (PC)←(PC)+3+rel, C←1
    CJNE  @Ri,#data,rel             ;不相等转移
                                    ;((Ri))=data, (PC)←(PC)+3, C←0
                                    ;((Ri))>data, (PC)←(PC)+3+rel, C←0
                                    ;((Ri))<data, (PC)←(PC)+3+rel, C←1
```

这 4 条数值比较转移指令都是三字节指令，也是指令系统中仅有的 4 条三个操作数指令。这几条指令的功能是比较两个无符号操作数的大小，不相等则转移，相等则顺序执行。这 4 条指令影响 CY 位，执行后不影响所有操作数。单片机中没有设置单独的比较指令，但该 4 条指令既具有比较功能，又能根据比较结果使程序转移，故是一类很有用的指令。

【例 3-31】 电压检测系统中，采集的电压值 $V_{入}$ 放在累加器 A 中，当 $V_{入}$ 小于设定的电压值 V_s（电压设定值存放在 45H）时，显示低电压；当 $V_{入}$ 高于设定电压值时，显示高电压，否则显示电压正常。有关程序如下：

```
        CJNE  A,45H,NEQ         ;V入≠Vs，电压不相等，转向 NEQ
    EQ: …                       ;否则，显示电压正常
    NEQ: JC  LOW                ;V入>Vs，低电压，转向 LOW 低电压显示程序
    ⋮                           ;V入<Vs，显示高电压
    LOW: …
```

（3）DJNZ（Decrement and Jump if Not Zero）减“1”不为“0”转移指令（2 条）。

```
    DJNZ  Rn, rel               ;Rn←Rn-1，Rn≠0 时转 PC←PC+2+rel
    DJNZ  direct,rel            ;(direct) ← (direct)-1
                                ;(direct)≠0 时转，PC ← PC+3+rel
```

这 2 条指令是减“1”不为“0”转移指令，其中第 1 条是双字节指令，第 2 条是三字节指令。在应用中需要多次重复执行某段程序时，可设置一个计数值，每执行一次该段程序，计数值减“1”，当不为“0”时则继续执行，直至计数值减至“0”为止。使用此指令前要将计数值预置在工作寄存器或片内 RAM 直接地址单元中，然后再执行某段程序和减 1 判 0 指令。

【例 3-32】 软件延时

```
    Delay: MOV  R7, #34H
    Dela:  MOV  R6, #248
           DJNZ R6, $          ;R6 不为 0，原地踏步，$代表 PC 当前地址
           DJNZ R7, Dela       ;R7 不为 0，继续延时
```

3. 子程序调用及返回指令（4 条）

在程序设计中，经常将一些公用的程序编制成子程序。当主程序使用子程序时，需对子程序进行调用。子程序执行完后，需返回到主程序。所以在程序中常需使用子程序的调用和子程序返回指令。

（1）子程序的调用指令 LCALL、ACALL。

```
LCALL   addr16          ;(PC)←(PC)+3, (SP)←(SP)+1
                        ;((SP))←(PC)7~0, (SP)←SP+1
                        ;((SP))←(PC)15~8, (PC)←addr16
ACALL   addr11          ;(PC)←(PC)+2, (SP)←(SP)+1
                        ;((SP))←(PC)7~0, (SP)←(SP)+1
                        ;((SP))←(PC)15~8, (PC)←addr11
```

这两条子程序调用指令执行时不影响标志位。其中第 1 条为三字节长调用指令，允许子程序放在 64KB 空间的任何地方；第 2 条为双字节绝对调用指令，子程序的允许调用范围为 2KB 的空间范围。11 位调用地址的形成与 AJMP 指令相同。

（2）返回指令 RET、RETI（Return from Interrupt）。

```
RET         ;子程序返回
            ;(PC)15~8←((SP)), (SP)←(SP)-1
            ;(PC)7~0←((SP)), (SP)←(SP)-1
RETI        ;中断返回，除具有 RET 指令功能，还将清除优先级状触发器
```

第 1 条为子程序返回指令，执行子程序的返回。把栈顶相邻两个单元的内容弹出送到 PC，SP 的内容减 2，程序返回到 PC 值所指的指令处执行，RET 通常置于子程序的末尾。

第 2 条为中断返回指令，除完成 RETI 指令的功能外，还能清除优先级状态触发器，通常置于中断服务程序的末尾。

RET 和 RETI 都是子程序返回指令，它们的功能基本相同，但是 RETI 为中断子程序返回指令，执行该指令时除把栈顶的断点弹出送 PC 外，还释放中断逻辑使之能接受同级的另一个中断请求。如果在执行 RETI 指令时，有一个中断优先级比其低或同级的中断已挂起时，CPU 必须执行了中断返回指令之后的下一条指令后，才能响应被挂起的中断。

4. NOP（No Operation）空操作指令（1 条）

```
NOP     ;(PC)←(PC)+1
```

这条单字节指令没有任何实质性的操作，只使程序计数器（PC）加 1，消耗 1 个指令周期时间来实现短暂的延时。

3.2.5 位操作类指令

单片机的片内含有一个布尔处理器，它是按位（Bit）为单位进行运算和操作的。与此相应有一专门处理布尔变量的指令子集，即位操作指令来完成布尔变量的操作。这类指令包括位传送、位修正、位逻辑运算、判位转移等指令。在布尔处理器中，位的传送和位逻辑运算是通过 CY 标志位来完成的，CY 的作用类同 CPU 中的累加器。

在进行位操作时，汇编语言中位地址的表达方式可有多种方式。

（1）直接位地址方式：如

```
0D2H
```

（2）点操作符号方式：如

```
PSW.2
```

（3）位名称方式：如

```
OV
```

（4）用户定义名方式：如用伪指令 bit

```
OVER_flag  bit OV
```

经定义后，允许指令中用 OVER_flag 代替 OV。

1. 位传送指令（2 条）

```
MOV  C, bit     ;(CY)←(bit)
MOV  bit,C      ;(bit)←(CY)
```

这 2 条指令的功能是将源操作数指出的布尔变量送到目的操作数指定的位中，其中一个操作数必须为进位标志，另一个为直接寻址位。直接寻址位为片内 20H～2FH 单元的 128 个位及 80H～0FFH 中可位寻址的专用寄存器中的各位。若直接寻址位为 P0～P3 端口中的某一位，指令执行时，先读入端口的全部内容（8 位），然后把 C 的内容传送到指定位，再把 8 位内容传送到端口的锁存器，它也是一条“读—修改—写”指令。

【例 3-33】 把片内 2FH 位的内容传送 4AH 位

```
MOV   10H, C          ;暂存 CY 内容
MOV    C,2FH          ;2FH 位送 CY
MOV    4AH, C         ;CY 送 4AH
MOV    C,10H          ;恢复 CY 内容
```

【例 3-34】 把 $P1._4$ 的状态传送到 $P1._5$

```
MOV  C,P1.4
MOV  P1.5,C
```

2. 位修正指令（6 条）

```
CLR   C       ;(CY)←0
CLR   bit     ;(bit)←0
CPL   C       ;(CY)←(/CY)
CPL   bit     ;(bit)←(/bit)
SETB  C       ;(CY)←1
SETB  bit     ;(bit)←1
```

这 6 条指令是对位累加器 C 或直接寻址的位进行位清“0”、取反、置“1”等操作，指令执行后不影响其他标志。当直接寻址位为 P0～P3 端口的某一位时，具有“读—修改—写”操作功能。式中“$\overline{\text{bit}}$”表示对该位取反后再参与运算，但不改变原来的内容。

【例 3-35】 将 25H 位清“0”，$P1._3$ 位置“1”

指令如下。

```
CLR   25H    ;24H.5←0，对位地址 25H 清 0
SETB  P1.3   ;P1.3←1，对 P1.3 置 1
```

3. 位逻辑指令（4 条）

（1）ANL 位逻辑“与”指令。

```
ANL   C , bit     ;(CY)←(CY)∧(bit)
ANL   C , /bit    ;(CY)← (CY)∧(/bit)
```

这 2 条指令的功能是把进位 C 的内容与直接寻址位进行逻辑“与”操作。

（2）ORL 位逻辑“或”指令。

```
ORL   C , bit     ;(CY)←(CY)∨(bit)
ORL   C , /bit    ;(CY)←(CY)∨(/bit)
```

这 2 条指令的功能是把进位 C 的内容与直接寻址位进行逻辑“或”操作。

4. 判位转移指令（5 条）

（1）判进位位 C 转移指令。

```
JC    rel         ;(CY)=1 时转移：(PC)←(PC)+2+rel，否则继续
JNC   rel         ;(CY)=0 时转移：(PC)←(PC)+2+rel，否则继续
```

这 2 条指令的功能是判进位位 C 是否为“1”或为“0”转，若满足条件时转移，否则继续执行程序。

（2）判直接寻址位转移指令。

```
JB    bit,rel     ;(bit)=1 时转移：(PC)←(PC)+3+rel，否则继续
JNB   bit,rel     ;(bit)=0 时转移：(PC)←(PC)+3+rel，否则继续
JBC   bit,rel     ;(bit)=1 时转移：(PC)←(PC)+3+rel，(bit)←0，否则继续
```

这 3 条指令的功能是判直接寻址位是否为“1”或为“0”转，当满足条件时转移，否则继续执行程序。第 3 条指令当满足条件时转移，同时还将该寻址位清“0”。

3.3 汇编语言程序设计

在本章前面的内容中，读者已经学习了 80C51 系列单片机的指令系统，接下来的任务就是如何运用这些指令编写程序以实现自己的设想。汇编语言程序设计与高级语言程序设计相似，在此只简单地介绍程序设计的基本思路和方法，熟悉常规的程序结构。为了用好汇编语言进行程序设计，有必要先学习汇编语言的伪指令。

3.3.1 汇编语言的伪指令

伪指令是指在汇编时不产生目标代码，CPU 不能执行的指令。伪指令支持汇编的运行，在汇编过程中起控制作用。单片机常用的伪指令有以下几条。

1. ORG（Origin）起点伪指令

格式：ORG addr16

该指令是用来定义汇编程序的起始地址或数据块的起始地址。起始地址数是用 16 位地址表示的 4 位十六进制数。在一个源程序中，允许有多个 ORG 指令，但规定的起始地址应从小到大，不同的程序段之间不允许地址重叠。使用方法如下所示。

```
        ORG 0000H
        LJMP START
        ORG 000BH
        LJMP INTT0
        ORG 200H
START:  MOV SP,#60h
        CLR RS0
        MOV R7,#0FFH
            ⋮
```

2. END 汇编结束伪指令

格式：END

该指令置于源程序的最后面，表示汇编结束。在 END 之后所写的指令，汇编程序不予处理，1 个源程序只有 1 个 END 命令。

3. EQU（Equate）赋值伪指令

格式：标识符　EQU　操作数

该指令的功能是把操作数的值赋予标识符。需说明的是此标识符不等于标号，其后没有冒号。伪指令与前面的标识符之间是空格，而不是冒号，其中的操作数可以是数据，也可以是汇编符号。用 EQU 定义过的标识符可以用作数据地址、位地址或立即数。例如：

```
        ORG 1000H
        XPA   EQU  8000H
        XPB   EQU  8001H
        X273  EQU  0A000H
        XPC   EQU  8002H
        XPCTL EQU  8003H
START:MOV   DPTR,#XPCTL
              ⋮
```

4. DB（Define Byte）定义字节伪指令

格式：标号：　DB　字节常数或字符或表达式

这条指令用于定义字节，将字节常数或字符或表达式存入标号开始的连续单元中。字节常数或字符是指 1 个字节数据或用逗号分开的字节串，或者用引号括起来的 ASCII 码字符串。

5. DW（Define Word）定义数据字伪指令

格式：标号：DW　字或字串

该指令是用于定义字，将字或字符串数据存入标号开始的连续单元中。字或字符串之间用逗号隔开。使用方法与 DB 类同。例如：

```
      ORG  8000H
TAB: DW  0201H, 0220H, 1220H
```

将 0201H 存入 8000H 和 8001H 单元，0220H 存入 8002H 和 8003H 单元，1220H 存入 8004H 和 8005H 单元。每一个字需要占用两个存储单元，字中高位字节占高地址单元，低位字节占低地址单元。

6. DATA（data）定义数据伪指令

格式：标识符　DATA　数据或表达式

这条命令是将数据地址或代码地址赋予标识符，与 EQU 伪指令类似。但 EQU 必须先定义后使用，DATA 没有此规定；DATA 将 1 个表达式的值赋给字符变量，所定义的字符变量也可以出现在表达式中，但 EQU 不能。DATA 主要用来定义数据地址。

7. DS（Define Storage）定义存储区伪指令

格式：标号：　DS　数字或字符表达式

这条指令的功能是从指定单元开始保留一定的空白存储单元数目。例如：

```
ORG   8000H
```

```
DS    10H  ；从 8000H 地址开始空 10H 个连续存储单元
```

8. BIT 位定义伪指令

格式：标识符　BIT　位地址

这条指令是将位地址赋予标识符使用方法。例如：

```
A1   BIT   P1.1
A2   BIT   P1.2
```

这两条指令是将 $P1._1$、$P1._2$ 分别赋给字符 A1、A2，在编程中可将 A1、A2 当作位地址使用。

3.3.2 程序结构

尽管可以用汇编语言设计出千变万化的程序，但程序的基本结构只有 3 种：顺序结构、分支结构和循环结构。

1. 顺序结构

顺序结构程序是一种最简单、最基本的程序设计方法。其特点是按解决问题的步骤顺序编写程序，然后依次存入存储器中，执行时按先后顺序来执行程序。下面举例说明。

【例 3-36】 两个无符号双字节数相加。设这两个双字节数分别在片内 RAM 30H 和 40H 开始的 2 个单元中，高字节在高地址单元中，低字节在低地址单元中，求两数之和，并存入 40H 开始的单元中。

解：双字节数相加的运算应先从低字节加起，借助于进位位 CY 可将低字节和的进位加至高字节中去。该程序使用累加器 A 和 R0、R1 寄存器。

```
ORG  0000H
CLR  C              ;CY 清 0
MOV  R0, #30H       ;被加数低字节地址送 R0
MOV  R1, #40H       ;加数低字节地址送 R1
MOV  A,  @R0
ADD  A,  @R1        ;低字节求和，存于 40H
MOV  @R1,A
INC  R0             ;指向高字节地址
INC  R1
MOV  A,  @R0
ADDC A,  @R1        ;高字节带进位 CY 求和，存于 41H
MOV  @R1,A
END
```

【例 3-37】 将一个字节内的两个 BCD 码拆开并转换为相应的 ASCII 码，存入两个 RAM 单元。设两个 BCD 数已放在片内 RAM 的 40H 单元，变换后的 ASCII 码低字节存于 41H，高字节存于 42H 单元。

解：0～9 的 BCD 数的 ASCII 码为 30H～39H。拆字转换时，首先取 40H 单元的低 4 位，将其加上 30H 后，就转换为 ASCII 码的低字节，存于 41H，然后将 40H 单元的高低 4 位互换，将互换后的低 4 位加上 30H 得到转换后的 ASCII 码高字节存于 42H。

```
ORG   0000H
```

```
MOV    R1,#41H          ;(R1)←41H
MOV    A,40H            ;(A)←(40H)
MOV    R7,A             ;BCD 数暂存 R7
ANL    A,#0FH           ;取 40H 单元的低 4 位
ADD    A,#30H           ;转换为 ASCII 码
MOV    @R1,A            ;转换后的 ASCII 存 41H
INC    R1
MOV    A,R7             ;取暂存的 BCD 数
SWAP   A                ;高、低 4 位互换
ANL    A,#0FH           ;取 40H 单元高 4 位
ADD    A,#30H
MOV    @R1,A            ;转换后的 ASCII 码存 42H
END
```

2. 分支结构

分支程序就是根据实际问题中给出的条件产生一个或多个分支，以决定程序的流向。分支程序有简单分支、多重分支和 N 路分支程序（散转程序）的多种情况，分别举例如下。

（1）简单分支程序。

【例 3-38】 比较两个无符号数的大小。设两个无符号数分别存于片内 30H 和 31H 单元中，将较大的数存于 40H 中。

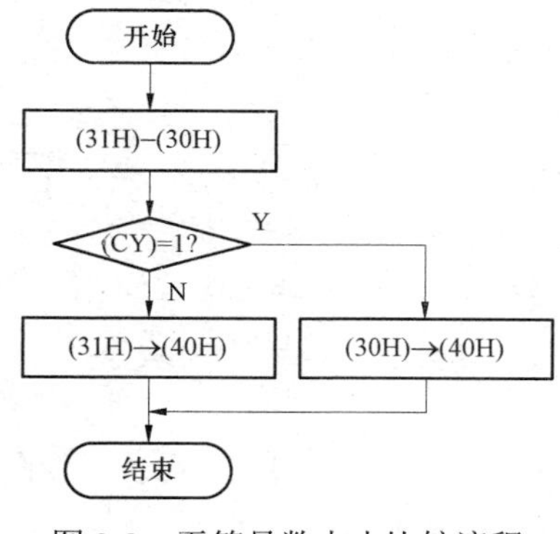

图 3-8　无符号数大小比较流程

解： 比较大小，让两数相减。若（CY）=1，则被减数小于减数，使用 JC 指令进行判断。程序流程如图 3-8 所示。

```
        ORG  0000H
        CLR  C              ;(CY)←0
        MOV  A, 30H
        MOV  R0,A
        MOV  A, 31H
        SUBB A, R0          ;减法比较两数大小
        JC   Q1             ;(CY)=1，说明（31H）小，则转移
        MOV  40H, 31H       ;否则（31H）较大，送入 40H
        SJMP EXIT
Q1:     MOV  40H, R0
EXIT:   NOP
        END
```

在［例 3-38］中，用减法指令通过借位 CY 的状态判断两数的大小。执行 JC 指令后，形成了一个分支。执行 SJMP 指令后，实现程序的转移。

（2）多重分支程序。在许多应用场合，只有一个分支条件是无法解决问题的，需有两个或两个以上的判断条件进行多方面测试，即需多重分支程序。

【例 3-39】 编制计算符号函数 *Y*=SGN（*x*）的程序。设自变量 *x* 存入 BUFF1 单元中，运算结果 *Y* 存 BUFF2 单元中。

$$Y=\begin{cases}1 & X>0\\0 & X=0\\-1 & X<0\end{cases}$$

解： 这是一个具有三路分支的条件转移程序，可采用累加器判零和位控制指令来完成转移。程序流程如图 3-9 所示。

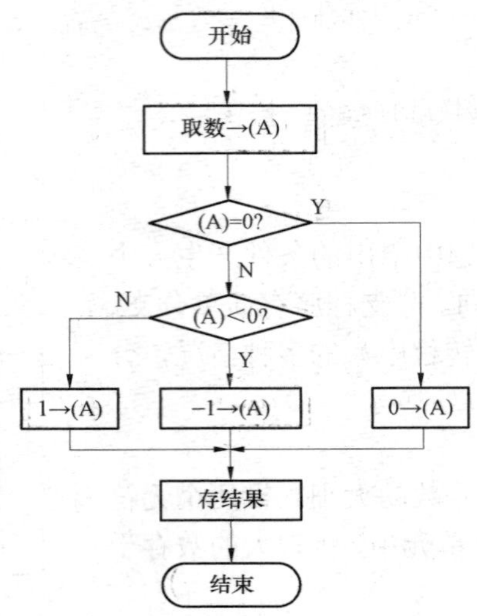

图 3-9　SGN 函数分支程序流程图

```
        ORG    0000H
BUFF1   DATA   30H
BUFF2   DATA   40H
        MOV    A,BUFF1          ;取 x
        JZ     KY1              ;x=0，转 KY1
        JB     ACC.7, KY        ;判 x 的符号位
        MOV    A, #01H          ;x>0,(A)←1
        SJMP   KY1
 KY:    MOV    A, #0FFH         ;x < 0,(A)←-1
KY1:    MOV    BUFF2,A
        END
```

从［例 3-39］可看出，这是 1 个二次判断的分支程序，与［例 3-38］不同。［例 3-38］仅有 1 次判断，所以它只是简单分支程序，而［例 3-39］是多重分支程序。

（3）*N* 路分支程序（散转程序）。在某些应用场合，需有 *N* 路分支程序。*N* 路分支程序根据前面程序运行的结果，可以有 *N* 种选择，根据判断并能转向相应的处理程序。在单片机中提供了 1 条间接（也称为散转）转移指令 JMP @A+DPTR，可方便地进入各路分支处理程序，因此又将其称为散转程序。

JMP @A+DPTR 指令是把累加器 A 的 8 位无符号数与 16 位数据指针的内容相加，其和送入程序计数器，作为转移指令的地址，执行指令后，累加器和 16 位数据指针的内容不受影响。

下面介绍几种多分支程序。

1）使用转移指令表进行分支转移。

【例 3-40】 根据 R5 的内容，转向各个处理程序。

```
R5=0,转 PROG0
R5=1,转 PROG1
⋮
R5=n,转 PROGn
```

解：将转移标志送入累加器 A 中，转移首地址送 DPTR 中，利用 JMP @A+DPTR 实现分支程序的转移。

```
        ORG    0000H
        MOV    DPTR, #TAB      ;表首址送入 DPTR
        MOV    A, R5
        RLC    A               ;（R5）×2→(A)
        JNC    NEXT
        INC    DPH             ;（R5）×2＞256 时，表空间增加 1 页
NEXT:  JMP    @A+DPTR
TAB:   AJMP   PROG0
        AJMP   PROG1
        ⋮
        AJMP   PROGn
PROG0:[R5=0 时的处理程序]
PROG1:[R5=1 时的处理程序]
        ⋮
PROGn:[R5=n 时的处理程序]
```

由于累加器 A 可容纳 n 的最大空间是 256B，若超过此范围时，表空间需增加 1 页，所以［例 3-40］只能对小于 256B 的地址进行分支转移。［例 3-40］中的分支程序使用了 AJMP 指令，寻址范围只有 2KB，转移指令空出 2B 空间，若分支程序的长度超过了 2K 时，需改用 LJMP 指令，且每个转移指令应空出 3B 空间。

2）用转移地址表实现多分支程序的转移。当转向范围较大时，可直接使用转向地址表法，即把每个处理程序的入口地址直接置于地址表内。散转时，用查表指令，按某个单元的内容查表找到对应的转向地址，把它装入 DPTR 中，然后累加器 A 清 0，再用 JMP @A+DPTR 指令直接转向各个分支处理程序的入口。

【例 3-41】 根据 R3 中的内容转向对应处理程序。设处理程序的入口为 PROG0～PROGn。

```
        ORG    0000H
        MOV    DPTR, #TAB      ;表首址送入 DPTR
```

```
        MOV   A, R3
        RLC   A             ; (R3) ×2→A
        JNC   NEXT
        INC   DPH           ; (R5) ×2>256时，表空间增加1页
NEXT:   MOV   R2,A          ;暂存数据
        MOVC  A,@A+DPTR     ;取入口地址
        XCH   A,R2          ;转移入口地址高8位暂存R2
        INC   A
        MOVC  A,@A+DPTR
        MOV   DPL,A         ;转移入口地址低8位暂存DPL
        MOV   DPH,R2
        CLR   A
        JMP   @A+DPTR
TAB:    DW    PROG0
        DW    PROG1
         ⋮
        DW    PROGn
PROG0:[程序0入口]
PROG1:[程序1入口]
         ⋮
PROGn:[程序n入口]
```

[例 3-41] 可实现 64KB 范围内的散转，但散转数 *n* 应小于 256。若 *n* 大于 256 时，应采用双字节数加法运算来修改 DPTR。

3）利用 RET 指令实现多分支转移。以上都是利用 JMP @A+DPTR 来实现多分支程序的转移，实际上还可利用 RET 指令来实现此功能。它不是将转向地址装入 DPL 和 DPH，而是先将它压入堆栈（先低位地址字节，后高位地址字节），再通过 RET 指令把堆栈中的地址送回到 PC 中实现程序的转移。

【例 3-42】 根据 R3R2 中的内容，转向不同的处理程序。

```
        ORG  0000H
        MOV  DPTR,#TAB      ;表首址送入DPTR
        MOV  A, R3
        CLR  C
        XCH  A, R2
        RLC  A
        ADD  A, DPH
        MOV  DPH,A           ;(R3)(R2)×2，高8位送DPH
        MOV  A, R2           ;(R3)(R2)×2，高8位送DPH
        MOVC A, @A+DPTR     ;从表中得到高位地址
        XCH  A, R2
```

```
        INC   DPTR
        MOVC A, @A+DPTR       ;从表中得到低位地址
        PUSH Acc              ;地址低 8 位入栈
        MOV  A, R2
        PUSH Acc              ;地址高 8 位入栈
        RET                   ;把转向地址出栈装入 PC 中
TAB:    DW    PROG0
        DW    PROG1
        ⋮
        DW    PROGn
PROG0:[程序 0 入口]
PROG1:[程序 1 入口]
        ⋮
PROGn:[程序 n 入口]
```

3. 循环结构

前面介绍了顺序程序和分支程序的设计，它们的共同点是每条指令最多只能执行 1 次。在很多实际程序中需对某些程序进行多次执行，用循环程序的方法可以实现。循环程序中的某些指令可多次反复执行，这样使程序缩短，节省了存储单元。

循环结构的程序一般由循环初态、循环体、循环控制部分组成。循环初态又称初始条件，循环初态位于循环程序开头，用于设置循环过程中工作单元的初始值。例如，设置循环次数计数器、各工作寄存器的初始值设置等。循环体是指反复执行的程序段。循环控制部分用于控制循环的执行与停止。由修改循环计数器内容的语句和条件转移语句等组成。在循环初态给出了结束条件，即循环次数。循环程序每执行 1 次，都检查结束条件。当条件不满足时，修改指针和控制变量，当条件满足时，停止循环。

循环程序分为单循环和多重循环。

（1）单循环。单循环是指 1 个循环程序中不再包含其他循环程序。

【例 3-43】 将 DPTR 指示的 24 个工作单元置数值 0F8H。

解： 24 个工作单元置数值 0F8H，需要进行 24 次，将循环次数初值存入 R1 中，利用 DJNZ 指令，每循环一次 R1 自动减 1 并判断其是否为 0，若是则结束循环。

```
        ORG    0000H
        MOV    R1,#24          ;置循环次数初值
LOOP:   MOV    A,#0F8H         ;将 A 置数值 0F8H
        MOVX   @DPTR,A
        INC    DPTR
        DJNZ   R1,LOOP         ;R1 减 1 判断，(R1) ≠0，继续循环
        END
```

【例 3-44】 多字节求和，有 n 个单字节数依次存放在片内 RAM 50H 开始的单元中，求这 n 个单字节数的总和，其结果存放在 R5R4 中。

解： 有 n 个数要相加，则需进行 n 次循环。将循环次数初值存入 R1 中。

```
        ORG    0000H
        MOV    A,#00H
        MOV    R1,#n              ;设置循环次数
        MOV    R5,#00H            ;存高位和寄存器 R5 清 0
        MOV    R4,#00H            ;存低位和寄存器 R4 清 0
        MOV    R0,#50H            ;数据首地址送 R0
   LOOP:MOV    A, R4
        ADD    A,@R0
        MOV    R4,A
        JNC    LOOP1              ;判断是否有进位
        INC    R5                 ;有进位，则高位加 1
   LOOP1:INC R0                   ;指向下 1 单元
         DJNZ  R1,LOOP
         END
```

【例 3-45】 测试字符串长度。设在外部 RAM 中存放有 1 个 ASCII 字符串，首地址在 DPTR 中，字符以回车键结束，要求计算字符串的长度。

解：ASCII 字符串的长度未知，回车键的 ASCII 码值为 0DH，通过对回车键的判断来决定程序是否退出循环。程序每循环 1 次，R1 就累加 1 次，R1 的最后结果即为字符的个数。

```
        ORG    0000H
        MOV    R1,#00H            ;设置计数初值
   LOOP:MOVX   A,@DPTR            ;将片外 RAM 中的 ASCII 字符串送入 A 中
        CJNE   A,#0DH,LOOP1       ;送入的字符串是否为回车键
        LJMP   EXIT               ;是，则退出
   LOOP1:INC   R1                 ;计数值加 1
         INC   DPTR
         LJMP  LOOP
   EXIT:NOP
        END
```

（2）多重循环。多重循环是指在 1 个循环体中又包含了其他的循环程序，又称为循环嵌套。

【例 3-46】 将片内 RAM 中 30H～34H 单元中的每个数右移 4 位后，将移出的结果送入 52H～56H。

```
         ORG    0000H
         MOV    R0,#30H           ;设置右移数的起始地址
         MOV    R1,#52H           ;存放结果的起始地址
         MOV    R7,#05H           ;外循环次数
   LOOP1:CLR    C                 ;将 CY 清 0
         MOV    R6,#04H           ;内循环次数
   LOOP2:MOV    A,@R0             ;将需右移的数存入累加器
         RRC    A                 ;右移 1 位
```

```
        MOV   @R0,A          ;送回
        DJNZ  R6,LOOP2       ;内循环未完，继续
        MOV   @R1,A          ;已经右移 4 位，存移出后的结果
        INC   R0             ;指向下一个需右移的单元
        INC   R1             ;指向下一个存储结果单元
        DJNZ  R7,LOOP1       ;外循环未完，继续
        END
```

【例 3-47】 冒泡法。设有 *n* 个数存放在片内 RAM 中，将 *n* 个数比较大小后，按由大到小的顺序重新排列，并存入原存储区。

解：实现 *n* 个数的排序，则应进行 *n* 次比较，其方法是：

第一次比较：把第一个数与 *n*–1 个数依次比较，找出其中最小的一个数，最小数沉底，当两个数比较时，第 1 个数小于第 2 个数时，两者位置互换，再将第 2 个数与第 3 个数比较……直到所有数比较完，找到了一个最小的数。

第二次比较：又从第一个数开始与 *n*–2 个数比较，从中找出最小的数。

第三次比较：又从第一个数开始与 *n*–3 个数比较，从中找出最小的数……

每次比较完之后，最小数不再参加下一轮的比较，减少 1 次比较与交换。如此反复比较，直到数列排序完毕。

由于在比较的过程中，这些较大的数都是向上冒，小的数往下沉，因此将这种算法称为“冒泡法”。

```
        ORG   0000H
        MOV   R0,#30H        ;数据区首地址送 R0
        MOV   R3,#9H         ;设置外循环次数在 R3 中
LP0:    CLR   7FH            ;交换标志位 2FH.7 清 0
        MOV   A,R3           ;取外循环次数
        MOV   R2,A           ;设置内循环次数
        MOV   R0,#30H        ;重新设置数据区首址
LP1:    MOV   20H,@R0        ;数据区数据送 20H 单元中
        MOV   A,@R0          ;20H 内容送 A
        INC   R0             ;修改地址指针（R0+1）
        MOV   21H,@R0        ;下一个地址的内容送 21H
        CLR   C              ;CY 清 0
        SUBB  A,21H          ;前一个单元的内容与下一个单元的内容比较
        JC    LP2            ;CY=1,前者小，程序转移，CY=0，前者大，不转移继续执行
        MOV   @R0,20H        ;前、后地址单元的内容互换
        DEC   R0
        MOV   @R0,21H
        INC   R0             ;修改地址指针（R0+1）
        SETB  7FH            ;置位交换标志位 2FH.7 为 1
LP2:    DJNZ  R2,LP1         ;内循环次数 R2-1=0？若 R2≠0，继续比较，若 R2=0，程序结束循
                             ;环，程序往下执行
```

```
        JNB   7FH,LP3        ;交换标志位 2FH.7若为 0，则程序转到 LP3 处结束循环
        DJNZ  R3, LP0        ;外循环次数R3-1=0？若R3≠0，继续比较,若R3=0，程序结束循
                             ;环，程序往下执行
LP3:    SJMP  $
        END
```

3.3.3 汇编语言程序设计方法

从前面的内容可看出，使用汇编语言设计程序与在计算机上用 C 等高级语言设计程序有很大的区别，因为用汇编语言设计程序要求设计者对单片机内部结构和数据管理方式比较熟悉。所以对于很多初次接触单片机的读者来说，使用汇编语言编程程序并不是一件轻松的事情。尤其是对一些复杂的控制过程，如果既要求程序精炼、占用空间小，又要求程序执行高效，那么要求就更难了。但如果掌握了汇编语言程序设计的一般方法和步骤，对于尽快入门和提高还是十分有帮助的。通常，在程序设计时应按照以下步骤进行：

（1）分析问题，确定算法和解题思路。

（2）根据算法和解题思路画出程序流程图。

（3）根据流程图编写程序代码。

（4）在 Keil 等相关编译软件中进行汇编程序代码的语法检查，并更正。

（5）可使用 Proteus 等仿真软件对程序进行仿真调试，找出错误并更正，再调试，直至通过。

（6）使用下载软件将生成的.Hex 文件固化或下载到单片机，进行试验检查，直至达到预定任务。

3.4 实用程序设计举例

3.4.1 数制转换程序

1. 二进制转换为 BCD 码十进制

【例 3-48】 假设在 80C51 单片机内部 RAM 中 30H 单元内存有一个二进制数，编写程序，将该数转换成 BCD 编码的十进制数，并将百位数存入 32H 单元，十位和个位数存入 31H 单元。

解： 30H 单元中的数除以 100，其商就是 BCD 的百位，将余数再除以 10，再次得到的商就是 BCD 的十位，而剩下的余数即为 BCD 的个位。其程序流程如图 3-10 所示。程序如下。

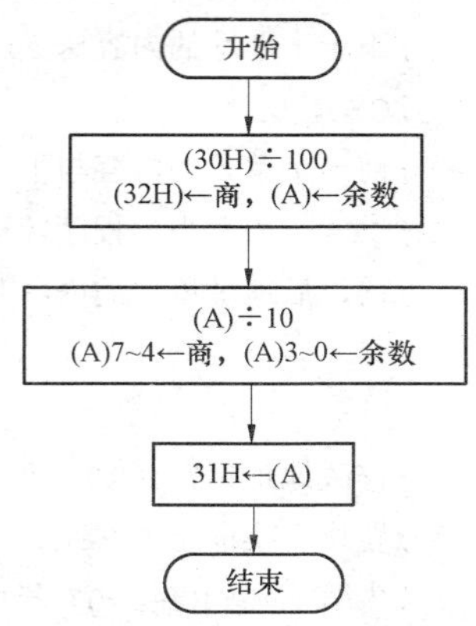

图 3-10 二进制转 BCD 十进制

```
ORG   0000H
MOV   A,30H
MOV   B,#100
DIV   AB          ;(A)=百位数, (B)=余数
MOV   32H,A       ;百位数存入 32H 单元
MOV   A,#10
XCH   A,B
DIV   AB          ;(A)=十位数, (B)=个位数
SWAP  A
ADD   A,B         ;数组合到(A)
MOV   31H,A       ;存入 31H
SJMP  $
END
```

2. *BCD 码十进制转换成二进制*

【例 3-49】 假设在 80C51 单片机内部 RAM 中 30H 单元内存有一个 BCD 码十进制数，编写程序，将该数转换成二进制数，并存入 31H 单元。

解： 可将 30H 单元中的数除以 16，商就是二进制的高 4 位，余数就是二进制数的低 4 位，将这个高、低 4 位组合就是对应的二进制数。程序编写如下。

```
ORG   0000H
MOV   A,30H
MOV   B,#16
DIV   AB        ;(30H)÷16,(A)=余数,A、B 的高 4 位全 0
SWAP  A         ;A 的高、低位互换
ADD   A,B       ;将商和余数进行组合,得到相应的二进制数
MOV   31H,A
SJMP  $
END
```

3.4.2　算术和逻辑运算类程序

1. *多字节 BCD 十进制数相加*

【例 3-50】 假设在 80C51 单片机片内 RAM 的 37H～30H 单元、3FH～38H 单元分别存放两个 8 字节 BCD 十进制数，编写程序将这两个数相加，并将结果存入 37H～30H 单元中，数据存放格式为小地址存放数据的低字节。

解： 先将 CY 位清零，并将 30H 和 38H 单元的内容带进位相加，再进行十进制调整，结果送入 30H 单元；然后将 31H 和 39H 单元的内容带进位相加，再进行十进制调整……循环至结束，最后将高字节的进位 CY 存入 40H 单元。编写的程序如下。

```
ORG   0000H
MOV   R7,#08H     ;设定循环次数
MOV   R0,#30H     ;用 R0 作指针,指向被加数的低位字节
MOV   R1,#38H     ;用 R1 作指针,指向加数的低位字节
```

```
    CLR     C            ;CY 清零
LP:MOV     A,@R0         ;取被加数
    ADDC    A,@R1        ;带进位位进行相加
    DA      A            ;进行十进制调整
    MOV     @R0,A        ;回存"和"
    INC     R0           ;指向被加数的下一个字节
    INC     R1           ;指向加数的下一个字节
    DJNZ    R7,LP        ;判断是否加了 8 字节
    RLC     A            ;将最高位的进位存入 40H 单元
    MOV    40H,A
    SJMP    $
    END
```

2. 求平均值

【例 3-51】 假设在 80C51 单片机片内 RAM 的 37H～30H 单元存有 8 个无符号数，编程程序求这 8 个无符号数的平均值，并将结果存入片内 RAM 的 40H 单元中。

解： 先将这 8 个数相加，再用所得的和除以 8 可求得平均数。但是 8 个数相加的结果有可能是双字节数，若用双字节数除以单字节数，程序编写起来有点复杂。对于像这种除 2^n 的除法运算，可先把被除数临时存入 RAM 单元，然后将和右移 *n* 位实现除法过程。本例选 R2、R1 临时存放 8 个数的和，然后右移 3 位实现除 8 运算。编程的程序如下。

```
      ORG    0000H
      MOV    R3,#08          ;设定循环次数,有 n 个字节就循环 n 次
      MOV    R0,#30H         ;用 R0 做数据指针,指向数据区首地址
      MOV    R1,#00H         ;和的低 8 位预置为 0
      MOV    R2,#00H         ;和的高 8 位预置为 0
ADD0:MOV     A,@R0           ;(R2)(R1)←((R1))+((R0))
      ADD    A,R1
      JNC    ADD1            ;若(R1)+((R0))>255,则(R2)←(R2)+1
      INC    R2
ADD1:MOV    R1,A
      INC    R0              ;调整指针,指向下一个数据
      DJNZ   R3,ADD0         ;循环直到处理完 8 个字节的数据
      MOV    R4,#03          ;设定移位次数,右移 3 位相当于除以 8
   LP:CLR    C
      MOV    A,R2            ;先把和的高 8 位 R2 右移 1 位
      RRC    A
      MOV    R2,A
      MOV    A,R1            ;再将和的低 8 位 R1 右移 1 位
      RRC    A
      MOV    R1,A
```

```
DJNZ   R4,LP            ;循环 3 次
MOV    40H,R1           ;将结果存入 40H
SJMP   $
END
```

3.4.3　子程序和参数传递设计

1. 子程序

在一个程序中，常常会有遇到多次相同的计算和操作，如数制转换、函数计算、外部设备的输入/输出等。为简化程序的逻辑结构、增强可读性和节省存储器空间，通常将执行相同操作的程序段独立出来，编制成子程序，事先存放在存储器的某一区域，以供不同程序或同一程序的调用。

单片机中，可使用绝对调用指令（ACALL）或长调用指令（LCALL）来调用子程序。

对于子程序的调用，一般包括现场保护和现场恢复。由于主程序每次调用子程序的工作是事先安排的，根据实际情况，有时可省去现场保护工作。

子程序的末尾必须有一条子程序返回指令 RET。它具有恢复主程序断点的功能，将断点弹出送 PC 中，继续执行主程序。子程序调用指令和子程序返回指令需要成对使用。

2. 参数传递

子程序调用时，主程序先把有关的参数存放在约定的位置。子程序在执行时，可从约定的位置取得参数，当子程序执行完，将得到的结果存放到约定的位置，返回主程序后，主程序可从这些约定的位置上取得需要的结果，这就是参数传递。参数的传递可采用多种方法：

（1）用累加器或寄存器进行参数传递。这种方法是将所需的入口参数或出口参数存入累加器 A 或寄存器 R*n* 中。其优点是程序简单，程序运算速度快。缺点是寄存器数量有限，不能传递很多的参数。

【例 3-52】 编写将 8 位二进制数转换为 BCD 码子程序代码，要求将 0～FFH 范围内的二进制数转换为 BCD 码 0～255。

```
BIN_BCD: MOV  B,#100
         DIV  AB          ;A=百位数，B=余数
         MOV  @R0,A       ;百位数存入 RAM
         INC  R0
         MOV  A,#10
         XCH  A,B
         DIV  AB          ;A=十位数，B=个位数
         SWAP A
         ADD  A,B         ;数组合到 A
         MOV  @R0,A       ;存入 RAM
         RET
```

（2）用指针寄存器进行参数传递。当程序中所需处理的数据量比较大时，通常用存储器存储数据，而不用寄存器，所以可通过使用指针寄存器指示数据的位置来传递数据。使用这种方法，可节省传递数据的工作量，实现数据长度可变的运算。

【例 3-53】 编写求 RAM 中 *n* 个单字节数之和的子程序 BYTE-ADD 代码。

```
BYTE_ADD:MOV  R0,#DATA1       ;RAM单元的首地址送R0
         MOV  R1,#DATA2       ;存结果单元的首地址送R0
         MOV  @R1,#00H        ;存结果的单元清0
         INC  R1
         MOV  @R1,#00H
         DEC  R1
         MOV  R7,#n           ;求和字节计数
LOOP0:   MOV  A,@R0           ;取1个数
         INC  R0
         ADDC A,@R1           ;求和
         JC   LOOP2           ;有进位即和产生溢出，转
         MOV  @R1,A           ;存结果
LOOP1:   DJNZ R7,LOOP0
         RET
LOOP2:   INC  R1              ;高位和加1
         INC  @R1
         DEC  R1
         SJMP LOOP1
```

（3）用堆栈进行参数传递。堆栈实际是内部 RAM 的一个区域，当然也可用来向子程序进行参数的传递。调用前，主程序用 PUSH 指令把参数压入堆栈。子程序在执行中按堆栈指针间接访问栈中参数，并且把运算结果送回堆栈。返回主程序后，主程序用 POP 指令得到堆栈中的结果参数。这种方法具有简单和传递参数量大的优点，不必为特定的参数分配存储单元，但是要注意现场保护和现场恢复对堆栈的影响。

【例 3-54】 编写 16 进制数转换成 ASCII 码的子程序 HEX-ASCII 代码。

```
HEX_ASCII:MOV R0,SP               ;R0为堆栈指针
          DEC  R0                 ;堆栈指针退回子程序调用前的地址
          XCH  A,@R0              ;保护累加器，取被转换参数
          ANL  A,#0FH             ;屏蔽高4位，因一位16位进制码只占半个字节
          MOV  DPTR,#TAB          ;DPTR指向表格首地址
          MOVC A,@A+DPTR          ;查表
          XCH  A,@R0              ;查表结果放回堆栈中
          RET
TAB:      DB 30H,31H,32H,33H  ;ASCII字符表：0，1，2，3
          DB 34H,35H,36H,37H  ;ASCII字符表：4，5，6，7
          DB 38H,39H,41H,42H  ;ASCII字符表：8，9，A，B
          DB 43H,44H,45H,46H  ;ASCII字符表：C，D，E，F
```

3.4.4 查表程序设计

查表就是把事先计算或测得的数据按一定的顺序编制成表格，存放在程序存储器中。查表的任务就是根据输入的数据，查出最终对应的所需结果，即根据变量 x 在表格中查找 y，

使 $y=f(x)$。

查表程序是一种常用程序，广泛用于数据转换、计算、打印机打印字符、LED 显示器控制等。具有程序简单、执行速度快等优点。

编程时，利用伪指令 DB 或 DW 把表格的数据存入程序存储器 ROM 中，使用

```
MOVC A, @A+DPTR
```

或

```
MOVC A, @A+PC
```

进行查表操作。

【例 3-55】 假设在 80C51 单片机片内 RAM 的 30H 单元存放的是一个角度参数 θ（范围 0°～90°），编程程序计算 200×sinθ，将结果存放到 31H 单元中。

```
        ORG  0000H
        MOV  DPTR,#TABLE      ;DPTR 指向表格首地址
        MOV  A,30H            ;取θ值（θ值的范围为 0°～90°）
        MOVC A,@A+DPTR        ;查表得出计算结果
        MOV  31H,A            ;结果存放 31H 单元中
        SJMP $
TABEL:  DB  0,3,7,10,14,17,21,24,28,31,35 ;200×sin0～200×sin90 的运算值
        DB  38,41,45,48…199,199,200,200
        END
```

【例 3-56】 使用查表的方法，编写 1B 的两位十六进制转换成 ASCII 码子程序代码。

```
BYTE_ASCII: MOV  R0,SP        ;R0 为堆栈指针
            DEC  R0           ;堆栈指针退回子程序调用前的地址
            PUSH ACC          ;保护 ACC 中的内容
            XCH  A,@R0        ;保护累加器，取被转换参数
            ANL  A,#0FH       ;屏蔽高 4 位，先转换低 4 位
            ADD  A,#TAB       ;表首址偏移量
            MOVC A,@A+PC      ;取相应的 ASCII 码
            XCH  A,@R0        ;低位转换后，将 ASCII 码存放堆栈
            SWAP A            ;高低 4 位交换
            ANL  A,#0FH       ;屏蔽高 4 位
            ADD  A,#TAB       ;表首址偏移量
            MOVC A,@A+PC      ;取相应的 ASCII 码
            INC  R0           ;高位转换后，将 ASCII 码存放堆栈
            XCH  A,@R0
            POP  ACC          ;恢复现场
            RET
TAB:        DB 30H,31H,32H,33H ;ASCII 字符表：0，1，2，3
            DB 34H,35H,36H,37H ;ASCII 字符表：4，5，6，7
            DB 38H,39H,41H,42H ;ASCII 字符表：8，9，A，B
            DB 43H,44H,45H,46H ;ASCII 字符表：C，D，E，F
```

3.4.5 延时程序设计

在单片机实时控制系统中，经常会用到延时或定时操作。要实现延时或定时操作，通常采用的方法有硬件定时或软件定时。硬件定时是通过单片机本身的定时/计数器或外部某些时钟芯片实现的。

软件延时程序实质上就是循环类子程序，它是通过重复执行无具体任务的程序达到延时的目的。此方法的优点是简单，不需要增加硬件开销，但降低了 CPU 的使用率。软件延时与单片机的执行指令时间有关。

【例 3-57】 简单的单循环子程序。

```
         源程序                执行时间（机器周期数）
DELAY:   MOV  R6,#0FFH               1
LOOP:    DJNZ  R6,LOOP               2
         RET                         2
```

该循环程序执行一次需 2 个机器周期，一共循环 255 次，总的执行周期=1+2×255+2=513 个机器周期。若 f_{osc}=12MHz，一个机器周期为 1μs，该子程序最大的延时时间为 513μs≈0.5ms；若 f_{osc}=6MHz，一个机器周期为 2μs，该子程序最大的延时时间为 1026μs≈1ms。不同的循环次数可达到不同的延时时间。

【例 3-58】 较长时间的延时子程序可采用多重循环子程序来实现。下面为延时 30ms/60ms 的双重循环子程序。

```
         源程序               执行时间（机器周期数）
DELAY:   MOV   R7,#200               1
LOOP1:   MOV   R6,#75                1
LOOP2:   DJNZ  R6,LOOP2              2
         DJNZ  R7,LOOP1              2
         RET                         2
```

此程序内循环一次所需机器周期数为 2 个。

内循环总的机器周期数=2×75+1=151 个。

外循环一次所需机器周期=2×75+1+2=153 个。

外循环总的机器周期数=153×200+1+2=30 603 个。

所以该子程序最长的延时时间 t=总的机器周期数×12/f_{osc}。若 f_{osc}=6MHz 时，t=61.206ms；若 f_{osc}=12MHz 时，t=30.603ms。

通常情况下，以上程序被认为是 60ms（f_{osc}=6MHz）或 30ms（f_{osc}=12MHz）的延时子程序。如果需要更长的延时时间，可采用多重循环嵌套。

3.4.6 输入/输出类程序设计

在应用系统中，单片机经常需要与各种类型的外部设备进行信息交换，以达到其控制目的。单片机与外部设备的信息交换是通过单片机的输入/输出口（I/O）进行的。下面介绍简单的输入/输出类程序设计。

【例 3-59】 利用单片机 P1 端口实现 8 只 LED 的流水灯控制。

解： 流水灯又称跑马灯，其电路原理如图 3-11 所示。编写程序时，可使用 RLC 移位指令实现，其程序流程如图 3-12 所示，编写的程序如下。

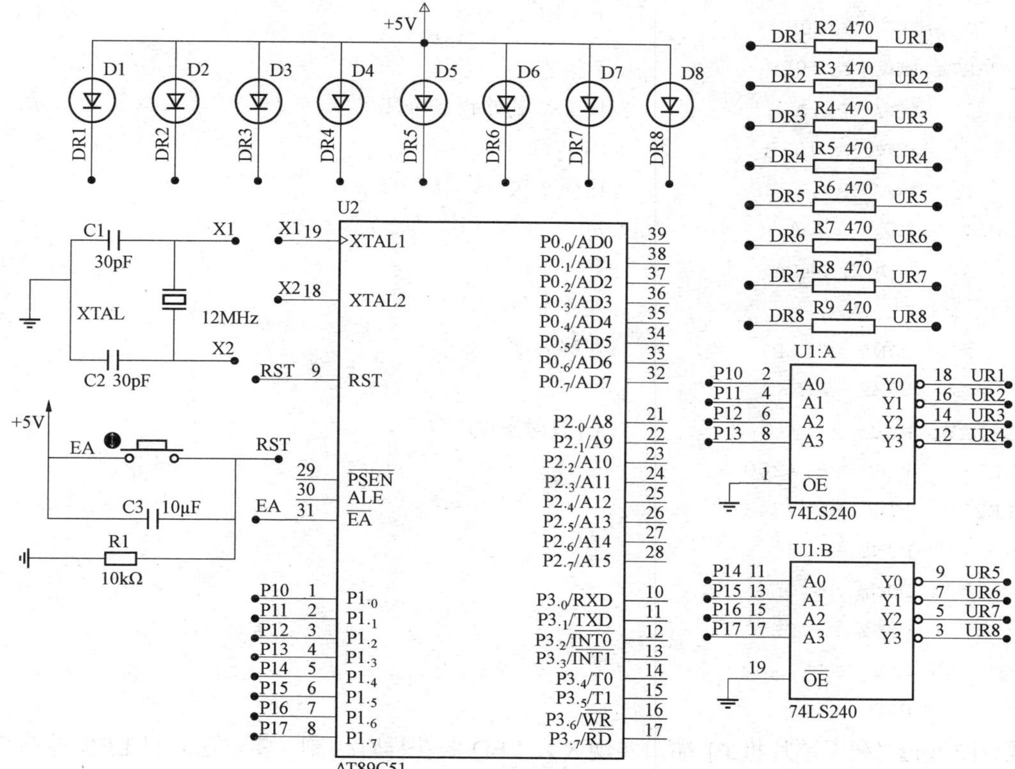

图 3-11　流水灯电路原理

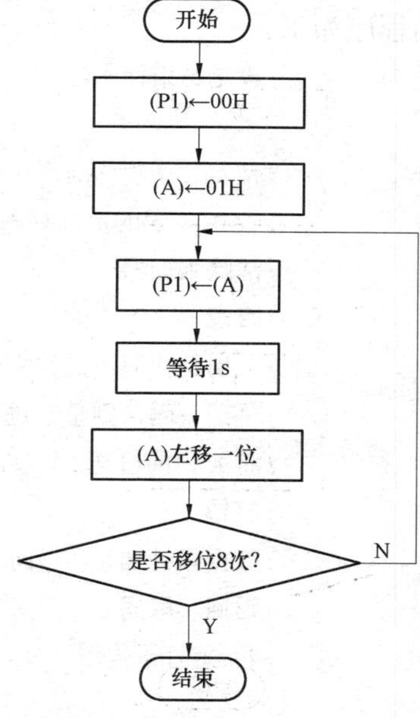

图 3-12　流水灯程序流程

```
        ORG   0000H
START:  MOV   A,#00H
        MOV   P1,A               ;使 LED 初始状态为熄灭
        MOV   A,#01H             ;P1.1亮
        MOV   R0,#08H            ;循环 8 次
LP1:    MOV   P1,A
        LCALL DELAY              ;等待 1s
        RL    A                  ;左移 1 位
        DJNZ  R0,LP1             ;左移 8 次
        LJMP  START
DELAY:  MOV   R7,#10             ;1s 延时子程序
DE1:    MOV   R6,#200
DE2:    MOV   R5,#248
        DJNZ  R5,$
        DJNZ  R6,DE2
        DJNZ  R7,DE1
        RET
        END
```

【例 3-60】 利用单片机 P1 端口实现 8 只 LED 的花样灯控制。要求这 8 只 LED 单一变化：左移 2 次，右移 2 次，闪烁 2 次（延时 1s）。

解： 此例可采用图 3-7 所示电路原理图，由于此程序的花样显示较复杂，因此可建立一个表格，通过查表方式编程较简单，如果想显示不同的花样，只需将表中的代码更改即可。程序流程如图 3-13 所示，编写的程序如下。

```
END_DATA  EQU    1BH              ;设定结束标志位
          ORG    0000H
START:    MOV    P1,#00H          ;使 LED 初始状态为熄灭
          MOV    DPTR,#TABLE      ;TABLE 表的地址存入 DPTR
LP1:      MOV    A,#00H           ;清除累加器
          MOVC   A,@A+DPTR        ;查表
          CJNE   A,#1BH,LP2       ;取出的代码不是结束码，则进行下一步操作
          JMP    START            ;是结束码，则重新进行操作
LP2:      MOV    P1,A             ;将 A 中的值送 P1 口，显示
          LCALL  DELAY            ;等待 1s
          INC    DPTR             ;数据指针加 1，指向下 1 个码
          LJMP   LP1              ;返回，取码
DELAY:    MOV    R7,#10           ;1s 延时子程序
DE1:      MOV    R6,#200
DE2:      MOV    R5,#248
          DJNZ   R5,$
```

```
        DJNZ   R6,DE2
        DJNZ   R7,DE1
        RET
TABLE:  DB    01H,02H,04H,08H      ;左移
        DB    10H,20H,40H,80H
        DB    01H,02H,04H,08H      ;左移
        DB    10H,20H,40H,80H
        DB    80H,40H,20H,10H      ;右移
        DB    08H,04H,02H,01H
        DB    80H,40H,20H,10H      ;右移
        DB    08H,04H,02H,01H
        DB    00H,0FFH,00H,0FFH    ;闪烁 2 次
        DB    END_DATA             ;结束码
        END
```

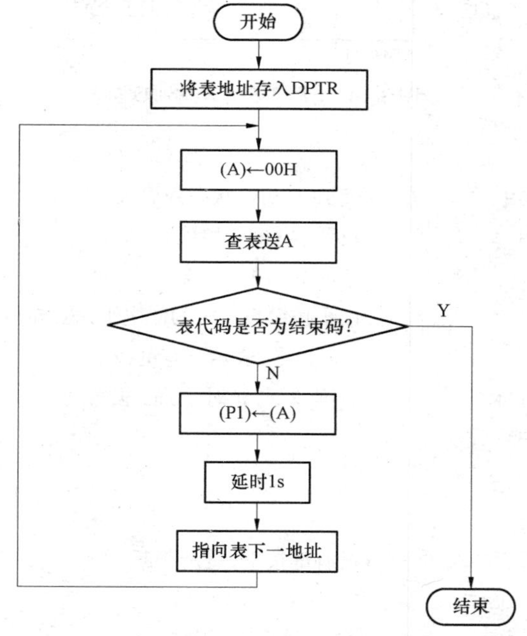

图 3-13　花样灯程序流程图

【例 3-61】 单片机的 P3 口作输入口，$P3._4$～$P3._7$ 接拨码开关；P1 口作输出口，接 LED 发光二极管。编写程序，$P3._4$ 按键按下时 $P1._0$ 亮；$P3._5$ 按键按下时 $P1._1$ 亮；$P3._6$ 按键按下时 $P1._2$ 亮；$P3._7$ 按键按下时 $P1._3$ 亮。

解：此例可采用图 3-14 所示电路原理图。编写程序时，首先获取 P3 端口的状态，并将其送入 A，若有键按下，为防止误判断则通过延时片刻去抖动再确认键是否按下。如果此时判断确有键按下，可以先将（A）取反并使用 JB 指令来判断按键是哪一个键按下，然后再执行相应的操作。程序流程如图 3-15 所示，编写的程序如下。

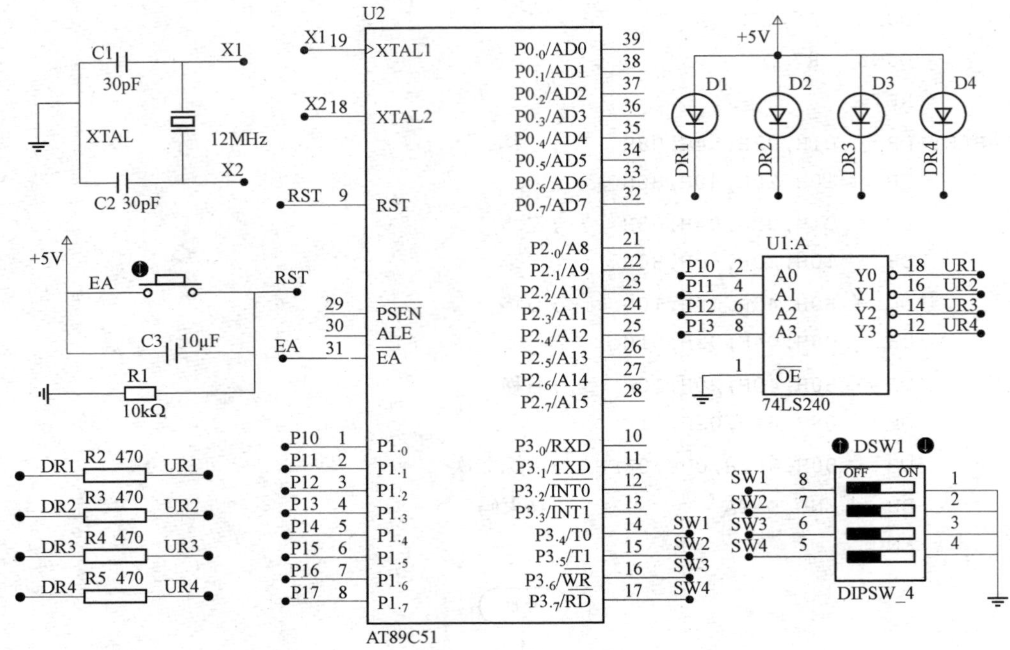

图 3-14 ［例 3-61］电路原理

```
        ORG     0000H
MAIN:   MOV     P1,#00H          ;使 LED 初始状态为熄灭
START:MOV       A,#0FH           ;设置(A)的初始值
        ORL     A,P3             ;获取 P3 端口状态
        CPL     A                ;由于按键按下时为低电平,为方便比较,(A)要取反
        JZ      MAIN             ;(A)为零,表示没有键按下
        LCALL   DELAY10MS        ;有键按下,延时 10ms 去抖动
        MOV     A,#0FH
        ORL     A,P3
        CPL     A
        JZ      MAIN             ;没有键按下,重新判断
        JB      ACC.4,DSW1       ;P3.4 键按下,则转
        JB      ACC.5,DSW2       ;P3.5 键按下,则转
        JB      ACC.6,DSW3       ;P3.6 键按下,则转
        JB      ACC.7,DSW4       ;P3.7 键按下,则转
        LJMP    MAIN
DSW1:   MOV     P1,#01H          ;P3.4 键按下,P1.0 亮
        AJMP    KEY_END
DSW2:   MOV     P1,#02H          ;P3.5 键按下,P1.1 亮
        AJMP    KEY_END
DSW3:   MOV     P1,#04H          ;P3.6 键按下,P1.2 亮
```

```
        AJMP   KEY_END
  DSW4: MOV    P1,#08H          ;P3.7键按下,P1.3亮
        AJMP   KEY_END
KEY_END:LJMP   START
DELAY10MS:MOV  R4,#20           ;10ms 延时子程序
  DELAY:MOV    R5,#248
        DJNZ   R5,$
        DJNZ   R4,DELAY
        RET
        END
```

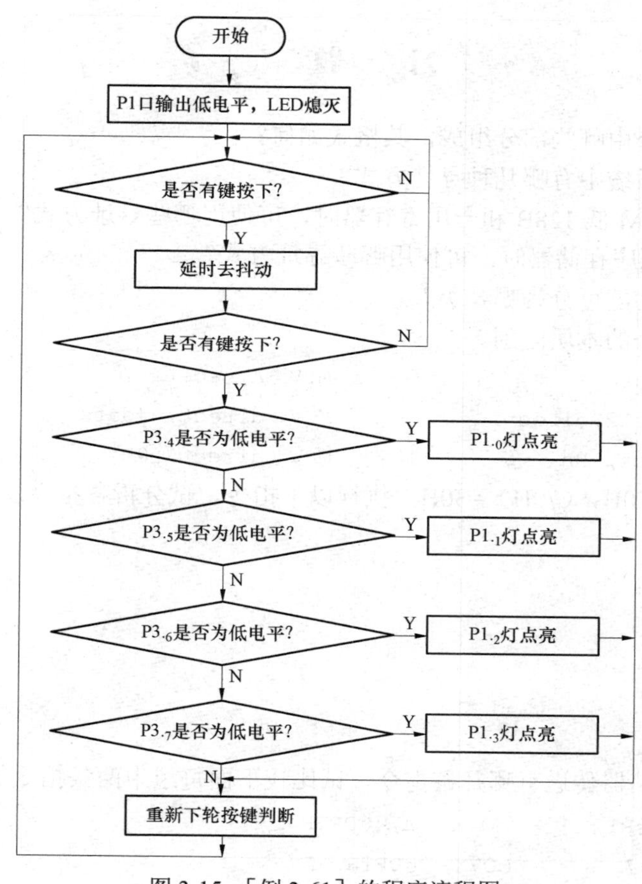

图 3-15 ［例 3-61］的程序流程图

本章小结

单片机指令规定了单片机能够进行的某种操作，指令的集合称为指令系统。本章主要介绍了单片机指令系统和寻址方式。

单片机的指令由操作码和操作数等部分组成，有 7 种寻址方式。在系统设计时，根据需要可灵活运用。指令系统共有 111 条指令，这些指令有多种分类方法。按指令功能的不同，分为数据传送和交换类、算术运算类、逻辑运算类、控制转移类、位操作类等 5 大类指令，在本章中详细地介绍了这些功能指令。

在单片机设计中，基本上运用了这 5 大类的指令。所以熟悉单片机的指令系统及寻址方式是学习单片机软件编程的基础。

通常汇编语言程序设计有 7 类：顺序程序设计、分支程序设计、循环程序设计、子程序和参数传递设计、查表程序设计、延时程序设计、输入/输出类程序设计。本章通过大量的实例，讲解了各类程序的设计方法，希望读者在阅读、分析程序时，不仅要掌握其设计内容，还要养成良好的程序设计习惯，编写出高质量的程序代码。

习 题

1. 汇编语言指令由哪些部分组成，其格式如何？
2. 单片机指令系统中有哪几种寻址方式？
3. 访问片内 RAM 低 128B 和专用寄存器时，可使用哪些寻址方式？
4. 访问 ROM 程序存储器时，可使用哪些寻址方式？
5. 指令系统按功能可分为哪几类？
6. 指出下列指令的本质区别。

```
（1）MOV  A, data                  MOV  A, #data
（2）MOV  direct2,direct1          MOV  direct, #data
（3）MOV  direct, Rn               MOV  direct, @Ri
```

7. 设（60H）=70H，（70H）=30H，执行以下指令，试分析各指令及寄存器的内容。

```
MOV  R0,#60H
MOV  A,@R0
MOV  R1,A
MOV  B,@R1
MOV  P1,A
MOV  @R0,P1
```

8. 片外数据存储器传送有哪几条指令？试比较下面每组中两条指令的区别。

```
（1）MOVX  A, @R1       MOVX   A, @DPTR
（2）MOVX  @R0,A        MOVX   @DPTR, A
（3）MOVX  A, @R0       MOVX   @R0,A
```

9. 试编程将片外数据存储器 50H 中的内容传送到片内 RAM 60H 单元中。

10. 已知当前 PC 值为 1000H，请用两种方法将程序存储器 10E3H 中的常数送入累加器 A 中。

11. 试分析以下指令，并指出各寄存器的内容。

```
MOV  A, #68H
MOV  R0,#89H
```

```
XCH  A, R0
SWAP A
XCH  A, R0
```

12. DA　A 指令有什么作用，如何使用？

13. 程序运行以下指令，计算 A 的终值。

```
(1) MOV  R1,#65H
    MOV  A, R1
    ADD  A, #48H
(2) MOV  A, #03H
    MOV  B, A
    MOV  A, #09H
    ADD  A, B
    MUL  AB
```

14. 程序运行以下指令，分析指令结果。

```
MOV  A, #5AH
MOV  R4,#0AAH
ANL  A, R4
ORL  A, R4
XRL  A, R4
RL   A
```

15. 试用三种方法将累加器 A 中无符号数乘 2。

16. 指令 LJMP addr16 和 AJMP addr11 的区别是什么？

17. 若指令 SJMP rel 中的 rel=7EH，且指令存放在 20A0H 和 20A1H 单元中，执行该指令后，程序将跳转到何地址？

18. 使用位操作指令实现下列逻辑操作，但不得改变未涉及位的内容。

（1）使 $Acc._3$ 置“1”。

（2）清除累加器低 3 位。

（3）清除 $Acc._1$，$Acc._3$，$Acc._6$ 位。

19. 下列程序段汇编后，从 2500H 开始的各有关存储器单元的内容将是多少？

```
      ORG    2500H
TAB1  EQU    3A0BH
TAB2  EQU    0A300H
      DB     "START"
      DW     TAB1,TAB2,8000H
```

20. 设有 3B 无符号数，其中 1 个加数在片内 RAM 40H、41H、42H 单元中，另一加数在片内 RAM 43H、44H 和 45H 单元中。编写两数相加程序，其和存放在 50H、51H 和 53H 单元中，进位位存放位寻址区的 00H 位中。

21. 从片内 RAM 20H 开始，有 30 个数，试编一个程序，把其中的正数、负数分别送入 50H 和 70H 开始的单元中。

22. 编写程序，将片外 RAM 2000H～203AH 单元中的数据，送入片内 RAM 30H 开始的单元中。

23. 输入两个数 x 和 n，编制 $y=f(x)$ 的程序。设自变量 x 存入 BUFF1 单元中，运算结果 y 存 BUFF2 单元中。

$$y=\begin{cases} x+n & x>0 \\ x & x=n \\ x-n & x<n \end{cases}$$

24. 编写程序，计算片外 RAM 7000H 单元开始的连续 50 个数的平均值，结果存放片内 RAM 20H 单元中。

25. 用查表法，编写求 X^2 值的程序（X 为大于 0，小于 10 的正整数）。

第 4 章　C51 程序设计语言

C 语言是国际上广泛流行的计算机高级语言，它是一种源于编写 UNIX 操作系统的语言，也是一种结构化语言，可产生紧凑代码。C 语言结构是以括号“{}”而不是以字和特殊符号表示的语言。在许多硬件平台中可以不使用汇编语言，而采用 C 语言来编写相关控制代码，以进行硬件系统的控制。由于 C 语言程序本身并不依赖机器硬件系统，如果在系统中更改单片机的型号或性能时，对源程序稍加修改就可根据单片机的不同较快地进行程序移植，而移植程序时，不一定要求用户（程序开发人员）掌握 MCU 的指令系统，因此，现在许多硬件开发人员使用 C 语言进行单片机系统的开发。

4.1　C51 程序设计基础

4.1.1　C51 语言程序结构

80C51 系列单片机的 C 程序设计语言通常简称为 C51，其结构与一般 C 语言有一定的区别，每个 C51 语言程序至少有一个 main（）函数（即主函数）且只能有一个，它是 C 语言程序的基础，是程序代码执行的起点，而其他函数都是通过 main（）函数直接或间接调用的。

C51 程序结构具有以下特点：

（1）一个 C 语言源程序由一个或多个源文件组成，主要包括一些 C 源文件（即后缀名为“.c”的文件）和头文件（即后缀名为“.h”），对于一些支持 C 语言的汇编语言混合编程的编译器而言还可包括一些汇编源程序（即后缀名为“.asm”）。

（2）每个源文件至少包含一个 main（）函数，也可包含一个 main（）函数和其他多个函数。头文件中声明一些函数、变量或预定义一些特定值，而函数的实现是在 C 源文件中。

（3）一个 C 语言程序总是从 main（）函数开始执行的，而不论 main（）函数在整个程序中的位置如何。

（4）源程序中可以有预处理命令（如 include 命令），这些命令通常放在源文件或源程序的最前面。

（5）每个声明或语句都以分号结尾，但预处理命令、函数头和花括号“{}”之后不能加分号。

（6）标识符、关键字之间必须加一个空格以示间隔。若已有明显的间隔符，也可不再加空格来间隔。

（7）源程序中所用到的变量都必须先声明然后才能使用，否则编译时会报错。

C 源程序的书写格式自由度较高，灵活性很强，有较大的任意性，但是这并不表示 C 源程序可以随意乱写。为了书写清晰，并便于阅读、理解、维护，在书写程序时最好遵循以下规则进行。

（1）通常情况下，一个声明或一个语句占用一行。在语句的后面可适量添加一些注释，以增强程序的可读性。

（2）不同结构层次的语句，从不同的起始位置开始，即在同一结构层次中的语句，缩进同样的字数。

（3）用“{}”括起来的部分，表示程序的某一层次结构。“{}”通常写在层次结构语句第一个字母的下方，与结构化语句对齐，并占用一行。

在此以下面的程序为例，进一步说明 C51 程序的结构特点及书写规则，程序清单如下。

```
/***************************************************        //第1行
 File name:        例1.c                                     //第2行
 Chip type:        AT89S52                                   //第3行
 Clock frequency:    12.0MHz                                 //第4行
***************************************************/        //第5行
#include <reg52.h>                                          //第6行
#define uint unsigned int                                   //第7行
sbit P1_0=P1^0;                                             //第8行
void delay(void)                                            //第9行
{                                                           //第10行
    uint n;                                                 //第11行
     for(n=0;n<35530;n++);                                  //第12行
}                                                           //第13行
void main(void)                                             //第14行
{                                                           //第15行
  while(1)                                                  //第16行
    {                                                       //第17行
      P1_0=~P1_0;                                           //第18行
      delay( );                                             //第19行
    }                                                       //第20行
}                                                           //第21行
```

这个小程序的作用是让接在 AT89S52 单片机 P1.$_{0}$ 引脚上的 LED 发光二极管进行秒闪显示，下面分析这个 C51 程序源代码。

第 1 行至第 5 行，为注释部分。传统的注释定界符使用斜杠-星号（即“/*”）和星号-斜杠（即“*/”）。斜杠-星号用于注释的开始。编译器一旦遇到斜杠-星号（即“/*”），就忽略后面的文本（即使是多行文本），直到遇到星号-斜杠（即“*/”）。简言之，在此程序中第 1 行至第 5 行的内容不参与编译。在程序中还可使用双斜杠（即“//”）来作为注释定界符。若使用双斜杠（即“//”）时，编译器忽略该行语句中双斜杠（即“//”）后面的一些文本。

第 6 行和第 7 行，分别是两条不同的预处理命令。在程序中，凡是以“#”开头的均表示这是一条预处理命令语句。第 6 行为文件包含预处理命令，其意义是把双引号（即““ ””）或尖括号（即“< >”）内指定的文件包含到本程序，成为本程序的一部分。第 7 行为宏定义预处理命令语句，表示 uint 为无符号整数类型。被包含的文件通常是由系统提供的，也可由程序员自己编写，其后缀名为“.h”。C 语言的头文件中包括了各个标准库函数的函数原型。因此，在程序中调用一个库函数时，都必须包含函数原型所在的头文件。对于标准的 MCS-51

单片机而言，头文件为“reg51.h”，而增强型 80C51 单片机（如 AT89S52）的头文件应为“reg52.h”。

第 8 行定义了一个 P1_0 的 bit（位变量）。

第 9 行定义了一个延时函数，其函数名为“delay”，函数的参数为“uint n”。该函数采用了两个层次结构和单循环语句。第 10～13 行表示外部层次结构，其中第 10 行表示延时函数从此处开始执行；第 13 行表示延时函数的结束。第 11、12 行为数据说明和执行语句部分。

第 14 行定义了 main 主函数，函数的参数为“void”，意思是函数的参数为空，即不用传递给函数参数，函数即可运行。同样，该函数也采用了两个层次结构，第 15～21 行为外部层次结构；第 17～20 行为内部层次结构。

4.1.2　标识符与关键字

C 语言的标识符是用来标识源程序中变量、函数、标号和各种用户定义的对象的名字。C51 中的标识符只能是由字母（A～Z、a～z）、数字（0～9）、下划线组成的字符串。其中第 1 个字符必须是字母或下划线，随后只能取字母、数字或下划线。标识符区分大小写，其长度不能超过 32 个字符。注意，标识符不能用中文。

关键字是由 C 语言规定的具有特定意义的特殊标识符，有时又称为保留字，这些关键字应当以小写形式输入。在编写 C 语言源程序时，用户定义的标识符不能与关键字相同。表 4-1 列出了 C51 中的一些关键字。

表 4-1　　C51 中的一些关键字

关键字	用　途	说　明
auto	存储种类声明	用来声明局部变量
bdata	存储器类型说明	可位寻址的内部数据存储器
break	程序语句	退出最内层循环体
bit	位变量语句	位变量的值是 1（true）或 0（false）
case	程序语句	switch 语句中的选择项
char	数据类型声明	单字节整型或字符型数据
code	存储器类型说明	程序存储器
const	存储类型声明	在程序执行过程中不可修改的变量值
continue	程序语句	退出本次循环，转向下一次循环
data	存储器类型说明	直接寻址的内部数据存储器
default	程序语句	switch 语句中的失败选择项
do	程序语句	构成 do…while 循环结构
double	数据类型声明	双精度浮点数
else	程序语句	构成 if…else 选择结构
enum	数据类型声明	枚举
extern	存储类型声明	在其他程序模块中声明了的全局变量
float	数据类型声明	单精度浮点数
for	程序语句	构成 for 循环结构

续表

关键字	用　途	说　明
goto	程序语句	构成 goto 循环结构
idata	存储器类型说明	间接寻址的内部数据存储器
if	程序语句	构成 if...else 选择结构
int	数据类型声明	基本整数型
interrupt	中断声明	定义一个中断函数
long	数据类型声明	长整型数
pdata	存储器类型说明	分页寻址的内部数据存储器
register	存储类型声明	使用 CPU 内部的寄存器变量
reentrant	再入函数说明	定义一个再入函数
return	程序语句	函数返回
sbit	位变量声明	声明一个可位寻址的变量
short	数据类型声明	短整型数
signed	数据类型声明	有符号数，二进制的最高位为符号位
sizeof	运算符	计算表达式或数据类型的字节数
Sfr	特殊功能寄存器声明	声明一个特殊功能寄存器
Sfr16	特殊功能寄存器声明	声明一个 16 位的特殊功能寄存器
static	存储类型声明	静态变量
stuct	数据类型声明	结构类型数据
switch	程序语句	构成 switch 选择语句
typedef	数据类型声明	重新进行数据类型定义
union	数据类型声明	联合类型数据
unsigned	数据类型声明	无符号数据
using	寄存器组定义	定义芯片的工作寄存器
void	数据类型声明	无符号数据
volatile	数据类型声明	声明该变量在程序执行中可被隐含改变
while	程序语句	构成 while 和 do...while 循环语句
xdata	存储器类型说明	外部数据存储器

4.1.3 数据类型

具有一定格式的数字或数值称为数据，数据是计算机操作的对象。数据的不同格式称为数据类型。

C51 支持的数据类型有位变量型（bit）、字符型（char）、无符号字符型（unsigned char）、有符号字符型（signed char）、无符号整型（unsigned int）、有符号整型（signed int）、无符号长整型（unsigned long int）、有符号长整型（signed long int）、单精度浮点型（float）、双精度浮点型（double）等，如图 4-1 所示。

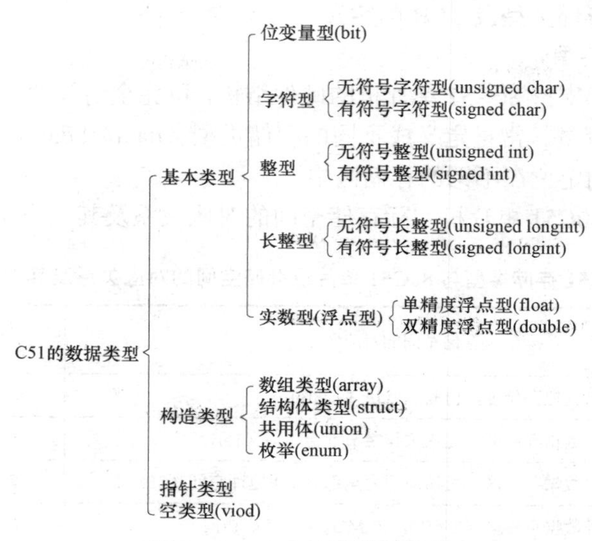

图 4-1　C51 支持的数据类型

基本类型就是使用频率最高的数据类型，其值不可以再分解为其他类型。C51 基本数据类型的长度和范围见表 4-2。

表 4-2　　C51 基本数据类型的长度和值域

类　型	长度（bit）	长度（B）	范　围
位变量型（bit）	1	…	0，1
无符号字符型（unsigned char）	8	单字节	0～255
有符号字符型（signed char）	8	单字节	−128～127
无符号整型（unsigned int）	16	双字节	0～65 536
有符号整型（signed int）	16	双字节	−32 768～32 767
无符号长整型（unsigned longint）	32	四字节	0～4 294 967 295
有符号长整型（signed longint）	32	四字节	−2 147 483 648～2 147 483 647
单精度浮点型（float）	32	四字节	±1.175e−38～±3.402e+38
双精度浮点型（double）	32	四字节	±1.175e−38～±3.402e+38
一般指针	24	三字节	0～65 536

在 C51 中，若一个表达式中有两个操作数的类型不同，则编译器会自动按以下原则将其转换为同一类型的数据。

（1）如果两个数有一个为浮点型（即单精度或双精度浮点型），则另一个操作数将转换成浮点型。

（2）如果两个数有一个是无符号长整型，则另一个操作数将转换成相同的类型。

（3）如果两个数有一个是无符号整型，则另一个操作数将转换成相同的类型。

（4）无符号字符型优先级最低。

4.1.4 C51 数据存储类型及 SFR 的定义

1. C51 数据存储类型

C51 编译器通常都支持 80C51 单片机的硬件结构，可完全访问 80C51 单片机硬件系统的所有部分。可通过将变量、常量定义成不同的存储类型（data，bdata，idata，pdata，xdata，code）的方法，将它们定位在不同的存储区中。

C51 存储类型与 80C51 单片机实际存储空间的对应关系及其大小见表 4-3。

表 4-3 C51 存储类型与 80C51 单片机存储空间的对应关系及其大小

存储类型	与存储空间的对应关系	长度（bit）	长度（B）	存储范围
data	直接寻址片内数据存储区，访问速度快（128B）	8	1	0～255
bdata	可位寻址片内数据存储区，允许位与字节混合访问（16B）	8	1	0～255
idata	间接寻址片内数据存储区，可访问片内全部 RAM 地址空间（256B）	8	1	0～255
pdata	分页寻址片外数据存储区（256B），由 MOVX @Ri 访问	8	1	0～255
xdata	寻址片外数据存储区（64KB），由 MOVX @DPTR 访问	16	2	0～65 635
code	寻址代码存储区（64KB），由 MOVC @DPTR 访问	16	2	0～65 635

当使用存储类型 data，bdata 定义常量和变量时，C51 编译器会将它们定位在片内数据存储区中（片内 RAM）。片内 RAM 根据单片机 CPU 的型号不同，其长度分别为 64、128、256 或 512B。片内 RAM 能快速存取各种数据，是存放临时性传递变量或使用频率较高的变量的理想场所。片外数据存储器从物理上讲属于单片机的一个组成部分，但用这种存储器存放数据，在使用前必须将它们移到片内数据存储区中。

当使用 code 存储类型定义数据时，C51 编译器会将其定义在代码空间。代码空间存放着指令代码和其他非易失信息。调试完成的程序代码被写入单片机内的片内 ROM/EPROM 或片外 EPROM 中。

当使用 xdata 存储类型定义常量、变量时，C51 编译器会将其定义在外部数据存储空间（片外 RAM）。在使用外部数据区的信息之前，必须用指令将它们移到片内 RAM 中；当数据处理完后，将结果返回到片外 RAM 中。

pdata 属于 xdata 类型，它的一字节地址（高 8 位）被妥善保存在 P2 口中，用于 I/O 操作。

idata 可以间接寻址内部数据存储器。

访问片内 RAM（data、bdata、idata）比访问片外 RAM（xdata、pdata）相对要快一些，因此可将经常使用的变量置于片内 RAM，而将规模较大或不经常使用的数据存储在片外 RAM 中。

如果在变量定义时省略了存储类型标志符，则编译器会自动选择默认的存储类型。默认的存储类型进一步由 SMALL、COMPACT 的 LARGE 存储模式指令限制。

存储模式决定了用于函数自变量、自动变量和无明确存储类型变量的默认存储器类型。在 SMALL 模式下，参数传递是在片内数据存储区中完成的。COMPACT 和 LARGE 模式允许参数在外部存储器中传递。存储模式及说明见表 4-4。

表 4-4　存储模式及说明

存储模式	说　明
SMALL	参数及局部变量放入可直接寻址的片内存储器（最大为 128B，默认存储类型为 data），因此访问十分方便。另外所有对象，包括栈都必须嵌入片内 RAM。栈长由函数的嵌套导数决定
COMPACT	参数及局部变量放入分页片外存储区（最大为 256B，默认的存储类型为 pdata），通过寄存器 R0 和 R1（@R0、@R1）间接寻址，栈空间位于 80C51 系统内部数据存储区中
LARGE	参数及局部变量直接放入片外数据存储区（最大为 64KB，默认存储类型为 xdata），使用数据指针 DPTR 来进行寻址。用此数据指针进行访问效率较低，尤其是对两个或多个字节的变量，这种数据类型的访问机制直接影响代码的长度。另一不方便之处在于这种数据指针不能对称操作

2. C51 定义 SFR

80C51 系列单片机的特殊功能寄存器（SFR）分散在片内 RAM 区的高 128B 中，地址为 80H～FFH。对 SFR 的操作只能用于直接寻址方式。凡是地址以“0”或“8”结尾的单元还可以进行位寻址。

在 C51 中，特殊功能寄存器及其可位寻址的位都是通过关键字 sfr 的 sbit 来定义的。这种方法与标准 C 不兼容，只适用于 C51 中。直接访问这些特殊功能寄存器（SFR）时，语法格式为 sfr sfr_name '=' int constant。例如：

```
sfr  TCON=0x88;      //定义 TCON 的地址为 0x88
sfr  P3=0xB0;        //定义 P3 端口的地址为 0xB0
sfr  T2MOD=0xC9;     //定义 T2MOD 的地址为 0xC9
```

注意：sfr 后面必须跟一个特殊寄存器名，“=”后面的地址必须是常数，不允许带有运算符的表达式，这个常数值的范围必须在特殊功能寄存器的地址范围内，位于 0x80～0xFF。

对于可位寻址的位，用关键字 sbit 对其进行访问。例如：

```
sfr  PSW=0xD0;       //定义 PSW 寄存器地址为 0xD0
sbit CY=PSW^7;       //定义 CY 位为 PSW.7，地址为 0xD7
sbit AC=0xD0^6;      //定义 AC 位为 PSW.6，地址为 0xD6
```

实际上，大部分特殊功能寄存器及其可位寻址的位的定义在#include"reg51.h"或#include"reg52.h"头文件中已经包含了，使用时只需在源文件中包含相应的头文件，即可使用 SFR 及其可位寻址的位；而对于未定义的位，使用前则必须先定义。

4.1.5　常量与变量

1. 常量

所谓常量就是在程序运行过程中，其值不能改变的数据。根据数据类型的不同，常量可分为整型常量、字符常量和实数量常量等。

整型常量可以用二进制、八进制、十进制和十六进制数进行表示。表示二进制数时，在数字的前面加上“0b”的标志，其数码取值只能是“0”和“1”，如“0b10110010”表示二进制的“10110010”，其值为十制数的 $1\times2^7+1\times2^5+1\times2^4+1\times2^1=178$；表示八进制数时，在数字的前面加上“O”的标志，其数码取值只能是“0～7”，如“O517”表示八进制的“517”，其值为十进制数的 $5\times8^2+1\times8^1+7\times8^0=335$；表示十六进制时，在数字的前面加上“0x”或“0X”的标志，其数码取值是数字“0～9”、字母“a～f”或字母“A～F”，如“0x3a”和“0X3A”均表示相同的十六进制数值，其值为十进制数的 $3\times16^1+10\times16^0=58$。

无符号整数常量在一个数字后面加上“u”或“U”，如 6325U；长整型整数常量在一个数字后面加上“l”或“L”，如 97L。无符号长整型整数常量在一个数字后面加上“ul”或“UL”，如 25UL；实数型常量在一个数字后面加上“f”或“F”，如 3.146F。字符常量是用单引号将字符括起来，如“a”；字符串常量是用引号将字符括起来，如“AT89S51”。

2. 变量

所谓变量就是在程序运行过程中，其值可以改变的数据。

（1）局部变量与全局变量。根据实际程序的需求，变量可被声明为局部变量或全局变量。

局部变量是在创建函数时由函数分配的存储器空间，这些变量只能在所声明的函数内使用，而不能被其他函数访问。但是，在多个函数中可以声明变量名相同的局部变量，而不会引起冲突，因为编译器会将这些变量视为每个函数的一部分。

全局变量是由编译器分配的存储器空间，可被程序内所有的函数访问。全局变量能够被任何函数修改，并且会保持全局变量的值，以便其他函数可以使用。

如果没有对全局变量或静态局部变量赋初值，则相当于对该变量赋初值为 0。若没有对一个局部变量赋初值，则该变量的值是不确定的。

定义局部变量与全局变量的语法格式如下。

```
[<存储模式>] <类型定义> <标识符>;
```

例如：

```
/*全局变量*/
char  a1;
int   a2;
/*赋初值*/
long  a3=123456;
void  main(void) {
/*局部变量*/
char  a4;
int   a5;
/*赋初值*/
long  a6=21346541;
```

变量也可以被定义成数组，且最多八维，第一个数组元素编号为 0。如果全局变量数组没有赋初值，则在程序开始时会被自动赋值为 0。

例如：

```
int  global_array1[32];           //定义了一个含 32 个元素的整型数组全局变量,所
                                  //有元素自动赋值为 0
int  global_array2[]={2,2,3};     //定义了一个整型数组全局变量,数组变量元素初值
                                  //分别为 2,2,3
int  global_array3[4]={4,2,3,1};  //定义了一个含 4 个元素的整型数组全局变量,元素
                                  //初值分别为 4,2,3,1
char global_array4[]="This is a string" //定义了一个字符数组全局变量
int  global_array5[32]={1,2,3};   //定义了一个含 32 个元素的整型数组全局变量,前
```

```
                                    //三个元素赋初值,其余//29 个自动赋值为 0
int  multidim_array[2,3]={{1,2,3},{4,5,6}};//定义了一个 2 行 3 列共 6 个元素的 2 维
                                          //数组全局变量
void main(void) {
int  local_array1[10];              //定义了一个含 10 个元素的整型数组局部变量,每
                                    //个元素初值为 0
int  local_array2[3]={11,22,33};    //定义了一个含 3 个元素的整型数组局部变量,元素
                                    //初值分别为 11,22,33
char local_array3[7]="Hello";       //定义了一个含 7 个元素的字符串数组局部变量
……
```

对于一些需要被不同的函数调用，并且必须保存其值的局部变量而言，最好将这些局部变量声明为静态变量 static。如果静态变量没有赋初值，在程序开始时会被自动赋值为 0。例如：

```
int   alfa(void) {
static  int n=1;      //声明为静态变量
return  n++;}
void   main(void) {
int  i;
i=alfa();             //返回值为 1
i=alfa();             //返回值为 2
……
```

如果变量在其他文件中声明，则必须使用关键字 extern。

例如：

```
extern  int  xyz;
#include <file_xyz.h> //包含声明 xyz 的文件
```

如果某个变量需占用寄存器时，必须使用 register 关键词，告诉编译器分配寄存器给该变量。例如：

```
register  int  abc;  //不管整型变量 abc 是否使用,编译器均会分配一个寄存器给变量 abc
```

为防止把一个变量分配在寄存器，必须使用 volatile 关键词，并且通知编译器这个变量的赋值受外部变化的支配。所有没被分配到寄存器的全局变量存放在 SRAM 的全局变量区；所有没被分配到寄存器的局部变量动态地存放在 SRAM 的数据堆栈区。例如：

```
volatile  int  abc;
```

（2）bit 位变量和 sbit 可位寻址变量。bit 位变量用关键词 bit 声明，其语法格式如下：

```
bit <标识符>;
```

例如：

```
/*声明和赋初值*/
bit  alfa=1;     //定义位变量 alfa,其初值等于 1
bit  beta;       //定义位变量 beta,存储在 R2 寄存器的 bit1 中
```

sbit 可位寻址变量用关键词 sbit 声明，其语法格式如下：

```
sbit <标识符>=可独立寻址对象位;
```

例如：

```
sbit  P_0=P1^0;      //定义可寻址位变量 P_0 为端口 P1.0
sbit  ACC7=ACC^7    //定义可寻址位变量 ACC7 为累加器的第 7 位
```

4.1.6 C51 的运算符及表达式

运算符是告诉编译程序执行特定算术或逻辑操作的符号。C 语言的运算符和表达式相当丰富，在高级语言中是少见的。C 语言常用的运算符见表 4-5。

表 4-5　　C 语言常用的运算符

名称	符　号	名称	符　号
算术运算符	+ - * / % ++ --	条件运算符	?:
赋值运算符	= += -= *= /= %= &= |= ^= ~= >>= <<=	逗号运算符	,
关系运算符	> < == >= <= !=	指针运算符	* &
逻辑运算符	&& || !	求字节运算符	sizeof
位操作运算符	<< >> ~ ^ | &	特殊运算符	( ) [ ]

C 语言规定了一些运算符的优先级和结合性。优先级是指当运算对象两侧都有运算符时，执行运算的先后次序；结合性是指当一个运算两侧的运算符的优先级别相同时的运算顺序。C 语言运算符的优先级及结合性见表 4-6。

表 4-6　　C 语言运算符的优先级及结合性

优先级别	运　算　符	结合性
1（最高级）	( ) [ ] ,	从左至右
2	! ~ *（指针运算符） &（指针运算符） ++ --	从右至左
3	*（算术运算符） / %	从左至右
4	+ -	从左至右
5	<< >>	从左至右
6	> < >= <=	从左至右
7	== !=	从左至右
8	&（位操作运算符）	从左至右
9	^	从左至右
10	|	从左至右
11	&&	从左至右
12	||	从左至右
13	?:	从右至左
14（最低级）	= += -= *= /= %= &= |= ^= ~= >>= <<=	从右至左

1. 算术运算符

算术运算符可用于各类数值运算，它包括加（+）、减（–）、乘（*）、除（/）、求余（又称为取模运算，%）、自增（++）和自减（––）共 7 种运算。

用算术运算符和括号将运算对象连接起来的式子称为算术表达式，其运算对象包括常量、变量、函数和结构等。例如：

```
a+b;
a+b-c;
a*(b+c)-(d-e)/f;
a+b/c-3.6+'b';
```

算术运算符的优先级规定为先乘除求模，反加减，括号最优先。即在算术运算符中，乘、除、求余运算符的优先级相同，并高于加减运算符。在表达式中若出现括号中的内容优先级最高。例如：

```
a-b/c;              //在这个表达式中,除号的优先级高于减号,因此先运算 b/c 求得商,再
                    //用 a 减去该商
(a+b)*(c-d%e)-f;    //在这个表达式中,括号的优先级最高,因此先运算(a+b)和(c-d%e),
                    //然后再将这两者相乘,最后再减去 f。注意,执行(c-d%e)时,先将 d
                    //除以 e 所得的余数作为被减数,然后用 c 减去该被减数即可
```

算术运算符的结合性规定为自左至右方向，又称为“左结合性”，即当一个运算对象两侧的算术运算符优先级别相同时，运算对象与左边的运算符结合。例如：

```
a-b+c;              //式中 b 两侧的"-""+"运算符的优先级别相同,则按左结合性,先执行
                    //a-b 再与 c 相加
a*b/c;              //式中 b 两侧的"*""/"运算符的优先级别相同,则按左结合性,先执行
                    //a*b 再除以 c
```

自增（++）和自减（--）运算符的作用是使变量的值增加或减少 1。例如：

```
++a;                //先使 a 的值加上 1,然后再使用 a 的值
a++;                //先使用 a 的当前值进行运算,然后再使 a 加上 1
--a;                //先使 a 的值减少 1,然后再使用 a 的值
a--;                //先使用 a 的当前值进行运算,然后再使 a 减少 1
```

2. 赋值运算符和赋值表达式

（1）一般赋值运算符。在 C 语言中，最常见的赋值运算符为“=”，它的作用是计算表达式的值，再将数据赋值给左边的变量。赋值运算符具有右结合性，即当一个运算对象两侧的运算符优先级别相同时，运算对象与右面的运算符结合，其一般形式为变量=表达式。例如：

```
x=a+b;              //变量 x 输出为 a 加上 b
s=sqrt(a)+sin(b);   //变量 s 输出的内容为 a 的平方根加上 b 的正弦值
y=i++;              //变量 y 输出的内容为 i,然后 i 的内容加 1
y=z=x=3;            //可理解为 y=(z=(x=3))
```

如果赋值运算符两边的数据类型不相同，系统将自动进行类型转换，即把赋值号右边的类型转换成左边的类型。具体规定如下：① 实数型转换为整型时，舍去小数部分；② 整型转换为实数型时，数值不变，但将以实数型形式存放，即增加小数部分（小数部分的值为 0）；③ 字符型转换为整型时，由于字符型为一个字节，而整型为两个字节，因此将字符的 ASCII 码值放到整型量的低 8 位中，高 8 位为 0；④ 整型转换为字符型时，只把低 8 位转换给字符变量。

（2）复合赋值运算符。在赋值运算符“=”的前面加上其他运算符，就可构成复合赋值运算符。在C语言中的复合赋值运算符包括加法赋值运算符（+=）、减法赋值运算符（−=）、乘法赋值运算符（*=）、除法赋值运算符（/=）、求余（取模）赋值运算符（%=）、逻辑“与”赋值运算符（&=）、逻辑“或”赋值运算符（|=）、逻辑“异或”赋值运算符（^=）、逻辑“取反”赋值运算符（～=）、逻辑“左移”赋值运算符（＜＜=）、逻辑“右移”赋值运算符（＞＞=）共11种运算。

复合赋值运算首先对变量进行某种运算，然后再将运算的结果再赋给该变量。采用复合赋值运算，可以简化程序，同时提高C程序的编译效率。复合赋值运算表达式的一般格式为：

变量　复合赋值运算符　表达式

例如：

```
a+=b;                //相当于a=a+b
a-=b;                //相当于a=a-b
a*=b;                //相当于a=a*b
a/=b;                //相当于a=a/b
a%=b;                //相当于a=a%b
```

3. 关系运算符

在程序中有时需要对某些量的大小进行比较，然后根据比较的结果进行相应的操作。在C语言中，关系运算符专用于两个量的大小比较，其比较运算的结果只有“真”和“假”两个值。

C语言中的关系运算符包括大于（＞）、小于（＜）、等于（==）、大于或等于（＞=）、小于或等于（＜=）、不等于（!=）共6种运算。

用关系运算符将两个表达式连接起来的式子，称为关系表达式。关系运算符两边的运算对象可以是C语言中任意合法的表达式或者变量。关系表达式的一般格式为：

表达式　关系运算符　表达式

关系运算符的优先级别如下：① 大于（＞）、小于（＜）、大于或等于（＞=）、小于或等于（＜=）属于同一优先级，等于（==）、不等于（!=）属于同一优先级，其中前4种运算符的优先级高于后2种运算符；② 关系运算符的优先级别低于算术运算符，但高于赋值运算符。

例如：

```
x>y;                 //判断x是否大于y
a+b<c;               //判断a加上b的和是否小于c
a+b-c==m*n;          //判断a加上b的和再减去c的差值是否等于m乘上n的积
```

关系运算符的结合性为左结合。C语言不像其他高级语言一样有专门的“逻辑值”，它用整数“0”和“1”来描述关系表达式的运算结果，规定用“0”表示逻辑“假”，即当表达式不成立时，运算结果为“0”；用“1”表示逻辑“真”，即当表达式成立时，运算结果为“1”。例如：

```
unsigned char x=8, y=9, z=18;   //定义无符号字符x、y、z,它们的初始值分别为8、9、
                                //18
x>y;                 //x=8,y=9,x小于y,因此表达式不成立,运算结果为"0"
x+y<z;               //x加y等于17,小于z(z=18),因此表达式成立,运算结果为"1"
```

```
(y=18)==z;              //y 重新赋值为 18 后等于 z(z=18),因此表达式成立,运算结果为"1"
x+6!=z;                 //x 加 6 等于 14,是不等于 z(z=18),因此表达式成立,运算结果为"1"
a==x<y<z                //由于关系运算符的结合性为左结合,因此 x<y 的值为 1,而 1<z 的值
                        //为 1,所以 a 的值为 1
```

4. 逻辑运算符

逻辑关系主要包括逻辑“与”、逻辑“或”、逻辑“非”3 种基本运算。在 C 语言中，用“&&”表示逻辑“与”运算；用“||”表示逻辑“或”运算；用“!”表示逻辑“非”运算。其中，“&&”和“||”是双目运算符，它要求有两个操作数，而“!”是单目运算符，只要求一个操作数即可。注意，“&”和“|”是位运算符，不要将逻辑运算符与位运算符混淆。

用逻辑运算符将关系表达式或逻辑量连接起来的式子称为逻辑表达式。逻辑表达式的一般格式为：

表达式 逻辑运算符 表达式

逻辑表达式的值是一个逻辑量为“真”（即“1”）和“假”（即“0”）。对于逻辑“与”运算（&&）而言，参与运算的两个量都为“真”时，结果才为“真”，否则为“假”；对于逻辑“或”运算（||）而言，参与运算的两个量中只要有一个量为“真”时，结果为“真”，否则为“假”；对于逻辑“非”运算（!）而言，参与运算量为“真”时，结果为“假”，参与运算量为“假”时，结果为“真”。

逻辑运算符的优先级别如下：① 在 3 个逻辑运算符中，逻辑“非”运算符（!）的优先级最高，其次是逻辑“与”运算符（&&），逻辑“或”运算符（||）的优先级最低。② 与算术运算符、关系运算符及赋值运算符的优先级相比，逻辑“非”运算符（!）的优先级高于算术运算符，算术运算符的优先级高于关系运算符，关系运算符的优先级高于逻辑“与”运算符（&&）和逻辑“或”运算符（||），而赋值运算符的优先级最低。

例如：

```
unsigned char a=5, b=8,y;  //定义无符号字符 a、b、y,a 的初始值为 5, b 的初始值为 8
y=!a;                      //y 的值为逻辑"假",因为 a=5 为逻辑"真",所以"!a"为逻辑"假"
y=a||b;                    //y 的值为逻辑"真",因为 a、b 为逻辑"真",所以"a||b"为逻辑"真"
y=a&&b;                    //y 的值为逻辑"真",因为 a、b 为逻辑"真",所以"a&&b"为逻辑"真"
y=!a&&b;                   //y 的值为逻辑"假",因为"!"的优先级高于"&&",需先执行"!a",其值为
                           //逻辑"假"(即"0");而"0&&b"的运算为逻辑"假",所以结果为逻辑"假"
```

5. 位操作运算符

能对运算对象进行位操作是 C 语言的一大特点，正是由于这一特点使 C 语言具有了汇编语言的一些功能，从而使它能对计算机的硬件直接进行操作。

位操作运算符是按位对变量进行运算，并不改变参与运算的变量的值。如果希望按位改变运算变量的值，则应利用相应的赋值运算。另外，位运算符只能对整型或字符型数据进行操作，不能用来对浮点型数据进行操作。

C 语言中的位操作运算符包括按位“与”（&）、按位“或”（|）、按位“异或”（^）、按位“取反”（～）、按位“左移”（<<）、按位“右移”（>>）共 6 种运算。除按位“取反”运算符外，其余 5 种位操作运算符都是两目运算符，即要求运算符两侧各有一个运算对象。

（1）按位“与”（&）。按位“与”的运算规则是参加运算的两个运算对象，若两者相应

的位都为“1”，则该位的结果为“1”，否则为“0”。

例如，若 *a*=0x62=0b01100010,*b*=0x3c=0b00111100，则表达式：*c*=*a* &*b* 的值为 0x20，即

a:　　　01100010　　（0x62）
b:　&　00111100　　（0x3c）
c　=　00100000　　（0x20）

（2）按位“或”(|)。按位“或”的运算规则是参加运算的两个运算对象，两者相应的位中只要有一位为“1”，则该位的结果为“1”，否则为“0”。

例如，若 *a*=0xa5=0b10100101,*b*=0x29=0b00101001，则表达式：*c*=*a*|*b* 的值为 0xad，即

a:　　　10100101　　（0xa5）
b:　|　00101001　　（0x29）
c　=　10101101　　（0xad）

（3）按位“异或”(^)。按位“异或”的运算规则是参加运算的两个运算对象，若两者相应的位值相同，则该位的结果为“0”；若两者相应的位值相异，则该位的结果为“1”。

例如，若 *a*=0xb6=0b10110110,*b*=0x58=0b01011000，则表达式：*c*=*a*^*b* 的值为 0xee，即

a:　　　10110110　　（0xb6）
b:　^　01011000　　（0x58）
c　=　11101110　　（0xee）

（4）按位“取反”(～)。按位“取反”(～)是单目运算，用来对一个二进制数按位进行“取反”操作，即“0”变“1”，“1”变“0”。

例如，若 *a*=0x72=0b01110010, 则表达式：*a*=～*a* 的值为 0x8d，即

a:　　　01110010　　（0x72）
　　～
a　　=10001101　　（0x8d）

（5）按位“左移”(<<)、按位“右移”(>>)。按位“左移”(<<)是用来将一个操作数的各二进制位全部左移若干位，移位后，空白位补“0”，而溢出的位舍弃。

例如，若 *a*=0x8b=0b10001011，则表达式：*a*=*a*<<2，将 *a* 值左移 2 位后，其结果为 0x2c，即

a:　　　10001011　　（0x8b）
　<<2　10 00101100
a　=　00101100　　（0x2c）

按位“右移”(>>)是用来将一个操作数的各二进制位全部右移若干位，移位后，空白位补“0”，而溢出的位舍弃。

例如，若 *a*=0x8b=0b10001011，则表达式：*a*=*a*>>2，将 *a* 值左移 2 位后，其结果为 0x2c，即

a:　　　10001011　　（0x8b）
　>>2　00100010 11
a　=　00100010　　（0x22）

6. 条件运算符

条件运算符是 C 语言中唯一的一个三目运算符，它要求有 3 个运算对象，用它可以将 3

个表达式连接构成一个条件表达式。条件表达式的一般格式如下：

```
表达式 1 ？ 表达式 2 ： 表达式 3
```

条件表达式的功能是首先计算表达式 1 的逻辑值，当逻辑值为“真”时，将表达式 2 的值作为整个条件表达式的值；当逻辑值为“假”时，将表达式 3 的值作为整个条件表达式的值。例如：

```
min=(a<b) ? a : b       //当 a 小于 b 时,min=a;当 a 小于 b 不成立时,min=b
```

7. 逗号运算符

逗号运算符又称为顺序示值运算符。在 C 语言中，逗号运算符是将两个或多个表达式连接起来。逗号表达式的一般格式如下：

```
表达式 1,表达式 2,……,表达式 n
```

逗号表达式的运算过程是选求解表达式 1，再求解表达式 2，……依次求解到表达式 *n*。例如：

```
a=2+3,a*8          //先求解 a=2+3,得 a 的值为 5,然后求解 a*8 得 40,整个逗号表达式的值为 40
a=4*5,a+10,a/6     //先求解 a=4*5,得 20,再求解 a+10 得 30,最后求解 a/6 得 5,整个逗号表达
                   //式的值为 5
```

8. 求字节运算符

在 C 语言中提供了一种用于求取数据类型、变量及表达式的字节数的运算符 sizeof。求字节运算符的一般形式如下：

```
sizeof(表达式) 或 sizeof(数据类型)
```

注意，sizeof 是种特殊的运算符，它不是一个函数。通常，字节数的计算在程序编译时就完成了，而不是在程序执行的过程中计算出来的。

4.2 C51 流程控制

4.2.1 C51 语句结构

C51 是一种结构化编程语言，用户可采用结构化方式编写相关源程序。采用结构化设计的程序具有结构清晰、层次分明、易于阅读修改和维护等特点。

结构化程序由若干个模块组成，每个模块中包含若干个基本结构，而每个基本结构中可有若干条语句。在 C51 中，有 3 种基本语句结构：顺序结构、选择结构和循环结构。

1. 顺序结构

顺序结构是一种最基本、最简单的编程结构。在这种结构中，程序由低地址向高地址顺序执行指令代码。如图 4-2 所示，程序要先执行 A，然后再执行 B，两者是顺序执行的关系。

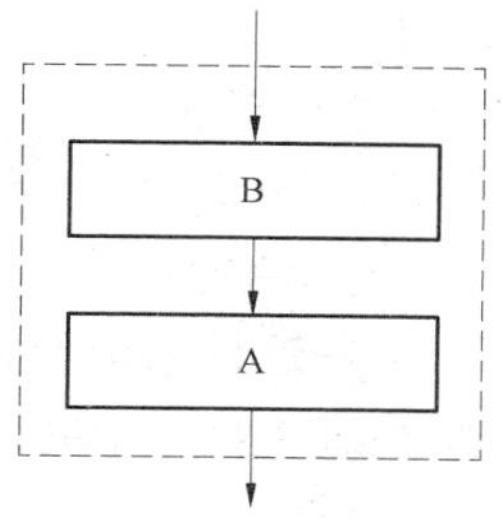

图 4-2　顺序结构

2. 选择结构

选择结构是对给定的条件进行判断，再根据判断的结果决定执行哪一个分支。如图 4-3 所示，图中 P 代表一个条件，当 P 条件成立（或称为“真”）时，执行 A，否则执行 B。注意，只能执行 A 或 B 之一，两条路径汇合在一起，然后从一个出口退出。

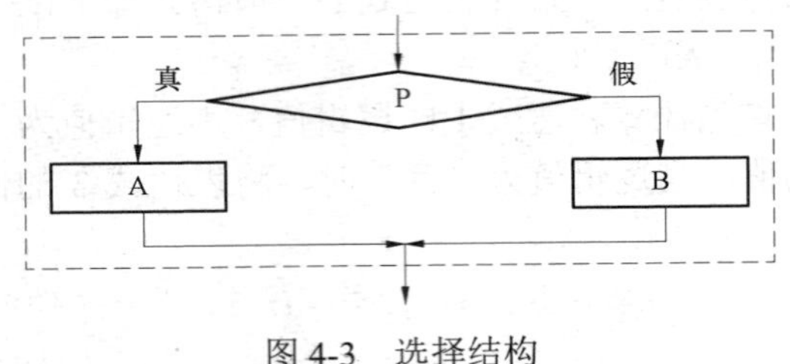

图 4-3 选择结构

3. 循环结构

循环结构是在给定条件成立时，反复执行某段程序。在 C 语言中，循环结构又分成“当”（while）型循环结构和“直到”（do while）型循环结构。

“当（while）”型循环结构，如图 4-4（a）所示。当 P 条件成立（或称为“真”）时，反复执行 A 操作。直到 P 为“假”时，才停止循环。

“直到（do while）”型循环结构，如图 4-4（b）所示。先执行 A 操作，再判断 P 是否为“假”，若 P 为“假”，再执行 A，如此反复，直到 P 为“真”为止。

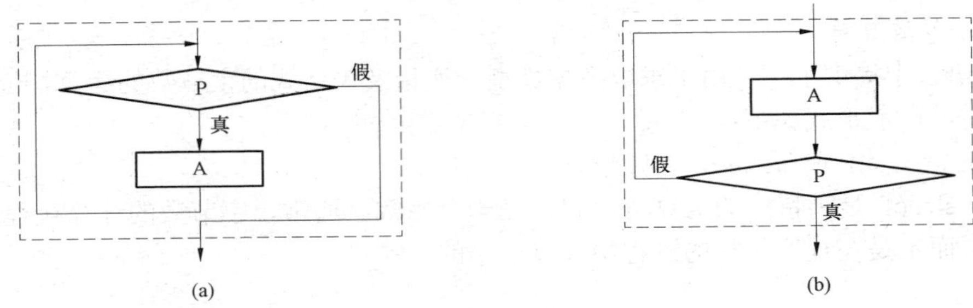

图 4-4 循环结构

（a）当（while）型；（b）直到（do while）型

4.2.2 条件语句

编程解决实际问题时，通常需要根据某些条件进行判断，然后决定执行哪些语句，这就是条件选择语句。在 C 语言中提供了 3 种形式的 if 条件选择语句和 switch 多分支选择语句。

1. if 语句

（1）if 语句的结构形式。if 语句是 C 语言中的一个基本判断语句，它的 3 种结构形式语句如下。

1）形式一。

```
if(表达式)
  {语句};
```

在这种结构形式中，如果括号中的表达式成立，则程序执行“{}”中的语句；否则程序将跳过“{}”中的语句部分，顺序执行其他语句。例如：

```
if  (P1^0==0)
    {                                   //如果 P1.0端口为低电平,那么执行下述语句
     P1^4=～P1^4;                       //P1.4端口输出相反的状态
```

```
    P1^5=0;                    //P1.5端口输出为低电平
    }
```

2）形式二。

```
if (表达式)
   {语句 1;}
else
   {语句 2;}
```

在这种结构形式中，如果括号中的表达式成立，则程序执行“{语句 1；}”中的语句；否则程序执行“{语句 2；}”中的语句。例如：

```
if  (P1^0==0)
   {                           //如果 P1.0端口为低电平,那么执行下述语句
    P1^4=~P1^4;                //P1.4端口输出相反的状态
    P1^5=0;                    //P1.5端口输出为低电平
   }
else
   {                           //如果 P1.0端口不是低电平,那么执行下述语句
    P1^7=~P1^7;                //P1.7端口输出相反的状态
    P1^5=1;                    //P1.5端口输出为高电平
   }
```

3）形式三。

```
if (表达式 1)
   {语句 1;}
else if (表达式 2)
   {语句 2;}
else if (表达式 3)
   {语句 3;}
…
else if (表达式 m)
   {语句 m;}
else
  {语句 n;}
```

在这种结构形式中，如果括号中的表达式 1 成立，则程序执行“{语句 1；}”中的语句，然后退出 if 选择语句，不执行下面的语句；否则如果表达式 2 成立，则程序执行“{语句 2；}”中的语句，然后退出 if 选择语句，不执行下面的语句；否则如果表达式 3 成立，则程序执行“{语句 3；}”中的语句，然后退出 if 选择语句，不执行下面的语句；……否则如果表达式 m 成立，则程序执行“{语句 m；}”中的语句，然后退出 if 选择语句，不执行下面的语句；否则上述表达式均不成立，则程序执行“{语句 n；}”中的语句。

例如：根据 a 值的大小决定 numb 系数，编写的程序段如下。

```
if  (a>6500)
   {numb=1;}
else if  (a>6000)
   {numb=0.8;}
else if  (a>5800)
   {numb=0.6;}
else if  (a>5600)
   {numb=0.4;}
else
   {numb=0;}
```

（2）if 语句的嵌套。如果 if 语句中又包含 1 个或多个 if 语句时，这种情况称为 if 语句的嵌套。if 语句的嵌套基本形式如下。

```
              ┌ if      (表达式1)
              │   {
              │                            ┐
              │     if       (表达式2)     │
              │       {语句1；}            │
外层嵌套if语句 ┤     else                   ├ 内层嵌套if语句
              │       {语句2；}            │
              │                            ┘
              │   }
              └ else
                  {                        ┐
                    if      (表达式3)      │
                      {语句3；}            ├ 内层嵌套if语句
                    else                   │
                      {语句4；}            │
                  }                        ┘
```

下面以 AT89S52 单片机为例说明 if 条件语句，其电路原理如图 4-5 所示。在 AT89S52 单片机的 $P1._0$ 和 $P1._4$ 端口分别接 D1 和 D2 这两个发光二极管，该实例的控制任务是当开关 K1 闭合时，发光二极管 D1 点亮，D2 熄灭；当开关 K1 断开时，发光二极管 D1 熄灭，而 D2 点亮。编写的程序如下。

```
#include "reg52.h"
sbit   redLED=P1^0;
sbit greenLED=P1^4;
void main(void)
{
    while(1)
     {
       if (P3 & 0x01)                 //检测 P1.0 端口上的开关为断开状态
        {
           redLED=0x1;                //发光二极管 D1 熄灭(低电平有效)
           greenLED=0x0;              //发光二极管 D2 点亮
        }
      else                            //检测 P1.0 端口上的开关为闭合状态
```

```
        {
          redLED=0x0;             //发光二极管 D1 点亮
        greenLED=0x1;             //发光二极管 D2 熄灭
        }
    }
}
```

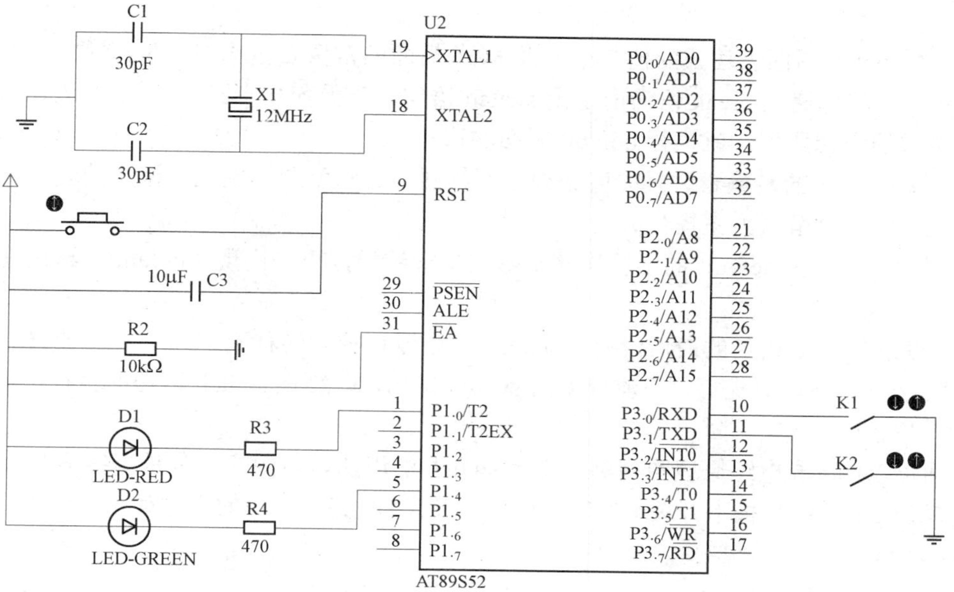

图 4-5　发光二极管控制电路图

2. switch 语句

在实际使用中，通常会碰到多分支选择问题，此时可以使用 if 嵌套语句来实现，但是，如果分支很多的话，if 语句的层数太多、程序冗长，可读性降低，而且很容易出错。基于此，在 C 语言中使用 switch 语句可以很好地解决多重 if 嵌套容易出现的问题。switch 语句是另一种多分支选择语句，是用来实现多方向条件分支的语句。

（1）switch 语句格式。

```
switch (表达式)
  {
   case  常量表达式 1:
    {语句 1;} break;
   case  常量表达式 2:
    {语句 2;} break;
   case  常量表达式 3:
    {语句 3;} break;
    ⋮
   case  常量表达式 m:
```

```
    {语句 m;} break;
   default:
    {语句 n;} break;
}
```

（2）switch 语句使用说明。

1）switch 后面括号内的“表达式”可以是整型表达式或字符型表达式，也可以是枚举型数据。

2）当 switch 后面表达式的值与某一“case”后面的常量表达式相等时，就执行该“case”后面的语句，然后遇到 break 语句而退出 switch 语句。若所有“case”中常量表达式的值都没有与表达式的值相匹配，就执行 default 后面的语句。

3）每个 case 的常量表达式的值必须互不相同，否则就会出现互相矛盾的现象（对同一个值有两种或多种解决方案提供）。

4）每个 case 和 default 的出现次序不影响执行结果，可先出现“default”再出现其他的“case”。

5）假如在 case 语句的最后没有“break;”，则流程控制转移到下一个 case 继续执行。所以，在执行一个 case 分支后，使流程跳出 switch 结构，即终止 switch 语句的执行，可用一个 break 语句完成。

下面仍以图 4-5 电路原理图为例，说明 switch 的用法。该例的任务是当按下开关 K1 时，发光二极管 D1 亮；当按下开关 K2 时，发光二极管 D2 亮。编写的程序如下。

```
#include "reg52.h"
sbit   redLED=P1^0;
sbit  greenLED=P1^4;
void main(void)
{
  while(1)
    { switch (P3 & 0x03)      //该表达式判断K1和K2是否闭合,如果闭合则与之相连的引脚
                              //为低电平
       {
         case 0x02:           //表达式的值等于0x02,表示K1开关处于闭合状态
         redLED=0x0;          //发光二极管D1亮
         break;               //跳出switch结构,不执行下面语句
         case 0x01:           //表达式的值等于0x01,表示K2开关处于闭合状态
         greenLED =0x0;       //发光二极管D2亮
         break;
         default:             //表达式的值既不等于0x01,又不等于0x02表示两个开关均
                              //未闭合
         redLED=0x1;          //两个发光二极管均不亮
         greenLED=0x1;
```

```
            break;
        }
      }
    }
```

4.2.3　循环语句

在许多实际问题中，需要程序进行具有规律的重复执行，此时可采用一些循环语句来实现。在 C 语言中，用来实现循环的语句有 goto 语句、while 语句、do-while 语句、for 语句、break 语句和 continue 语句等。

1. goto 语句

goto 语句为无条件转向语句，该语句可实现循环。goto 语句的一般形式如下。

```
goto  语句标号;
```

其中，语句标号不必特殊加以定义，它是一个任意合法的标识符，其命名规则与变量名相同，由字母、数字和下划线组成，并且第一个字符必须为字母或下划线，不能用整数作为标号。这个标识符加上一个“：”一起出现在函数内某处时，执行 goto 语句后，程序将跳转到该标号处并执行其后的语句。标号必须与 goto 语句同处于一个函数中，但可以不在一个循环层中。

结构化程序设计主张限制使用 goto 语句，主要是因为它将使程序层次不清，且不易读，但也并不是绝对禁止使用 goto 语句，在多层嵌套退出时，用 goto 语句则比较合理。一般来说，使用 goto 语句可有以下两种用途：与 if 语句一起构成循环结构、从循环体中跳转到循环体外。

（1）与 if 语句一起构成循环结构。例如，用 if 语句和 goto 语句构成循环结构，求 $\sum_{n=0}^{50} n$，编写的程序如下。

```
#include "reg52.h"
void main(void)
  {
   int i=0,sum=0;
   loop: if(i<=50)
      {
        sum=sum+i;
        i++;
        goto loop;
      }
  }
```

该程序的运行结果为 1275（即十六进制为 04FB）。

（2）从循环体中跳转到循环体外。在 C 语言中，如果要跳出本层循环和结束本次循环，可使用 break 语句和 continue 语句。goto 语句的使用机会已大大减少，只是需从多层循环的内层跳到多层循环体外时才用到 goto 语句。但是，这种用法不符合结构化原则，一般不宜采用，只有在特殊情况（如需要大大提高生成代码的效率）时才使用。

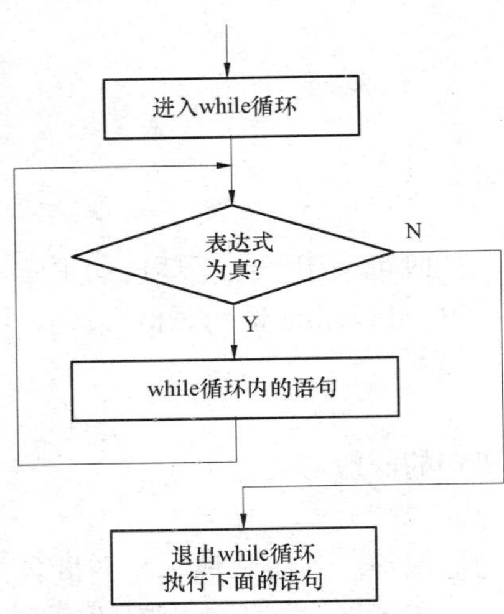

图 4-6 while 语句的流程图

2. while 语句

while 语句很早就出现在 C 语言编程的描述中，它是最基本的控制元素之一，用来实现“当型”循环结构。while 语句的一般格式如下。

```
while (表达式)
  {语句;}
```

若程序的执行进入 while 循环的顶部时，将对表达式求值。如果该表达式为“真”（非零），则执行 while 循环内的语句。当执行到循环底端时，马上返回到 while 循环的顶部，再次对表达式进行求值。如果值仍为“真”，则继续循环，否则完全绕过该循环，而继续执行紧跟在 while 循环之后的语句，其流程如图 4-6 所示。

例如，用 while 语句，求 $\sum_{n=0}^{50} n$，编写的程序如下。

```
#include "reg52.h"
void main(void)
  {
   int n=0,sum=0;
   while (n<=50)
      {
        sum=sum+n;
        n++;
      }
  }
```

3. do-while 语句

do-while 循环与 while 循环十分相似，这两者的区别在于 do-while 语句是先执行循环后判断，即循环内的语句至少执行一次，然后再判断是否继续循环，其流程如图 4-7 所示；while 语句是在每次执行的指令前先判断。do-while 语句的一般格式如下。

```
do
{语句;}
While (条件表达式);
```

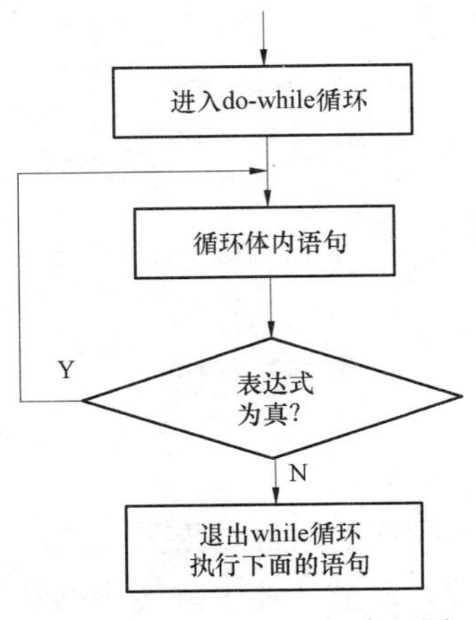

图 4-7 do-while 语句流程图

例如，用 do-while 语句，求 $\sum_{n=0}^{50} n$，编写的程序如下。

```
#include "reg52.h"
void main(void)
  {
```

```
  int n=0,sum=0;
  do
    {
      sum=sum+n;
      n++;
    }
  while (n<=50);
}
```

4. for 语句

在 C 语言中，for 语句使用最为灵活，完全可以取代 while 语句或 do-while 语句。它不仅可用于循环次数已经确定的情况，而且可用于循环次数不确定而只给出循环结束条件的情况。for 语句的一般格式如下。

```
for (表达式 1;表达式 2;表达式 3)
{语句;}
```

for 循环语句的流程如图 4-8 所示，其执行过程如下。

（1）先对表达式 1 赋初值，进行初始化。

（2）判断表达式 2 是否满足给定的循环条件，若满足循环条件，则执行循环体内语句，然后执行第（3）步；若不满足循环条件，则结束循环，转到第（5）步。

（3）若表达式 2 为“真”，则在执行指定的循环语句后，求解表达式 3。

（4）回到第（2）步继续执行。

（5）退出 for 循环，执行后面的下一条语句。

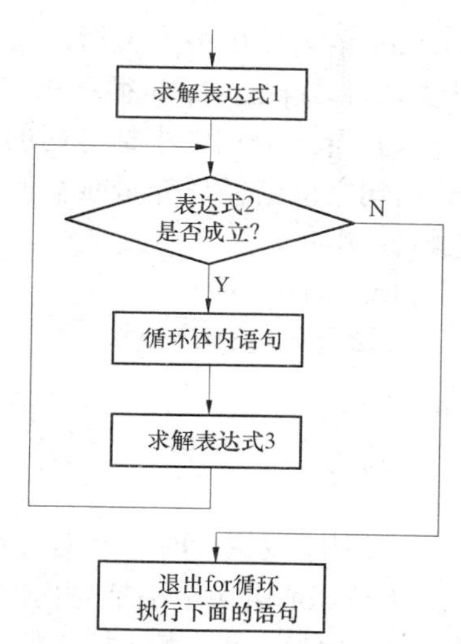

图 4-8　for 语句流程图

for 语句最简单的应用形式也就是最易理解的形式如下。

```
for (循环变量赋初值;循环条件;循环变量增值)
{语句;}
```

例如，用 for 语句，求 $\sum_{n=0}^{50} n$ ，编写的程序如下。

```
#include "reg52.h"
void main(void)
 {
  int n,sum=0;
  for (n=0;n<=50;n++)
     {
       sum=sum+n;
     }
 }
```

显然，用 for 语句简单、方便。对于以上 for 语句的一般形式也可用相应的 while 循环形式来表示。

```
表达式1;
while (表达式2)
  {
   语句;
   表达式3;
  }
```

同样，for 语句的一般形式还可用相应的 do-while 循环形式来表示。

```
表达式1;
do
  {
   语句;
   表达式3;
  }
while (表达式2)
```

for 语句使用最为灵活，除了可取代 while 语句或 do-while 语句外，在结构形式上体现了其灵活性，下面对 for 循环语句的几种特例进行说明。

（1）for 语句中小括号内的表达式 1 缺省。for 语句中小括号内的表达式 1 缺省时，应在 for 语句之前给循环变量赋初值。注意，虽然表达式 1 省略了，但是表达式 1 后面的分号不能省略。例如，

```
int n,sum=0;
for (;n<=50;n++)
  {
   sum=sum+n;
  }
```

该程序段执行时，不对 *n* 设置初值，直接跳过"求解表达式 1"这一步，而其他不变。

（2）for 语句中小括号内的表达式 2 缺省。for 语句中小括号内的表达式 2 缺省时，不判断循环条件，默认表达式 2 始终为"真"，使循环无终止地进行下去。例如，

```
int n,sum=0;
for (n=0; ;n++)
  {
   sum=sum+n;
  }
```

它相当于：

```
int n,sum=0;
while (1)
  {
   sum=sum+n;
   n++;
  }
```

（3）for 语句中小括号内的表达式 3 缺省。for 语句中小括号内的表达式 3 缺省时，在程序中应书写相关语句以保证循环能正常结束。例如，

```
int n,sum=0;
for (n=0;n<=50;)
 {
   sum=sum+n;
   n++;
  }
```

在此程序段中，将 *n*++的操作不放在 for 语句表达式 3 的位置处，而作为循环体的一部分，效果是一样的，都能使循环正常结束。

（4）for 语句中小括号内的表达式 1 和表达式 3 缺省。for 语句中小括号内的表达式 1 和表达式 3 缺省，而只给出循环条件，在此种情况下，完全等效于 while 语句。例如，

```
int n,sum=0;
for (;n<=50;)
 {
   sum=sum+n;
   n++;
}
```

它相当于：

```
int n,sum=0;
while  (n<=50)
 {
   sum=sum+n;
   n++;
}
```

（5）for 语句中小括号内的 3 个表达式都缺省。for 语句中小括号内的 3 个表达式都缺省，既不设置初值，也不判断条件，而循环变量也不增值，使程序无终止地执行循环体。例如，

```
for (; ;)
  {...... /*循环体*/}
```

它相当于：

```
while (1)
  {...... /*循环体*/}
```

（6）for 语句中没有循环体。例如，

```
int  n;
for(n=0;n<1000;n++)
   {;}
```

此例在程序段中起延时作用。

5. break 语句和 continue 语句

（1）break 语句。break 语句通常可用在 switch 语句或循环语句中。当 break 语句用于 switch

语句中时，可使程序跳出 switch 而执行 switch 以后的语句；当 break 语句用于 while、do-while、for 循环语句中时，可使程序提前终止循环而执行循环后面的语句，通常 break 语句总是与 if 语句连在一起的，即满足条件时便跳出循环。break 语句的一般格式如下。

```
break;
```

注 意

① break 语句不能用于循环语句和 switch 语句之外的任何其他语句中；② break 语句只能跳出它所处的那一层循环，而不像 goto 语句可直接从最内层循环中跳出来。因此，要退出多重循环时，采用 goto 语句比较方便。

（2）continue 语句。continue 语句一般用在 while、do-while、for 循环语句中，其功能是跳过循环体中剩余的语句而强行执行下一次循环。通常 continue 语句总是与 if 语句连在一起，用来加速循环。continue 语句的一般格式如下。

```
continue;
```

continue 语句和 break 语句的区别为 break 语句结束循环，不再进行条件判断； continue 语句只能结束本次循环，不终止整个循环。

4.3 数　　组

数组是一组具有固定数目的相同类型成分分量的有序数据集合。数组是 C 语言提供的一种最简单的构造类型，其成分分量的类型为该数组的基本类型。如整型变量的有序集合称为整型数组，字符型变量的有序集合称为字符型数组。数组中的每个元素都属于同一个数据类型，在同一数组中不允许出现不同类型的变量。

在数组中，可以用一个统一的数组名和下标来唯一地确定数组中的元素。数组中的下标放在方括号中，是从 0 开始（0,1,2,3,4,⋯,n）的一组有序整数。例如，数组 a[i],当 i=0,1,2,3,⋯,n 时，a[0],a[1],a[2],⋯,a[n]分别是数组 a[i]的元素。数组中有一维、二维、三维和多维数组之分，常用的有一维、二维和字符数组。

4.3.1 一维数组

1. 一维数组的定义

数组只有一个下标，称为一维数组。在 C 语言中，使用数组之前，需先对其进行定义。一维数组的定义方式如下。

```
类型说明符    数组名[常量表达式];
```

其中，类型说明符是任一种基本数据类型或构造数据类型（如 int，char 等）。数组名是用户定义的数组标识符，即合法的标识符。方括号中的常量表达式表示数据元素的个数，也称为数组的长度。例如：

```
unsigned int a[8];        //定义了含有 8 个元素的无符号整型数组 a
float b[10],c[16];        //定义了含有 10 个元素的实型数组 b,含有 16 个元素的实型数组 c
unsigned char ch[20];     //定义了含有 20 个元素的字符数组 ch
```

对于数组类型的定义应注意以下几点：

（1）数组名的定义规则和变量名相同，应遵循标识符命名规则。在同一程序中，数组名不能重名，即不能与其他变量名相同。

（2）数组名后是用方括号括起来的常量表达式，不能用圆括号。

（3）方括号中常量表达式表示数组元素的个数，如 a[10]表示数组 a 有 10 个元素。每个元素由不同的下标表示，在数组中的下标是从 0 开始计算，而不是从 1 开始计算。因此，a 的 10 个元素分别为 a[0],a[1],…，a[9]。注意，a[10]这个数组中并没 a[10]这个数组元素。

（4）常量表达式中可以包括常量和符号常量，不能包含变量。即 C 语言中数组元素个数不能在程序运行过程中根据变量值的不同而随机修改，数组的元素个数在程序编译阶段就已经确定了。

2. 一维数组元素的引用

定义了一维数组之后，就可引用这个一维数组中的任何元素，且只能逐个引用而不能一次引用整个数组的元素。引用数组元素的一般形式如下。

```
数组名[下标]
```

这种引用数组元素的方法称为“下标法”。C 语言规定，以下标法使用数组元素时，下标可以越界，即下标可以不在 0～（长度−1）的范围内。例如，定义数组为 a[3]，能合法使用的数组元素是 a[0]、a[1]、a[2]，而 a[3]、a[4]虽然也能使用，但由于下标越界，超出数组元素的范围，程序运行时，可能会出现不可预料的结果。

例如，对 10 个元素的数组进行赋值时，必须使用循环语句逐个输出各个变量：

```
int i,a[10];              //定义变量 i 及含 10 个元素的一维数组 a
for (i=0;i<10;i++)
  {
  a[i]=0;
  }
```

而不能类似于下列的方法用一个语句输出整个数组变量：

```
int i,a[10];
a=0;
```

3. 一维数组的初始化

给数组赋值的方法除用赋值语句对数组元素赋值外，还可采用初始化赋值和动态赋值的方法。

数组初始化是指在定义数组的同时给数组元素赋值。虽然数组赋值可在程序运行期间用赋值语句进行赋值，但是这样将耗费大量的运行时间，尤其是对大型数组而言，这种情况更加突出。采用数组初始化的方式赋值时，由于数组初始化是在编译阶段进行的，这样将减少运行时间、提高效率。

一维数组初始化赋值的一般形式如下。

```
类型说明符   数组名[常量表达式]={值,值,值,…,值};
```

其中，在“{}”中的各数据值即为各元素的初值，各值之间用逗号间隔。例如，

```
const tab[8]={0xfe,0xfd,0xfb,0xf7,0xef,0xdf,0xbf,0x7f};
```

经过上述定义的初始化后，各个变量值为 tab[0]=0xfe；tab[1]=0xfd；tab[2]=0xfb；tab[3]=0xf7；tab[4]=0xef；tab[5]=0xdf；tab[6]=0xbf；tab[7]=0x7f。

C 语言对一维数组元素的初始化赋值还有以下特例。

（1）只给一部分元素赋初值。如果“{}”中值的个数少于元素个数时，可只给前面部分

元素赋值。例如，

```
const unsigned char tab[10]={0x00,0x00,0x07,0x02,0x02,0x02,0x7F};
```

在此语句中，定义了 tab 数组有 10 个元素，但“{}”内只提供了 7 个初值，这表示只给前面 7 个元素赋值，后面 3 个元素的初值为 0。

（2）给全部元素赋相同值。给全部元素赋相同值时，应在“{}”内将每个值都写上。例如，

```
int a[10]={2,2,2,2,2,2,2,2,2,2};
```

而不能写为

```
int a[10]=2;
```

（3）给全部元素赋值，但不给出数组元素的个数。如果给全部元素赋值，则在数组说明中进行，可不给出数组元素的个数。例如，

```
const unsigned char tab1[24]={0x00,0x00,0x7F,0x1E,0x12,0x02,0x7F,0x00,
                              0x00,0x00,0x07,0x02,0x02,0x02,0x7F,0x00,
                              0x00,0x00,0x7F,0x1E,0x12,0x02,0x7F,0x00};
```

可以写为

```
const unsigned char tab1[]={0x00,0x00,0x7F,0x1E,0x12,0x02,0x7F,0x00,
                            0x00,0x00,0x07,0x02,0x02,0x02,0x7F,0x00,
                            0x00,0x00,0x7F,0x1E,0x12,0x02,0x7F,0x00};
```

由于数组 tab1 初始化时“{}”内有 24 个数，因此，系统自定义 tab1 的数组个数为 24，并将这 24 个字符分配给 24 个数组元素。

4.3.2 二维数组

C 语言允许使用多维数组，最简单的多维数组就是二维数组。实际上，二维数组是以一维数组为元素构成的数组。二维数组的定义方式如下。

类型说明符 数组名[常量表达式 1][常量表达式 2]；

其中，常量表达式 1 表示第 1 维下标的长度，常量表达式 2 表示第 2 维下标的长度。二维数组存取顺序是按行存取，先存取第 1 行元素的第 0 列，1 列，2 列，……，直到第 1 行的最后一列；然后返回到第 2 行开始，再取第 2 行的第 0 列，1 列，2 列，……，直到第 2 行的最后一列。如此顺序

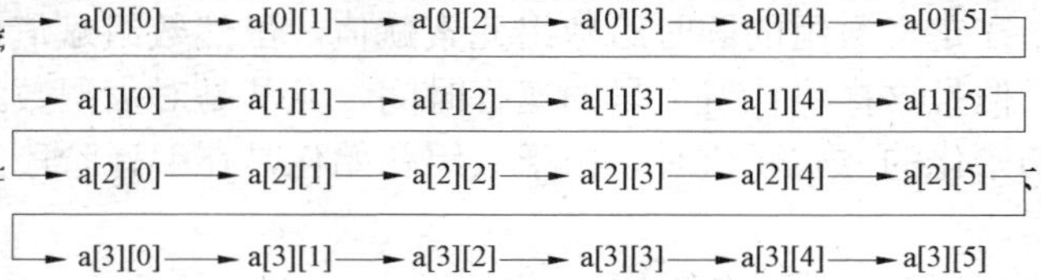

a[0][0] → a[0][1] → a[0][2] → a[0][3] → a[0][4] → a[0][5]
a[1][0] → a[1][1] → a[1][2] → a[1][3] → a[1][4] → a[1][5]
a[2][0] → a[2][1] → a[2][2] → a[2][3] → a[2][4] → a[2][5]
a[3][0] → a[3][1] → a[3][2] → a[3][3] → a[3][4] → a[3][5]

```
int a[4][6];
```

该列定义了 4 行 。

1. 二维数组元素的引用

二维数组元素引用的一般形式为

数组名[下标][下标]

其中，下标可以是整数，也可以是整数表达式。例如，

```
a[2][4]                 //表示 a 数组第 2 行第 4 列的元素
b[3-1][2*2-1]           //不要写成 a[2,3]，也不要写成 a[3-1,2*2-1]的形式
```

在使用数组时，下标值应在已定义的数组大小范围之内，以避免越界错误。例如，

```
int  a[3][4];
   ⋮
a[3][4]=4;      //定义 a 为 3×4 的数组，其行下标值最大为 2，列坐标值最大为 3，而 a[3][4]超
                过数组范围
```

2. 二维数组的初始化

二维数组的初始化也是在类型说明时给各下标变量赋以初值。对二维数组赋值时可以按以下方法进行。

（1）按行分段赋值。

按行分段赋值是将第 1 个“{}”内的数值赋给第 1 行的元素，第 2 个“{}”内的数值赋给第 2 行的元素，依次类推。采用这种方法比较直观，例如，

```
code unsigned char tab[3][4]={ {0x00,0x00,0x7F,0x1E},{0x12,0x02,0x7F,0x00},
{0x02,0x02,0x7F,0x00}};
```

（2）按行连续赋值。

按行连续赋值是将所有数据写在 1 个“{}”内，按数组排列的顺序对各个元素赋初值。例如，

```
code unsigned char tab[3][4]={0x00,0x00,0x7F,0x1E,0x12,0x02,0x7F,0x00,0x02,
0x02,0x7F,0x00};
```

从这段赋值可以看出，第 2 种方法与第 1 种方法完成相同任务，都是定义同一个二维数组 tab 且赋相同的初始值，但是第 2 种方法没有第 1 种直观，如果二维数组需要赋的初始值比较多时，采用第 2 种方法将会在“{}”内写一大片，容易遗漏，也不容易检查。

（3）对部分元素赋初值。可以对二维数组的部分元素赋初值，未赋值的元素自动取“0”值。例如，

```
int a[3][4]={{1},{3},{6}}; //二维数组a 各元素的值为{{1,0,0,0},{3,0,0,0},{6,0,0,0}}
int b[3][4]={{2},{1,3},{2,4,3}}; //二维数组b 各元素的值为{{2,0,0,0},{1,3,0,0},{2,4,3,0}}
int c[3][4]={{2},{3,5}}; //二维数组c 各元素的值为{{2,0,0,0},{3,5,0,0},{0,0,0,0}}
int d[3][4]={{1},{},{2,3,4}}; //二维数组d 各元素的值为{{1,0,0,0},{0,0,0,0},{2,3,4,0}}
```

（4）元素赋初值时，可以不指定第 1 维的长度。如果对全部元素都赋初始值，则定义数组时对第 1 维的长度可以不指定，但第 2 维的长度不能省略。例如，

```
int  a[3][4]={{1,2,3,4}{5,6,7,8}{9,10,11,12}};
```

与下面的定义等价：

```
int  a[ ][4]={{1,2,3,4}{5,6,7,8}{9,10,11,12}};
```

如果只对部分元素赋初始值，则定义数组时对第 1 维的长度可以不指定，但第 2 维的长度不能省略，且应分行赋初始值。例如，

```
int  a[ ][4]={{1,2,3},{},{5}};
```

该程序段定义了 3 行 4 列的二维数组，元素各初始值分别为{{1,2,3,0},{0,0,0,0},{5,0,0,0}}。

4.3.3　字符数组

用来存放字符数据的数组称为字符数组。字符数组中一个元素存放一个字符，所以可以用字符数组来存放长度不同的字符串。

1. 字符数组的定义

字符数组的定义与前面介绍的类似，即

```
(unsigned) char 数组名 [常量表达式];
```

例如，

```
char  a[10];                //定义了包含 10 个元素的字符数组 a
```

字符数组也可以是二维或多维数组，和数值型多维数组相同。例如，

```
char  b[3][5];              //定义了 3 行 5 列共 15 个元素的二维字符数组 b
```

2. 字符数组的引用

字符数组的引用与数值型数组一样，只能按元素引用。

3. 字符数组的初始化

字符数组和数值型数组一样，也允许在定义时作初始化赋值。例如：

```
unsigned char a[7]={'p','r','o','t','e','u','s'}  //将 7 个字符分别赋给 a[0]～
                                                   //a[6]这 7 个元素
```

如果“{ }”中提供的初值个数（即字符个数）大于数组长度，C 语言作为语法错误处理。如果初值个数小于数组长度，则只将这些字符赋给数组中前面那些元素，其余的元素自动定义为空字符（即'\0'）。对全体元素赋初值时，也可省去长度。例如，

```
unsigned char a[10]={'S','T','C','8','9','C','5' ,'1','R' ,'C'};
```

也可以写成：

```
unsigned char a[ ]= {'S','T','C','8','9','C','5' ,'1','R' ,'C'};
```

4. 字符串和字符串结束标志

字符串常量是由双引号括起来的一串字符。在 C 语言中，将字符串常量作为字符数组来处理。例如，在“字符数组的初始化”中就是用一个一维字符型数组来存放一个字符串常量“STC89C51RC”，这个字符串的实际长度与数组长度相等。如果字符串的实际长度与数组长度不相等，为了测定字符串的实际长度，C 语言规定以字符“\0”作为字符串结束标志，也就是说，在遇到第 1 个字符“\0”时，表示字符串结束，由它前面的字符组成字符串。

在 C 语言中没有专门的字符串变量，通常用一个字符数组来存放一个字符串。若将一个字符串存入一个数组时，也将结束符“\0”存入数组，并以此作为该字符串是否结束的标志。

如果将字符串直接给字符数组赋初值，可采用类似于以下两种方法：

```
unsigned char a[ ]={"STC89C51RC"};
unsigned char a[ ]="STC89C51RC";
```

4.4 指　　针

所谓指针就是在内存中的地址，它可能是变量的地址，也可能是函数的入口地址。如果指针变量存储的地址是变量的地址，我们称该指针为变量的指针（或变量指针）；如果指针变量存储的地址是函数的入口地址，我们称该指针为函数的指针（或函数指针）。

4.4.1 变量的指针和指向变量的指针变量

指针变量与变量指针的含义不同：指针变量也简称为指针，是指它是一个变量，且该变量是指针类型的；而变量指针是指它是一个变量的地址，该变量是指针类型的，且它存放另

一个变量的地址。

1. 指针变量的定义

在 C 语言中，所有的变量在使用之前必须定义，以确定其类型。指针变量也一样，由于它是用来专门存放地址的，因此必须将它定义为“指针类型”。指针定义的一般形式如下。

```
类型标识符  *指针变量名;
```

其中，类型标识符就是本指针变量所指向的变量的数据类型；“*”表示这是一个指针变量；指针变量名就是指针变量的名称。例如，

```
int   *ap1;              //定义了整型指针变量 ap1
char  *ap2, *ap3;        //定义了两个字符型指针变量 ap2 和 ap3
float  *ap4;             //定义了实数型指针变量 ap4
```

在定义指针变量时要注意以下几点。

（1）指针变量名前的“*”表示该变量为指针变量，在上文中的指针变量名为 ap1、ap2、ap3、ap4，而不是*ap1、*ap2、*ap3、*ap4，这与定义变量有所不同。

（2）一个指针变量只能指向同一个类型的变量，上文中的 ap1 只能指向整型变量，不能指向字符型或实数型指针变量。

2. 指针变量的引用

指针变量在使用之前也要先定义说明，然后要赋予具体的值。指针变量的赋值只能赋予地址，而不能赋予任何其他数据，否则将引起错误。在 C 语言中，变量的地址由编译系统分配，用户不知道变量的具体地址。

有两个有关的运算符：“&”和“*”，其中，“&”为取地址运算符；“*”为指针运算符（或称“间接访问”运算符）。例如，在 C 语言中，指针变量的引用是通过取地址运算符“&”来实现的。使用取地址运算符“&”和赋值运算符“=”就可使一个指针变量指向一个变量。

例如，指针变量 p 所对应的内存地址单元中装入了变量 x 所对应的内存单元地址，可使用以下程序段实现。

```
int  x;           //定义整型变量 x
int  *p=&x;       //指针变量声明的时候初始化
```

还可采用以下程序段实现：

```
int  x;           //定义整型变量 x
int  *p;          //定义整型指针变量 p
p=&x;             //用赋值语句对指针赋值
```

4.4.2　数组指针和指向数组的指针变量

指针既然可以指向变量，当然也可以指向数组。所谓数组的指针是指数组的起始地址，数组元素的指针是数组元素的地址。若有一个变量用来存放一个数组的起始地址（指针），则称它为指向数组的指针变量。

1. 指向数组元素的指针变量定义与赋值

定义一个指向数组元素的指针变量的方法与 4.4.1 节中指针变量的定义相同。例如，

```
int  x[6];      //定义含有 6 个整型数据的数组
int  *p;        //定义指向整型数据的指针 p
p=&x[0];        //对指针 p 赋值,此时数组 x[5]的第 1 个元素 x[0]的地址就赋给了指针变量 p
```

```
p=x;        //对指针 p 赋值,此种引用的方法与"p=&x[0];"的作用完全相同,但形式上更简单
```

在 C 语言中，数组名代表数组的首地址，也就是第 0 号元素的地址。因此，语句"p=&x[0];"和"p=x;"是等价的。还可在定义指针变量时赋给初值：

```
int  *p=&x[0];  //或者 int  *p=x;
```

等价于：

```
int  * p ;
p=&x[0] ;
```

2. 通过指针引用数组元素

如果 p 指向一个一维数组 x[6]，并且 p 已给它赋予了一个初值&x[0]，可使用以下 3 种方法引用数组元素。

（1）下标法。C 语言规定，如果指针变量 p 已指向数组中的一个元素，则 p+1 指向同一数组中的下一个元素。p+*i* 和 x+*i*，就是 a[*i*]，或者说它们都指向 x 数组的第 *i* 个元素。

（2）地址法。*（p+*i*）和*（x+*i*）也就是 x[*i*]。实际上，编译器对数组元素 x[*i*]就是处理成*(x+*i*)，即按数组的首地址加上相对位移量得到要找元素的地址，然后找出该单元中的内容。

（3）指针法。用间接访问的方法来访问数组元素，指向数组的指针变量也可以带下标，如 p[*i*]与*（p+*i*）等价。

3. 关于指针变量的运算

如果先使指针变量 p 指向数组 x[]（即 p=x;），则

（1）p++（或 p+=1）。该操作将使指针变量 p 指向下一个数组元素，即 x[1]。若再执行 x=*p，则将取出 x[1]的值，将其赋给变量 x。

（2）*p++。由于++与*运算符优先级相同，而结合方向为自右向左，因此*p++等价于*（p++），其作用是先得到 p 指向的变量的值（即*p），然后再执行 p 自加运算。

（3）*p++与*++p 作用不同。*p++是先取*p 值，然后使 p 自加 1；而*++p 是先使 p 自加 1，再取*p 值。如果 p 的初值为&x[0]，则执行 a=*p++时，a 的值为 x[0]的值；而执行*++p 后，a 的值为 x[1]的值。

（4）（*p）++。（*p）++表示 p 所指向的元素值加 1。注意，是元素值加 1，而不是指针变量值加 1。如果指针变量 p 指向&x[0]，且 x[0]=4，则（*p）++等价于（a[0]）++。此时，x[0]的值增为 5。

（5）如果 p 当前指向数组中第 *i* 个元素，那么存在以下 3 种关系。

1）（p--）与 x[*i*--]等价，相当于先执行*p，然后再使 p 自减。

2）（++p）与 x[++*i*]等价，相当于先执行自加，然后再执行*p 运算。

3）（--p）与 x[--*i*]等价，相当于先执行自减，然后再执行*p 运算。

4.4.3　字符串指针和指向字符串的指针变量

1. 字符串指针和指向字符串指针的表示形式

在 C 语言中有两种方法实现一个字符串运算：一种是使用字符数组来实现；另一种是用字符串指针来实现。例如，

```
char  a[]={'S','T','C','8','9','C','5','1','R','C','\0'}; //使用字符数组定义
char  *b="STC89C51RC";                                   //使用字符串指针定义
```

字符串指针变量的定义说明与指向字符变量的指针变量说明是相同的。在上述程序段中，

a[]是一个字符数组，字符数组是以“\0”常量结尾的；b 是指向字符串的指针，它没有定义字符数组，由于 C 语言对字符串常量是按字符数组处理的，实际在使用字符串指针时，C 编译器也在内存中开辟了一个字符数组用来存放字符串常量。

2. 使用字符串指针变量与字符数组的区别

用字符数组和字符串指针变量都可实现字符串的存储和运算，但两者是有区别的。在使用时应注意以下几个问题。

（1）字符串指针变量本身是一个变量，用于存放字符串的首地址。而字符串本身是存放在以该首地址为首的一块连续的内存空间中，并以“\0”作为串的结束。字符数组是由若干个数组元素组成的，它可用来存放整个字符串。

（2）定义一个字符数组时，在编译中即已分配内存单元，有确定的地址。而定义一个字符指针变量时，给指针变量分配内存单元，但该指针变量具体指向哪个字符串，并不知道，即指针变量存放的地址不确定。

（3）赋值方式不同。对字符数组不能整体赋值，只能转化成分量，对单个元素进行赋值。而字符串指针变量赋值可整体进行，直接指向字符串首地址即可。

（4）字符串指针变量的值在程序运行过程中可以改变，而字符数组名是一个常量，不能改变。

4.5　结　构　体

在一些复杂的系统程序中，仅有一些基本类型（如字符型、整型和浮点型等）的数据是不够的，有时需要将一些不同类型的变量放在一起，形成一个组合形变量，即结构体变量（structure），又称为结构或结构体。

结构体（structure）是 C 语言应用比较多的一种数据结构，它可以有效地将各种数据（包括各种不同类型的数据）整合到一个数据体中，可更好地实现程序的结构化，更方便地管理数据及其对数据的操作。

在嵌入式系统开发中，一方面由于系统资源的严重不足；另一方面各种变量相互通信、相互作用，正确合理使用结构体不仅可为系统节约一部分宝贵的资源，而且还可简化程序的设计，使软件设计的可读性和可维护性都大大增强。

4.5.1　结构体的定义和引用

结构体的定义和引用主要有以下三个步骤。

1. 定义结构体的一般形式

结构体是一种构造类型，它由若干成员组成，每一成员可以是一个基本数据类型或者又是一个构造类型。定义一个结构类型的一般形式为

```
struct  结构体名
  {
    结构体成员说明
  };
```

结构体成员说明用来描述结构体中有哪些成员组成，且每个成员必须作类型说明。结构体成员说明的格式为

类型标识符 成员名;

成员名的命名应符合标识符的命名规则，在同一结构体中不同分量不允许使用相同的名字。例如，定义一个名为 stu 的结构类型：

```
struct  stu
  {
   int   num;               //定义学生的学号
   char  name[30];          //定义学生的姓名
   int   age;               //定义学生的年龄
   long  number;            //定义学生的身份证号码
   char  sex;               //定义学生性别
   float  secore[7];        //定义学生 7 科考试成绩
   char  address[50];       //定义学生家庭地址
   };
```

在上述定义中，“struct stu”表示这是一个结构体类型，结构体名为“stu”。在该结构体中包含了 7 个结构体成员：int num、char name[30]、int age、long number、char sex、float secore[7] 和 char address[50]。这 7 个结构体成员中，第 1 个和第 3 个成员为整型变量；第 2 个和最后一个成员为字符数组；第 4 个为长整型变量；第 5 个为字符变量；第 6 个为浮点型数组。注意，struct stu 是程序开发人员自己定义的结构类型，它和系统定义的标准类型（如 int、char 和 float 等）一样可用来定义变量的类型。

2. 定义结构体类型变量

上面定义的 stuct student 只是结构体的类型名，而不是结构体的变量名。为正常执行结构体的操作，除定义结构体的类型名外，还需要进一步定义该结构类型的变量名。定义一个结构体的变量名时，可采用以下 3 种方法进行。

（1）方法一：先定义结构体，再声明结构体变量。这种形式的定义格式如下。

```
struct  结构体名
  {
   结构体成员说明
   };
```

定义好一个结构体后，就可用它来定义结构体变量。一般格式如下。

```
struct 结构体名  变量名 1,变量名 2,变量名 3,……,变量名 n;
```

例如，

```
struct  stu
  {
   int   num;               //定义学生的学号
   char  name[30];          //定义学生的姓名
   int   age;               //定义学生的年龄
   long  number;            //定义学生的身份证号码
   char  sex;               //定义学生性别
   float  secore[7];        //定义学生 7 科考试成绩
```

```
  char  address[50];    //定义学生家庭地址
  };
struct stu  student1,student2; //定义结构体类型变量 student1 和 student2
struct stu  student3,student4; //定义结构体类型变量 student3 和 student4
```

在定义了结构的类型 struct stu 之后，使用“struct stu　student1,student2”和“struct stu student3,student4”定义了 student1、student2、student3 和 student4 均为 struct stu 类型的结构体变量。

（2）方法二：在定义结构体类型的同时定义该结构体变量。这种形式的定义格式如下。

```
struct  结构体名
 {
  结构体成员说明
  }变量名 1,变量名 2,变量名 3,……,变量名 n;
```

例如，

```
struct  stu
 {
  int   num;               //定义学生的学号
  char  name[30];          //定义学生的姓名
  int   age;               //定义学生的年龄
  long  number;            //定义学生的身份证号码
  char  sex;               //定义学生性别
  float  secore[7];        //定义学生 7 科考试成绩
  char  address[50];       //定义学生家庭地址
  } student1,student2,student3,student4;
```

也可以再定义更多的该结构体类型变量：

```
struct stu  student5,student6;
```

（3）方法三：直接定义结构体类型变量。这种形式的定义格式如下。

```
struct
 {
  结构体成员说明
  }变量名 1,变量名 2,变量名 3,……,变量名 n;
```

例如，

```
struct
 {
  int   num;               //定义学生的学号
  char  name[30];          //定义学生的姓名
  int   age;               //定义学生的年龄
  long  number;            //定义学生的身份证号码
  char  sex;               //定义学生性别
  float  secore[7];        //定义学生 7 科考试成绩
```

```
  char  address[50];    //定义学生家庭地址
  } student1,student2,student3,student4;
```

在上述 3 种方法中，都声明了 student1、student2、student3 和 student4 这 4 种变量，这些变量的类型完全相同，其中方法三与方法二的区别在于方法三中省去了结构体名，而直接给出了结构体变量。

关于结构体有以下几点说明。

（1）结构体类型和结构体变量是两个不同的概念，对于一个结构体变量而言，在定义时一般先定义一个结构体类型，然后再定义该结构体变量为该种结构体类型。

（2）在定义一个结构体类型时，结构体名不占用任何存储空间，也不能对结构体名进行赋值、存取的运算，只是给出该结构的组织形式。结构体变量是一个结构体中的具体组织成员，编译器会给该结构体变量分配确定的存储空间，所以可对结构体变量名进行赋值、存取和运算。

（3）结构体的成员也可以是一个结构变量，它可单独使用，其作用与地位相当于普通变量。

（4）结构体成员可与程序中的其他变量名相同，但两者表示不同的含义。

（5）结构体可以嵌套使用，一个结构体中允许包含另一个结构体。

（6）如果在程序中使用的结构体数目较多、规模较大时，可以将它们集中定义在一个头文件中，然后用宏指令“#include”将该头文件包含在需要它们的源文件中。

3. 结构体类型变量的引用

定义了一个结构体变量后，就可以对它进行引用，即对其进行赋值、存取的运算。一般情况下，结构体变量的引用是通过对其成员的引用来实现的。结构体变量成员引用的一般格式如下。

结构体变量名.成员名；

其中，“.”是存取成员的运算符。例如，

```
student1.num=2010003;    //学生 1 的学号
student1.age=12;         //学生 1 的年龄
```

对结构体变量进行引用时，还应遵循以下规则。

（1）结构体不能作为一个整体参加赋值、存取和运算，也不能整体作为函数参数或函数的返回值。对结构体所执行的操作，只能用“&”运算符取结构体的地址或对结构体变量的成员分别加以引用。

（2）如果一个结构体变量中的成员是另一个结构体变量，即出现结构体嵌套时，则需要采用若干个成员运算符，一级一级地找到最低一级的成员，而且只能对这个最低级的结构元素进行存取访问。例如，

```
student1.birthday.month=12;          //学生 1 的生日月份(嵌套结构)
```

注意，在此例中不能用 student1.birthday.来访问 student1 变量的成员 birthday，因为 birthday 本身也是一个结构体类型变量。

（3）结构体类型变量的成员可像普通变量一样进行各种运算。例如，

```
student1.age++;
```

4.5.2　结构体的初始化

和其他类型的变量一样，对结构体类型的变量也可在定义时赋初值进行初始化。例如，

```
struct
  {
   int   num;              //定义学生的学号
   char  name[30];         //定义学生的姓名
   int   age;              //定义学生的年龄
   long  number;           //定义学生的身份证号码
   char  sex;              //定义学生性别
   float  secore[7];       //定义学生 7 科考试成绩
   char  address[50];      //定义学生家庭地址
   };
struct stu  student1={2010003,"LiPing",12,43010119981203126,'M',{89,86,95,90,77,94,68},"湖南长沙"};
struct stu  student2={2010004,"WangQian",11,43010119990906123,'W',{80,86,95,87,79,96,77},"湖南长沙"};
struct stu student3={2010005,"TianMinQin",14,43010119960725122,'M',{79,80,65,83,77,94,78},"湖南长沙"};
struct stu  student4={2010006,"ChenLei",13,43010119971116127,'W',{89,84,59,87,68,91,65},"湖南长沙"};
```

4.5.3　结构体数组

如果数组中每个元素都具有相同结构类型的结构体变量，则称该数组为结构体数组。结构体数组与变量数组的不同在于结构体数组的每个元素，都是具有同一个结构体类型的结构体变量。它们都具有同一个结构体类型，都含有相同的成员项。

1. 结构体数组的定义

结构体数组的定义和结构体变量的定义方法类似，只需说明其为数组即可。例如，

```
struct  stu
  {
   int   num;              //定义学生的学号
   char  name[30];         //定义学生的姓名
   int   age;              //定义学生的年龄
   long  number;           //定义学生的身份证号码
   char  sex;              //定义学生性别
   float  secore[7];       //定义学生 7 科考试成绩
   char  address[50];      //定义学生家庭地址
   };
 struct  stu  student[4];
```

以上定义了一个数组 student，其元素为 struct　stu 类型数据，数组有 4 个元素，也可直接定义一个结构体数组，例如，

```
struct  stu
  {
   int   num;              //定义学生的学号
   char  name[30];         //定义学生的姓名
   int   age;              //定义学生的年龄
   long  number;           //定义学生的身份证号码
   char  sex;              //定义学生性别
   float  secore[7];       //定义学生 7 科考试成绩
   char  address[50];      //定义学生家庭地址
   } student[4];
```

或

```
struct
  {
   int   num;              //定义学生的学号
   char  name[30];         //定义学生的姓名
   int   age;              //定义学生的年龄
   long  number;           //定义学生的身份证号码
   char  sex;              //定义学生性别
   float  secore[7];       //定义学生 7 科考试成绩
   char  address[50];      //定义学生家庭地址
   } student[4];
```

2. 结构体数组的初始化

结构体数组也可在定义时赋初值进行初始化。例如，

```
struct  stu
  {
   int   num;              //定义学生的学号
   char  name[30];         //定义学生的姓名
   int   age;              //定义学生的年龄
   long  number;           //定义学生的身份证号码
   char  sex;              //定义学生性别
   float  secore[7];       //定义学生 7 科考试成绩
   char  address[50];      //定义学生家庭地址
   }student[4]={{2010003,"LiPing",12,43010119981203126,'M',{89,86,95,90,77,94,68},"湖南长沙"},{2010004,"WangQian",11,43010119990906123,'W',{80,86,95,87,79,96,77},"湖南长沙"},struct stu  student3={2010005,"TianMinQin",14,43010119960725122,'M',{79,80,65,83,77,94,78},"湖南长沙"},struct stu  student4={2010006,"ChenLei",13,43010119971116127,'W',{89,84,59,87,68,91,65},"湖南长沙"}};
```

4.5.4 指向结构体类型数据的指针

一个结构体变量的指针就是该变量所占据的内存中的起始地址。可设一个指针变量，用

来指向一个结构体数组，此时该指针变量的值就是结构体数组的起始地址。

1. 指向结构体变量的指针

当一个指针变量用来指向一个结构变量时，称之为结构指针变量。结构体指针与数组指针、函数指针的情况相同，它的值是所指向的结构变量的首地址。通过结构指针就可访问该结构变量。指向结构体变量的指针变量的一般形式为

```
struct  结构体类型名   *指针变量名;
```

或者

```
struct
  {
    结构体成员说明
  }*指针变量名;
```

例如：

```
struct  stu
  {
   int   num;              //定义学生的学号
   char  name[30];         //定义学生的姓名
   int   age;              //定义学生的年龄
   long  number;           //定义学生的身份证号码
   char  sex;              //定义学生性别
   float  secore[7];       //定义学生 7 科考试成绩
   char  address[50];      //定义学生家庭地址
   };
struct  stu  *person;
```

此处，定义了一个 stu 结构体的指针变量 person。结构体指针变量在使用之前必须先对其进行赋初值。赋值是将结构体变量的首地址赋予该指针变量，不能将结构体名赋予该指针变量。

2. 指向结构体数组的指针

指针变量可以指向数组，同样指针变量也可指向结构体数组及其元素。指向结构体数组的指针变量的一般形式如下。

```
struct  结构体数组名   *结构体数组指针变量名;
```

或者

```
struct
{
  结构体成员说明
}*结构体数组指针变量名[ ];
```

4.6 共 用 体

所谓共用体（或称为联合，union）是指将不同的数据项组织成一个整体，它们在内存中

占用同一段存储单元。共用体类型也是用来描述类型不同的数据，但与结构体类型不同，共用体数据成员存储时采用覆盖技术，共享（部分）存储空间。

4.6.1 共用体类型变量的定义

共用体类型变量的定义方式与结构体类型变量的定义类似，也可采用 3 种方法。

1. 方法一：先定义共用体类型，再定义变量名

这种形式的定义格式如下。

```
union  结构体名
  {
   共用体成员说明
  };
```

定义好一个共用体类型后，就可以用它来定义共用体变量。一般格式如下。

```
union 共用体名  变量名 1,变量名 2,变量名 3,……,变量名 n;
```

例如，

```
union  data
  {
  int   i;
  char  ch;
  float f;
  };
union  a,b,c;           //定义共用体变量 a、b、c
```

2. 方法二：在定义共用体类型的同时定义共用体变量名

这种形式的定义格式如下。

```
union  结构体名
  {
   共用体成员说明
  }变量名 1,变量名 2,变量名 3,……,变量名 n;
```

例如，

```
union  data
  {
int   i;
char  ch;
float f;
  } a,b,c;           //定义共用体变量 a、b、c
```

3. 方法三：直接定义共用体变量名

这种形式的定义格式如下。

```
union
  {
   共用体成员说明
  }变量名 1,变量名 2,变量名 3,……,变量名 n;
```

例如，

```
union
  {
  int   i;
  char  ch;
  float f;
  } a,b,c;           //定义共用体变量 a、b、c
```

关于共用体有以下几点说明。

（1）同一个内存中可用来存放几种不同类型的成员，但是在每一瞬间只能存放其中的一种，而不是同时存放几种。换句话说，每一瞬间只有一个成员起作用，其他的成员不起作用，即不是同时都存在和起作用。

（2）共用体变量中起作用的成员是最后一次存放的成员，在存入一个新成员后，原有成员就失去作用。

（3）共用体变量的地址和它的各成员的地址都是同一地址。

（4）不能对共用体变量名赋值，也不能企图引用变量名来得到一个值，并且，不能在定义共用体变量时对它进行初始化。

（5）不能把共用体变量作为函数参数，也不能使函数带回共用体变量，但可使用指向共用体变量的指针。

（6）共用体类型可出现在结构体类型的定义中，也可定义共用体数组。反之，结构体也可出现在共用体类型的定义中，数组也可作为共用体的成员。

4.6.2　共用体变量的引用

只有先定义了共用体变量才能在后续程序中引用它，但需注意：不能引用共用体变量，而只能引用共用体变量中的成员。共用体变量成员引用的一般格式如下：

```
共用体变量名.成员名;
```

例如：

```
a.i=15;       //引用共用体变量 a 中的整型变量 i
a.f=1.35;     //引用共用体变量 a 中的实数型变量 f
```

4.7　函　　数

C 语言是由函数构成的，函数是 C 语言中的一种基本模块。一个较大的程序通常由多个程序模块组成，每个模块用来实现一个特定的功能，在程序设计中模块的功能是用子程序来实现的。在 C 语言中，子程序的作用是由函数来完成的。一个 C 程序由一个主函数和若干个函数构成。由主函数调用其他函数，其他函数也可互相调用。同一个函数可被一个或多个函数调用任意多次，同一工程中的函数也可分放在不同文件中一起编译。

从使用者的角度来看，有两种函数：标准库函数和用户自定义函数。标准库函数是由 C 编译系统的函数库提供的，用户不需自己定义这些函数，可以直接使用它们。用户自定义函数就是由用户根据自己的需要编写的函数，用来解决用户的专门需要。

从函数的形式看，有三种函数：无参函数、有参函数的空函数。无参函数被调用时，主调函数并不将数据传送给被调用函数，一般用来执行指定的一组操作。无参函数可带回或不带回函数值，但一般以不带回函数值的居多。有参函数被调用时，在主调函数的被调用函数之间有参数传递，即主调函数可将数据传给被调用函数使用，被调用函数中的数据也可带回来供主调函数使用。空函数的函数体内无语句，为空白的。调用空函数时，什么工作都不做，不起任何作用。定义空函数的目的并不是为了执行某种操作，而是为了以后程序功能的扩充。

4.7.1 函数定义的一般形式

1. 无参函数的定义形式

无参函数的定义形式如下。

```
返回值类型标识符  函数名()
 {
    函数体语句
 }
```

其中，返回值类型标识符指明本函数返回值的类型；函数名是由用户定义的标识符；“()”内没有参数，但该括号不能少，或者括号里加“void”关键字；“{}”中的内容称为函数体语句。在很多情况下，无参函数没有返回值，所以函数返回值类型标识符可省略，此时函数类型符可写为“void”。例如，

```
void  Timer0_Iint(void)    //Timer0 初始化函数
 {
   TMOD=0x01 ;
   TH0=(65536-a)/256 ;
   TL0=(65536-a)%256 ;
   ET0=1 ;
   TR0=1 ;
   IT0=1 ;
   }
```

2. 有参函数的定义形式

有参函数的定义形式如下。

```
返回值类型标识符  函数名（形式参数列表）
形式参数说明
 {
   函数体语句
 }
```

有参函数比无参函数多了一个内容，即形式参数列表。在形式参数列表中给出的参数称为形式参数，它们可以是各种类型的变量，各参数之间用逗号间隔。在进行函数调用时，主调函数将赋予这些形式参数实际的值。例如，

```
in min(int j,k)
{ int  n;
     if (j>k)
         {
```

```
        n=k;
      }
    else
        {
        n=j;
        }
    return  n;
}
```

在此定义了一个 min 函数，返回值为一个整型（int）变量，形式参数为 *j* 和 *k*，也都是整型变量。int *n* 语句定义 *n* 为一个整型变量，通过 if 条件语句，将最小的值传送给 *n* 变量。Return *n* 的作用是将 *n* 的值作为函数值带回到主调函数中，即 *n* 的返回值。

3. 空函数的定义形式

空函数的定义形式如下。

```
返回值类型标识符　函数名（）
  {    }
```

调用该函数时，实际上什么工作都不用做，它没有任何实际用途。例如，

```
float  min()
  {    }
```

4.7.2　函数的参数和函数返回值

C 语言通过函数间的参数传递方式，可使一个函数对不同的变量进行功能相同的处理。函数间的参数传递，由函数调用时，主调用函数的实际参数与被调用函数的形式参数之间进行数据传递来实现。

1. 形式参数和实际参数

在定义函数时，函数名后面括号内的变量名称为“形式参数”，简称“形参”；在调用函数时，函数名后面括号内的表达式称为“实际参数”，简称“实参”。

形参出现在函数定义中，在整个函数体内都可以使用，离开该函数则不能使用。实参出现在主调函数中，进入被调函数后，实参变量也不能使用。形参和实参都可进行数据传送，发生函数调用时，主调函数把实参的值传送给被调函数的形参从而实现主调函数向被调函数的数据传送。

在使用形参和实参时应注意以下几点。

（1）在被定义的函数中，必须指定形参的类型。

（2）实参和形参的类型必须一致，否则将会产生错误。

（3）在定义函数中指定的形参变量，没进行函数调用时它们并不占用内存中的存储单元，只有在发生函数调用时它们才占用内存中的存储单元，且在调用结束后，形参所占用的存储单元也会立即被释放。

（4）实参可以是常量、变量或表达式。无论实参是哪种类型的量，在进行函数调用时，它们必须都具有确定的值，以便在调用时将实参的值赋给形参变量。如果形参是数组名，则传递的是数组首地址而不是变量的值。

（5）在 C 语言中进行函数调用时，实参与形参间的数据传递是单向进行的，只能由实参

传递给形参，而不能由形参传递给实参。

2. 函数的返回值

在函数调用时，通过主调函数的实参与被调函数的形参之间进行数据传递来实现函数间的参数传递。在被调函数的最后，通过 return 语句返回函数将被调函数中的确定值返回给主调函数。return 语句一般形式如下。

```
return  (表达式);
```

例如，

```
int x,y;                    //定义两个整型变量 x,y
  {
   return(x<y?  x:y);    //如果 x 小于 y,则返回 x,否则返回 y
  }
```

函数返回值的类型一般在定义函数时用返回类型标识符来指定。在 C 语言中，凡不加类型说明的函数，都按整型来处理。如果函数值的类型的 return 语句中表达式的值不一致，则以函数类型为准，自动进行类型转换。

对于不需要有返回值的函数，可将该函数定义为“void”类型（或称“空类型”）。这样，编译器会保证在函数调用结束时不使用函数返回任何值。为使程序减少出错，保证函数的正确调用，凡是不要求有返回值的函数，都应该将其定义为 void 类型。例如，

```
void  abc();            //函数 abc( )为不带返回值的函数
```

4.7.3 函数的调用

在 C 语言程序中，函数可相互调用，所谓函数调用就是在一个函数体中引用另外一个已经定义了的函数，前者称为主调函数，后者称为被调函数。

1. 函数调用的一般形式

在 C 语言中，主调函数通过函数调用语句来使用函数。函数调用的一般形式如下。

函数名 （实参列表）;

对于有参数型的函数，如果包含了多个实参，则应将各参数之间用逗号分隔开。主调用函数的实参的数目与被调用函数的形参的数目应该相等，且类型保持一致。实参与形参按顺序对应，一一传递数据。

如果调用的是无参函数，则实参表可省略，但是函数名后面必须有一对空括号。

2. 函数调用的方式

在 C 语言中，主函数调用函数时，可采用以下 3 种函数调用方式。

（1）函数语句调用。在主调用函数中将函数调用作为一条语句，并不要求被调用函数返回结果数值，只要求函数完成某种操作。例如，

```
disp_LED();    //无参调用,不要求被调函数返回一个确定的值,只要求此函数完成 LED 显示操作
```

（2）函数表达式调用。函数作为表达式的一项出现在表达式中，要求被调用函数带有 return 语句，以便返回一个明确的数值参加表达式的运算。例如，

```
a = 3*min(x,y);          //被调用函数 min 作为表达式的一部分,它的返回值乘 2 再赋给 a
```

（3）作为函数参数调用。在主调函数中将函数调用作为另一个函数调用的实参。例如，

```
a = min(b,min(c,d));   //min(c,d)是一次函数调用,它的值作为另一次调用的实参。a 为 b、
                       //c 和 d 的最小值
```

3. 对被调用函数的说明

在一个函数中调用另一函数（即被调用函数）时，需具备以下条件。

（1）被调用函数必须是已经存在的函数（是库函数或用户自己定义的函数）。

（2）如果程序中使用了库函数或使用了不在同一文件中的另外的自定义函数，则应该在程序的开头处使用“#include”包含语句，将所有的函数值包括到程序中来。

（3）对于自定义函数，如果该函数与调用它的函数在同一文件中，则应根据主调用函数与被调用函数在文件中的位置，决定是否对被调用函数的类型做出说明。这种类型说明的一般形式为

返回值类型说明符　被调用函数的函数名（ ）;

在 C 语言中，在以下 3 种情况下可不在调用函数前对被调用函数作类型说明。

（1）如果函数的值（函数的返回值）为整型或字符型，可不必须进行说明，系统对它们自动按整型说明。

（2）如果被调用函数的定义出现在主调用函数之前，可不对被调用函数加以说明。因为 C 编译器在编译主调用函数之前，已预先知道已定义了被调用函数的类型，并自动加以处理。

（3）如果已在所有函数定义之前，在文件的开头、在函数的外部已说明了函数类型，则在各个主调函数中不必对所调用的函数再作类型说明。

4. 函数的嵌套调用与递归调用

（1）函数的嵌套调用。在 C 语言中，函数的定义都是相互独立的，不允许在定义函数时，一个函数内部包含另一个函数。虽然在 C 语言中函数不能嵌套定义，但可嵌套调用函数。嵌套调用函数是指在一个函数内调用另一个函数，即在被调用函数中又调用其他函数。

在 C51 编译器中，函数间的调用及数据保存与恢复是通过硬件堆栈和软件堆栈来实现的。当没有使用外部数据存储器时，硬件堆栈和软件堆栈均在内部数据存储器中；当有外部存储器时，硬件堆栈在内部数据存储器中，软件堆栈则在外部数据存储器中。在 C51 编译器中，嵌套层数只受到硬件堆栈和软件堆栈的限制，如果嵌套层数太深，有可能导致硬件或软件堆栈溢出。

（2）函数的递归调用。在调用一个函数的过程中出现直接或间接调用该函数本身，称为函数的递归调用。在 C 语言中，允许函数递归调用。函数的递归调用通常用于问题的求解，可将一种解法逐次地用于问题的子集表示的场合。C51 编译器能够自动处理函数递归调用的问题，在递归调用时不必作任何声明，调用深度仅受到堆栈大小的限制。

4.7.4　数组、指针作为函数的参数

C 语言规定，数组、指针均可作为函数的参数使用，进行数据传递。

1. 用数组作为函数的参数

在 C 语言中，可用数组元素或整个数组作为函数的参数。用数组作为函数的参数时，需要注意以下几点。

（1）当用数组名作函数的参数时，应该在调用函数和被调用函数中分别定义数组。

（2）实参数组与形参数组类型应一致，如果不一致，会出错。

（3）实参数组和形参数组大小可以一致，也可以不一致。C 编译器对形参数组大小不做检查，只是将实参数组的首地址传给形参数组。如果要求形参数组得到实参数组全部的元素值，则应当指定形参数组与实参数组大小一致。

2. 用指向函数的指针变量作为函数的参数

函数在编译时分配一个入口地址（函数首地址），这个入口地址赋予一个指针变量，使该指针变量指向该函数，然后通过指针变量就可调用这个函数，这种指向函数的指针变量称为函数指针变量。

指针变量可指向变量、字符串和数组，同样指针变量也可指向一个函数，即可以用函数的指针变量来调用函数。函数指针变量常用的功能之一是将指针作为参数传递给其他函数。函数指针变量的一般形式如下。

函数值返回类型 （*指针变量名）（函数形参列表）；

其中，“函数值返回类型”表示被指函数的返回值类型；“（*指针变量名）”表示定义的指针变量名；“（函数形参列表）”表示该指针是一个指向函数的指针。

调用函数的一般形式为

（*指针变量名）（函数形参列表）

使用函数指针变量应注意：函数指针变量不能进行算术运算，即不能移动函数指针变量。

3. 用指向结构的指针变量作为函数的参数

C 语言不允许整体引用结构体变量名，如果要将一个结构体变量的值从一个函数传递给一个函数时，可采用以下 3 种方法。

（1）像用变量作为函数的参数一样，直接引用结构体变量的成员作参数。

（2）用结构体作为函数的参数，采用这种方式必须保证实参与形参的类型相同，属于“值传递”。把一个完整的结构体变量作为参数传递，并一一对应传递给各成员的数据。在单片机中，这些操作是通过入栈和出栈实现的，会增加系统的处理时间，影响程序的执行效率，并且还需要较大的数据存储空间。

（3）用指向结构体变量的成员作参数，将实参值传给形参，其用法和普通变量作实参一样，也属于“值传递”方式。

4. 返回指针的函数

一个函数可以返回一个整型值、字符值和浮点值，同样也可以返回指针型数据，即返回一个数据的地址。返回指针值的函数的一般定义形式为

返回值类型 *函数名 （参数表）

4.8 编译预处理

编译预处理是 C 语言编译器的一个重要组成部分。很好地利用 C 语言的预处理命令可增强代码的可读性、灵活性和易于修改等特点，便于程序的结构化。在 C 语言程序中，凡是以“#”开头的均表示这是一条预处理命令语句，如包含命令#include、宏定义命令#define 等。C 提供的预处理功能有 3 种：宏定义、文件包含和条件编译。

4.8.1 宏定义

宏定义命令为#define，它的作用是实现用一个简单易读的字符串来代替另一个字符串。宏定义可增强程序的可读性和维护性。宏定义分为不带参数的宏定义和带参数的宏定义。

1. 不带参数的宏定义

不带参数的宏定义，其宏名后不带参数。不带参数宏定义的一般形式为

```
#define 标识符 字符串
```

其中，“#”表示这是一条预处理命令；“define”表示为宏定义命令；“标识符”为所定义的宏名；“字符串”可以是常数、表达式等。例如，

```
#define PI 3.1415926
```

它的作用是指定用标识符（即宏名）PI 代替“3.141 592 6”字符串，这种方法使用户能以一个简单的标识符代替一个长的字符串。当程序中出现 3.141 592 6 这个常数时，就可以用 PI 这个字符代替，如果想修改这个常数，只需要修改这个宏定义中的常数即可，这就是增加程序维护性的体现。

对于宏定义需要说明以下几点。

（1）宏定义是用宏名代替一个字符串，在宏展开时又以该字符串取代宏名，它是一种简单的替换。通过这种宏定义的方法，可减少程序中重复书写某些字符串的工作量。字符串中可包含任何字符、常数或表达式，预处理程序对它不作任何检查。

（2）宏名可用大写或小写字母表示，但为了区别于一般的变量名，通常采用大写字母。

（3）宏定义不是 C 语句，不用加分号；如果加分号，则在编译时连同分号一起转换。

（4）当宏定义在一行中书写不下，需要在下一行继续写时，应该在最后一字符后紧跟着加一个反斜线“\”，并在新的一行的起始位置继续书写，起始位置不能插入空格。

（5）可用#undef 终止一个宏定义的作用域。

（6）一个宏命令只能定义一个宏名。

2. *带参数的宏定义*

带参数的宏在预编译时不但要进行字符串替换，还要进行参数替换。带参数的宏定义的一般形式为

```
#define 宏名（形参表）字符串
```

带参数的宏调用的一般形式为

```
宏名 （实参表）;
```

例如，

```
#define MIN(x,y)  ((x)<(y)) ? (x):(y));    //宏定义
a=MIN(3,7);                                //宏调用
```

对于带参数的宏定义，有以下问题需要说明。

（1）带参数的宏定义中，宏名和形参表之间不能有空格出现，否则将空格以后的字符都作为替换字符串的一部分。

（2）在宏定义中，字符串内的形参最好用“( )”括起来以避免出错。

（3）带参数的宏与函数是不同的：① 函数调用时，先求出表达式的值，然后代入形参，而使用带参数的宏只是进行简单的字符替换，在宏展开时并不求解表达式的值；② 函数调用是在程序运行时处理的，分配临时的内存单元，而使用带参数的宏只是在编译时进行的，在展开时并不分配内存单元，不进行值的传递处理，也没有“返回值”的概念；③ 对函数中的实参和形参都要定义类型，二者的类型要求一致，如不一致，应进行类型转换，而宏不存在类型问题，宏名无类型，它的参数也无类型，只是一个符号而已，展开时代入指定的字符即可；④ 调用函数只能得到一个返回值，而用宏可以设法得到几个结果。

4.8.2　文件包含

所谓“文件包含”处理是指一个源文件可将另外一个源文件的全部内容包含进来，即将另外的文件包含到本文件中。C 语言中“#include”为文件包含命令，其一般形式为

```
#include <文件名>
```

或

```
#include “文件名”
```

例如，

```
#include <reg52.h>
#include <absacc.h>
#include <intrins.h>
```

上述程序的文件包含命令的功能是分别将“reg52.h”“absacc.h”和“intrins.h”文件插入该命令行位置，即在编译预处理时，源程序将“reg52.h”“absacc.h”和“intrins.h”这 3 个文件的全部内容复制，并分别插入到该命令行位置。

在程序设计中，文件包含是很有用的。它可节省程序设计人员的重复工作，或者可以将一个大的程序分为多个源文件，由多个编程人员分别编写程序，然后再用文件包含命令把源文件包含到主文件中。使用文件包含命令时，需注意以下事项。

（1）在“#include”命令中，文件名可用双引号或尖括号的形式将其括起来，但这两种形式有所区别：采用双引号将文件括起来时，系统首先在引用被包含文件的源文件所在的 C 文件目录中寻找要包含的文件，如果找不到，再按系统指定的标准方式搜索“\inc”目录；使用尖括号将文件括起来时，不检查源文件所在的文件目录而直接按系统指定的标准方式搜索“\inc”目录。

（2）一个“#include”命令只能指定一个被包含文件，如果要包含多个文件，则需要用多个 include 命令。

（3）“#include”命令行包含的文件称为“头文件”。头文件名可由用户指定，也可以是系统头文件，其后缀名为“.h”。

（4）在一个被包含的文件中同时又可包含另一个被包含的文件，即文件包含可以嵌套。通常，嵌套有深度的限制，这种限制根据编译器的不同而不同。在 C51 编译器中，最多允许 16 层文件的嵌套。

（5）当被包含文件修改后，对包含该文件的源程序必须重新编译。

（6）“#include”语句可位于代码的任何位置，但它通常设置在程序模块的顶部，以提高程序的可读性。

4.8.3　条件编译

通常情况下，在编译器中点击文件编译时，将会对源程序中所有的行都进行编译（注释行除外）。如果程序员只想源程序中的部分内容在满足一定条件时才进行编译，可通过“条件编译”对一部分内容指定编译的条件来实现相应操作。条件编译命令有以下 3 种形式。

1. 第 1 种形式

```
#ifdef  标识符
  程序段 1
#else
```

```
  程序段 2
#endif
```

其作用是当标识符已被定义过（通常是用 “#define” 命令定义），则对程序段 1 编译，否则编译程序段 2。如果没有程序段 2，本格式中的“#else”可以没有，此程序段 1 可以是语句组，也可以是命令行。

2. 第 2 种形式

```
#ifndef  标识符
  程序段 1
#else
  程序段 2
#endif
```

其作用是当标识符没有被定义时，对程序段 1 编译，否则编译程序段 2。这种形式与第 1 种形式的作用正好相反，在书写上也只是将第 1 种形式中的“#ifdef”改为“#ifndef”。

3. 第 3 种形式

```
#if  常量表达式
  程序段 1
#else
  程序段 2
#endif
```

其作用是如果常量表达式的值为逻辑“真”，则对程序段 1 进行编译，否则编译程序段 2。可事先给定一定条件，使程序在不同的条件下执行不同的功能。

本章小结

单片机 C 语言具有可移植性好、易懂易用的特点，现在许多单片机开发人员使用单片机 C 语言进行相应的系统开发。C51 是 80C51 单片机高效的开发工具，它与标准 C 语言有很多相似之处，由于 80C51 单片机在组成及结构上有许多自己的特点，因此 C51 也有许多不同之处。

本章主要介绍了 C51 的数据运算、流程控制、数组、指针、结构体、共用体、函数和编译预处理方面的知识。学习时，应与汇编语言、标准 C 语言的程序对照起来，以便更好地掌握 C51 的程序结构及相关语法。

习　题

1. C51 支持哪些数据类型？
2. C51 支持哪些存储类型？这些存储类型的存储范围是多少？
3. 按给定的存储类型和数据类型，写出下列变量的说明形式。

（1）int_dat1, int_dat2　　整数，使用内部 RAM 单元存储

（2）float_dat1, float_dat2　　浮点小数，使用外部 RAM 单元存储

（3）ch_dat1,ch_dat2　　字符，使用内部 RAM 单元存储

4. 分别指出++i 和 i++，--i 和 i--的异同点。

5. 判断下列关系表达式或逻辑表达式的运算结果（1 或 0）。

（1）5==3+2；　（2）1&&1；　（3）10&7；　（4）8||0；

（5）!（5+3）　（6）设 x=9,y=5；　x>=7&&y<=x。

6. 如果在 C51 程序中的 switch 操作漏掉 break，会发生什么情况?

7. 假设单片机的 P1 口外接了 8 个 LED 发光二极管，$P3._0$ 接开关 K1。编写一个单片机花样显示程序，要求按下 K1 时显示规律为 8 个 LED 依次左移点亮→8 个 LED 依次右移点亮→8 个 LED 依次左移点亮，如此循环。未按下时，8 个 LED 闪烁。

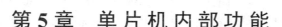

第5章 单片机内部功能

单片机内部功能部件主要包含中断系统、定时器/计数器和串行通信等部件。单片机的中断系统可实现对外部事件的控制，精确实现定时与计数及实现单片机之间的互相通信；单片机的定时器/计数器可实现定时（或延时）控制及对外界事件进行计数；单片机的串行通信功能可实现单片机与外界信息的交换。本章将详细阐述单片机的内部功能部件的组成、工作原理及使用方法。

5.1 单片机的中断系统

中断是 CPU 与 I/O 设备之间数据交换的一种控制方式。典型的 80C51 单片机有 5 个中断源、2 个优先级，具备完善的中断系统。

5.1.1 中断的概念

所谓中断，是指当计算机执行正常程序时，系统中出现某些急需处理的异常情况和特殊请求，CPU 暂时中止现行程序，转去对随机发生的更为紧迫事件进行处理，处理完毕后，CPU 自动返回原来的程序继续执行，此过程称为中断。

实现中断功能的硬件和软件系统称为中断系统。能向 CPU 发出请求的事件称为中断源。计算机系统中，一般有多个中断源，典型的 80C51 单片机可直接处理的有 5 个中断源。

若有多个中断源同时请求或 CPU 正在处理某外部事件时，又有另一外部事件申请中断，CPU 通常根据中断源的紧急程度，将其进行排列，规定每个中断源都有一个中断优先级，中断优先级可由硬件排队或软件排队来设定，CPU 按其优先顺序处理中断源的请求。在典型的单片机中有 2 个中断优先级。

当 CPU 正在处理某一中断源的请求时，若有优先级比它更高的中断源发出中断申请，CPU 暂停正在进行的中断服务程序，并保留这个程序的断点，响应优先级高的中断，在高优先级中断处理完后，再回到原被中断源程序继续执行中断服务程序。这个过程称为中断嵌套，如图 5-1 所示。

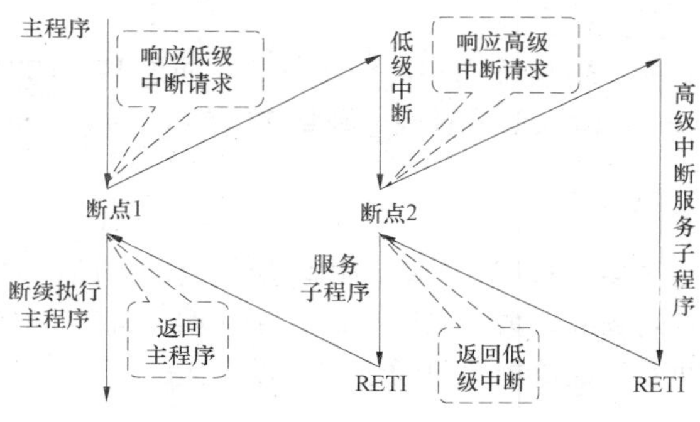

图 5-1 中断嵌套示意

5.1.2 中断源与矢量地址

MCS-51 中不同型号单片机的中断源是不同的，最典型的 80C51 单片机有 5 个中断源（80C52 有 6 个，STC89 系列有 8 个），具有两个中断优先级，可实现二级中断嵌套。80C51 基本的中断系统结构如图 5-2 所示。它由 5 个与中断有关的特殊功能寄存器（TCON、SCON 的相关位作中断源的标志位），中断允许控制寄存器 IE、中断优先级寄存器 IP 和中断优先顺序查询逻辑等组成。

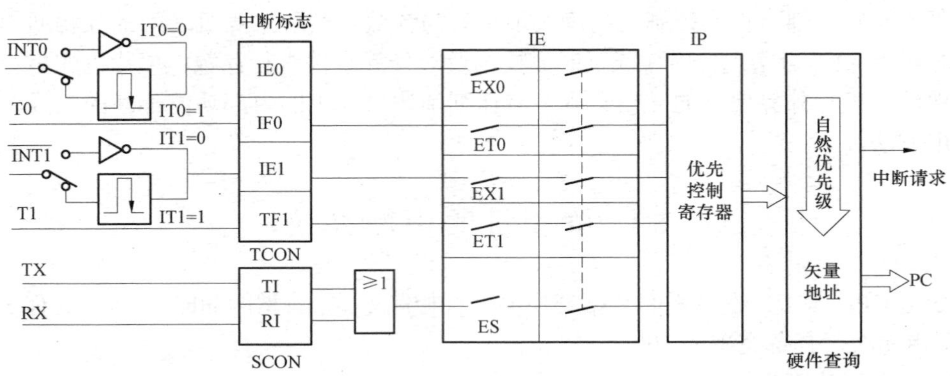

图 5-2 80C51 基本的中断系统结构

中断顺序查询逻辑又称为硬件查询逻辑，5 个中断源的中断请求是否会得到响应，要受中断允许寄存器 IE 各位控制，它们的优先级分别由 IP 各位来确定；同一优先级的各中断源同时请求中断时，就由内部的硬件查询逻辑来确定响应次序；5 个中断源对应着不同的中断矢量地址，其矢量地址可形成中断源的中断服务程序入口地址。

5 个中断源可分为 3 类：外部中断、定时中断和串行口中断。其中，2 个外部输入中断源 $\overline{INT0}$（$P3._2$）、$\overline{INT1}$（$P3._3$）；2 个内部中断源 T0、T1 的溢出中断源 TF0（$TCON._5$）、TF1（$TCON._7$）；1 个串行口发送和接收中断源 TI（$SCON._1$）和 RI（$SCON._0$）。

1. 外部中断类

外部中断是由外部原因引起的（单片机的输入/输出设备，如键盘等），通过单片机四个固定引脚 $\overline{INT0}$（$P3._2$）和 $\overline{INT1}$（$P3._3$）输入中断信号。

$\overline{INT0}$：外部中断 0，由 $P3._2$ 脚输入中断请求信号，通过 IT0（$TCON._0$）决定请求信号是电平触发还是边沿触发。一旦输入信号有效，则将 TCON 中的 IE0 标志位置 1，可向 CPU 申请中断。

$\overline{INT1}$：外部中断 1，由 $P3._3$ 脚输入中断请求信号，通过 IT1（$TCON._2$）决定请求信号是电平触发还是边沿触发。一旦输入信号有效，则将 TCON 中的 IE1 标志位置 1，可向 CPU 申请中断。

2. 定时中断类

定时中断是由内部定时器计数产生计数溢出时所引起的中断，属于内部中断。当定时器计数溢出时，表明定时时间到或计数值已满，此时 TCON 中的 TF0/TF1 置位，向 CPU 申请中断。定时器的定时时间或计数值由用户通过程序设定。

3. 串行口中断类

串行口中断是为串行数据的传送需要而设置的。串行口发送/接收数据也是在单片机内部发生的，所以它也是一种内部中断。当串行口接收或发送完一帧数据时，将 SCON 中的 RI 或 TI 位置“1”，向 CPU 申请中断。

当某中断源的中断请求被 CPU 响应之后，CPU 将自动把此中断源的中断入口地址（又称中断矢量地址）装入 PC，从中断矢量地址处获取中断服务程序的入口地址。因此一般在此地址单元中存放一条绝对跳转指令，可跳至用户安排的任意地址空间。单片机中断源的矢量地址是固定的，见表 5-1。

表 5-1　80C51 单片机中断源的矢量地址

中断源	优先顺序	请求标志位	汇编入口地址	C51 中断编号	所属寄存器	优先级
外部中断 0	1	IE0	0003H	0	$TCON._1$	最高级
定时器 0	2	TF0	000BH	1	$TCON._5$	↓
外部中断 1	3	IE1	0013H	2	$TCON._3$	
定时器 1	4	TF1	001BH	3	$TCON._7$	
串行口接收/发送	5	RI/TI	0023H	4	$SCON._0/SCON._1$	最低级

5.1.3　中断的处理过程

由于各计算机系统的中断系统硬件结构不同，中断响应的方式就有所不同。但是一般中断处理过程可分为四个阶段：中断请求、中断响应、中断处理和中断返回。

1. 中断请求

中断过程是从中断源向 CPU 发出中断请求而开始的，其中断请求信号应该至少保持到 CPU 做出响应为止。

2. 中断响应

CPU 检测到中断请求后，在一定的条件和情况下进行响应。

（1）中断响应条件。

1）有中断源发出中断请求。

2）中断总允许位 EA=1，即 CPU 开中断。

3）该中断源的中断允许位为 1，即没有被屏蔽。

以上条件满足，一般 CPU 会响应中断，但在中断受阻断的情况下，本次的中断请求 CPU 不会响应。待中断阻断条件撤销后，CPU 才响应。若中断标志已消失，该中断也不会再响应。

（2）中断响应的过程。如果中断响应条件满足，而且不存在中断受阻的情况，则 CPU 将响应中断。响应中断时，单片机中断系统先把该中断请求保存到各自的中断标志位，并置位相应的中断“优先激活”寄存器（该寄存器指出 CPU 当前处理的中断优先级别），以阻断同级和低级的中断。然后，根据中断源的类别，硬件自动形成长调用指令（LCALL）至相应中断源的服务子程序，同时 CPU 自动清除该段的中断标志（TI 或 RI 除外）。硬件形成的 LCALL 指令会将程序计数器 PC 的内容压入堆栈（但不能自动保存 PSW、累加器 A 等寄存的内容）。最后，将其中断矢量地址装入程序计数器 PC 中，此中断矢量地址即为中断服务子程序的入口地址。CPU 接受中断时，即转向该中断的入口地址开始执行，直到碰到中断返回指令 RETI 为止。RETI 指令的功能弹出断点返回原被中断的程序处继续执行。

（3）中断响应的时间。中断响应时间是指从查询中断请求标志位到转向中断服务程序的矢量入口地址所需的机器周期数。在实时控制中，CPU 不是对任何情况下的中断请求都予以响应，且不同的情况下对中断响应的时间也是不同的。若系统中只有一个中断源，则响应时间在 3～8 个机器周期。现以外部中断 $\overline{\text{INT0}}$ 和 $\overline{\text{INT1}}$ 为例，说明中断响应的最短时间。

在每个机器周期的 S5P2 期间，$\overline{\text{INT0}}$ 和 $\overline{\text{INT1}}$ 引脚的电平被锁存到 TCON 的 IE0 和 IE1 标志位中，其值在下一个机器周期才被 CPU 检测到。这时如果一个中断请求发生了，且满足中断响应条件，则下一条要执行的指令将是一条硬件长调用指令“LCALL”。“LCALL”指令使程序转至中断源矢量地址入口，执行这条指令时，CPU 要花费 2 个机器周期。这样，从外部中断请求有效到开始执行中断服务程序之间共经历了 1 个查询机器周期和 2 个 LCALL 指令执行机器周期，总计 3 个机器周期，这是最短的响应时间。

若遇到中断受阻的情况时，就需要较长的中断响应时间。如果有一个同级或更高优先级的中断正在进行；则附加的等待时间将由执行该中断服务子程序的时间而定。如果正在执行的一条指令还没有进行到最后一个机器周期，则附加的等待时间不会超过 3 个机器周期，因为一条最长的指令（MUL 和 DIV）的执行时间只有 4 个机器周期，如果正在执行的是 RETI 指令或是存取 IE 或 IP 或 IPH 的指令，则附加的时间不会超过 5 个机器周期。

因此，在单中断系统中，响应时间为 3～8 个机器周期数。在一般情况下，中断响应的时间无须考虑，只有在某些精确定时控制场合，才需仔细计算系统的中断响应时间。

3. 中断处理

CPU 响应中断结束后，返回原先被中断的程序并继续执行。从中断服务程序的第一条指令开始到返回执行程序的指令为止，这个过程称为中断处理或中断服务。不同的中断源，其中断服务的内容及要求也不相同，所以中断处理过程也不相同。虽然中断处理过程不同，但中断处理通常都包括保护现场和为中断源服务等两部分内容。

现场一般有 PSW、工作寄存器、专用寄存器等。如果在中断服务程序中要用到这些寄存器，则在进入中断服务之前应将它们的内容压入堆栈保护起来，即保护现场；同时在中断结束、执行中断返回 RETI 指令之前，需把保存的现场内容从堆栈中弹出来，恢复寄存器或存储单元的原有内容，即恢复现场。中断服务是针对中断源的具体要求进行处理，用户在编写中断服务程序时应注意以下三点。

（1）各中断源的入口矢量地址之间，只相隔 8 个单元，一般中断服务程序是容纳不下的，因而最常用的方法是在中断入口矢量地址单元存放一条无条件转移指令，而转至存储器其他的任何空间去。

（2）若要在执行当前中断程序时禁止更高优先级中断，应用软件关闭 CPU 中断或屏蔽更高级中断源的中断，在中断返回前再开放中断。

（3）保护现场和恢复现场时，为了不使现场信息受到破坏或造成混乱，一般在此情况下，应关 CPU 中断，使 CPU 暂不响应新的中断请求。这样就要求在编写中断服务程序时，应注意在保护现场之前要关中断，在保护现场之后若允许高优先级中断打断它，则应开中断。同样在恢复现场之前应关中断，恢复之后再开中断。中断处理流程如图 5-3 所示。

4. 中断返回

中断返回是把运行程序从中断服务程序转回到被中断的主程序中。中断处理程序的最后一条指令是中断返回指令 RETI。它的功能是将断点弹出送回 PC 中，使程序能返回到原来被中断的程序继续执行。

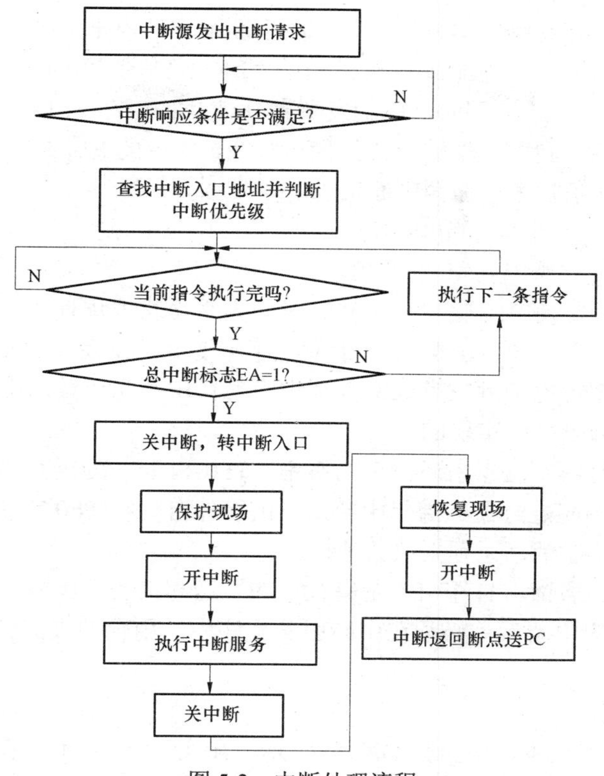

图 5-3　中断处理流程

5. 中断请求的撤销

CPU 响应某中断请求后，在执行中断返回指令 RETI 之前，应将 TCON 或 SCON 中的中断请求标志及时撤销，否则会引起另一次中断，造成中断的混乱。下面按中断类型的不同说明中断请求的撤销方法。

（1）外部中断请求的撤销。外部中断请求的触发有两种方式：边沿触发和电平触发。不同的触发方式，外部中断请求的撤销方法也不相同。

对于边沿触发方式的外部中断，CPU 在响应中断后，由硬件自动将 IE0 或 IE1 标志位清 0。无须采取其他措施。

对于电平触发方式的外部中断，外部中断标志 IE0 或 IE1 是依靠 CPU 检测 $\overline{\text{INT0}}$ 和 $\overline{\text{INT1}}$ 引脚的电平而置位的。在硬件上，CPU 对 $\overline{\text{INT0}}$ 和 $\overline{\text{INT1}}$ 引脚的信号完全没有控制（在专用寄存器中，没有相应的中断请求标志），也不像某些微处理机那样，响应中断后会自动发出一个响应信号。因为尽管中断请求标志位清除了，但是中断请求的有效低电平仍然存在，在下一个机器周期采样中断请求时，又会使 IE0 或 IE1 重新置 1。为彻底解决中断请求的撤销，需在中断响应后把中断请求输入端从低电平强制改为高电平，如图 5-4 所示。

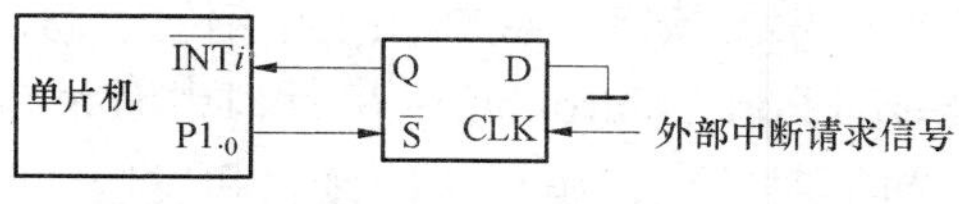

图 5-4　撤销外部中断

从图 5-4 可看出，用 D 触发器来锁存外部的中断请求低电平。外部中断请求信号不直接加在 $\overline{\text{INT0}}$ 或 $\overline{\text{INT1}}$ 引脚上，而是加在 D 触发器的 CLK 时钟端。由于 D 端接地，当外部中断请求的正脉冲信号出现在 CLK 端时，D 触发器置 0 使 $\overline{\text{INT0}}$ 或 $\overline{\text{INT1}}$ 有效，向 CPU 发出中断请求。CPU 响应中断后，利用一根端口线作为应答线，图中的 $P1_{.0}$ 接 D 触发器的 $\overline{S}$ 端，在中断服务程序中用如下 2 条指令来撤销中断请求。

```
ANL    P1,#0FEH     ;使 P1.0 输出低电平
ORL    P1,#01H      ;使 P1.0 输出高电平
```

这两条指令执行后，使 $P1_{.0}$ 输出一个持续时间为 2 个机器周期的负脉冲。在该脉冲作用下，足以使 D 触发器置位，$\overline{\text{INT0}}$ 或 $\overline{\text{INT1}}$ 上的电平也变高，从而撤销端口外部中断请求。

由此可见，真正撤销电平触发方式的外部中断是在中断响应转入中断服务程序之后，通过软件方法来撤销引脚电平而实现的。

（2）定时器 0/定时器 1 溢出中断请求的撤销。TF0 和 TF1 为定时器 0 和定时器 1 的溢出中断标志位。CPU 在响应定时器的溢出中断后，由硬件自动将 TF0 或 TF1 标志位清 0，即定时中断的中断请求自动撤销，无须采取其他措施。

（3）串行口中断的撤销。TI 和 RI 是串行口的发送和接收中断标志位，硬件不能自动将其清 0。因此 CPU 响应中断后，必须在中断服务程序中，用软件来清除相应的中断标志位，以撤销中断请求。

5.1.4 中断的控制

在 80C51 系列单片机中，IE、TCON、SCON、IP 这 4 个专用寄存器与中断控制有关。它们控制中断请求、中断允许、中断优先级。与外部中断有关是 IE、TCON 和 IP，在此讲述这 3 个寄存器。

1. 中断允许控制寄存器 IE（Interrupt Enable Register）

在 80C51 系列单片机中没有专门用来开中断和关中断的指令，是通过向 IE 写入中断控制字，控制 CPU 对中断的开放或屏蔽，以及每个中断源是否允许中断。IE 寄存器的字节地址为 A8H，可进行字节寻址和位寻址，位地址为 AFH～A8H，IE 各位定义见表 5-2。

表 5-2 IE 各位定义

IE	$IE_{.7}$	$IE_{.6}$	$IE_{.5}$	$IE_{.4}$	$IE_{.3}$	$IE_{.2}$	$IE_{.1}$	$IE_{.0}$
	AFH	AEH	ADH	ACH	ABH	AAH	A9H	A8H
位符号名	EA	—	—	ES	ET1	EX1	ET0	EX0

（1）EA（$IE_{.7}$　Enable All Control bit）：CPU 中断允许总控制位。当 EA 为“0”时，CPU 关中断，禁止一切中断；当 EA 为“1”时，CPU 开放中断，而每个中断源是开放还是屏蔽分别由各自的中断允许位确定。

（2）ET1 和 ET0（$IE_{.3}$、$IE_{.1}$　Enable Timer1 or Timer0 Control bit）：定时器 1/定时器 0 中断允许控制位。当该位为“0”时，禁止该定时器中断；当该位为“1”时，允许该定时器中断。

（3）ES（$IE_{.4}$　Enable Serial Port Control bit）：串行口中断允许控制位。当 ES 为“0”时，禁止串行口中断；当 ES 为“1”时，允许串行口的接收和发送中断。

（4）EX1、EX0（$IE_{.2}$、$IE_{.0}$）：外部中断 1、外部中断 0 的中断允许控制位。当该位为“0”

时，该外部中断禁止中断；当该位为“1”时，允许该外部中断进行中断。

从 IE 格式中可看出，80C51 系列单片机通过 IE 中断允许控制寄存器对中断的允许实行两级控制，即以 EA 为中断允许总控制位，配合各中断源的中断允许位共同实现对中断请求的控制。当中断总允许位 EA 为“0”时，不管各中断源的中断允许位状态如何，整个中断系统都被屏蔽了。

系统复位后，IE 各位均为“0”，即禁止所有中断。

2. 定时器/计数器控制寄存器 TCON（Timer/Counter Control Register）

T0 和 T1 的控制寄存器 TCON，也是 1 种 8 位的特殊功能寄存器，用于控制定时器的启动、停止及定时器的溢出标志和外部中断触发方式等。TCON 的字节地址为 88H，可进行位寻址，位地址为 88H～8FH，各位定义见表 5-3。

TCON 中的高 4 位是定时器控制位，低 4 位与外部中断有关，在此仅介绍与外部中断相关的位，TCON 中的高 4 位将在 5.2.2 节中讲解。

表 5-3　TCON 各位定义

TCON	$TCON._7$	$TCON._6$	$TCON._5$	$TCON._4$	$TCON._3$	$TCON._2$	$TCON._1$	$TCON._0$
	8FH	8EH	8DH	8CH	8BH	8AH	89H	88H
位符号名	TF1	TR1	TF0	TR0	IE1	IT1	IE0	IT0

（1）IE1 和 IE0（$TCON._3$和 $TCON._1$　Interrupt1 or Interrupt0 Edge flag）：外部中断 1 $\overline{INT1}$ 和外部中断 0 $\overline{INT0}$ 的中断请求标志位。当外部中断源有中断请求时，其对应的中断标志位置“1”。

（2）IT1 和 IT0（$TCON._2$和 $TCON._0$　Interrupt1 or Interrupt0 Type control bit）：外部中断 1 和外部中断 0 的触发方式选择位。IT*i*=0 时，为低电平触发方式；IT*i*=1 时，为边沿触发方式。

3. 中断优先级控制寄存器 IP（Interrupt Priority Register）

80C51 系列单片机的中断优先级控制比较简单，定义了高、低两个中断优先级。用户由软件将每个中断源设置为高优先级中断或低优先级中断，并可实现两级中断嵌套。

高优先级中断源可中断正在执行的低优先级中断服务程序，同级或低优先级中断源不能中断正在执行的中断服务程序。中断优先级寄存器 IP 字节地址为 B8H，位地址为 B8H～BFH，各位定义见表 5-4。

表 5-4　IP 各位定义

IP	$IP._7$	$IP._6$	$IP._5$	$IP._4$	$IP._3$	$IP._2$	$IP._1$	$IP._0$
	BFH	BEH	BDH	BCH	BBH	BAH	B9H	B8H
位符号名	—	—	—	PS	PT1	PX1	PT0	PX0

（1）PS（$IP._4$　Serial Port Priority Control bit）：串行口中断优先级设定位。当 PS 为“0”时，串行端口中断设为低优先级；当 PS 为“1”时，为高优先级。

（2）PT1（$IP._3$　Time1 Priority Control bit）：定时器 1 中断优先级设定位。当 PT1 为“0”时，定时器 1 的中断设为低优先级；PT1 为“1”时，设定为高优先级。

（3）PX1（$IP._2$　External Interrupt1 Priority Control bit）：外部中断 1 中断优先级设定位。

当 PX1 为“0”时，外部中断 1 设为低优先级；当 PX1 为“1”时，外部中断 1 设为高优先级。

（4）PT0（$IP_{.1}$ External Interrupt0 Priority Control bit）：定时器 0 中断优先级设定位。当 PT0 为“0”时，定时器 0 的中断设为低优先级；PT0 为“1”时，设定为高优先级。

（5）PX0（$IP_{.0}$ External Interrupt0 Priority Control bit）：外部中断 0 中断优先级设定位。当 PX0 为“0”时，外部中断 0 设为低优先级；当 PX0 为“1”时，外部中断 0 设为高优先级。

当系统复位后，IP 各位均为“0”，所有中断源设置为低优先级中断。对 IP 寄存器编程，可将 5 个中断源设定为高优先级或低优先级。在设定优先级时应遵循 2 条基本原则：其一是 1 个正在执行的低优先级中断，可被高优先级中断所中断，但不能被同级的中断所中断；其二是 1 个正在执行的高优先级中断，不能被任何同优先级或低优先级的中断所中断，这样可实现中断嵌套。返回主程序后，再执行一条指令才能响应新的中断请求。

为实现这 2 条规则，中断系统内部包含 2 个不可寻址的“优先级激活”触发器。其中高优先级触发器为“1”时，表示某高优先级的中断正在得到服务，所有后来的中断都被阻断。只有在高优先级中断服务执行 RETI 指令后，触发器被清“0”，才能响应其他中断。另一个低优先级触发器为“1”时，表示某低优先级的中断正在服务，所有同级的中断都被阻断，但不阻断高优先级的中断。在中断服务执行 RETI 指令后，触发器被清“0”。

如果同等优先级的多个中断请求同时出现时，哪一个的请求得到服务，将取决于内部的硬件查询顺序，CPU 按自然优先级的查询顺序来确定该响应哪个中断请求。其自然优先级由硬件形成，其查询顺序为外部中断 0（最高级）→定时器 0 中断→外部中断 1 中断→定时器 1 中断→串行口中断（最低级）。

在每一个机器周期中，CPU 在 S5P2 对所有中断源都按顺序检查一遍，这样到任一机器周期的 S6 状态，可找到所有已被激活的中断请求，并排好了优先权。在下一个机器周期的 S1 状态，只要不受阻断就开始响应其中最高优先级的中断请求。但发生下列情况时，中断响应受到阻断。

（1）有相同或较高优先权的中断正在处理。

（2）当前的机器周期还不是执行指令的最后一个机器周期，即现行指令还没有执行完。

（3）正在执行中断返回指令 RETI 或是任何写入专用寄存器 IE 或 IP 或 IPH 的指令。

出现上述任一种情况，中断查询结果就被取消。否则，在紧接着的下一个机器周期，中断查询结果变为有效。

5.1.5 外部中断源的扩展

80C51 系列单片机系统中虽有 2 个外部中断请求输入端 $\overline{INT0}$ 和 $\overline{INT1}$，在实际的应用中，通常外部中断远远超过了 2 个，因此需要扩充外部中断源。

1. 用优先编码器扩充外部中断源

在 80C51 系列单片机系统中，通过优先权编码电路，利用两个外部中断 $\overline{INT0}$ 和 $\overline{INT1}$ 输入可实现外部中断功能的扩展。在这里仅以 $\overline{INT0}$ 为例，并设置 $\overline{INT0}$ 为低电平有效方式，实现外部中断功能扩充的电路，如图 5-5 所示。

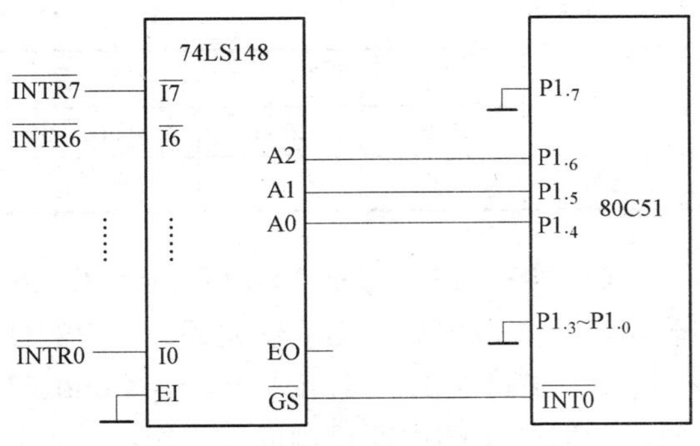

图 5-5 外部中断功能扩充电路

图 5-5 中，74LS148 为 8-3 优先权编码器，它具有 8 个输入端 $\overline{I7}$～$\overline{I0}$，3 个编码输出端 A2～A0，1 个编码器输出端 $\overline{GS}$。8 个外部中断源 $\overline{INTR7}$～$\overline{INTR0}$，均为低电平有效。外部 8 个中断源的中断请求由 $\overline{INTR7}$～$\overline{INTR0}$ 引入 74LS148 的输入端 $\overline{I7}$～$\overline{I0}$，74LS148 对 8 个中断源的申请进行优先权的排列，经排列后产生相应的矢量代码 A2～A0 送单片机的 $P1._6$～$P1._4$ 位。其中，$\overline{INTR7}$ 优先权最高，$\overline{INTR0}$ 优先权最低。当 $\overline{INTR7}$～$\overline{INTR0}$ 中有多个中断同时发生时，编码器只对其中一个优先权最高的中断做出反应，并输出其矢量代码到单片机的 $P1._6$～$P1._4$ 线上。而任一个中断源有请求均可通过 74LS148 的 $\overline{GS}$ 输出端加到 $\overline{INT0}$ 引脚上，向 CPU 发出中断请求。74LS148 的真值表见表 5-5。8 个中断源对应的中断矢量见表 5-6。

表 5-5　　74LS148 真 值 表

输　入									输　出				
E1	$\overline{I0}$	$\overline{I1}$	$\overline{I2}$	$\overline{I3}$	$\overline{I4}$	$\overline{I5}$	$\overline{I6}$	$\overline{I7}$	A2	A1	A0	$\overline{GS}$	EO
H	×	×	×	×	×	×	×	×	H	H	H	H	H
L	H	H	H	H	H	H	H	H	H	H	H	H	L
L	×	×	×	×	×	×	×	L	L	L	L	L	H
L	×	×	×	×	×	×	L	H	L	L	H	L	H
L	×	×	×	×	×	L	H	H	L	H	L	L	H
L	×	×	×	×	L	H	H	H	L	H	H	L	H
L	×	×	×	L	H	H	H	H	H	L	L	L	H
L	×	×	L	H	H	H	H	H	H	L	H	L	H
L	×	L	H	H	H	H	H	H	H	H	L	L	H
L	L	H	H	H	H	H	H	H	H	H	H	L	H

注　“H”表示高电平；“L”表示低电平；“×”表示任意。

表 5-6　　8 个中断源对应的中断矢量

输　入	中断矢量	输　入	中断矢量
$\overline{INTR7}$	00H	$\overline{INTR3}$	40H
$\overline{INTR6}$	10H	$\overline{INTR2}$	50H
$\overline{INTR5}$	20H	$\overline{INTR1}$	60H
$\overline{INTR4}$	30H	$\overline{INTR0}$	70H

当 CPU 响应 $\overline{INT0}$ 的中断请求后，CPU 通过读 P1 口就可得到中断矢量，但是，怎样根据中断矢量进行相应的转移则是一个关键的问题。而 80C51 系列的 $\overline{INT0}$ 中断矢量是固定的，为 0003H。无论外部的 $\overline{INTR7}$～$\overline{INTR0}$ 中哪一个发生中断，CPU 响应后首先要转向 $\overline{INT0}$ 中断入口处执行。所以，只能利用软件实现程序多分支转移。也即在 0003H 起始地址上安放一个程序以使程序转移到与中断矢量相对应的入口地址去执行。这个程序段可把它称为引导程序，编写代码如下。

```
0003H: PUSH   Acc             ;保护 A 的内容
       MOV    A, P1           ;读取中断矢量
```

```
        PUSH   Acc          ;中断矢量入栈
        PUSH   PAGE         ;中断服务程序页地址入栈
        RET                 ;返回
```

其中，PAGE 为内部 RAM 中任一个可直接寻址的存储单元地址，该单元的内容可事先写入，它的内容就作为中断矢量的高 8 位地址（或称页地址，1 页为 256B）和 CPU 读取的中断矢量一起构成 16 位地址。

8 个中断服务程序的入口地址放在同一页上，如果页地址为 10H，则 $\overline{\text{INTR7}}\sim\overline{\text{INTR0}}$ 的入口地址分别为 1000H，1010H，1020H，…，1070H。如果改变页地址，各中断服务程序入口地址也相应改变。各中断服务程序都要以下面两条指令结束。

```
…
POP   Acc     ;恢复 A 的内容
RETI          ;中断服务结束返回
```

引导程序 1 中巧妙地使用了 RET 指令，它可把刚刚压入堆栈的中断矢量和页地址弹出来送到程序计数器 PC 中去，使程序转移到相应中断源的中断服务入口处。

有时，我们并不希望所有中断服务程序入口地址都在同一页上，甚至希望为一个中断源设置两个或两个以上的中断服务程序，某一时刻或某一状态下使用这一个中断服务程序；而另一时刻或另一状态下使用另一个中断服务程序。此时，可采用下面的引导程序实现。

```
PUSH      Acc          ;保护 A 的内容
CLR       A
PUSH      Acc          ;00H 入栈，作为中断服务程序入口的低 8 位地址
MOV       A, P1        ;读取中断矢量
SWAP      A            ;读入中断矢量，高低 4 位交换
ORL       A, #78H
MOV       R0, A        ;根据中断矢量来确实入口地址高 8 位的存放位置
MOV       A, @R0       ;取高 8 位地址
PUSH      Acc          ;高 8 位入栈
RET                    ;转向中断服务程序入口处执行
```

这里，中断矢量不再作为入口地址的一部分，仅仅起到一个指针的作用，按这个指针的指向，在内部 RAM 的一个存储单元中取出该中断服务程序入口地址的高 8 位，并与其值 00H 的低 8 位一起构成 16 位的入口地址。入口地址的高 8 位可事先填入到这个存储单元中。如果在不同的时候填入不同的内容则形成了不同的入口地址，这样就使一个中断源具有了多个中断服务程序。若各中断服务程序入口地址高 8 位的存放位置为 $\overline{\text{INTR0}}$ 在内部 RAM 的 7FH 单元中，$\overline{\text{INTR1}}$ 在 7EH 中，$\overline{\text{INTR2}}$ 在 7DH 中…… $\overline{\text{INTR7}}$ 在 78H 中，即事先在 7FH～78H 单元中填入不同的值，就可得到相应中断源的不同入口地址。

从上述可知，接在 $\overline{\text{INT0}}$ 的 8 个矢量中断，无论哪一个矢量中断产生中断请求时，单片机只认为是 $\overline{\text{INT0}}$ 的一次中断而已，而 8 个矢量中断的优先顺序由优先权编码器 74LS148 确定，直接送出优先权最高中断源的矢量代码作为 $\overline{\text{INT0}}$ 的一次中断进行处理。所以矢量中断的优先级别和响应顺序均遵循 $\overline{\text{INT0}}$ 的优先级别，也可将 8 个矢量中断都视作单片机的一种外部来对待。

2. 通过 OC 门"线或"实现多个中断源的扩展

利用 80C51 系列单片机的 $\overline{INT0}$ 和 $\overline{INT1}$ 两根外部中断输入线，通过逻辑"或"的关系把多个外部中断源连接到这两根输入线，同时按中断源的处理轻重、紧急程度，先进行优先级排列。其中优先级最高的中断源与 $\overline{INT0}$ 相连，其余的中断源通过"线或"的关系与 $\overline{INT1}$ 连接，同时利用输入端口线作为各中断的识别线，其电路图如图 5-6 所示。

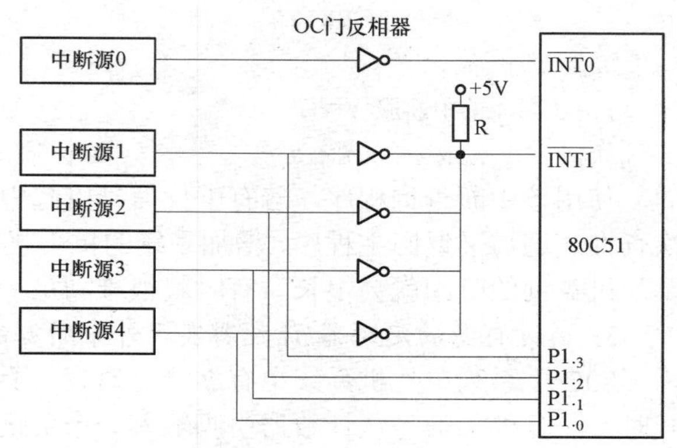

图 5-6　OC 门"线或"实现多个中断源的扩展的电路图

图 5-6 中的 4 个外部中断源通过集电极开路的 OC 门构成"线或"的关系，4 个中断请求输入均通过 $\overline{INT1}$ 发给 CPU。无论哪一个外设申请中断，都会使 $\overline{INT1}$ 引脚变低，究竟是哪一个外设申请中断，可通过程序查询 $P1._0$～$P1._3$ 的逻辑电平来判断。因为 P1 口有 8 根输入线，所以用这种方法可扩充 8 个外部中断源。图 5-6 中利用 $\overline{INT1}$ 扩充了 4 个中断源。$\overline{INT0}$ 引入一个中断源后，共有 5 个中断源，这 5 个中断源中，中断源 0 的优先级最高，中断源 1 的优先级次之，中断源 4 最低。

设与 $\overline{INT1}$ 引脚相连的 4 个中断输入均为高电平有效，能被相应的中断服务程序所清除，并且各输入的有效电平在 CPU 响应该中断源之前保护有效，均采用电平触发方式，则 $\overline{INT1}$ 的中断查询程序如下。

```
        ORG     0013H
        LJMP    INTRP                   ;INT1中断查询程序入口
INTRP:  PUSH    PSW                     ;进入中断后，保护现场
        PUSH    Acc
        JB      P1.3,   SAV1            ;由高到低优先级依次查询判断
        JB      P1.2,   SAV2
        JB      P1.1,   SAV3
        JB      P1.0,   SAV4
EXIT:   POP     Acc
        POP     PSW
        RETI
SAV1:   ...
;中断源 1 的中断服务程序
        AJMP    EXIT
SAV2:   ...
;中断源 2 的中断服务程序
        AJMP    EXIT
SAV3:   ...
;中断源 3 的中断服务程序
```

```
        AJMP    EXIT
SAV4:   ...
;中断源 4 的中断服务程序
        AJMP    EXIT
```

使用该中断查询程序，若有干扰信号引起中断请求时，进入中断服务子程序后，CPU 依次查询一遍后又返回主程序，增加系统的抗干扰能力。但是系统中若有更多的外部中断源时，单片机查询的时间就会很长，有时就很难满足一些实时性较高的场合。

3. 通过自身的定时器/计数器实现外中断源的扩展

80C51 系列单片机系统中有 2 个定时器，具有定时和计数功能。当定时器设置为计数方式时，一旦外部信号从计数器引脚输入一个负跳变信号，计数器进行加 1 操作。利用这个特性，将定时器的 T0（$P3_{.4}$）或 T1（$P3_{.5}$）引脚作为外部中断请求相连，定时器的溢出中断标志及中断服务程序作为扩充外部中断源的标志和中断服务程序。

例如，以定时器 T1 工作在方式 2，代替一个扩展的外中断源。设 TH1 和 TL1 的初始值为 0FFH，允许 T1 中断，CPU 开放中断。初始化程序如下。

```
MOV   TMOD,#60H
MOV   TL1, #0FFH
MOV   TH1, #0FFH
SETB  TR1
SETB  ET1
SETB  EA
⋮
```

当连接在 T1（$P3_{.5}$）脚上的外部中断请求输入端发生负跳变时，TL1 计数加 1 产生溢出，TF1=1，向 CPU 申请中断，同时，TH1 的内容 0FFH 重装入 TL1，即 TL1 恢复初值 0FFH。T1 脚每输入一个负跳变，TF1 都会置“1”，且向 CPU 申请中断，这样相当于多了一个边沿触发的外部中断源。

5.1.6 中断系统的应用举例

在 80C51 系列单片机中，中断控制实际上是对 TCON、SCON、IE、IP 等功能寄存器进行管理和控制。按实际的应用控制要求，用户对这些功能寄存器的相应位进行预置，CPU 则会按要求对中断源进行管理和控制。

中断管理和控制程序一般都包含在主程序中，使用几条指令即可完成，如 CPU 开中断用“SETB EA”或“ORL IE，#80H”来实现的，CPU 关中断用“CLR EA”或“ANL IE，#7FH”来实现。

中断服务程序是一种具有特定功能的独立程序段，根据中断源的具体要求进行服务，以中断返回指令结束。对用户来说，在编写中断服务程序时，首先需对中断源进行设置，中断源设定好之后，有时还需对现场进行保护与恢复。中断源的不同，其设置也不相同，下面讲述外部中断 $\overline{\text{INT0}}$ 和 $\overline{\text{INT1}}$ 的设定。

1. 汇编程序中中断的使用

（1）设定中断矢量地址。

```
ORG  03H  ;INT0 中断矢量地址
ORG  13H  ;INT1 中断矢量地址
```

（2）跳转中断子程序入口。

LJMP INTRR;中断时，跳转至中断服务子程序入口 INTRR

（3）设定中断使能。

MOV IE,#81H ;$\overline{\text{INT0}}$ 中断使能

MOV IE,#84H ;$\overline{\text{INT1}}$ 中断使能

（4）设置中断优先级。

MOV IP,#01H ;$\overline{\text{INT0}}$ 中断优先

MOV IP,#04H ;$\overline{\text{INT1}}$ 中断优先

（5）设置触发方式。

MOV TCON, #00H ;$\overline{\text{INT0}}$ 或 $\overline{\text{INT1}}$ 电平触发

MOV TCON, #01H ;$\overline{\text{INT0}}$ 下跳变触发

MOV TCON, #04H ;$\overline{\text{INT1}}$ 下跳变触发

2. C51 程序中中断的使用

在 C51 中规定，中断服务程序中，必须指定对应的中断号，用中断号确定该中断服务程序是哪个中断所对应的中断服务程序。

（1）中断服务程序。格式为：

```
void  函数名（参数） interrupt  n  using  m
{
  函数体语句;
}
```

其中，interrupt 后面的 n 是中断号；关键字 using 后面的 m 是所选择的寄存器组，取值范围为 0～3，定义中断函数时，using 是一个可选项，可省略不用。例如：

```
void  INTT0  interrupt  0     //INT0 中断,INTT0 为函数名，由用户自定义
```

80C51 系列单片机的中断过程通过使用 interrupt 关键字的中断号来实现，中断号告诉编译器中断程序的入口地址。入口地址和中断编号请参照表 5-1。

（2）使用中断函数时要注意的问题。

1）在设计中断时，要注意哪些功能应该放在中断服务程序中，哪些功能应放在主程序中。一般来说，中断服务程序应该做最少量的工作，这样做有很多好处。首先，系统对中断的反应面更宽了，有些系统如果丢失中断或中断反应太慢将产生十分严重的后果，这时有充足的时间等待中断是十分重要的。其次，它可使中断服务程序的结构简单，不容易出错。中断程序中放入的东西越多，它们之间越容易起冲突。简化中断服务程序意味着软件中将有更多的代码段，但可把这些都放入主程序中。中断服务程序的设计对系统的成败有至关重要的作用，要仔细考虑各中断之间的关系和每个中断执行的时间，特别要注意那些对同一个数据进行操作的中断服务程序（Interrupt Service Routine，ISR）。

2）中断函数不能传递参数，没有返回值。

3）中断函数调用其他函数，则要保证使用相同的寄存器组，否则将出错。

4）中断函数使用浮点运算，要保证浮点寄存器的状态。

3. 举例说明

【例 5-1】 单个外部中断控制的应用，其电路原理如图 5-7 所示。使用 P1 端口进行花样灯显示，显示规律为：① 8 个 LED 依次左移点亮；② 8 个 LED 依次右移点亮；③ LED0、

LED2、LED4、LED6 亮 1s 熄灭，LED1、LED3、LED5、LED7 亮 1s 熄灭，再 LED0、LED2、LED4、LED6 亮 1s 熄灭……循环 3 次。中断时（INT0 与按钮 K1 连接）使 8 个 LED 闪烁 5 次。

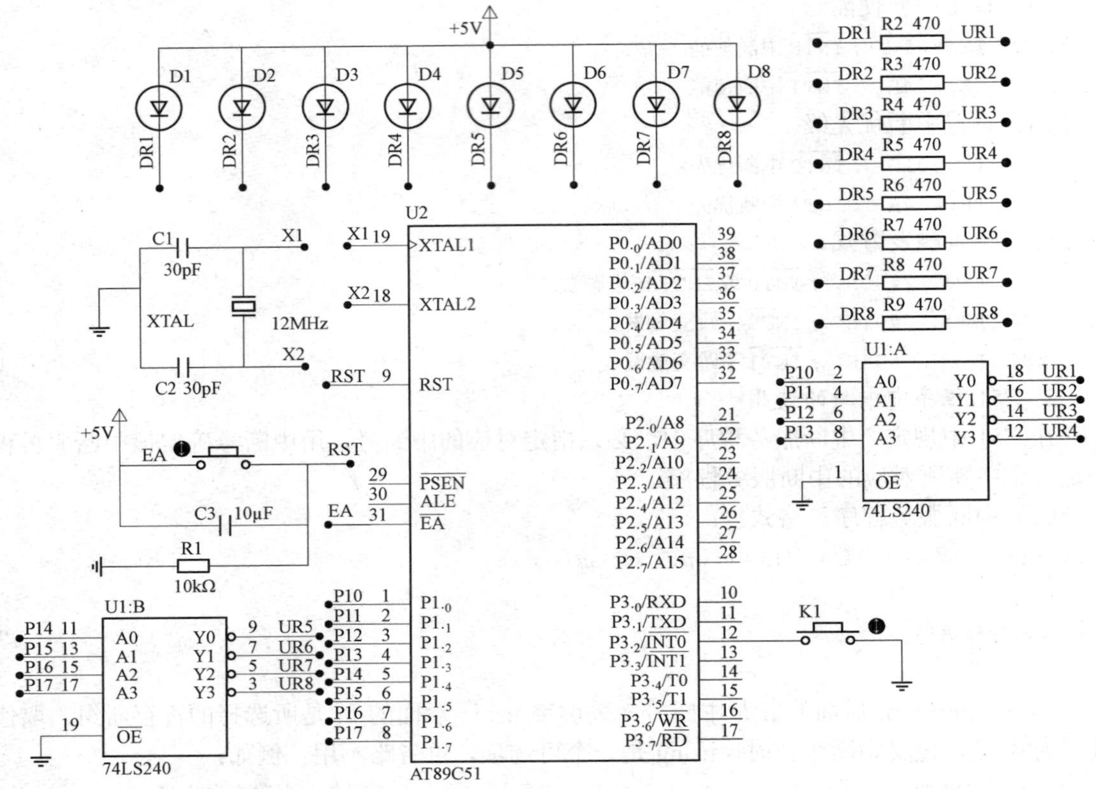

图 5-7 单个外部中断的应用电路原理图

解：外部中断 0 的汇编程序中断入口地址为 03H；C 程序中断号为 0。在编写程序时，首先要进行中断初始化的设置，并开启中断，然后若有中断请求时，响应中断执行相应操作，否则执行默认操作，程序流程如图 5-8 所示。

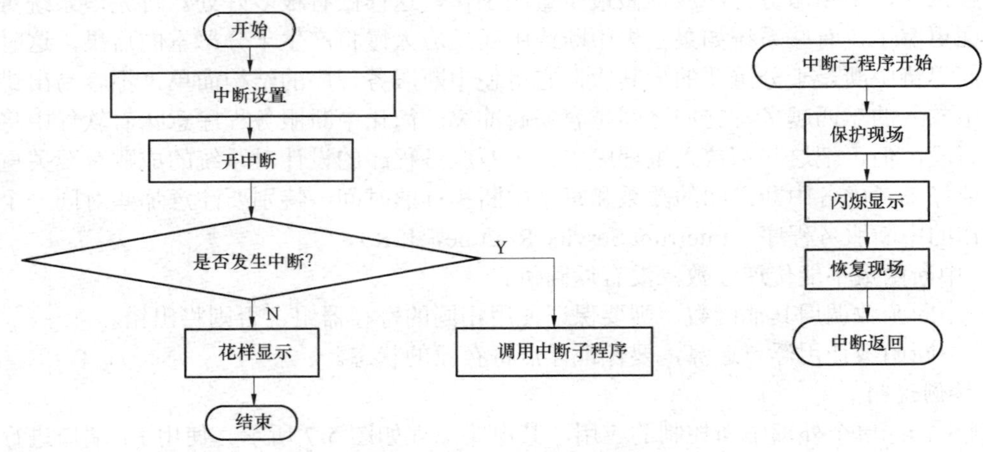

图 5-8 单个外部中断控制的应用程序流程图

（1）汇编程序代码。

```
END_DATA        EQU  1BH          ;设定结束标志位
        LED     EQU   P1          ;P1 口与 LED 连接
        ORG     00H
        AJMP    START
        ORG     03H               ;中断入口地址
        AJMP    INT
        ORG     0030H
START:  SETB    EX0
        SETB    IT0
        SETB    EA
        MOV     SP,#60H
LP:     MOV     DPTR,#TABLE       ;TABLE 表的地址存入 DPTR
LP0:    MOV     A,#00H            ;清除累加器
LP1:    MOVC    A,@A+DPTR         ;查表
        CJNE    A,#1BH,LP2        ;取出的代码不是结束码，则进行下一步操作
        AJMP    LP                ;是结束码，则重新进行操作
LP2:    MOV     LED,A             ;将 A 中的值送 LED，显示
        LCALL   DELAY             ;等待 1s
        INC     DPTR              ;数据指针加 1，指向下 1 个码
        AJMP    LP0               ;返回，取码
INT:    PUSH    ACC               ;中断子程序
        PUSH    PSW
        SETB    RS0               ;使用第 1 组工作寄存器组,以进行现场保护
        CLR     RS1
        CLR     EX0
        MOV     R4,#10            ;设置闪烁灯次数 5×2
        MOV     A,#00H            ;设置闪烁灯初始状态
INTLP:  MOV     LED,A
        LCALL   DELAY
        CPL     A                 ;闪烁灯状态取反,以实现闪烁
        DJNZ    R4,INTLP
        AJMP    INTLP1
INTLP1: SETB    EX0
        POP     PSW
        POP     ACC
        RETI
DELAY:  MOV     R7,#10            ;1s 延时子程序
DE1:    MOV     R6,#200
DE2:    MOV     R5,#248
```

```
        DJNZ    R5,$
        DJNZ    R6,DE2
        DJNZ    R7,DE1
        RET
TABLE:  DB      01H,02H,04H,08H,10H,20H,40H,80H      ;正向流水灯
        DB      40H,20H,10H,08H,04H,02H,01H,00H      ;反向流水灯
        DB      55H,0AAH,55H,0AAH,55H,0AAH,00H       ;隔灯闪烁
        DB      END_DATA                             ;退出码
        RET
        END
```

（2）C51程序代码。

```
#include"reg51.h"
#define uint unsigned int
#define uchar unsigned char
#define LED P1
const tab[]={0x01,0x02,0x04,0x08,0x10,0x20,0x40,0x80,   //正向流水灯
            0x40,0x20,0x10,0x08,0x04,0x02,0x01,0x00,    //反向流水灯
            0x55,0xaa,0x55,0xaa,0x55,0xaa,0x00};        //隔灯闪烁
void delay(uint k)          //延时约1ms
{
    uint m,n;
    for(m=0;m<k;m++)
      {
        for(n=0;n<120;n++);
      }
}
void  int0() interrupt 0            //中断服务函数
{
  uchar i;
  uchar temp=0x00;
  for(i=0;i<10;i++)
  {
    temp=~temp;                     //LED灯闪烁
      LED=temp;
      delay(1000);
  }
}
void INT0_init(void)                //中断初始化函数
{
 EX0=1;                             //打开外部中断0
```

```
 IT0=1;                                    //下降沿触发中断 INT0
 EA=1;                                     //全局中断允许
}
void main(void)
{
  uchar x;
  INT0_init();                             //调用中断函数
  while(1)
   {
   for(x=0;x<23;x++)
     {
       LED=tab[x];
       delay(1000);
     }
   }
 }
```

注：由于篇幅的原因，本章的中断、定时器/计数器、串行通信的应用实例只书写一个 C51 源程序对应于汇编源程序，后续章节不再提供 C51 代码。

【例 5-2】 两个外部中断优先控制的应用，其电路原理如图 5-9 所示。P1 接 8 个 LED，$\overline{\text{INT0}}$

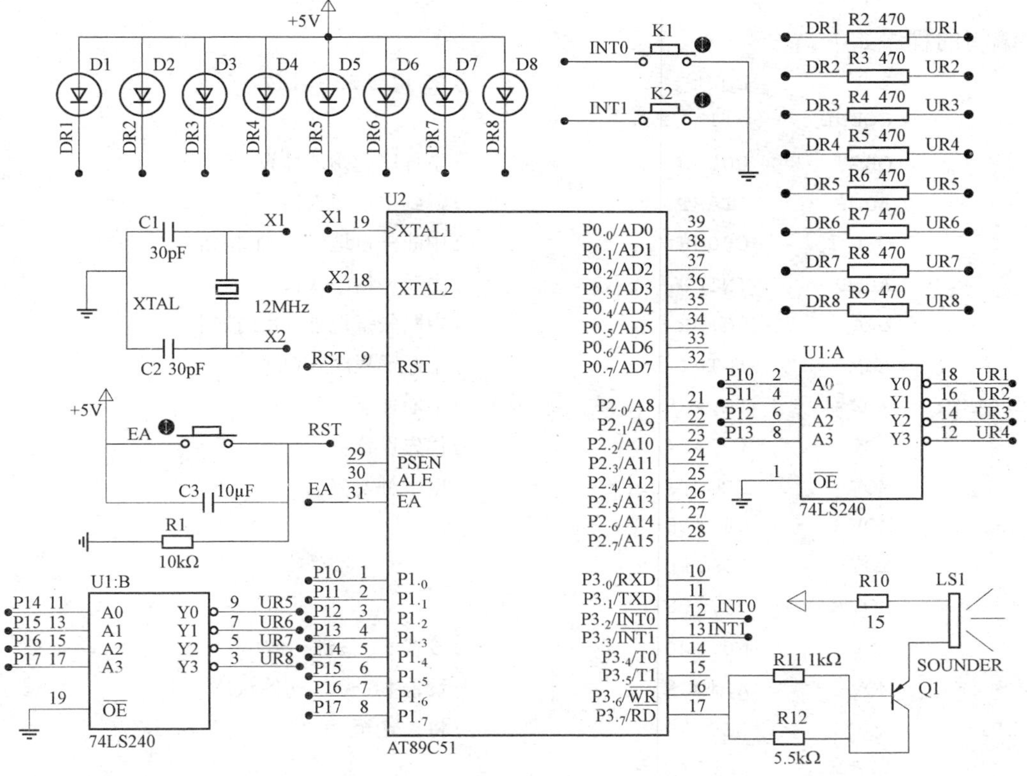

图 5-9　两个外部中断优先控制电路原理

与按钮 K1 连接，$\overline{INT1}$ 与按钮 K2 连接，P3.7 外接蜂鸣器电路。没有按下任何按钮时，8 个 LED 闪烁。当奇数次按下 K1 时，8 个 LED 每次同时点亮四个，点亮 3 次，即 D0～D3 与 D4～D7 交叉点亮 3 次。偶数次按下 K1 按钮时，则 D0～D7 进行左移和右移 2 次。当按下 K2 按钮时，蜂鸣器电路发出报警声音。K2 按钮的中断优于 K1 按钮中的中断。

解： 本设计采用了两个外部中断 $\overline{INT0}$ 和 $\overline{INT1}$，需考虑这两个中断的优先级等问题。$\overline{INT1}$ 与按钮 K2 相连，作为报警信号的输入端，因此应将 $\overline{INT1}$ 设为高优先级。$\overline{INT0}$ 控制灯 LED 灯是交叉点亮还是左移右移显示，因此需判断 $\overline{INT0}$ 按下的次数为奇数还是偶数。程序流程如图 5-10 所示。

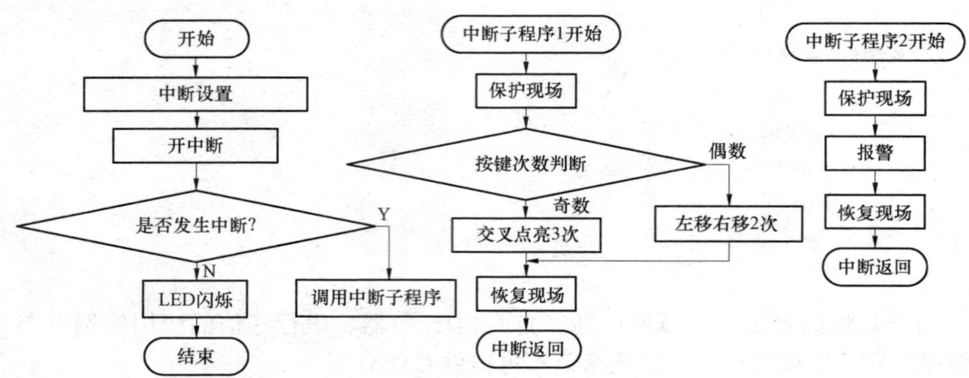

图 5-10　两个外部中断优先控制程序流程

编写的程序如下。

```
        LED     EQU   P1          ;P1 口与 LED 连接
        SOUND   BIT   P3.7
        ORG     0000H             ;主程序起始地址设置
        AJMP    START             ;跳到主程序入口
        ORG     0003H             ;中断矢量地址（K1 按钮）
        AJMP    INTR0             ;中断子程序入口
        ORG     0013H             ;中断矢量地址（K2 按钮）
        AJMP    INTR1             ;中断子程序入口
START:  MOV     IE,#85H           ;中断使能
        MOV     IP,#04H           ;优先设置
        MOV     TCON,#00H         ;电平触发
        MOV     SP,#60H
        MOV     LED,#00H
        MOV     P3,#0FFH
        MOV     R0,#00H           ;设置 K1 按键初值
        MOV     A,#00H            ;设置 D0～D7 初始状态
LP1:    MOV     LED,A             ;将 A 送至 P0 口
        LCALL   DELAY
```

```
         CPL     A                  ;D0～D7 闪烁
         SJMP    LP1                ;等待按键按下中断
INTR0:   PUSH    Acc                ;将 A 压入堆栈暂时保存
         PUSH    PSW                ;将 PSW 压入堆栈暂时保存
         SETB    RS0                ;使用工作寄存器组 1
         INC     R0                 ;K1 键值加 1
         MOV     A,#00H             ;判断 K1 键值的奇偶性
         ORL     A, R0
         JNB     ACC.0,DOUBLE       ;ACC 的 D0=0，即 K1 键值为偶数，跳转
SINGLE:  MOV     LED,#00H           ;D0～D3、 D4～D7 交叉点亮程序
         MOV     A,#0FH
         MOV     R4,#03H            ;设定交叉点亮 3 次
SINGLE1: MOV     LED,A
         LCALL   DELAY
         SWAP    A                  ;A 高、低字节交换
         DJNZ    R4,SINGLE1
         AJMP    LP5                ;交叉次数到，退出
DOUBLE:  MOV     LED,#00H           ;D0～D7 进行左移和右移程序
         MOV     R1,#02H            ;设定移动 2 次
DOUBLE1: MOV     A, #01H
         MOV     R2,#08H            ;左移 8 个灯
LP2:     MOV     LED,A
         LCALL   DELAY
         RL      A
         DJNZ    R2,LP2
         MOV     A, #80H
         MOV     R2,#08H            ;右移 8 个灯
LP3:     MOV     LED,A
         LCALL   DELAY
         RR      A
         DJNZ    R2,LP3
         DJNZ    R1,DOUBLE1         ;判移动次数是否达到，否，继续
LP5:     NOP                        ;退出 INT0 中断子程序
         POP     PSW                ;取回 PSW 暂时保存的值
         POP     Acc                ;取回 A 暂时保存的值
         RETI                       ;返回主程序
INTR1:   PUSH    Acc                ;K2 键下时，报警子程序
         PUSH    PSW
         MOV     R3,#200            ;P1.7 控制麦克风发声
```

```
BEEP1:  CPL     SOUND       ;输出频率 500Hz,晶振为 11.059 2MHz
        LCALL   DELAY5      ;延时 1ms
        LCALL   DELAY5
        DJNZ    R3,BEEP1
        MOV     R3,#200
BEEP2:  CPL     SOUND       ;输出频率 1KHz,晶振为 11.059 2MHz
        LCALL   DELAY5      ;延时 500μs
        DJNZ    R3,BEEP2
        POP     PSW
        POP     Acc
        RETI                ;中断返回
DELAY:  MOV     R7,#50      ;延时 0.5s 子程序
DELA1:  MOV     R6,#20
DELA2:  MOV     R5,#230
        DJNZ    R5,$
        DJNZ    R6,DELA2
        DJNZ    R7,DELA1
        RET
DELAY5: MOV     R4,#230
        DJNZ    R4,$
        RET
        END
```

5.2 定时器/计数器

80C51 系列单片机内部设有 2 个 16 位的可编程定时/计数器，简称为定时器 0（T0）、定时器 1（T1）。可编程是指其功能（如工作方式、定时时间、量程、启动方式等）均可通过指令来确定或改变。

5.2.1 定时器/计数器的结构和工作原理

80C51 系列单片机内部定时/计数器的逻辑结构如图 5-11 所示。从图中可看出，2 个 16 位的可编程定时器/计数器 T0、T1，分别由 8 位计数器 TH0、TL0 和 TH1、TL1 构成。它们都是以加“1”的方式计数。TMOD 为方式控制寄存器，主要用来设置定时器/计数器的工作方式；TCON 为控制寄存器，主要用来控制定时器的启动与停止。

80C51 系列单片机的定时器/计数器均有定时和计数两种功能。T0、T1 由 TMOD 的 D6 位和 D2 位选择，其中 D6 位选择 T1 的功能方式，D2 位选择 T0 的功能方式。

1. 定时功能：TMOD 的 D6 或 D2=0

定时功能是通过计数器的计数来实现的。计数脉冲来自单片机内部，每个机器周期产生 1 个计数脉冲，即每个机器周期使计数器加 1。由于 1 个机器周期等于 12 个振荡脉冲周期，所以计数器的计数频率为振荡器频率的 1/12。假如晶振的频率 f_{osc}=12MHz 时，则计数器的计

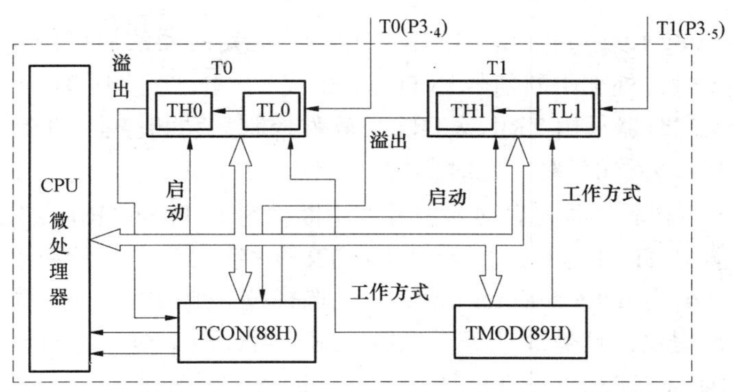

图 5-11　80C51 系列单片机内部定时器/计数器的逻辑结构

数频率 $f_{cont}=f_{osc}\times1/12=1MHz$，即每微秒计数器加 1。这样，单片机的定时功能就是对单片机的机器周期数进行计数。由此可知计数器的计数脉冲周期：$T=1/f_{cont}=1/（f_{osc}\times1/12）=12/f_{osc}$，式中 f_{osc} 为单片机振荡器的频率，f_{cont} 为计数脉冲的频率。在实际中，可根据计数值计算出定时时间，也可反过来按定时时间的要求计算出计数器的初值。

单片机的定时器用于定时，其定时的时间由计数初值和选择的计数器的长度（如 8 位、13 位或 16 位）来确定。

2. 计数功能：TMOD 的 D6 或 D2=1

计数功能就是对外部事件进行计数。外部事件的发生以输入脉冲表示，即计数功能实质上就是对外部输入脉冲进行计数。80C51 系列单片机的 T0（$P3_{.4}$）或 T1（$P3_{.5}$）信号引脚，作为计数器的外部计数输入端。当外部输入脉冲信号产生由 1 至 0 的负跳变时，计数器的值加 1。

在计数方式下，计数器在每个机器周期的 S5P2 期间，对外部脉冲输入进行 1 次采样。如果在第 1 个机器周期中采样到高电平“1”，而在第 2 个机器周期中采样到 1 个有效负跳变脉冲，即低电平“0”，则在第 3 个机器周期的 S3P1 期间计数器加 1。由此可见，采样 1 次由“1”至“0”的负跳变计数脉冲需要花 2 个机器周期，即 24 个振荡器周期，故计数器的最高计数频率为 $f_{cont}=f_{osc}\times1/24$。例如，单片机的工作频率 f_{osc} 为 12MHz，则最高的采样频率为 12×1/24=0.5MHz。对外部脉冲的占空比并没有什么限制，但外部计数脉冲的高电平和低电平保持时间均必须在 1 个机器周期以上，方可确保某一给定的电平在变化之前至少采样 1 次。

5.2.2　定时器/计数器的控制

单片机的定时器是一种可编程的部件。它的功能、工作方式、计数初值、启动和停止操作均要求在定时器工作之前，必须由 CPU 写入一些命令字来确定和控制。下面介绍与定时器工作有关的寄存器。

1. T0 和 T1 的方式控制寄存器 TMOD（Timer/Counter Mode Register）

T0 和 T1 的方式控制寄存器 TMOD，是 1 种可编程的特殊功能寄存器。用于设定 T1 和 T0 的工作方式，字节地址为 89H，不能进行位寻址。其中高 4 位 D7～D4 控制 T1，低 4 位 D3～D0 控制 T0，各位定义见表 5-7。

表 5-7　　TMOD 各位定义

TMOD	D7	D6	D5	D4	D3	D2	D1	D0
位符号名	GATE	$C/\overline{T}$	M1	M0	GATE	$C/\overline{T}$	M1	M0

（1）GATE（Gating control bit）：门控位，用来控制定时器的启停操作方式。

1）当 GATE=0 时，外部中断信号 $\overline{INTi}$（i=0 或 1，$\overline{INT0}$ 控制 T0 计数；$\overline{INT1}$ 控制 T1 计数）不参与控制，定时器只由 TR0 或 TR1 位软件控制启动和停止。TR1 或 TR0 位为“1”，定时器启动开始工作；为“0”时，定时器停止工作。

2）当 GATE=1 时，定时器的启动要由外部中断信号 $\overline{INTi}$ 和 TR0（或 TR1）位共同控制。只有当外部中断引脚 $\overline{INTi}$=1 为高，且 TR0（或 TR1）置“1”时才能启动定时器工作。

（2）$C/\overline{T}$（Time or Counter selector bit）：功能选择位。当 $C/\overline{T}$=0 时，选择定时器为定时功能，计数脉冲由内部提供，计数周期等于机器周期。当 $C/\overline{T}$=1 时，选择计数器为计数功能，计数脉冲为外部引脚 T0（$P3._4$）或 T1（$P3._5$）引入的外部脉冲信号。

（3）M1 和 M0：T0 和 T1 操作方式控制位。定时器的操作方式由 M1M0 两位状态决定，这两位有 4 种编码，对应于 4 种工作方式。4 种方式定义见表 5-8。

表 5-8　　4 种方式定义

M1　M0	工作方式	功能简述
0　0	方式 0	13 位计数器，只用 TLi 低 5 位和 THi 的 8 位
0　1	方式 1	16 位计数器
1　0	方式 2	8 位自动重装初值的计数器，THi 的值在计数中保持不变，TLi 溢出时，THi 中的值自动装入 TLi 中
1　1	方式 3	T0 分成 2 个独立的 8 位计数器

TMOD 方式控制寄存器只能用字节传送指令设置定时器的工作方式。系统复位时 TMOD 各位均为“0”。

2. 定时器/计数器控制寄存器 TCON（Timer/Counter Control Register）

T0 和 T1 的控制寄存器 TCON，也是 1 种 8 位的特殊功能寄存器，用于控制定时器的启动、停止及定时器的溢出标志和外部中断触发方式等。TCON 的字节地址为 88H，可进行位寻址，位地址为 88H～8FH，各位定义见表 5-9。

TCON 是一个可进行位寻址的寄存器，当系统复位时所有位均为“0”。TCON 中的低 4 位与外部中断有关，高 4 位是定时器控制位，$TCON._7$ 和 $TCON._6$ 与定时器 1 有关，$TCON._5$ 和 $TCON._4$ 与定时器 0 有关，在此将讲解 TCON 的高 4 位。

表 5-9　　TCON 各位定义

TCON	$TCON._7$	$TCON._6$	$TCON._5$	$TCON._4$	$TCON._3$	$TCON._2$	$TCON._1$	$TCON._0$
	8FH	8EH	8DH	8CH	8BH	8AH	89H	88H
位符号名	TF1	TR1	TF0	TR0	IE1	IT1	IE0	IT0

（1）TF1 和 TF0（$TCON._7$ 和 $TCON._5$　Time1 or Time0 Overflow flag）：定时器 1 和定时器 0 的溢出标志。当定时器计数溢出（计满）时，由硬件置“1”，向 CPU 发出中断请求。中断响应后，由硬件自动清“0”。在查询方式下这两位作为程序的查询标志位，由软件将其清“0”。

（2）TR1 和 TR0（$TCON._6$ 和 $TCON._4$　Time1 or Time0 Run control bit）：定时器 1 和定时

器 0 的启动/停止控制位。当要停止定时器工作时，软件使 TRi 清“0”；若要启动定时器工作时，TRi 由软件置“1”。

GATE 门控位和外部中断引脚 $\overline{\text{INTi}}$ 影响定时器的启动，当 GATE 为“0”时，TRi 为“1”控制定时器的启动；当 GATE 为“1”时，除 TRi 为“1”外，还需外部中断引脚 $\overline{\text{INTi}}$ 为“1”才能启动定时器工作。

5.2.3　定时器/计数器的工作方式

定时/计数器 T0 和 T1 有 4 种工作方式，即方式 0、方式 1、方式 2、方式 3。通过对定时器的 TMOD 中 M1 M0 位的设置，可选择这 4 种工作方式。当 T0 和 T1 工作于方式 0、方式 1 时，其功能相同，工作于方式 3 时，T0 和 T1 的功能有所不同。

1. 工作方式 0

当 TMOD 设置 M1 M0 为 00 时，T0 和 T1 定时器/计数器工作于方式 0。方式 0 是一个 13 位的定时器/计数器，16 位的寄存器只用了高 8 位（THi）和低 5 位 （TLi 的 D4～D0 位），TLi 的高 3 位未用。定时器方式 0 的逻辑结构如图 5-12 所示。

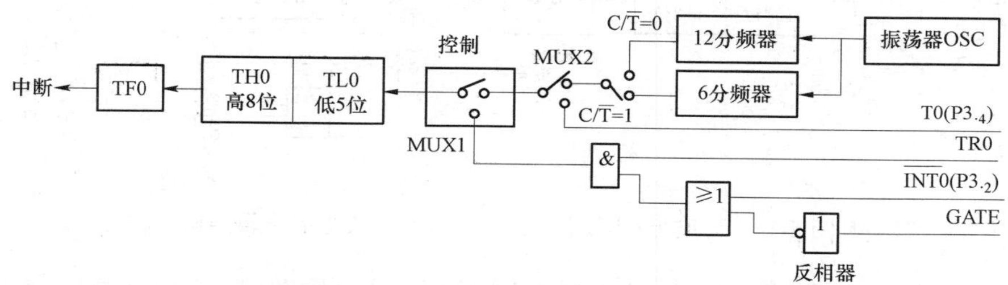

图 5-12　定时器/计数器 T0（或 T1）方式 0 的逻辑结构

图 5-12 中，$C/\overline{T}$ 是 TMOD 中的控制位；TR0 是定时器/计数器的启停控制位；GATE 是门控制位，用来释放或封锁 $\overline{\text{INT0}}$ 信号；$\overline{\text{INT0}}$ 是外部中断 0 的输入端；TF0 是溢出标志。

当 $C/\overline{T}$=0 时，选择为定时器方式。多路开关 MUX1 与连接振荡器的 12 分频器或 6 分频器输出连通，此时 T0 对机器周期进行计数。其定时时间 t 为

$$t=（2^{13}-X）\times 12（或 6）/f_{osc}=（2^{13}-X）\times 计数周期$$

或

$$（2^{13}-X）\times 振荡器周期\times 12（或 6）$$

$$计数初值 X=2^{13}-t\times f_{osc}/12（或 6）$$

计算 t 时，公式中的 12 表示 MUX1 连接 12 分频器；6 表示 MUX1 连接 6 分频器。若采用 12 分频器，晶振频率为 12MHz 时，最小的定时时间为

$$T_{min}=[2^{13}-(2^{13}-1)]\times 12/(12\times 10^6)=1\mu s$$

最大的定时时间为

$$T_{max}=(2^{13}-0)\times 12/(12\times 10^6)=8192\mu s$$

当 $C/\overline{T}$=1 时，选择计数方式。多路开关 MUX2 与定时器的外部引脚连通，外部计数脉冲由 T0 引脚输入。当外部信号电平发生由 1 至 0 的跳变时，计数器加 1，这时 T0 成为外部事件的计数器。

计数范围为 1～8192（2^{13}）；计数初值 X0=2^{13}−计数值。

定时器/计数器的启停，主要由 GATE 和 TR0 控制。定时器/计数器的启动过程如下。

当 GATE=0 时，反相为 1，“或门”输出为“1”，“与门”打开，使定时器的启动只受 TR*i* 的控制。此情况下 $\overline{\text{INTi}}$ 引脚的电平变化对“或门”不起作用。TR*i* 为“1”时接通控制开关 MUX1，计数脉冲加到计数器上，每来 1 个计数脉冲，计数器加 1，当加到 0 时产生溢出使 TF*i* 置位，并申请中断。而定时器仍可从 0 开始计数，只有当 TR*i* 置 0 时，断开控制开关 MUX2，计数停止。

当 GATE=1 时，反相为“0”，“或门”输入 1 个“0”，只有 $\overline{\text{INTi}}$ 引脚为“1”时，“或门”才能输出“1”，打开“与门”。当 TR*i*=1 时，“与门”打开，计数脉冲才能加到计数器上，利用此特性可对外部信号的脉冲宽度进行测试。

2. 工作方式 1

通过设置 M1 M0=01 时，定时器工作于方式 1。当 Ti 工作于方式 1 时，被设置为 16 位的定时器/计数器，由 TH*i* 和 TL*i* 两个 8 位寄存器组成。逻辑结构如图 5-13 所示。

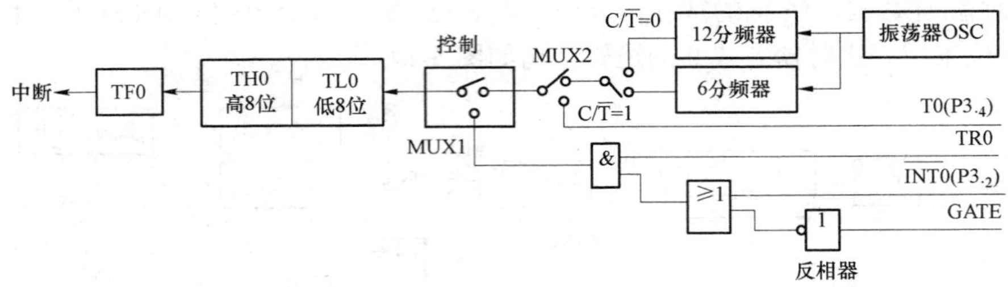

图 5-13　定时器/计数器 T0（或 T1）方式 1 的逻辑结构

从图 5-13 可看出，方式 1 是 16 位定时器/计数器，其结构和工作过程与方式 0 基本相同。

定时时间 t 为

$$t=(2^{16}-X0)\times 12(\text{或 }6)/f_{\text{osc}}$$

计数初值 X 为

$$X=2^{16}-t\times f_{\text{osc}}/12\text{（或 6）}$$

若采用 12 分频器，晶振频率为 12MHz 时，最小的定时时间为

$$T_{\min}=[2^{16}-(2^{16}-1)]\times 12/(12\times 10^6)=1\mu\text{s}$$

最大的定时时间为

$$T_{\max}=(2^{16}-0)\times 12/(12\times 10^6)=65\ 536\mu\text{s}$$

计数范围为 1～65 536（2^{16}）。

3. 工作方式 2

当方式 0、方式 1 用于循环重复定时计数时，每次计满溢出，寄存器全部为 0，第二次计数还得重新装入计数初值。这样编程麻烦，而且影响定时时间精度，而方式 2 解决了这种缺陷。方式 2 是能自动重装计数初值的 8 位计数器。

当编程使方式寄存器 TMOD 设置 M1 M0=10 时，T0 和 T1 定时器/计数器工作于方式 2。在方式 2 中，把 16 位的计数器拆成两个 8 位计数器，低 8 位作计数器用，高 8 位用以保存计数初值。方式 2 的逻辑结构如图 5-14 所示。

初始化时，8 位计数初值同时装入 TL0 和 TH0 中。当低 8 位计数器产生溢出时，将 TF*i* 位置 1，同时又将保存在高 8 位中的计数初值重新自动装入低 8 位计数器中，然后 TL0 重新

计数，循环重复不止。这样不但省去了用户程序中的重装指令，而且也有利于提高定时精度。但由于方式 2 采用 8 位计数器，所以定时/计数长度有限。

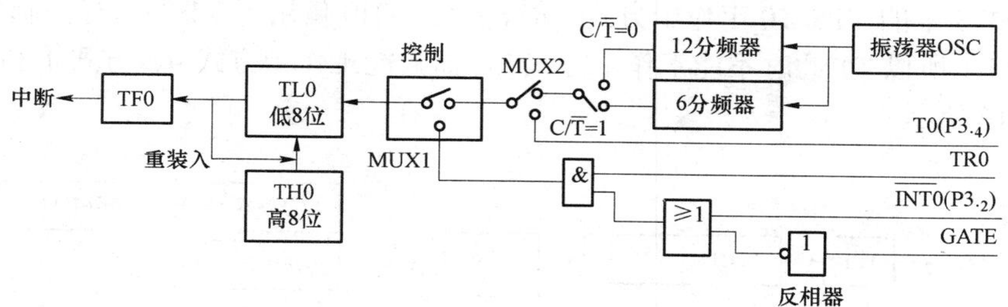

图 5-14　定时器/计数器 T0（或 T1）方式 2 的逻辑结构

$$计数初值\ X=2^8-计数值=2^8-t\times f_{osc}/12\ （或\ 6）$$

初始化编程时，THi 和 TLi 都装入此 $X0$ 值。

方式 2 适用于作较精确的脉冲信号发生器，特别适用于串行口波特率发生器。

4. 工作方式 3

前 3 种工作方式，对定时器/计数器 T0 和 T1 的设置和使用完成相同，但是在方式 3 中，T0 和 T1 的使用差别很大。

（1）T0 工作于方式 3。T0 工作于方式 3 时，T0 的逻辑结构如图 5-15 所示。T0 在该方式下被拆成两个独立的 8 位计数器 TH0 和 TL0，其中 TL0 使用计数器 T0 的一些控制位和引脚：C/$\overline{T}$、GATE、TR0、TF0 和 T0（P3.4）引脚及 $\overline{INT0}$（P3.2）引脚。此方式下 TL0 的功能和操作与方式 0、方式 1 完全相同，既可作定时也可作计数用，其内部结构如图 5-15（a）所示。

该方式下 TH0 与 TL0 的情况相反，只可用作简单的内部定时器功能。由于 T0 的控制位被 TL0 占用了，它只好借用定时器 T1 的控制位和溢出标志位 TR1 和 TF1，同时占用了 T1 的中断源。TH0 的启动和关闭受 TR1 的控制，TR1=1，TH0 启动定时；TR1=0，TH0 停止定时工作。该方式下 TH0 的内部结构如图 5-15（b）所示。

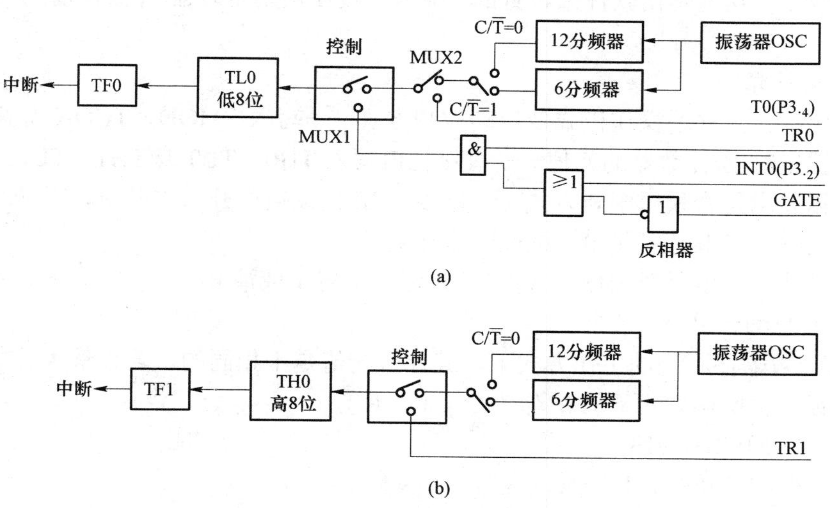

图 5-15　方式 3 下 T0 的内部逻辑结构

（a）方式 3 下 TL0 结构；（b）方式 3 下 TH0 结构

由于 TL0 既能作定时又能作计数器使用，而 TH0 只能作定时器使用，所以在方式 3 下，T0 可构成两个定时器和一个计数器。

（2）方式 3 下的 T1。T0 工作于方式 3 时，由于 TH0 借用了 T1 的运行控制位 TR1 和溢出标志位 TF1，所以 T1 此时不能工作于方式 3，而只能工作于方式 0、方式 1 和方式 2 状态下，如图 5-16 所示。

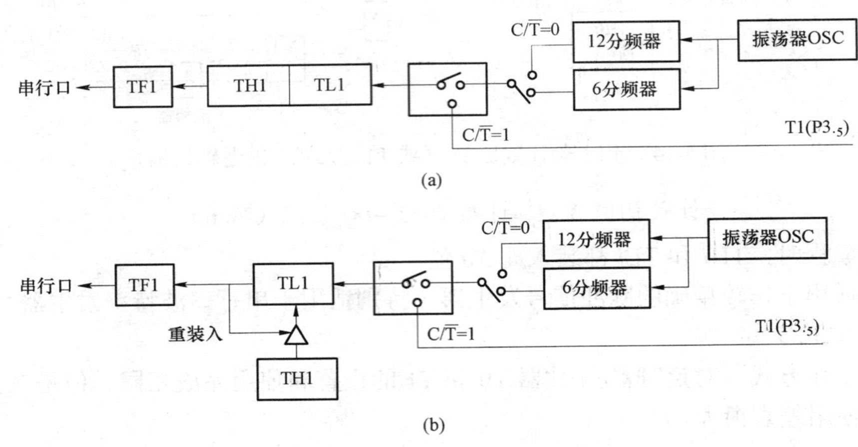

图 5-16 T0 在方式 3 时 T1 的结构

（a）T1 方式 1（或方式 0）；（b）T1 方式 2

T0 工作于方式 3 时，T1 一般用作串行口波特率发生器，以确定波特率发生器的速率。由于计数溢出标志被 TH0 占用，因此只能将计数溢出直接送入串行口。T1 作串行口波特率发生器使用时，设置好工作方式后，定时器 T1 自动开始运行。若要停止操作，只需送入 1 个设置定时器 1 为方式 3 的方式控制字。

5.2.4 定时器/计数器的初始化

由于定时器的功能是由软件来设置的，所以一般在使用定时器/计数器前均要对其进行初始化。

1. *初始化步骤*

（1）确定工作方式、操作模式及启动控制方式——写入 TMOD、TCON 寄存器。

（2）预置定时器/计数器的初值——直接初值写入 TH0、TL0 或 TH1、TL1。

（3）根据要求是否采用中断方式——直接对 IE 位赋值。开放中断时，对应位置 1；采用程序查询方式时，IE 相应位清 0，进行中断屏蔽。

（4）启动或禁止定时器工作——将 TR0 或 TR1 置 1 或清 0。

2. *计数初值的计算*

定时器/计数器在不同的工作方式下，其计数初值是不相同的。若设最大计数值为 2^n，n 为计数器位数，各操作方式下的 2^n 值为

方式 0：2^n=8192；n=13

方式 1：2^n=65 536；n=16

方式 2：2^n=256；n=8

方式 3：2^n=256；n=8，定时器 T0 分成 2 个独立的 8 位计数器，所以 TH0 和 TL0 的最大

计数值均为 256。

单片机中的 T0、T1 定时器均为加 1 计数器，当加到最大值（00H 或 0000H）时产生溢出，将 TFi 位置 1，可以出溢出中断，所以计数器初值 X 的计算式为 $X=2^n-$计数值。

式中的 2^n 由工作方式确定，不同的工作方式计数器的长度不相同，所以 2^n 值也不相同。而式中的计数值与定时器的工作方式有关。

（1）计数方式时。计数方式时，计数脉冲由外部引入，是对外部脉冲进行计数，所以计数值应根据要求计数的次数来确定。其计数初值 $X=2^n-$计数值。

例如，某工序要求对外部信号计 150 次，计数值即为 150，计数初值 $X=2^n-150$。

（2）定时方式时。定时方式时，因为计数脉冲由内部供给，是对机器周期进行计数，所以计数脉冲频率为 $f_{count}=f_{osc}\times1/12$（12 时钟模式）或等于 $f_{osc}\times1/6$（6 时钟模式），计数周期 $T=1/f_{count}$。定时方式的计数初值 $X=2^n-$计数值$=2^n-t/T=2^n-$（$f_{osc}\times t$）/（12 或 6）。式中，f_{osc} 为振荡器的振荡频率，t 为要求定时的时间。标准 80C51 系列单片机中 f_{osc} 只有 12 分频，即只工作在 12 时钟模式（每机器周期为 12 时钟），而增强型单片机（如 AT89S51/S52）还可工作在 6 时钟模式（每机器周期为 6 时钟），即具有 12 分频和 6 分频两种模式。

例如，单片机的主频为 6MHz，要求产生 1ms 的定时，试计算计数初值 X。若设置定时器在方式 1 下，定时 1ms，选用 12 分频，则计数初值 $X=65\,536-[(6\times10^6)\times(1\times10^{-3})]/12=65\,536-(6\times1\times10^3)/12=65\,536-500=65\,036=$FE0CH

3. 定时器初始化示例

【例 5-3】 设置 T1 作为定时器使用，工作在方式 1 下，定时 50ms，允许中断，软启动；T0 作为计数器使用，工作在方式 2，对外部脉冲进行计数 10 次，硬启动，禁止中断。编写其初始化程序段，设 f_{osc} 为 6MHz。

解：T0 作为计数器使用，工作在方式 2，硬启动，所以计数初值 $X0$ 为

$$X0=256-10=246=\text{F6H}$$

T1 作为定时器使用，工作方式 1，定时 50ms，软启动，所以其计数初值 $X1$ 为

$$X1=65\,536-[(6\times10^6)\times(50\times10^{-3})]/12=65\,536-6\times10\times10^{-3}/12=65\,536-25\,000=40\,536=\text{9E58H}$$

TMOD 设置为 00011110（1EH）。

初始化程序段如下。

```
MOV   TMOD,#1EH        ;设置方式控制字
MOV   TH0,#0F6H        ;定时器 T0 计数初值
MOV   TL0,#0F6H
MOV   TH1,#9EH         ;定时器 T1 计数初值
MOV   TL1,#58H
MOV   IE,#88H          ;CPU、T1 开中断
SETB  TR0              ;启动 T0，但要等到待 INT0 =1 时才能真正启动
SETB  TR1              ;启动 T1
```

5.2.5　定时器/计数器的应用举例

【例 5-4】 T1 在方式 0 下，输出方波控制的应用。设单片机的晶振频率为 11.059 2MHz，T1 在方式 0 下，使用查询方式由 $P1_{.0}$ 输出周期为 1ms 的等宽正方波。

解：（1）确定工作方式——对 TMOD 赋值。使用 T1，所以 TMOD 的低 4 位未用，全部

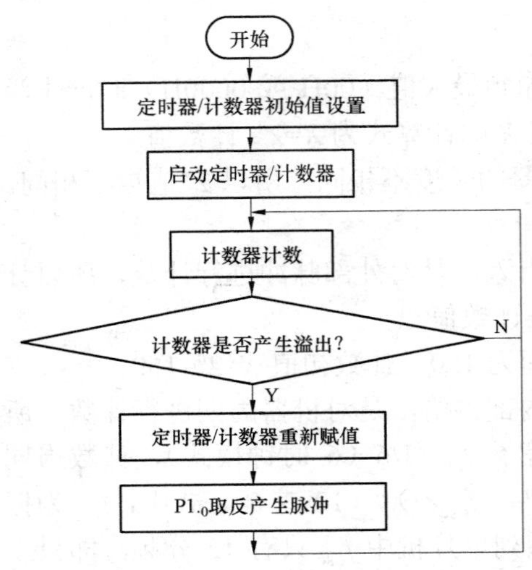

图 5-17 T1 输出方波程序流程图

设为 0，高 4 位中 GATE=0，C/$\overline{T}$=0，M1M0=00，所以 TMOD=00H。

（2）预置定时器或计数的初值。要在 $P1._0$ 端输出周期为 1ms 的方波，只要每隔 0.5ms 将 $P1._0$ 取反一次就可以了，因此选用 T1 在方式 0 下定时时间为 0.5ms，则 T1 的初值为

$$X=8192-[(11.0592\times10^6)\times(0.5\times10^{-3})]/12=8192-460=7692=1E0CH=0001\ 1110\ 0000\ 1100B$$

由于 13 位计数器中 TL1 的高 3 位未使用，应填写 0，TH1 占高 8 位，所以 X 的实际填写值应为 X= 1111 0000 0000 1100=F00CH，即 TH1=0F0H，TL1=0CH。

（3）程序编写。采用查询方式是通过每计数 1 次后判断 TF1 是否产生溢出来进行的，其程序流程如图 5-17 所示。编写的程序如下。

1）汇编程序代码。

```
     ORG      0000H
     MOV      TMOD, #00H           ;设置 T1 为工作方式 0
     MOV      TH1, #0F0H           ;设置 T1 的计数初值 X
     MOV      TL1, #0CH
     MOV      IE, #00H             ;禁止中断
     SETB     TR1                  ;启动 T1
LP1: JBC      TF1,LP2              ;查询计数是否溢出
     AJMP     LP1                  ;没有溢出，继续查询
LP2: MOV      TH1, #0F0H           ;溢出重新置计数初值 X
     MOV      TL1, #0CH
     CPL      P1.0                 ;输出取反
     SJMP     LP1                  ;重复循环
     END
```

2）C51 程序代码。

```
#include<reg51.h>
sbit P1_0=P1^0;              //定义位变量
void Timer1(void)
{
  if(TF1==1)                 //查询是否发生定时溢出
   {
      P1_0=~P1_0;
      TH1=0xF0;
      TL1=0x0C;
      TF1=0;
```

```
        }
    }
    void T1_init(void)         //T1 初始化
    {
      TMOD=0x00;
      TH1=0xF0;
      TL1=0x0C;
      TR1=1;
    }
    void main()
    {
     T1_init();
     while(1)
      {
        Timer1();
      }
    }
```

【例 5-5】 T0 在方式 1 下，用于延时控制的应用。设单片机的晶振频率为 11.059 2MHz，T0 在方式 1 下，作为硬件延时，使用中断方式实现 P1 端口 LED 的流水灯控制。

解： 在第 3 章讲解了流水灯控制，只不过延时是采用软件方式实现的。在此采用硬件延时，且单片机的晶振频率为 11.059 2MHz。工作方式 1 与工作方式 0 基本相同，只是工作方式 1 改用 16 位计数器。在方式 1 下，1 次最大延时时间为 65 536μs，直接延时达不到 1s，因此需借助寄存器来实现。通过每次延时 50ms，R7 增 1，当 R7 增为 20 次时，延时 20×50=1000ms=1s，流水灯就移动一次，这样就达到延时移动的目的，其程序流程如图 5-18 所示。

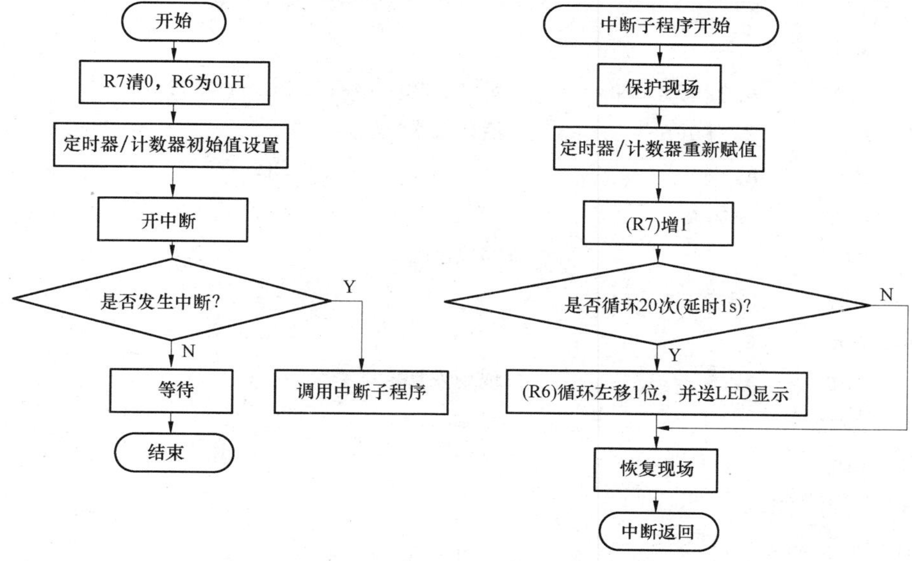

图 5-18　T0 用于延时控制的程序流程

使用定时器T0工作在方式1，延时50ms，TMOD设置为01H；计数初值$X=2^{16}-[(11.059\,2\times10^{6})\times(50\times10^{-3})]/12=65\,536-46\,080=19\,456=4C00H$，即TH0为4CH，TL0为00H。源程序如下。

（1）汇编程序代码。

```
          LED     EQU   P1            ;P1 口与 LED 连接
          ORG     0000H
          AJMP    MAIN
          ORG     000BH               ;T0 的中断矢量地址
          AJMP    TIME0
          ORG     0030H
   MAIN:  MOV     LED,#00H            ;LED 熄灭
          MOV     R7,#00H             ;(R7)清 0
          MOV     R6,#01H             ;设置流水灯初始值
          MOV     TMOD,#01H           ;T0 工作于方式 1
          MOV     TH0,#4CH
          MOV     TL0,#00H            ;50ms 定时常数
          SETB    EA                  ;开总中断
          SETB    ET0                 ;允许定时器/计数器 0 中断
          SETB    TR0                 ;启动定时器/计数器 0 中断
          SJMP    $                   ;等待
  TIME0:  PUSH    ACC
          PUSH    PSW                 ;将 PSW 和 ACC 压入堆栈进行现场保护
          MOV     TH0,#4CH
          MOV     TL0,#00H            ;重置定时初值
          INC     R7
          MOV     A,R7
          CJNE    A,#20,T_END         ;延时了 20×50=1000ms=1s 吗?
          MOV     R7,#00H             ;清计数器
          MOV     A,R6
          MOV     LED,A
          RL      A                   ;移位控制
          MOV     R6,A
  T_END:  POP     PSW
          POP     ACC                 ;现场恢复
          RETI
          END
```

（2）C51程序代码。

```
#include < reg51.h >
#include <intrins.h>
```

```
#define uchar unsigned char
#define uint  unsigned int
#define LED P1
uchar count,move;
void Time1() interrupt 1        // T0 中断函数
{
   TH1=0x4C;                    //50ms 定时
   TL1=0x00;
   count++;
   if(count==20)                //循环 20 次，实现 1s 延时
   {
    count=0;
    LED=move;
    move=move <<1;              //左移 1 位
    if(move==0x00)
    move=0x01;
   }
}
void T1_init(void)              //T0 初始化
{
   TMOD=0x01;                   //T0 工作于方式 1
   TH0=0x4C;
   TL0=0x00;                    //50ms 定时初值
   EA=1;                        //开总中断
   ET0=1;                       //允许 T0 中断
   TR0=1;                       //启动 T0 中断
}
void  main(void)
{
    LED=0x00;
    move=0x01;
    T1_init();
    while(1);
}
```

【例 5-6】 两个定时器控制的应用。设单片机的晶振频率为 11.059 2MHz，T0 工作在方式 2 下，对外界脉冲计数，T1 工作在方式 1 下进行硬件延时，使用中断方式实现 P1 端口 LED 的流水灯控制。要求 T0（与 K2 连接）计数达 5 次，开启流水灯控制，INT0（与 K1 连接）每按下一次，流水灯暂停移位，当 T0 计数又达 5 次后，流水灯继续移位显示。

解：T0 工作在方式 2 下，对外界脉冲计数，计数次数为 5，因此 T0 的计数初值为 $X0$=256−5=251=FBH，则 TH0=TL0=0FBH。T1 工作在方式 1 下进行硬件延时，设每次延时 50ms，则计数初值为 $X1$=4C00H，即 TH0 为 4CH，TL0 为 00H。

实质上，本例是一个含 3 个中断的实例，综合了［例 5-5］和［例 5-1］的相关知识，其电路原理如图 5-19 所示。T0 负责流水灯的开启任务，则在 T0 的中断子程序中，使用 SETB ET1 指令，允许 T1 中断；$\overline{\text{INT0}}$ 负责流水灯的暂停任务，则在 INT0 的中断子程序中，使用 CLR ET1 指令，禁止 T1 中断；T1 主要负责流水灯的硬件延时及移位工作，程序流程如图 5-20 所示。

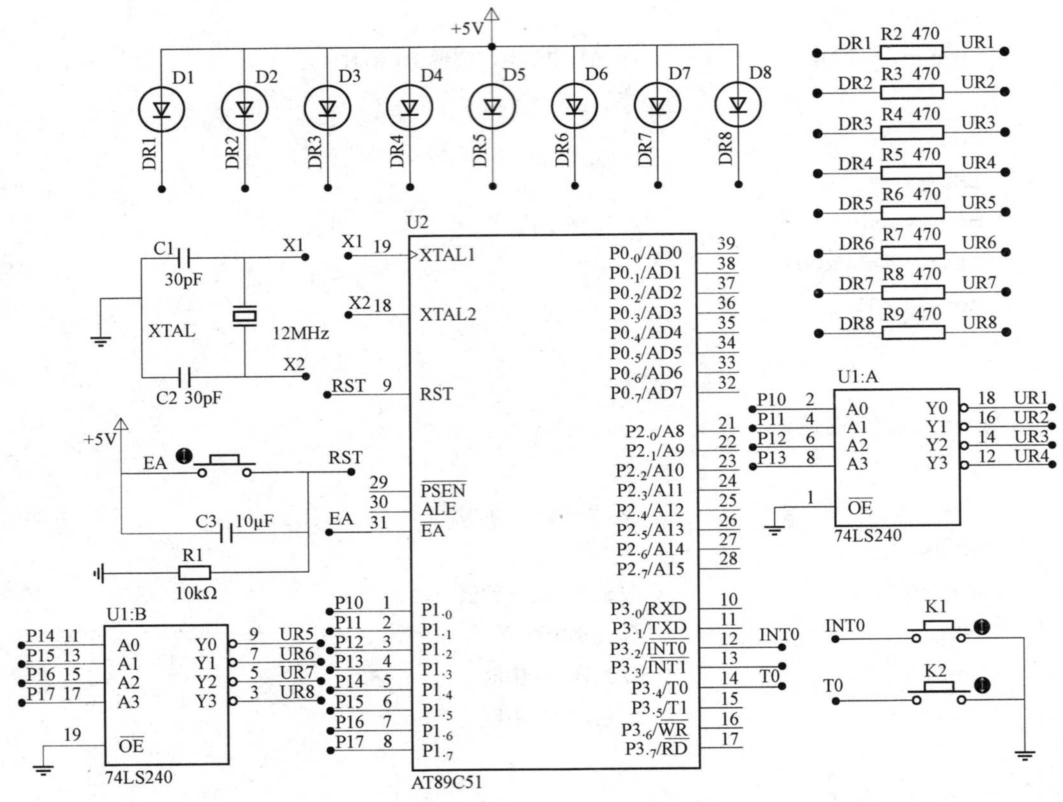

图 5-19 两个定时器控制的电路原理

编写程序如下。

```
LED     EQU   P1              ;P1 口与 LED 连接
ORG     0000H
AJMP    MAIN
ORG     0003H                 ;INT0 的中断矢量地址
AJMP    INTR0
ORG     000BH                 ;T0 的中断矢量地址
AJMP    TIME0
ORG     001BH                 ;T1 的中断矢量地址
```

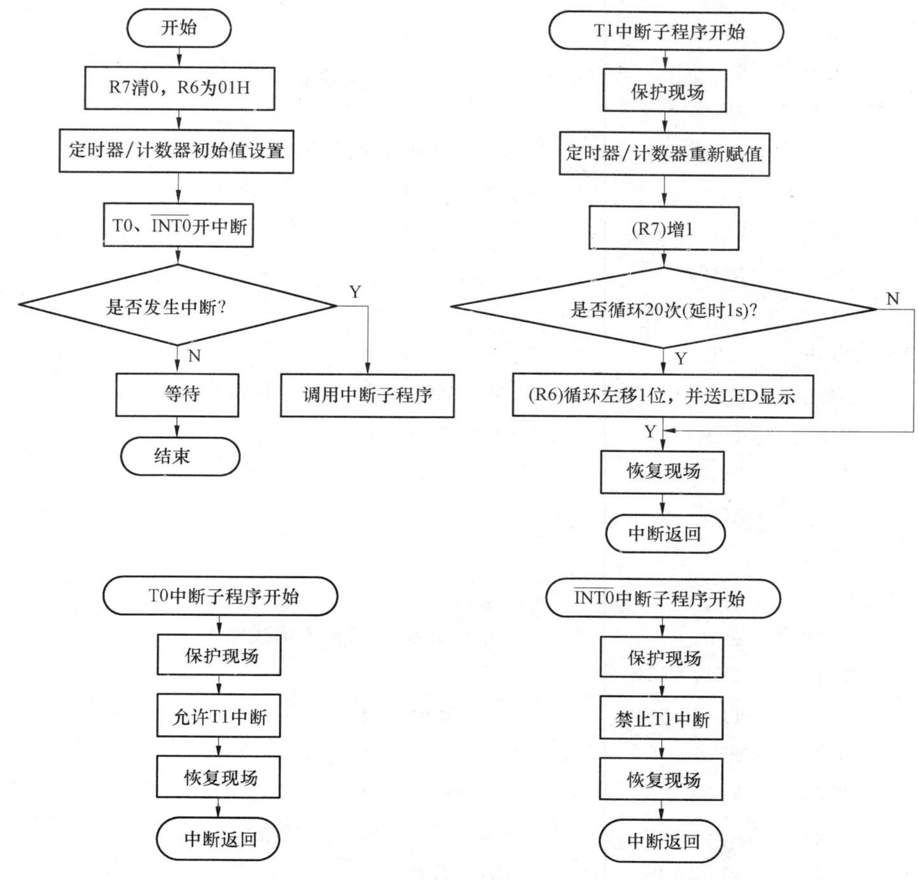

图 5-20　两个定时器控制的程序流程

```
        AJMP    TIME1
        ORG     0030H
MAIN:   MOV     LED,#00H        ;关所有灯
        MOV     P3,#0FFH
        MOV     R6,#01H         ;设置流水灯初始值
        MOV     R7,#00H         ;定时 1s
        MOV     TMOD,#16H       ;定时器/计数器工作于方式 1
        MOV     TH0,#0FBH
        MOV     TL0,#0FBH       ;5 次计数
        MOV     TH1,#4CH
        MOV     TL1,#00H        ;50ms 定时常数
        SETB    EA              ;开总中断
        SETB    EX0             ;允许 INT0 中断
        SETB    IT0             ; INT0 低电平触发
        SETB    ET0             ;允许 T0 中断
        SETB    TR0             ;启动 T0 中断
```

```
        SETB    TR1             ;启动 T1 中断
LOOP:   SJMP    $
INTR0:  PUSH    ACC
        PUSH    PSW             ;将 PSW 和 ACC 推入堆栈保护
        CLR     TR1             ;禁止 T1 中断
        POP     PSW
        POP     ACC
        RETI
TIME0:  PUSH    ACC
        PUSH    PSW             ;将 PSW 和 ACC 推入堆栈保护
        SETB    TR1             ;允许 T1 中断
        POP     PSW
        POP     ACC
        RETI
TIME1:  PUSH    ACC
        PUSH    PSW             ;将 PSW 和 ACC 推入堆栈保护
        MOV     TH1,#4CH
        MOV     TL1,#00H        ;重置定时初值
        INC     R7
        MOV     A,R7
        CJNE    A,#20,T1_END    ;延时了 20×50=1000ms=1s 吗?
        MOV     R7,#00H         ;清计数器
        MOV     A,R6
        MOV     LED,A
        RL      A               ;移位控制
        MOV     R6,A
T1_END: POP     PSW
        POP     ACC
        RETI
        END
```

5.3 单片机串行通信功能

随着单片机技术的发展，其应用已经从单片机逐渐转向多机或联网，而多机应用的关键在于单片机之间的相互通信、互相传送数据信息。80C51 单片机除具有 4 个 8 位并行口外，还具有串行接口。此串行接口是一个全双工串行通信接口，即能同时进行串行发送和接收。它可作通用异步接收和发送传输器（Universal Asynchronous Receiver/Transmitter，UART）用，也可作同步位移寄存器用。应用串行接口可实现 80C51 单片机系统之间点对点的单机通信、多机通信和 80C51 与系统机的单机或多机通信。

5.3.1　串行通信的基本概念

1. 数据通信的基本方式

在计算机系统中，CPU 与外部数据的传送方式有两种：并行数据传送和串行数据传送。

并行数据传送方式，即多个数据的各位同时传送，它的特点是传送速度快、效率高，但占用的数据线较多、成本高，仅适用于短距离的数据传送。

串行数据传送方式，即每个数据是一位一位的按顺序传送，它的特点是数据传送的速度受到限制，但成本较低，只需一根数据线就可传送数据。主要用于传送距离较远，数据传送速度要求不高的场合。

通常将 CPU 与外部数据的传送称为通信。因此，通信方式分为并行通信和串行通信，如图 5-21 所示。

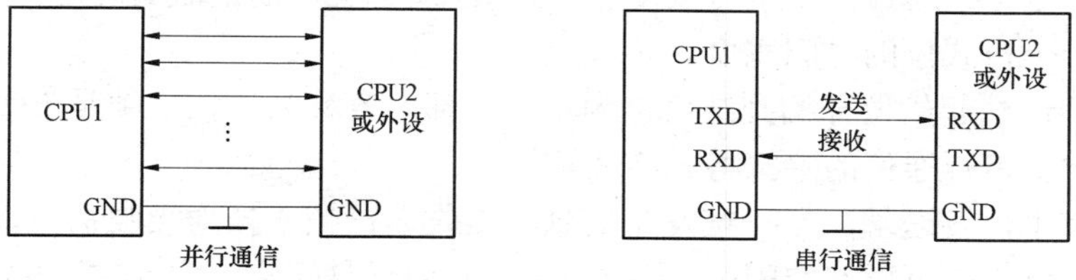

图 5-21　两种通信方式

并行通信被传送数据信息的各位同时出现在数据传送端口上，信息的各位同时进行传送；串行通信是把被传送的数据按组成数据各位的相对位置一位一位顺序传送，而接收时再把顺序传送的数据位按原数据形式恢复。

2. 异步通信和同步通信

按照串行数据的时钟控制方式，将串行通信分为异步通信和同步通信两种方式。

（1）异步通信。异步通信（Asynchronous Communication）中的数据是以字符（或字节）为单位组成字符帧（Character Frame）进行传送的。这些字符帧在发送端是一帧一帧地发送，在接收端通过数据线一帧一帧地接收字符或字节。发送端和接收端可由各自的时钟控制数据的发送和接收，这两个时钟彼此独立，互不同步。

在异步串行数据通信中，有两个重要的指标：字符帧和波特率。

1）字符帧（Character Frame）：在异步串行数据通信中，字符帧也称为数据帧，它具有一定的格式，如图 5-22 所示。

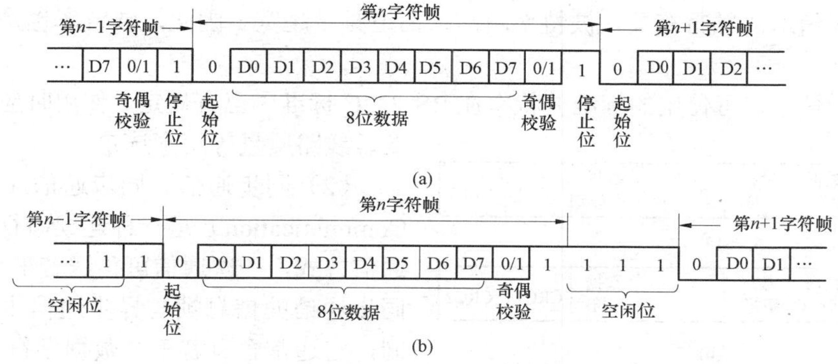

图 5-22　串行异步通信字符帧格式

（a）无空闲位字符帧；（b）有空闲位字符帧

从图 5-22 中可看出，字符帧由起始位、数据位、奇偶校验位、停止位等 4 部分组成。

起始位：位于字符帧的开头，只占一位，始终为逻辑低电平，发送器通过发送起始位表示一个字符传送的开始。

数据位：起始位之后紧跟着的是数据位。在数据位中规定，低位在前（左），高位在后（右）。由于字符编码方式不同，用户根据需要，数据位可取 5 位、6 位、7 位或 8 位。若传送的数据为 ASCII 字符，则数据位常取 7 位。

奇偶校验位：在数据位之后，就是奇偶校验位，只占一位。用于检查传送字符的正确性。它有 3 种可能：奇校验、偶校验或无校验，用户根据需要进行设定。

停止位：奇偶校验位之后，为停止位。它位于字符帧的末尾，用来表示一个字符传送的结束，为逻辑高电平。通常停止位可取 1 位、1.5 位或 2 位，根据需要确定。

位时间：一个格式位的时间宽度。

帧（Frame）：从起始位开始到结束位为止的全部内容称为一帧。帧是一个字符的完整通信格式。因此也把串行通信的字符格式称为帧格式。

在串行通信中，发送端一帧一帧发送信息，接收端一帧一帧地接收信息，两相邻字符帧之间可以无空闲位，也可以有空闲位。图 5-22（a）为无空闲位，图 5-22（b）为 3 个空闲位的字符帧格式。两相邻字符帧之间是否有空闲位，由用户根据需要决定。

2）波特率（Band Rate）：数据传送的速率称为波特率，即每秒钟传送二进制代码的位数，也称为比特数，单位为 bit/s（bit per second）即位/秒。波特率是串行通信中的一个重要性能指标，用来表示数据传输的速度。波特率越高，数据传输速度越快。波特率和字符实际的传输速率不同，字符的实际传输速率是指每秒钟内所传字符帧的帧数，它和字符帧格式有关。

例如，波特率为 1200bit/s，若采用 10 个代码位的字符帧（1 个起始位，1 个停止位，8 个数据位），则字符的实际传送速率为 1200÷10=120 帧/s；采用图 5-22（a）的字符帧，则字符的实际传送速率为 1200÷11=109.09 帧/s；采用图 5-22（b）的字符帧，则字符的实际传送速率为：1200÷14=85.71 帧/s；

每位代码的传送时间 T_d 为波特率的倒数。例如，波特率为 2400bit/s 的通信系统，每位的传送时间为

$$T_d = \frac{1}{2400} = 0.4167\ (\text{ms})$$

波特率与信道的频带有关，波特率越高，信道频带越宽。因此，波特率也是衡量通道频宽的重要指标。

在串行通信中，可使用的标准波特率在 RS-232C 标准中已有规定，使用时应根据速度需要、线路质量等因素选定。

（2）同步通信。同步通信（Synchronous Communication）是一种连续串行传送数据的通信方式，一次通信可传送若干个字符信息。同步通信的信息帧与异步通信中的字符帧不同，它通常含有若干个数据字符，如图 5-23 所示。

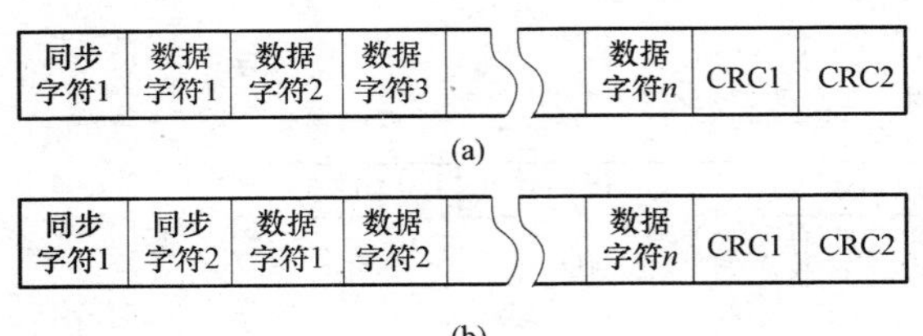

图 5-23 串行同步通信字符帧格式

（a）单同步字符帧结构；（b）双同步字符帧结构

从图 5-23 中可看出，同步通信的字符帧

由同步字符、数据字符、校验字符 CRC 等三部分组成。同步字符位于字符帧的开头，用于确认数据字符的开始（接收端不断对传输线采样，并把采样的字符和双方约定的同步字符比较，比较成功后才把后面接收到的字符加以存储）；校验字符位于字符帧的末尾，用于接收端对接收到的数据字符进行正确性的校验。数据字符长度由所需传输的数据块长度决定。

在同步通信中，同步字符采用统一的标准格式，也可由用户约定。通常，单同步字符帧中的同步字符采用 ASCII 码中规定的 SYN（即 16H）代码，双同步字符帧中的同步字符采用国际通用标准代码 EB90H。

同步通信的数据传输速率较高，通常可达 56 000bit/s 或更高。但是，同步通信要求发送时钟和接收时钟必须保持严格同步，且发送时钟频率应和接收时钟频率一致。

5.3.2　串行通信的总线标准

在单片机应用系统中，数据通信主要采用串行异步通信。异步串行通信接口主要有三类：RS-232 接口；RS-449、RS-422 和 RS-485 接口。在单片机中，通常采用 RS-232 接口。因此本书只讲述 RS-232 接口标准。

RS-232C 是使用最早、应用最广的一种串行异步通信总线标准，是美国电子工业协会 EIA（Electronic Industry Association）的推荐标准。RS 表示 Recommended Standard，232 为该标准的标识号，C 表示修订次数。

该标准定义了数据终端设备 DTE（Data Terminal Equipment）和数据通信设备 DCE（Data Communication Equipment）间按位串行传输的接口信息，合理安排了接口的电气信号和机械要求。DTE 是所传送数据的源或宿主，它可以是一台计算机或一个数据终端或一个外围设备；DCE 是一种数据通信设备，它可以是一台计算机或一个外围设备。例如，打印机与 CPU 之间的通信采用 RS-232C 接口。由于 80C51 系列单片机本身有一个全双工的串行接口，因此该系列的单片机可采用 RS-232C 接口标准与 PC 进行通信。

RS-232C 标准规定的数据传输速率为 50、75、100、150、300、600、1200、2400、4800、9600、19 200bit/s。由于它采用单端驱动非差分接收电路，因此传输距离不太远（最大传输距离 15m），传送速率不太高（最大位速率为 20kbit/s）的问题。

1. RS-232C 引线功能

RS-232C 标准总线有 25 根和 9 根两种“D”形插头，25 芯插头座（DB-25）的引脚排列如图 5-24 所示。9 芯插头座的引脚排列如图 5-25 所示。

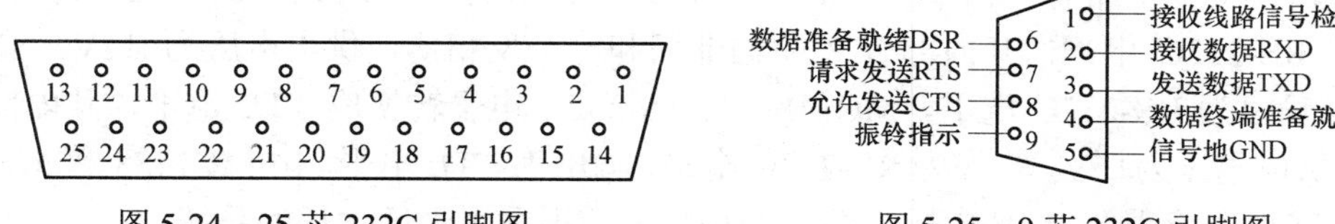

图 5-24　25 芯 232C 引脚图　　图 5-25　9 芯 232C 引脚图

RS-232C 标准总线的 25 根信号线是为了各设备或器件之间进行联系或信息控制而定义的。各引脚的定义见表 5-10。

表 5-10 **RS-232C 信号引脚定义**

引脚	名称	定 义	引脚	名称	定 义
*1	GND	保护地	14	STXD	辅助通道发送数据
*2	TXD	发送数据	*15	TXC	发送时钟
*3	RXD	接收数据	16	SRXD	辅助通道接收数据
*4	RTS	请求发送	17	RXC	接收时钟
*5	CTS	允许发送	18		未定义
*6	DSR	数据准备就绪	19	SRTS	辅助通道请求发送
*7	GND	信号地	*20	DTR	数据终端准备就绪
*8	DCD	接收线路信号检测	*21		信号质量检测
*9		接收线路建立检测	*22	RI	振铃指示
10		线路建立检测	*23		数据信号速率选择
11		未定义	*24		发送时钟
12	SDCD	辅助通道接收线信号检测	25		未定义
13	SCTS	辅助通道清除发送			

注 表中带"*"号的 15 根引线组成主信道通信，除了 11、18 及 25 三个引脚未定义外，其余的可作为辅信道进行通信，但是其传输速率比主信道要低，一般不使用。若使用，则主要用来传送通信线路两端所接的调制解调器的控制信号。

2. RS-232C 接口电路

在微型计算机中，信号电平是 TTL 型的，即规定信号电压大于等于 2.4V 时，为逻辑电平"1"；信号电压小于等于 0.5V 时，为逻辑电平"0"。在串行通信中若 DTE 和 DCE 之间采用 TTL 信号电平传送数据时，如果两者的传送距离较大，很可能使源点的逻辑电平"1"在到达目的点时，就衰减到 0.5V 以下，使通信失败，所以 RS-232C 有其自己的电气标准。RS-232C 标准规定：在信号源点，信号电压在+5V～+15V 时，为逻辑电平"0"，信号电压在−5V～−15V 时，为逻辑电平"1"；在信号目的点，信号电压在+3V～+15V 时，为逻辑电平"0"，信号电压在−3V～−15V 时，为逻辑电平"1"，噪声容限为 2V。通常，RS-232C 总线电压为+12V 时表示逻辑电平"0"；−12V 时表示逻辑电平"1"。

由于 RS-232C 的电气标准不是 TTL 型的，在使用时不能直接与 TTL 型的设备相连，必须进行电平转换，否则会使 TTL 电路烧坏。

为实现电平转换，RS-232C 一般采用运算放大器、晶体管和光电管隔离器等电路来完成。早期的电平转换集成电路有传输线驱动器 MC1488 和传输线接收器 MC1489。MC1488 把 TTL 电平转换成 RS-232C 电平，其内部有 3 个与非门和一个反相器，供电电压为±12V，输入为 TTL 电平，输出为 RS-232C 电平。MC1489 把 RS-232C 电平转换成 TTL 电平，其内部有 4 个反相器，供电电压为±5V，输入为 RS-232C 电平，输出为 TTL 电平。由 MC1488 和 MC1489 组成的电平转换电路需要±12V 电压，并且功耗较大，不适用于低功耗的系统。

另一种常用的电平转换芯片是 MAX232，它是包含两路驱动器和接收器的 RS-232 转换芯片，如图 5-26 所示。从图中可看出，MAX232 芯片内部有一个电压转换器，可把输入的+5V 电压转换为 RS-232 接口所需的±10V 电压，尤其适用于没有±12V 的单电源系统。

5.3.3　串行口的结构与控制

在单片机中，UART 集成在芯片内，构成一个串行口。80C51 系列单片机有一个全双工的串行通信接口，它能同时进行发送和接收数据，既可作 UART 用，也可作同步移位寄存器用，其帧格式和波特率可通过软件编程设置，在使用上非常灵活方便。

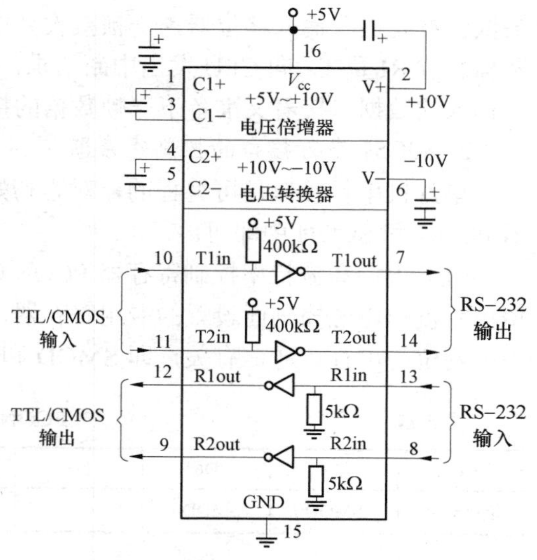

图 5-26　MAX232 内部结构

1. 串行口的结构及工作原理

80C51 系列单片机的串行口主要由 2 个独立的接收、发送缓冲器 SBUF、1 个输入移位寄存器、接收/发送控制寄存器 SCON、电源控制寄存器 PCON 的 D7、D6 两位和一个波特率发生器等组成。其结构如图 5-27 所示。

串行口数据缓冲器 SBUF 是两个物理上独立的接收、发送 8 位缓冲寄存器。接收缓冲器用于存放接收到的数据；发送缓冲器用于存放欲发送的数据。SBUF 可同时进行接收和发送数据，两个缓冲器共用一个口地址 99H，通过对 SBUF 的读、写指令对接收缓冲器或发送缓冲器进行操作。CPU 写 SBUF 时为发送缓冲器；读 SBUF 时为接收缓冲器。接收或发送数据是通过串行口对外的两条独立收发信号线 RXD（$P3._0$）、TXD（$P3._1$）来实现的。为避免在接收下一帧数据之前，CPU 未能及时响应接收器的中断，把上帧数据读走，而产生两帧数据重叠将接收缓冲器设置成双缓冲器结构。由于发送时 CPU 是主动的，不会产生写重叠的问题，为保持最大传输速率，发送缓冲器一般不设置成双缓冲结构。

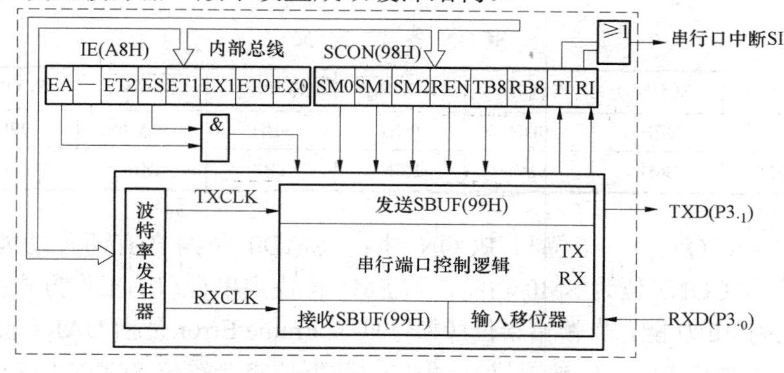

图 5-27　80C51 系列单片机串行口结构

特殊功能寄存器 SCON 用来存放串行口的控制和状态信息。波特率发生器主要由定时器/计数器 T1 及内部的一些控制开关和分频器等组成，由特殊寄存器 PCON 的最高位来控制其波特率是否倍增。

发送数据时，CPU 将数据并行写入发送缓冲器 SBUF 中，同时启动数据由 TXD（$P3._1$）引脚串行输出，当一帧数据发送完后即发送缓冲器空时，由硬件自动将 SCON 寄存器的发送中断标志位 TI 置 1，告诉 CPU 可发送下一帧数据。

接收数据时，SCON 的 REN 位置 1，外界数据通过引脚 RXD（$P3._0$）串行输入，数据的最低位首先进入输入移位器，一帧接收完毕再并行送入接收缓冲器 SBUF 中，同时将接收中断标志位 RI 置 1，向 CPU 发出中断请求。CPU 响应中断后，并用软件将 RI 位清除，同时读走输入的数据。接着又准备下一帧数据的接收。

2. 80C51 串行接口的控制寄存器

单片机串行接口是可编程的，对它初始化编程只需将两个控制字分别写入特殊功能寄存器 PCON 和 SCON 中即可。

（1）电源和波特率控制寄存器 PCON（Power Control Register）。PCON 主要是为 HCMOS 型单片机的电源控制而设置的专用寄存器，字节地址为 87H，各位定义见表 5-11。在 PCON 中有两位与串行口通信有关，即 SMOD 和 SMOD0。

表 5-11　　PCON 的各位定义

PCON	D7	D6	D5	D4	D3	D2	D1	D0
位符号名	SMOD	SMOD0	—	POF	GF1	GF0	PD	IDL

SMOD：波特率倍增位。在串行口工作方式 1、2、3 下，SMOD 置“1”，使波特率提高 1 倍。例如，在工作方式 2 下，若 SMOD=0 时，则波特率为 $f_{osc}/64$；当 SMOD=1 时，波特率为 $f_{osc}/32$，恰好增大一倍。系统复位时，SMOD 位为 0。

SMOD0：决定串行口控制寄存器 SCON 最高位的功能。若 SMOD0 清“0”时，$SCON._7$ 是 SM0 位，当 SMOD0 置“1”时，$SCON._7$ 是 FE 标志。

（2）串行口控制寄存器 SCON（Serial Port Control Register）。SCON 是 80C51 系列单片机的一个可位寻址的专用寄存器，用来设定串行口的工作方式、接收/发送控制及设置状态标志。字节地址为 98H，位地址 9FH～98H，各位定义见表 5-12。

表 5-12　　SCON 各位定义

SCON	$SCON._7$	$SCON._6$	$SCON._5$	$SCON._4$	$SCON._3$	$SCON._2$	$SCON._1$	$SCON._0$
	9FH	9EH	9DH	9CH	9BH	9AH	99H	98H
位符号名	SM0/FE	SM1	SM2	REN	TB8	RB8	TI	RI

1）SM0/FE（$SCON._7$）：该位与 PCON 中的 SMD0 位组合有两种功能，当 $PCON._6$（SM0D0）=0 时，$SCON._7$ 位为 SM0 功能，与 SM1 位决定串行口的工作方式；当 $PCON._6$ 置 1 时，$SCON._7$ 位为 FE 功能，作帧错误位（帧错误位 Frame Error,是指 UART 检测到帧的停止位不是“1”，而是“0”时，FE 被置位），丢失的数据位将会置位 SCON 中的 FE 位，作 FE 功能位时必须由软件清 0。

2）SM1（$SCON._6$）：串行口工作方式选择位，与 SM0 组合，可选择 4 种不同的工作方式，见表 5-13。

3）SM2（$SCON._5$）：主-从式多机通信控制位。多机通信主要是在方式 2 和方式 3 下进行，因此 SM2 主要用在方式 2 和方式 3 中，作为主-从式多机通信的控制位。在方式 0 中，SM2 不用，应设置为“0”状态；在方式 1 下，SM2 也应设置为“0”，若 SM2 为“1”，则只有接收到有效停止位时中断标志 RI 才能置“1”，以便接收下一帧数据。

表 5-13　串行口工作方式

SM0	SM1	工作方式	功　能	波特率
0	0	方式 0	8 位同步移位寄存器	$f_{osc}/12$ 或 $f_{osc}/6$
0	1	方式 1	10 位 UART	可变
1	0	方式 2	11 位 UART	$f_{osc}/64$ 或 $f_{osc}/32$
1	1	方式 3	11 位 UART	可变

多机通信规定：第 9 位数据（D8）为“1”，说明本帧为地址；第 9 位数据为“0”，则本帧为数据。当一个 80C51 系列单片机（主机）与多个 80C51 系列单片机（从机）通信时，在方式 2 或方式 3 下，所有从机的 SM2 都要置“1”。主机首先发送一帧地址，即某从机地址编号，其中第 9 位为 1，寻址的某个从机收到地址信息后，将其中的第 9 位装入 RB8。从机依据 RB8 的值来决定是否再接收主机的信息。若 RB8 为“0”，说明是数据帧，则使接收中断标志位 RI 为“0”，信息丢失；若 RB8 为“1”，说明是地址帧，数据装入接收/发送缓冲器，并置中断标志 RI 为“1”，被寻址的目标从机使 SM2 为“0”，以接收主机发来的一帧数据，其他从机仍然保持 SM2 为“1”。

若 SM2 为“0”，则不属于多机通信情况，接收到一帧数据后，无论第 9 位是“1”还是“0”，都置中断标志 RI 为“1”，接收到的数据装入接收/发送缓冲器中。

4）REN（$SCON._4$）：允许接收控制位。REN 为“1”，表示允许串行口接收数据；REN 为“0”，表示禁止串行口接收数据。REN 由软件置“1”或清“0”。

5）TB8（$SCON._3$）：在工作方式 2 或工作方式 3 中，它是存放发送的第 9 位（D8）数据。根据需要可由软件置“1”或清“0”。TB8 可作为数据的奇偶校验位，或在多机通信中作为地址或数据帧的标志。

6）RB8（$SCON._2$）在工作方式 2 或工作方式 3 中，它是存放接收的第 9 位（D8）数据。RB8 既可作为约定好的奇偶校验位，也可作为多机通信时的地址或数据帧标志。在工作方式 1 中，若 SM2=“0”，则 RB8 是接收到停止位。在工作方式 0 中，不使用 RB8。

7）TI（$SCON._1$）：发送中断标志位，用于指示一帧数据是否发送完。在工作方式 0 中，发送完 8 位数据后，由硬件置 1，向 CPU 申请发送中断，CPU 响应中断后，必须由软件清“0”；在其他方式中，在发送前必须由软件复位，发送完一帧后，由硬件置 1，同样再由软件清“0”。因此，CPU 查询 TI 的状态即可知一帧数据是否发送完毕。

8）RI（$SCON._0$）：接收中断标志位，用于指示一帧数据是否接收完。在工作方式 1 中，接收完 8 位数据后，由硬件置 1，向 CPU 申请接收中断，CPU 响应中断后，必须由软件清“0”；在其他方式中，RI 是在接收到停止位的中间位置时置 1。RI 也可供 CPU 查询，以决定 CPU 是否需要从接收缓冲器中提取接收到的信息。任何方式中 RI 都必须由软件来清“0”。

串行发送中断标志 TI 和接收中断标志 RI 共用一个中断矢量，在全双工通信时，必须由软件来判断是发送中断请求还是接收中断请求。

复位时，SCON 各位均被清“0”。

5.3.4　串行口的工作方式及波特率计算

1. 串行口的工作方式

根据实际需求，80C51 串行口可设置 4 种工作方式，它们是由 SCON 寄存器中的 SM0

和 SM1 这两位定义的。

（1）工作方式 0。在工作方式 0 状态下，串行口的 SBUF 作为同步移位寄存器使用，其波特率固定为 $f_{osc}/12$ 或 $f_{osc}/6$（取决于单片机时钟模式）。在串行口发送数据时，SBUF（发送）相当于一个并入串出的移位寄存器，由 80C51 系列单片机的内部总线并行接收数据，并从 TXD（$P3._1$）端输出；在接收数据时，SBUF（接收）相当于一个串入并出的移位寄存器，从 RXD（$P3._0$）端输入一帧串行数据，并把它并行地送入内部总线。发送、接收都是 8 位数据为一帧，没有起始位和停止位，低位在前。

（2）工作方式 1。在方式 1 状态下，串行口为 8 位异步通信接口，适用于点对点的异步通信。在该方式下，发送或接收的一帧信息为 10 位：1 个起始位、8 个数据位（低位在前）和 1 个停止位，波特率可以改变。

（3）工作方式 2 和工作方式 3。串行口工作在方式 2 或方式 3 状态时，发送或接收的一帧信息为 11 位，它包括 1 个起始位、8 个数据位（低位在先）、1 个可编程位 D8（第 9 数据位）和 1 个停止位。D8 位具有特别的用途，可通过软件来控制它，再加特殊功能寄存器 SCON 中 SM2 位的配合，可使 80C51 系列单片机串行口适用于多机通信。

方式 2 和方式 3 的区别在于方式 2 的波特率为 $f_{osc}/64$ 或 $f_{osc}/32$，即方式 2 的波特率由单片机主频 f_{osc} 经 64 或 32 分频后提供；方式 3 的波特率由定时器 T1 的溢出率经 32 分频后提供，波特率可变。

2. 串行口的波特率计算

为保障数据传输的准确，在串行通信中，收、发双方对发送或接收数据的速率（即波特率）要有一定的约定。从表 5-12 可看出，不同的工作方式，其波特率有所不同。其中，方式 0 和方式 2 的波特率固定不变；而方式 1 和方式 3 的波特率由定时器 T1 的溢出率控制，是可变的。

（1）方式 0。方式 0 为移位寄存器方式，每个机器周期发送或接收一位数据，其波特率固定为振荡频率 f_{osc} 的 1/12 或 1/6。

（2）方式 2。方式 2 为 9 位 UART，波特率与 PCON 中的 SMOD1 位有关，当 SMOD1 位为“0”时，波特率为振荡频率的 1/64 或 1/32，即等于 $f_{osc}/64$ 或 $f_{osc}/32$；当 SMOD1 位置“1”时，则波特率等于 $f_{osc}/32$。方式 2 的波特率可用以下公式表示：

$$\text{方式 2 的波特率} = \frac{2^{\text{SMOD1}}}{64} \times f_{osc}$$

例如，单片机主频为 12MHz，SMOD1=0 时，则波特率为 187.5bit/s；若 SMOD1=1 时，波特率为 375bit/s。

（3）方式 1 和方式 3。方式 1 或方式 3 的波特率可变，由定时器 T1 的溢出率及 PCON 中的 SMOD1 位同时控制。其波特率可用以下公式表示：

$$\text{方式1 和方式 3 的波特率} = \frac{\text{定时器 T1 的溢出率}}{n}$$

其中 n=32 或 16，受 PCON 的 SMOD1 位影响。当 SMOD1=0 时，n=32；当 SMOD1=1 时，n=16。因此其波特率也可用下式表示：

$$\text{方式1 和方式 3 的波特率} = \frac{2^{\text{SMOD1}}}{32} \times \text{T1的溢出率}$$

（4）定时器 T1 作波特率发生器。T1 作波特率发生器时，主要取决于 T1 的溢出率，T1 的溢出率取决于计数速率和定时器的预置值。计数速率与 TMOD 寄存器 $C/\overline{T}$ 的设置有关。当 $C/\overline{T}=0$ 时，为定时方式，计数速率=$f_{osc}/12$（或 6）；当 $C/\overline{T}=1$ 时，为计数方式，计数速率取决于外部输入时钟的频率，但不能超过 $f_{osc}/24$。

定时器的预置值等于 $M-X$，X 为计数初值，M 为定时器的最大计数值，与工作方式有关。在方式 0，M 可取 2^{13}；在方式 1，M 可取 2^{16}；在方式 2 或 3，M 可取 2^{8}。如果为了达到很低的波特率，则可选择 16 位的工作方式，即方式 1，可利用 T1 中断来实现重装计数初值。为能实现定时器计数初值重装，则通常选择方式 2。在方式 2 中，TL1 作计数用，TH1 用于保存计数初值，当 TL1 计满溢出时，TH1 的值自动重装到 TL1 中。因此，一般选用 T1 工作于方式 2 作波特率发生器。设 T1 的计数初值为 X，$C/\overline{T}=0$ 时，那么每过（$256-X$）个机器周期，定时器 T1 就会产生一次溢出。

则 T1 的溢出周期为

$$溢出周期=12/f_{osc}\times(256-X)$$

溢出率为溢出周期之倒数，则

$$波特率=\frac{2^{SMOD1}}{32}\times\frac{f_{osc}}{12\times(256-X)}=\frac{2^{SMOD1}\times f_{osc}}{384\times(256-X)}$$

定时器 T1 方式 2 的计数初值 X 由上式可得

$$X=256-\frac{2^{SMOD1}\times f_{osc}}{384\times 波特率}$$

如果串行通信选用很低的波特率，设置定时器 T1 为方式 0 或方式 1 定时方式时，当 T1 产生溢出时需要重装计数初值，故对波特率会产生一定的误差。

方式 1 或方式 3 下所选波特率常常需要通过计算来确定初值，因为该初值是要在定时器 T1 初始化时使用的，为避免一些繁杂的计算，表 5-14 列出了在 12 时钟模式下 T1 和波特率的关系。

表 5-14　　常用波特率和 T1 的初值关系

波特率（bit/s）	f_{osc}（MHz）	SMOD1	定时器 T1		
			$C/\overline{T}$	所选方式	初始值
方式 0　1M	12	×	×	×	×
方式 2　375K	12	1	×	×	×
方式 1 或 3　62.5K	12	1	0	2	FFH
4800	12	1	0	2	F3H
2400	12	0	0	2	F3H
1200	12	1	0	2	F6H
19 200	11.059 2	1	0	2	FDH
9600	11.059 2	0	0	2	FDH
4800	11.059 2	0	0	2	FAH
2400	11.059 2	0	0	2	F4H

续表

波特率（bit/s）	f_{osc}（MHz）	SMOD1	定时器 T1		
			C/$\overline{T}$	所选方式	初始值
1200	11.059 2	0	0	2	E8H
110	12	0	0	1	FEEBH
110	6	0	0	2	72H

5.3.5 串行口应用举例

本节介绍用串行口做 I/O 扩展、双机通信、单片机与 PC 机通信中应用的几个实例。

【例 5-7】 用单片机串行通信口扩展并行 I/O 口。使用串行口控制 8 个 LED，要求每按一次按钮 K1（K1 与 $\overline{\text{INT0}}$ 连接），LED 进行移位显示。

解： 单片机串行口在方式 0 下发送数据时，是把串行端口设置成“串入并出”的输出口。将其设置为“串入并出”输入口时，需外接一片 8 位串行输入和并行输出的同步移位芯片 74LS164 或 CD4094，本例中采用 74LS164，其电路原理如图 5-28 所示。

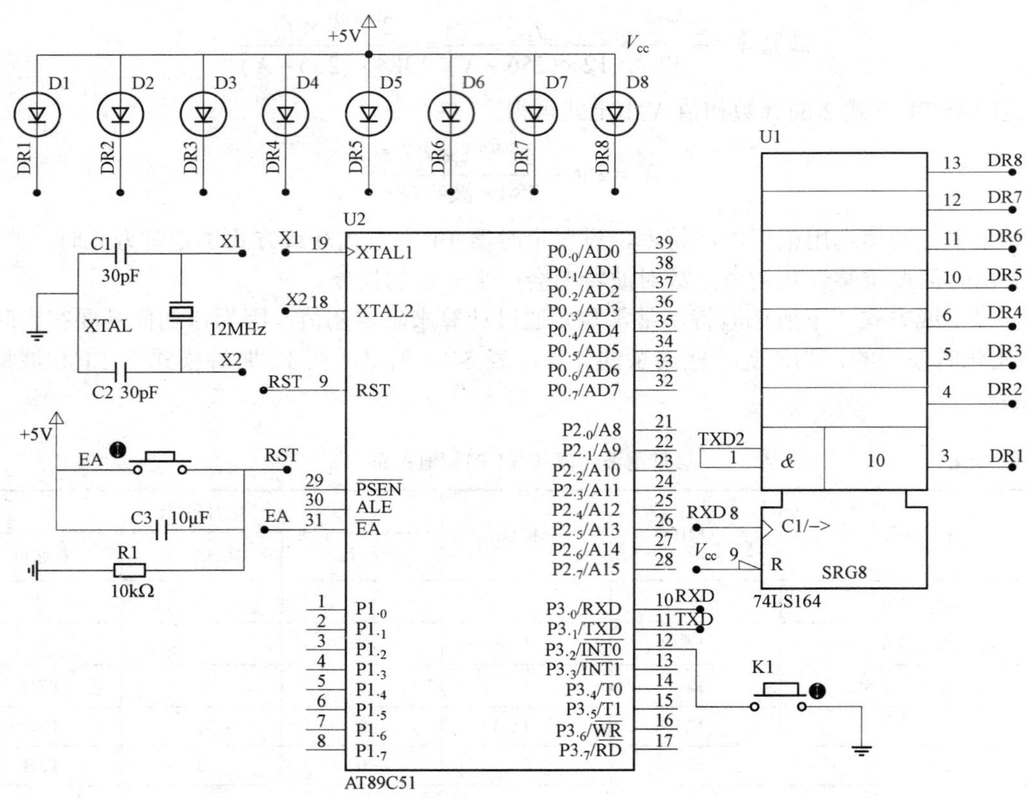

图 5-28 串行口扩展电路图

当一个数据写入串行口发送缓冲器 SBUF 时，串行口将 8 位数据以 $f_{osc}/12$ 或 $f_{osc}/6$ 的波特率从 RXD 脚输出，发送完后，TI 置 1。再次发送数据之前，必须由软件将 TI 清 0。程序流程如图 5-29 所示，编写程序如下。

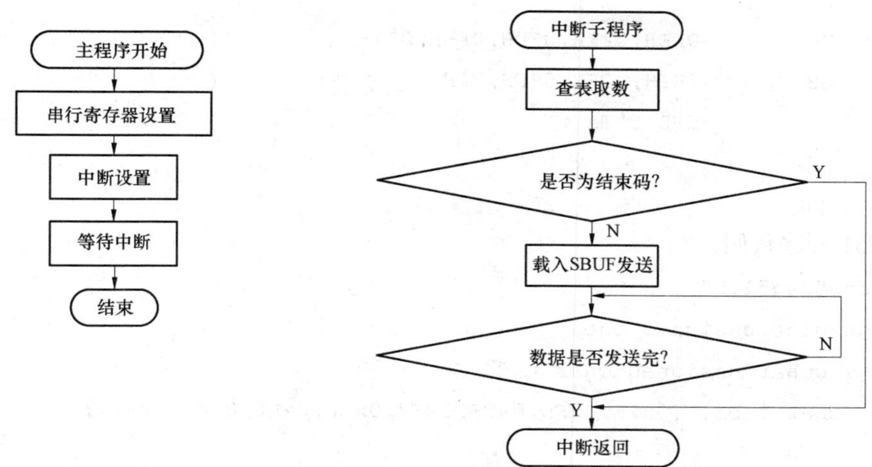

图 5-29　串行口扩展并行 I/O 口程序流程图

（1）汇编程序代码。

```
        END_DATA    EQU     1BH         ;设定结束标志位
        ORG     0000H
        AJMP    START
        ORG     0003H
        AJMP    INT
START:  MOV     SCON,#00H
        SETB    IT0
        SETB    EA
        SETB    EX0
        MOV     SBUF,#01H
        MOV     DPTR,#TABLE
   LP:  CLR     TI
        AJMP    LP
  INT:  INC     DPTR
        MOV     A,#00H
        MOVC    A,@A+DPTR
        CJNE    A,END_DATA,LP1
        AJMP    LP2
  LP1:  MOV     SBUF,A
        JBC     TI,LP1
        AJMP    LP3
  LP2:  MOV     DPTR,#TABLE
```

```
  LP3:  NOP
        RETI
TABLE:  DB        0FEH,0FEH,0FDH,0FBH,0F7H
        DB        0EFH,0DFH,0BFH,7FH
        DB        END_DATA
        RET
        END
```

（2）C51 程序代码。

```
#include"reg51.h"
#define uint unsigned int
#define uchar unsigned char
const uchar tab[]={0xFE,0xFD,0xFB,0xF7,0xEF,0xDF,0xBF,0x7F};
uchar i;
void delayms(uint ms)
  {
    uint i;
    while(ms--)
      {
     for(i = 0; i < 120; i++);
      }
  }
void send(void)          //串口数据发送
{
  while(TI==0);
    {
     TI=0;
    }
}
void  int0() interrupt 0
{
  delayms(10);
  if(INT0==0)
    {
      if(i==8)
       {
         i=0;
       }
      else
```

```
        {
          SBUF=tab[i];
          i++;
        }
     }
  }
  void INT_init()              //外中断初始化
  {
    EX0=1;                     //打开外部中断 0
    IT0=1;                     //下降沿触发中断 INT0
    EA=1;                      //全局中断允许
  }
  void SCON_init(void)
   {
    SCON=0X00;                 //串口工作在方式 0
    SBUF=0xFE;                 //运行之后亮一个灯
   }
  void main(void)
  {
    INT_init();
    SCON_init();
    while(1)
      {
        send();
      }
  }
```

【例 5-8】 使用单片机串行口，实现两个单片机之间的串行通信。甲、乙两机在串行方式 1 下进行数据通信，其波特率为 19 200bit/s，时钟频率为 11.059 2MHz。当甲机的按键发生变化时，按键值通过 TXD 发送给乙机；当乙机的按键值发生变化时，同理甲机也接收到，LED 发生相应变化。

解：单片机内部有一个可编程的全双工串行接口，它在物理上分为两个独立的发送缓冲器和接收缓冲器 SBUF，这两个缓冲器占用一个特殊功能寄存器地址 99H，究竟是发送缓冲器还是接收缓冲器工作是靠软件指令来决定的。对外有两条独立的收、发信号线 RXD（$P3._0$）和 TXD（$P3._1$），因此可同时接收和发送数据，实现全双工传送,使用串行口时可用定时器 T1 作为波特率发生器。

从实现要求可看出，甲、乙两机均属于多工通信方式，它们的电路原理如图 5-30 所示。图中的晶振电路、复位电路均已省略（注：本书后续原理图也将省略晶振电路、复位电路），其中 U1 作为甲机，U3 作为乙机。

甲、乙两机没有主机或从机之分，编写的程序可以完全相同。本实例的通信程序应由主程序和串行接收子程序构成。其中，主程序主要用于串行通信的设置、按键的判断和数据发送判断。单片机系统通信波特率为 19 200bit/s，可设置串行通信波特率为 9600bit/s，通过 PCON 的 SM1 位的控制使其倍频而实现所需波特率。由于单片机的晶振频率为 11.059 2MHz，T1 工作方式 2 时，TH1 可设置为 FDH。此实现的甲、乙两机通信属于异步点对点通信，所以 SCON 可设置为 50H，要实现波特率的倍频，需将 PCON 设置为 80H。接收中断服务子程序中，首先需进行现场保护，然后通过 JBC 指令判断一帧数据是否接收完，如果一帧数据已接收完，则将该数据送到 P1 口进行相应的显示。程序流程如图 5-31 所示，编写程序如下。

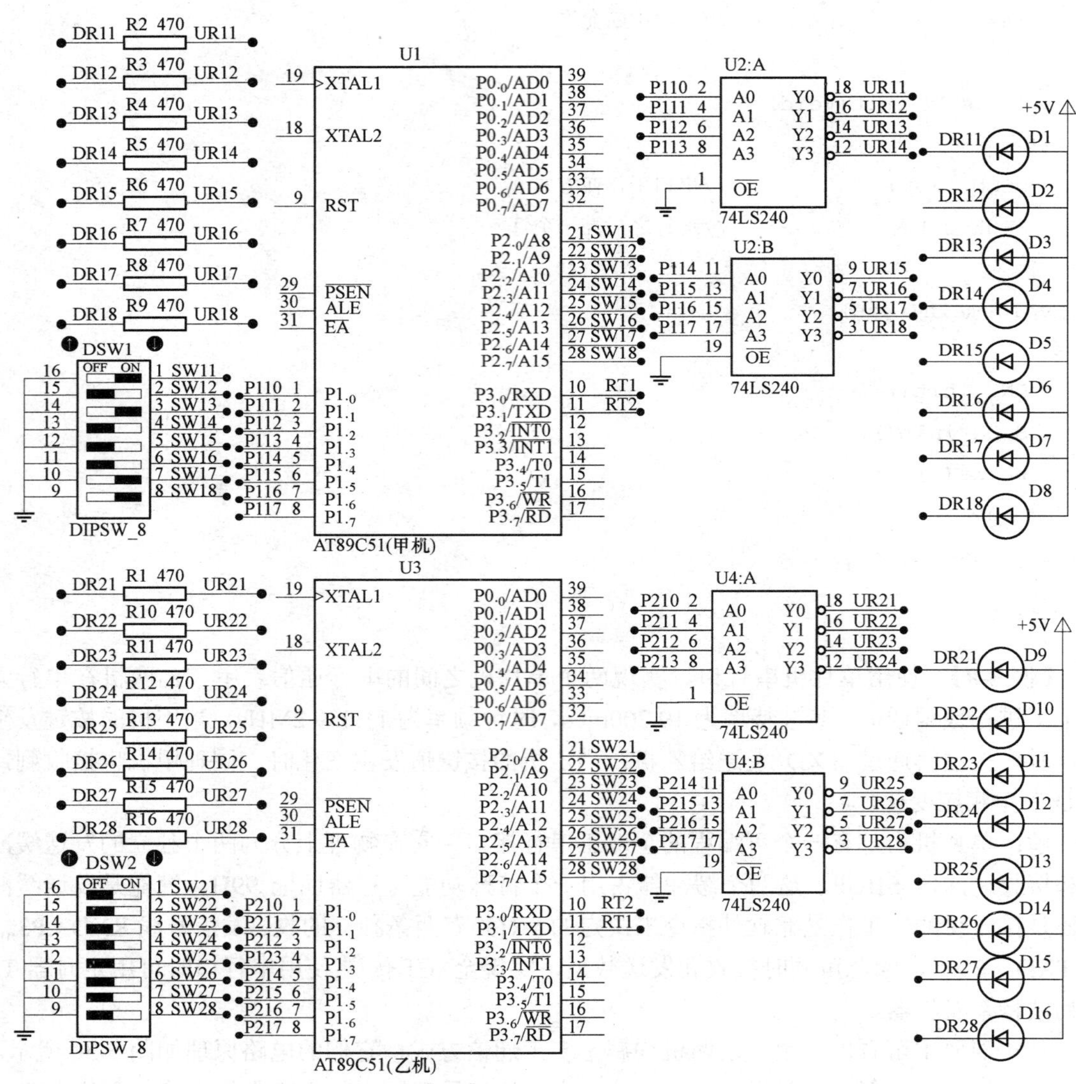

图 5-30 双机通信电路原理

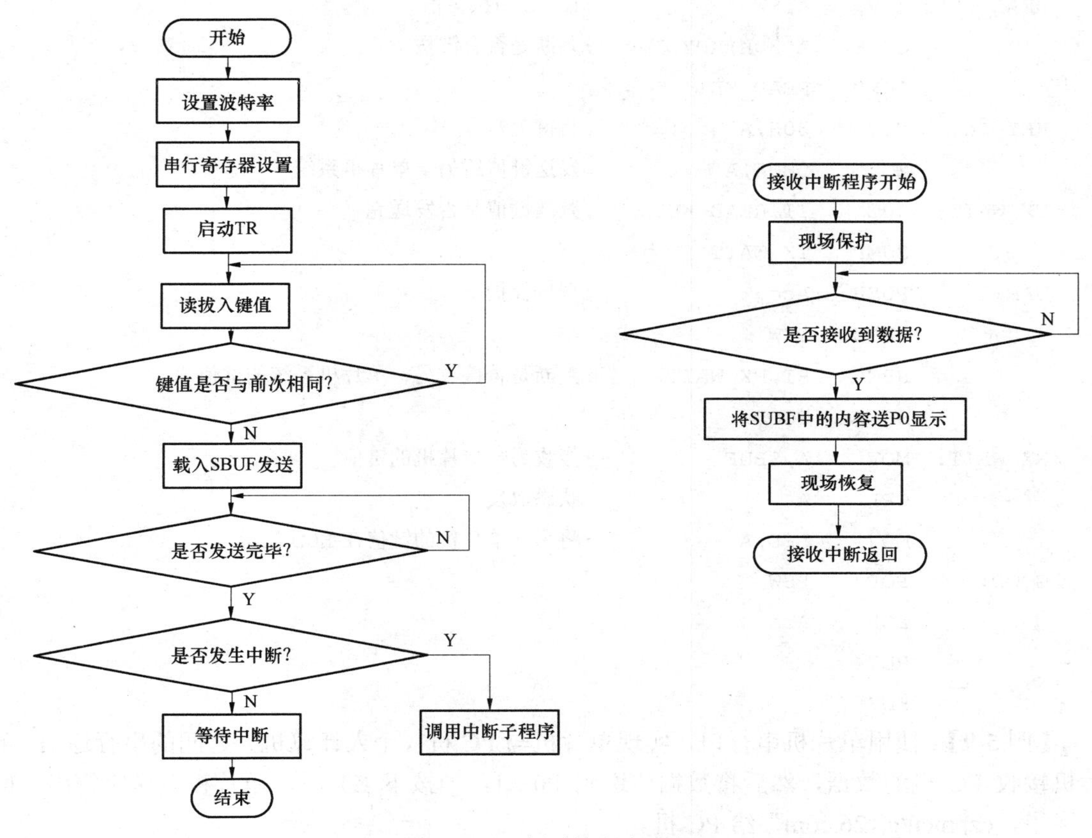

图 5-31　双机通信程序流程

```
SW       EQU    P2           ;按键与 P2 端口连接
LED      EQU    P1           ;LED 与 P1 端口连接
         ORG    0000H
         JMP    START
         ORG    23H
         JMP    UARTI
START:   MOV    TMOD,#20H    ;设置 T1 工作在方式 2
         MOV    TH1,#0FDH    ;9600bit/s
         MOV    TL1,#0FDH
         SETB   TR1          ;启动定时器 T1
         MOV    SCON,#50H    ;串行方式 1
         MOV    PCON,#80H    ;倍频
         MOV    IE,#90H      ;串行口中断使能
         MOV    LED,#00H     ;设置 LED 初始状态
```

```
          MOV    30H,#0FFH        ;设置 P2 口按键初始值
READ_KEY: MOV    A,SW             ;读 P2 口按键值
          CJNE   A,30H,KEY_IN     ;判断是否有键按下
          SJMP   READ_KEY
KEY_IN:   MOV    30H,A            ;将键值暂存
          MOV    SBUF,A           ;发送键值给另一单片机系统
TX_WAIT:  JBC    TI,READ_KEY      ;判断键值是否发送完
          SJMP   TX_WAIT
UARTI:    PUSH   Acc              ;现场保护
          PUSH   PSW
          JBC    RI,RX_WAIT       ;判断是否接收另一单片机系统的键值
          SJMP   GOOD
RX_WAIT:  MOV    A,SBUF           ;接收另一单片机的键值
          CPL    A                ;状态取反
          MOV    LED,A            ;将另一单片机的键值在 LED 显示
GOOD:     POP    PSW
          POP    Acc
          RETI
          END
```

【例 5-9】 使用单片机串行口，实现单片机与 PC 机（个人计算机）之间的串行通信。单片机接收 PC 机的数据，然后将数据传送到 P0 口。当按下 K1 时，单片机发送字符串“K1 按下了，czpmcu@126.com”给 PC 机。

解：单片机与 PC 机的通信，通常将单片机作为下位机，而 PC 机是作为上位机。它们是通过 DB9 串行数据线将单片机的串行端口与 PC 机的 COM 串行通信口连接起来的。由于 PC 机的 COM 串行通信口是标准的 RS-232 电平，而单片机使用的是 CMOS 电平，二者在连接时应有必要的电平转换。对于单片机系统而言，其硬件电路应有按键、发光二极管及 RS-232 转换接口电路，其电路原理如图 5-32 所示。图中 P1 为 PC 机 DB9 的 COM 端口，VT1 为串行调试虚拟终端。

本实例的通信程序主要是针对单片机而言，在 PC 机中只要装有相关的串行通信软件即可，如 STC-ISP 软件本身就自带了串口助手。编写程序时，首先要对波特率与相关寄存器进行设置，再判断是否有键按下，若没有按键按下，则等待接收 PC 机发送数据。如果有键按下时，就调用字符串发送程序，将设置的字符串通过单片机的串口发送到 PC 机端。如果接收到 PC 端发送过来的数据（十六进制数据），则将该数据送到 P1 端口，通过发光二极管将内容显示出来，并将该数据通过单片机的串口发送到 PC 机端。程序流程如图 5-33 所示，编写程序如下。

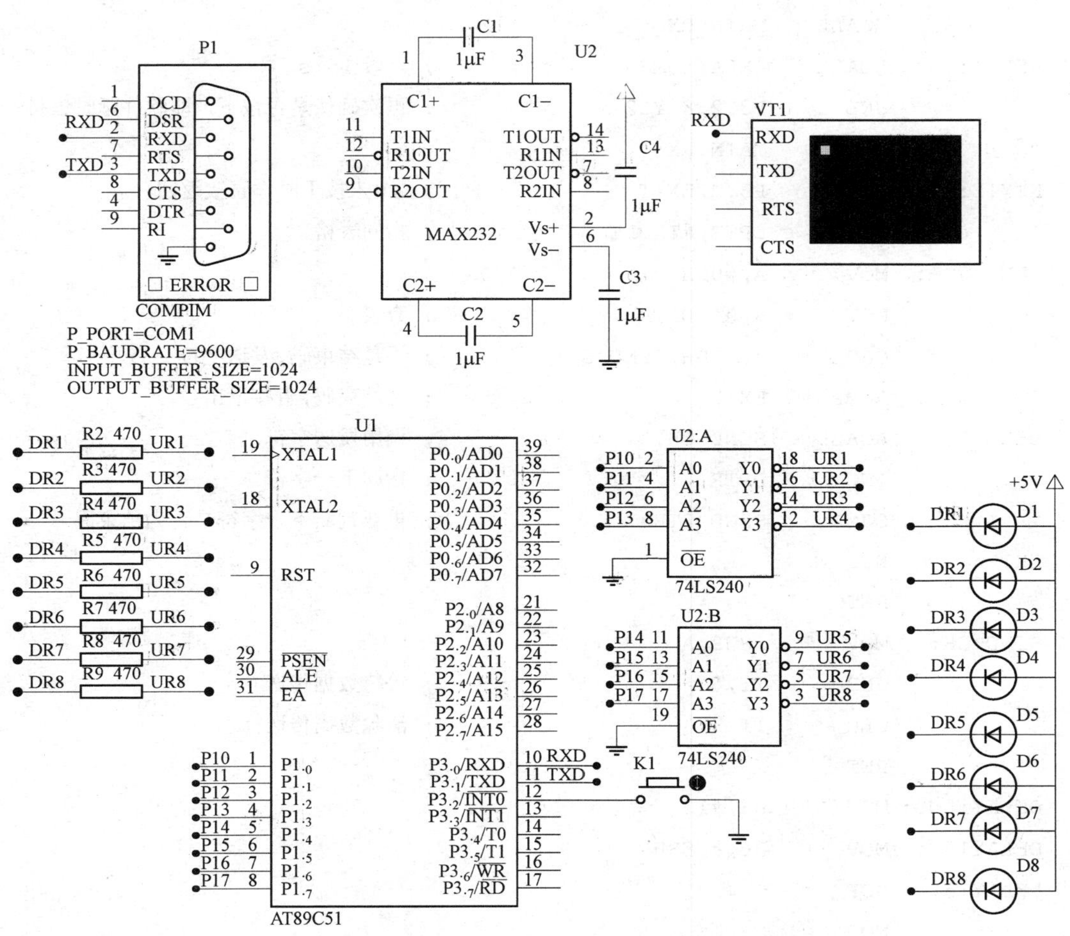

图 5-32　单片机与 PC 机通信电路原理

```
            ORG     00H
MAIN:       MOV     TMOD,#20H            ; 设置 T1 工作在方式 2
            MOV     TH1,#0FDH
            MOV     TL1,#0FDH            ; 波特率 9600
            MOV     SCON,#50H            ; 串行口工作方式 1
            SETB    TR1                  ; 启动定时器 1
            MOV     IE,#00H              ; 禁止任何中断
MAIN_RX:    JNB     RI,KEY10             ; 是否有数据到来
            CLR     RI                   ; 清除接收中断标志
            MOV     A,SBUF               ; 暂存接收到的数据
            MOV     P1,A                 ; 数据传送到 LED 显示
```

```
            LCALL    SEND_CH                  ; 回传接收到的数据
KEY10:      JNB      P3.2,KEY11               ; K1 按下，跳转到 KEY11
            LCALL    MAIN_RX
KEY11:      LCALL    DELAY15MS                ; 延时 15ms
            JNB      P3.2,KEY12               ; 再次确认是否按下，即软件延时去抖
            LCALL    MAIN_RX
KEY12:      JB       P3.2,EXIT                ; K1 未按下时，直接返回
            MOV      DPTR,#TABLE              ; 指向表格
SEND_STR:   MOV      A,#00H
            MOVC     A,@A+DPTR                ; 查表
            CJNE     A,#1BH,SEND_S            ; 不是结束码,发送字符
            AJMP     EXIT                     ; 是结束码,直接退出
SEND_S:     ACALL    SEND_CH                  ; 调用发送字符
            INC      DPTR                     ; 指向下一字符
            SJMP     SEND_STR                 ; 重新判断下一字符是否为结束码
EXIT:       NOP
            RET
SEND_CH:    MOV      SBUF,A
            JNB      TI,$                     ; 等待数据传送
            CLR      TI                       ; 清除数据传送标志
            RET
DELAY15MS:  MOV      R7,#15
DELAY15M:   MOV      R6,#0E8H
DELAY15:    NOP
            NOP
            DJNZ     R6,DELAY15
            DJNZ     R7,DELAY15M
            RET
TABLE:      DB       "K1 按下了, czpmcu@126.com"
            DB       0AH,0DH                  ;换行/回车
            DB       1BH
            END
```

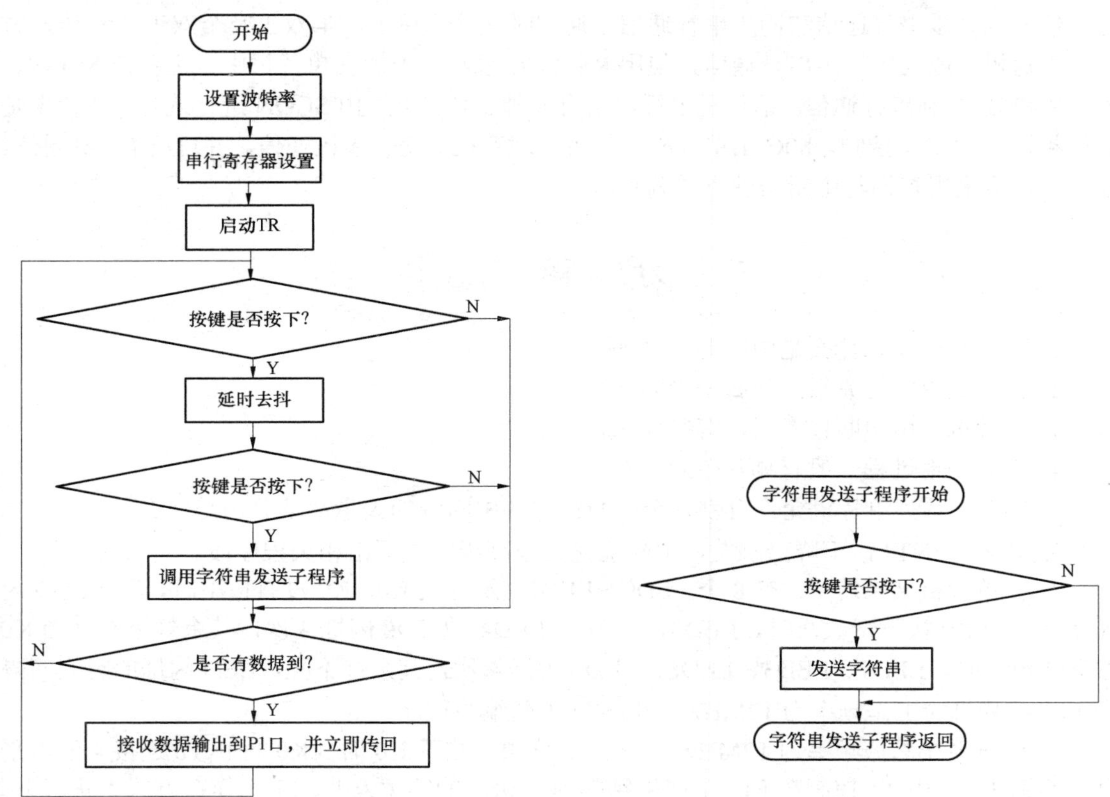

图 5-33　单片机与 PC 机通信程序流程

本章小结

中断系统是单片机控制的重要部分，在许多应用系统中都应用到了中断控制技术，它能进行分时操作、实时处理及故障处理等。中断处理分为四个阶段：中断请求、中断响应、中断处理和中断返回。80C51 系列单片机有 5 个中断源，即外部中断 0 和外部中断 1、定时器/计数器 T0 和 T1 的溢出中断、串行接口的接收和发送中断。这 5 个中断源可通过 IP 的设置可分为 2 个中断优先级，同一优先级别的中断优先权由系统硬件确定自然优先级。这 5 个中断源分别有固定的矢量地址。通过对中断允许控制寄存器 IE、中断优先级控制寄存器 IP 的设置，可对各中断源进行开放和屏蔽的控制，以及对各中断源的优先权进行设置。

单片机芯片中有定时器/计数器电路，它可实现定时控制、延时、脉冲计数、频率测量、脉宽测量、信号发生等功能。标准的 80C51 单片机有 2 个定时器/计数器 T0、T1。T0、T1 通过 TMOD 的控制，选择 4 种不同的工作方式，即方式 0、方式 1、方式 2、方式 3。TMOD 还可选择 T0、T1 的定时功能和计数功能。TCON 和 TMOD 的配合使用，控制 T0、T1 启动、停止及其溢出标志和外部中断触发方式等。

串行通信是单片机与外部设备进行数据交换的重要手段，由于串行通信具有占用线路少、硬件成本低、传送距离远等特点，所以在许多应用系统中都使用了单片机串行通信技术。串行通信分为异步串行通信和同步串行通信，通信时又分为单工、半双工及全双工 3 种传送方式。单片机一般采用异步串行通信，使用 RS-232C 总线标准。在单片机中，主要由 SCON、PCON 和 IE 控制串行通信。单片机串行通信有 4 种工作方式，由 SCON 进行选择；波特率是否倍频，由 PCON 控制。80C51 单片机之间可实现双机通信、多机通信，并可与 PC 机通信。通信软件可采用查询与中断两种方式编制。

习　题

1. 什么是中断？什么是中断源？
2. 什么是中断优先级？什么是中断嵌套？
3. 单片机引用中断技术后，有些什么优点？
4. 中断处理过程一般有哪几个阶段？
5. 80C51 系列单片机允许有哪几个中断源？各中断源的矢量地址分别是什么？
6. 若采用 $\overline{\text{INT1}}$，下降沿触发，中断优先为最高级，试写出相关程序段。
7. 在单片机某系统中，有 8 个 LED0～LED7，及开关 K0。K0 没有按下时，8 个 LED 闪烁点亮，当 K0 按下奇数次时，LED0、LED2、LED4、LED6 闪烁 4 次，其余灯不亮；当 K0 按下偶数次时，LED1、LED3、LED5、LED7 闪烁 4 次，其余灯不亮，LED 闪烁的时间间隔为 1s，单片机的工作频率为 12MHz，用 $\overline{\text{INT1}}$ 中断编写程序。
8. 假设系统晶振频率为 12MHz，采用 12 分频。按下 K0 时（K0 与 $\overline{\text{INT0}}$ 连接，低电平有效）启动 T1，由 T1 控制在 $P1._0$ 上产生频率为 100Hz 的等宽方波。T1 工作在方式 1 状态下，定时器溢出时采用中断方式处理。
9. 80C51 系列单片机内部有哪几个定时器/计数器？
10. 单片机定时器/计数器有哪两种功能，当作为计数器使用时，对外部计数脉冲有何要求？
11. 方式控制寄存器 TMOD 各位控制功能如何？
12. 80C51 系列单片机的定时器门控信号 GATE 设置为 1 时，定时器如何启动?
13. 控制寄存器 TCON 的高 4 位控制功能如何？
14. 在晶振频率为 12MHz，采用 12 分频，使用定时器 0 作为延时控制，要求在两灯 $P0._0$ 和 $P0._1$ 之间按 1s 互相闪烁。
15. 在晶振频率为 12MHz，采用 12 分频，使用 T0 作为计数，T1 作为定时。要求 T0 工作方式 2；T1 工作方式 1。当 T0 每计满 100 次时，暂停计数，启动 T1 由 $P1._0$ 输出 1 个 50ms 的方波后，T0 又重新计数。
16. 串行通信有什么特点？
17. 异步通信有什么特点，其字符帧格式如何？
18. 异步通信与同步通信的主要区别是什么？
19. 在单片机中通常采用哪种串行总线接口标准？该总线标准有哪些内容？
20. 80C51 系列单片机的串行口内部结构如何？
21. 简述 80C51 系列单片机的串行通信过程。
22. 串行通信主要由哪几个功能寄存器控制？

23. 80C51 系列单片机串行口有哪几种工作方式？对应的帧格式如何？

24. 80C51 系列单片机串行口在不同的工作方式下，波特率是如何确定？

25. 根据图 5-28 的硬件连接方法，使用串行口控制 8 个 LED 进行花样显示。8 个 LED 的显示规律为左移 2 移→右移 2 次→闪烁 2 次→左移 2 次……，以此循环。

26. 假设波特率为 1200bit/s，以查询方式编写程序将甲机片内 RAM 20H～3FH 中的 ASCII 码传送到乙机片内 RAM 30H 开始的单元中。

27. 在某控制系统中有甲、乙 2 个单片机，甲单片机首先将 P1 口指拨开关数据载入 SBUF，然后经由 TXD 将数据传送给乙单片机，乙单片机将接收数据存入 SBUF，再由 SBUF 载入累加器，并输出至 P1，点亮相应端口的 LED。

第 6 章　80C51 单片机的系统扩展

单片机结构紧凑、设计简单灵活，对于简单场合，直接使用单片机内部一些资源及外加简单电路就能进行控制。但对于一些较复杂的场合需对单片机系统进行扩展。扩展可分为总线扩展、存储器扩展、I/O 端口扩展等。

6.1　并行总线扩展

由于受引脚数的限制，单片机 P0 口和 P2 口除作基本 I/O 口使用外，还用于并行总线口扩展使用。

6.1.1　80C51 单片机的外部并行总线

并行总线扩展是将各个扩展部件采用适当的方法“挂”在总线上。微机提供专用的地址总线（Address Bus，AB）和数据总线（Data Bus，DB），但 80C51 没有，需借助本身的 I/O 线经过改造而成。

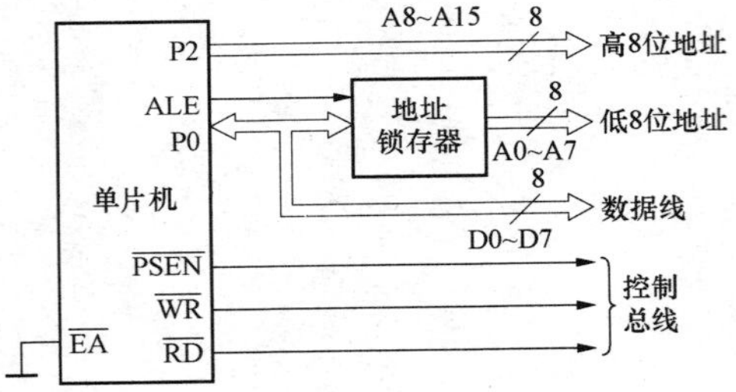

图 6-1　单片机并行扩展

并行总线扩展时，使用单片机的 P2 口输出高 8 位地址 A8～A15，P0 口输出低 8 位地址 A0～A7 和传送数据 D0～D7，单片机外加地址锁存器构成与微机类似的三总线结构，如图 6-1 所示。

三总线，即地址总线 AB（Address Bus）、数据总线 DB（Data Bus）和控制总线 CB（Control Bus）。

地址总线 AB：用于传送存储器地址码或输入/输出设备地址码。80C51 系列单片机的地址总线宽度为 16 位，寻址范围为 216=64KB，由 P0 口提供低 8 位 A0～A7，P2 口提供高 8 位 A8～A15。P0 口作为地址/数据复用口，当作地址总线口使用时，需分时使用，因此 P0 口输出低 8 位的地址数据必须用锁存器。锁存器由 ALE 控制，在 ALE 的下降沿将 P0 口输出的地址（A0～A7）锁存。P2 口具有锁存功能，不需外加锁存器。当 P0、P2 口在系统中作地址总线后不能作一般 I/O 口使用。

数据总线 DB：它是主控设备和从设备之间进行数据传送的通道，用于传送指令或数据。80C51 系列单片机的数据总线由 P0 口提供，宽度为 8 位 D7～D0。在访问外部程序存储器期间，即 $\overline{\text{PSEN}}$ 有效时，P0 口作为数据总线将出现指令信号；在访问外部数据存储器期间，当 $\overline{\text{WR}}$ 和 $\overline{\text{RD}}$ 有效时，P0 口作为数据总线将出现数据信号。

控制总线 CB：它是专供各种控制信号传递的通道，总线操作的各项功能都是由控制总线完成的。80C51 系列单片机的控制总线主要由 P3 口的第二功能线，再加上 ALE、$\overline{\text{PSEN}}$ 和 $\overline{\text{EA}}$ 等组成。$\overline{\text{PSEN}}$ 作扩展程序存储器（EPROM）读选择信号，“读”取 EPROM 中数据时不用“$\overline{\text{RD}}$”信号；$\overline{\text{EA}}$ 作内外程序存储器的选择信号，$\overline{\text{EA}}$=0，只访问外部程序存储器，地址从 0000H 开始设置；$\overline{\text{RD}}$ 为外部数据存储器读信号；$\overline{\text{WR}}$ 为外部数据存储器写信号。当执行片外数据存储器操作指令 MOVX 时，$\overline{RD}$/$\overline{WR}$ 信号自动生成。

常用的地址锁存器有两类：一类是 8D 触发器，如 74LS273、74LS377；另一类是 8 位锁存器，如 74LS373、8282 等。

6.1.2　地址译码方法

扩展多片外围芯片时，单片机的 CPU 是根据地址访问这些外围芯片的，即由地址线上的信息来选中某一外围芯片的某一单元进行读/写操作。芯片的选择是由高位地址线通过译码实现，被选中的芯片单元地址由低位地址信息确定。地址译码有线译码法、全译码法、部分地址译码法等三种。

1. 线译码法

线译码法就是直接将系统的高位地址线连到所扩展芯片的片选端，作为其片选信号，一根地址线对应一个片选。片选端通常用 $\overline{CS}$、$\overline{CE}$ 等符号表示，低电平有效。线译码法结构简单、不需另加外围电路，具有体积小、成本低等优点，但也存在可寻址的器件数目受限，各芯片间的地址空间不连续的缺点。线译码法不能充分利用 CPU 的最大地址空间，只适用外扩芯片不多，小规模的芯片扩展。

扩展外围芯片时，所用地址线最多为 A0～A*i*，片选线为 A15～A*i*+1。例如 *i*=11，则只有 A15、A14、A13、A12 可作为片选端，它们分别接到 0、1、2、3 号芯片的片选端。各芯片对应的地址范围分别为 7000H～7FFFH、0B000H～0BFFFH、0D000H～0DFFFH、0E000H～0EFFFH。所占地址空间均为 4KB。

2. 全译码法

全译码法是将片内选址后剩余的高位地址通过译码器进行译码，译码后的输出产生片选信号，每种输出作为一个片选。

当扩展多片外围芯片时，需采用全译码法。常用的译码器有 74LS139、74LS138 等芯片。全译码法的主要优点是可最大限度地利用 CPU 地址空间，各芯片间地址可连续；但译码电路较复杂，要增加硬件开销，所以全译码法一般在外部扩充大容量存储器时使用。

3. 部分地址译码法

部分地址译码法是将高位剩余的地址一部分进行译码，另一部分则悬空暂时不用。这种方法的优缺点介于上述两种译码方法之间。既能利用 CPU 较大的地址空间，又可简化译码电路；但存在存储器空间的重叠，造成系统空间的浪费。

6.1.3　总线驱动

在系统扩展时，并不是可以扩展任意多的外围芯片，而是有一定数量限制的。因为系统扩展的外围芯片都是由总线来驱动的，外围芯片不论工作与否都需要消耗电流，总线本身只能提供一定的电流。所以扩展时需考虑总线驱动。单片机的 P0 口可驱动 8 个 TTL 门电路，P1、P2、P3 口只能驱动 4 个 TTL 门电路。当应用系统规模较大，超过其负载能力时，系统将不能稳定地进行工作，需加总线驱动。地址总线和控制总线的驱动器为单向、三态输出、一个控制端，常用的驱动器有 74LS240、74LS241 和 74LS244；数据总线的驱动器为双向、三态输出、两个控制端，常用的驱动器有 74LS245 等。

6.2　串行总线扩展

串行总线连接线少、结构简单，可直接与各设备进行连接。当需要改变系统的外围设备时，只需更改串行总线上的设备品种与数量，而不需改变过多的连线。所以许多大公司纷纷推出了串行总线，目前常见的串行总线有 Motorola 公司推出的 SPI（Serial Peripheral Interface）总线、Philips 公司推出的 I^2C（Inter-Integrated Circuit）总线、达拉斯半导体公司（Dallas Semiconductor Corporation）推出的单总线（1-Wire Chips）技术等。这些串行总线技术已渗入单片机各种应用系统中，下面对它们分别进行介绍。

6.2.1 SPI 总线

SPI（Serial Peripheral Interface）总线是 Motorola 公司最先推出的一种串行总线技术，它是在芯片之间通过串行数据线（MISO、MOSI）和串行时钟线（SCLK）实现同步串行数据传输的技术。SPI 提供访问一个 4 线、全双工串行总线的能力，支持在同一总线上将多个从器件连接到一个主器件上，可工作在主方式或从方式中。

1. SPI 串行总线的特点

SPI 串行总线具有以下几个特点：

（1）三线同步。

（2）全双工操作。

（3）主从方式。当 SPI 被设置为主器件时，最大数据传输率（bit/s）是系统时钟频率的 1/2，当 SPI 被设置为从器件时，如果主器件与系统时钟同步发出 SCK、$\overline{SS}$ 和串行输入数据，则全双工操作时的最大数据传输率是系统时钟频率的 1/10。如果不同步，则最大数据传输率必须小于系统时钟频率的 1/10。在半双工操作时，从器件的最大数据传输率是系统时钟频率的 1/4。

（4）有 4 种可编程时钟速率，主方式频率最大可达 1.05MHz，从方式频率最大为 2.1MHz，当 SPI 被设置为主器件时，最大数据传输率（bit/s）是系统时钟频率的 1/2。

（5）具有可编程极性和相位的串行时钟。

（6）有传送结束中断标志、写冲突出错标志、总线冲突出错标志。

2. SPI 串行总线的接口电路及工作原理

（1）引脚。SPI 总线主要使用四个 I/O 引脚，分别是串行时钟 SCK、主机输入/从机输出数据线 MISO、主机输出/从机输入数据线 MOSI 和从选择线 $\overline{SS}$。在不使用 SPI 系统时，这四根线可用作一普通的输入/输出口线。

1）串行数据线（MISO、MOSI）：MISO 和 MOSI 用于串行同步数据的接收和发送，数据的接收或发送是先 MSB（高位），后 LSB（低位）。若 SPI 设置为主方式时，即 SPI 控制寄存器（SPCR）中的主/从工作选择方式位 MSTR 置 1，MISO 是主机数据的输入线，MOSI 是主机数据的输出线。若 MSTR 置 0 时，工作在从方式下，MISO 为从机数据输出线，而 MOSI 为从机数据输入线。

2）串行时钟（SCK）：SCK 用于同步数据从 MOSI 和 MISO 的输入和输出的传送。当 SPI 设置为主方式时，SCK 为同步时钟输出；设置为从机方式时，SCK 为同步时钟输入。在主方式下，SCK 信号由内部 MCU 总线时钟得出。在主设备启动一次传送时，自动在 SCK 引脚产生 8 个时钟。在主设备和从设备 SPI 器件中，SCK 信号的一个跳变进行数据移位，在数据稳定后的另一个跳变进行采样。SCK 是由主设备 SPCR 寄存器的 SPI 波特率选择位 SPR1、SPR0 来选择时钟速率。

3）从选择线 $\overline{SS}$：在从机方式中，$\overline{SS}$ 脚用于使能 SPI 从机进行数据传送。在主机方式中，

$\overline{SS}$用来保护在主方式下 SPI 同步操作所引起的冲突，逻辑 0 禁止 SPI，清除 MSTR 位。在此方式下，若是“禁止方式检测”时，$\overline{SS}$可用作 I/O 口；若是“允许方式检测”时，$\overline{SS}$为输入口。在从方式下，$\overline{SS}$作为 SPI 的数据和串行时钟接收使能端。

当 SPI 的时钟相位 CPHA 为 1 时，某从器件要进行数据传输，则相应的$\overline{SS}$为低电平；当 CPHA 为 0 时，$\overline{SS}$必须在 SPI 信息中的两个有效字符之间为高电平。

（2）接口电路。SPI 总线接口的典型电路如图 6-2 所示。采用 1 个主器件和 n 个从器件构成。主器件控制数据，并向 1 个或 n 个从器件传送该数据，从器件在主机发命令时才能接收或发送数据。这些从器件可只接收或只发送信息给主器件，在这种情况下从器件可省略 MISO 或 MOSI 线。

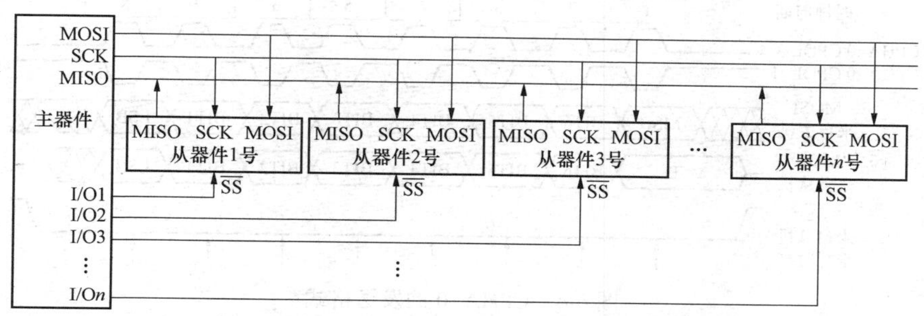

图 6-2　SPI 总线接口的典型电路

（3）工作原理。主/从式 SPI 允许在主机与外围设备之间进行串行通信。只有 SPI 主器件才能启动数据的传输。通过 SPI 控制寄存器 SPCR 将 MSTR 置 1 的方法设置主 SPI 传送数据（即处于主方式）。当处于主方式时，向 SPI 数据寄存器 SPDR 写入字节，启动数据的传输。SPI 主设备立即在 MOSI 线上串行移出数据，同时在 SCK 上提供串行时钟。在 SPI 传送过程中，SPDR 不能缓冲数据，写到 SPI 的数据直接进入移位寄存器，在串行时钟 SCK 下 MOSI 线上串行移出数据。当经过 8 个串行时钟脉冲后，SPI 状态寄存器 SPSR 的 SPIF 开始置位时，传送结束。同时，SPIF 置 1，产生一个中断请求，从接收设备移位到主 SPI 的数据被传送到 SPI 数据寄存器 SPDR。因此，SPDR 所缓冲的数据是 SPI 所接收的数据。在主 SPI 传送下一个数据之前软件必须通过读 SPDR 清除 SPIF 标志位，然后再执行。

当 SPI 被允许而未被配置为主器件时，它将作为从器件工作。在从 SPI 中，数据在主 SPI 时钟控制下进入移位寄存器，当一个字节进入从 SPI 后，被传送到 SPDR。为防止越限（字节进入移位寄存器之前读该字节），从机软件必须在另一个字节进入移位寄存器之前，先读 SPDR 中的这个字节，并准备传送到 SPDR 中。图 6-3 为 SPI 数据的交换。

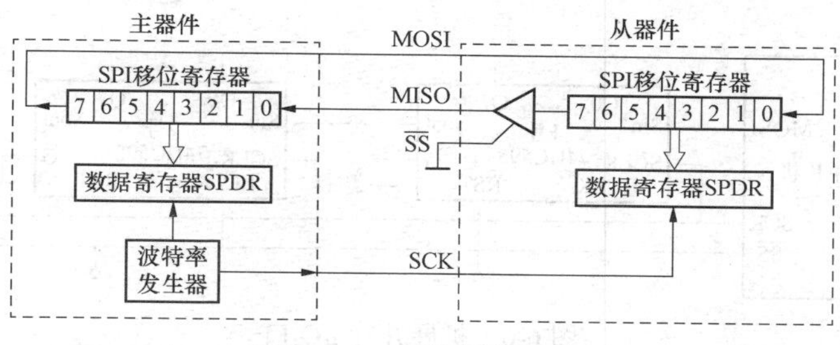

图 6-3　SPI 数据的交换

3. 时钟相位和极性

为适应不同外部设备的串行通信，用软件来改变 SPI 串行时钟的相位和极性，即选择 CPOL 与 CPHA 的 4 种不同组合方式。其中 CPOL 用于选择时钟极性，与发送格式无关。而时钟相位 CPHA 用于控制两种发送格式（CPHA=0 和 CPHA=1 的发送格式）。对于主、从机通信，时钟相位和极性必须相同。

（1）CPHA=0 的发送格式。图 6-4 为 CPHA=0 的发送格式。图中 SCK 有两种波形：一种为 CPOL=0，另一种为 CPOL=1。在 CPHA=0 时，$\overline{SS}$ 下降沿用于启动从机数据发送，而第一个 SCK 跳变捕捉最高位。在一次 SPI 传送完毕，从机的 $\overline{SS}$ 脚必须返回高电平。

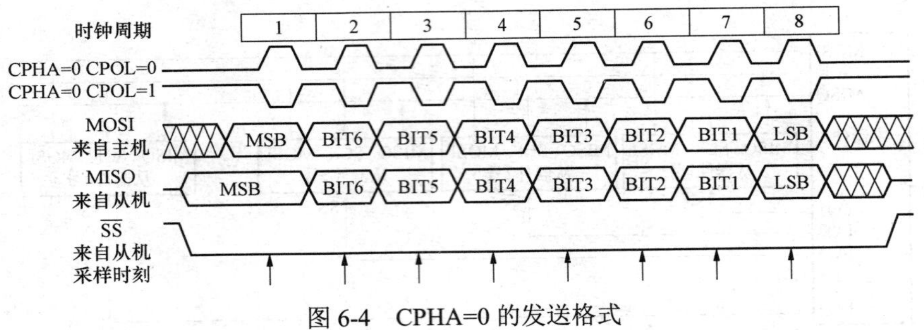

图 6-4 CPHA=0 的发送格式

（2）CPHA=1 的发送格式。图 6-5 为 CPHA=1 的发送格式，主机在 SCK 的第一个跳变开始驱动 MOSI，从机应用它来启动数据发送。SPI 传送期间，从机的 $\overline{SS}$ 引脚保持为低电平。

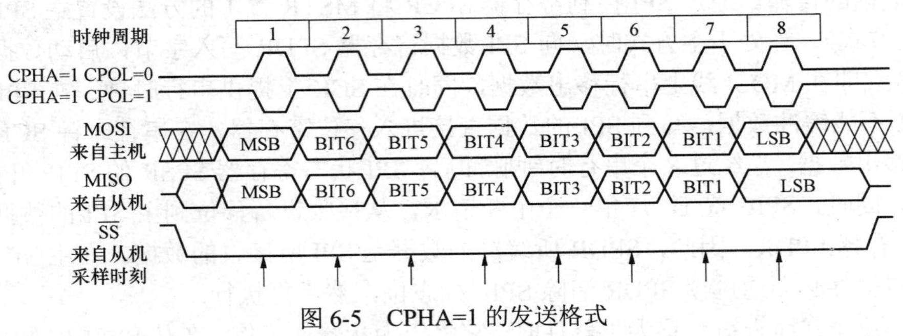

图 6-5 CPHA=1 的发送格式

4. SPI 的应用

（1）自带 SPI 接口的单片机扩展并行 I/O 端口。某些单片机内部自带有 SPI 总线接口。图 6-6 所示为自带 SPI 接口单片机的 SPI 总线扩展两片 74HC595 串入/并出移位寄存器。

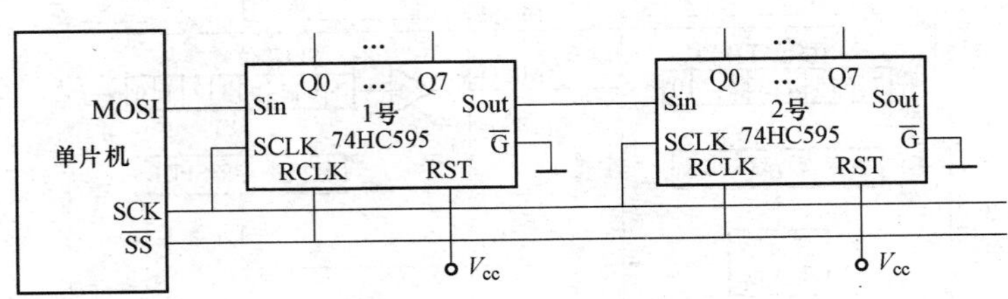

图 6-6 扩展并行 I/O 口

74HC595 采用级联的方法进行连接，SCLK 接在 SCK 线上，RCLK 与 $\overline{SS}$ 相连，1 号的数据输入线 Sin 接在 MOSI 线上，2 号芯片的数据输入线 Sin 与 1 号芯片的数据输出线 Sout 相连。单片上 MISO 暂时没有使用，可用于输入芯片的数据输入。在输出数据时，先将 $\overline{SS}$ 清零，再执行两次 SPI 传送。

（2）SPI 串行总线在 80C51 系列单片机中的实现。在一些智能仪器和工业控制系统中，当传输速度要求不是很高时，使用 SPI 总线可增加系统接口器件的种类，提高系统性能。若系统中使用不具有 SPI 接口功能的 80C51 系列单片机时，那么只能通过软件来模拟 SPI 操作。假设 $P1._5$ 模拟 SPI 的数据输出端 MOSI，$P1._7$ 模拟 SPI 的 SCK 输出端，$P1._4$ 模拟 SPI 的从机选择端 $\overline{SS}$，$P1._6$ 模拟 SPI 的数据输入端 MISO。若外围器件在 SCK 的下降沿接收数据、上升沿发送数据时，单片机 $P1._7$ 口初始值设为 0，允许接口后 $P1._7$ 设为 1。单片机在输出 1 位 SCK 时钟的同时，接口芯片串行左移，使输出 1 位数据到单片机的 $P1._6$ 口，即模拟了 MISO，此后再置 $P1._7$ 为 0，使 80C51 单片机从 $P1._5$（模拟 MOSI）输出 1 位数据到串行接口芯片。这样模拟 1 位数据输入输出完成。然后，再将 $P1._7$ 置 1，模拟下 1 位数据输入输出……，依次循环 8 次，完成 8 位数据传输的操作。

6.2.2　I²C 总线

I²C（Inter-Integrated Circuit）总线是由 Philips 公司推出的一种两线式串行总线，用于连接微控制器及其外围设备，实现同步双向串行数据传输的技术。I²C 总线于 20 世纪 80 年代推出，是一种具有两线（串行数据线和串行时钟线）标准总线；该串行总线的推出为单片机应用系统的设计带来了极大的方便，它有利于系统设计的标准和模块化，减少了各电路板之间的大量连线，从而提高了可靠性，降低了成本，使系统的扩展更加方便灵活。

目前有很多半导体集成电路上都集成了 I²C 接口。具有 I²C 总结的单片机有 Cygnal 的 C8051F0xx 系列、Philips 的 P8xC591 系列、MicroChip 的 PIC16C6xx 系列等。很多外围器件如存储器、监控芯片等也提供 I²C 接口。

1. I²C 总线的特点

I²C 总线为两线制，一条 SDA 串行数据线，另一条 SCL 串行时钟线。它采用“纯软件”的寻址方法，以减少连线数目。

可工作在主/从方式。与总线相连的每个器件都对应一个特定的地址，可由芯片内部硬件和外部地址同时确定；每个器件在通信过程中可建立简单的主从关系，即主控器件可作为发生器也可作为接收器。

I²C 是一种真正的多主串行总线，多主器件竞争总线时，时钟同步和总线仲裁都由硬件自动完成。因为该总线具有错误检测和总线仲裁功能，可防止多个主控器件同时启动数据传输而产生的总线竞争。各个主机之间没有优先次序之分，也无中心主机。

串行数据在主从之间可双向传输；其传输速率在不同的模式下各不相同，在标准模式下速率可达 100kbit/s，快速模式下可达 400kbit/s，高速模式下可达 3.4Mbit/s。

数据总线上的毛刺波由芯片上的滤波器滤去，确保数据的完整性。

同步时钟和数据线相配合产生可作为启动、应答、停止或重启动串行发送的握手信号。连接到同一总线的 I²C 器件数只受总线的最大电容 400pF 限制。

2. I²C 总线的接口电路及工作原理

（1）I²C 的接口电路。I²C 总线为双向同步串行总线，I²C 设备与 I²C 总线连接的接口电路如图 6-7 所示。

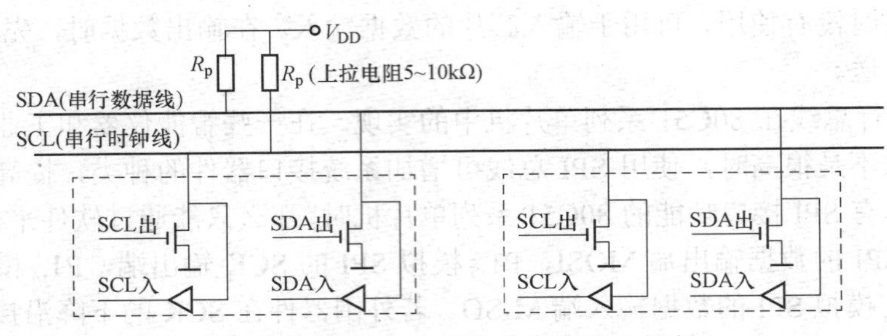

图 6-7 I²C 设备与 I²C 总线的接口电路

为实现时钟同步和总线仲裁机制，应将电路上的所有输出连接形成逻辑“线与”的关系。在进行时钟同步和总线仲裁机制过程中，I²C 总线上的输出波形不是由哪个器件单独决定的，而是由连接在总线上所有器件的输出级共同决定的。由于 I²C 总线端口为 FET 开漏输出结构，因此 I²C 总线上必须接上拉电阻 R_p，R_p 阻值可参考有关数据手册来选择。总线在工作时，当 SDA 输出（或 SCL 输出），则 FET 管截止，输出为 0，带有 I²C 接口的器件通过 SDA 输入（或 SCL 输入）输入缓冲器采集总线上的数据或时钟信号。

数据线 SDA 和时钟 SCL 构成的 I²C 串行总线，可发送和接收数据。I²C 总线上发送数据的设备称为发送器，而接收数据的设备称为接收设备。能够初始发送、产生时钟启动/停止信号的设备称为主设备；被主设备寻址的设备称为从设备。在信息的传输过程中，I²C 总线上并接的每一个 I²C 设备既是主设备（或从设备），又是发送器（或接收设备），这取决于它所要完成的功能。在标准模式下，单片机与 I²C 设备之间、I²C 设备与 I²C 设备之间进行双向数据的传送，最高传送速率达 100kbit/s。单片机发出的控制信号分为地址码和控制量两部分，地址码用来选址，即接通需要控制的电路，确定控制的种类；控制量决定该调整的类别及需要调整的量。由于地址码和控制量的不同，各控制电路虽然处在同一条总线上，却彼此独立，互不相关。

I²C 总线支持主/从和多主的两种工作方式，图 6-8 为主/从式系统结构；图 6-9 为多主式系统结构。

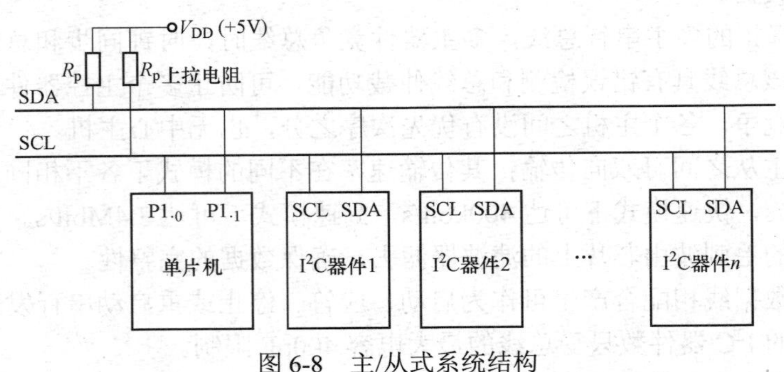

图 6-8 主/从式系统结构

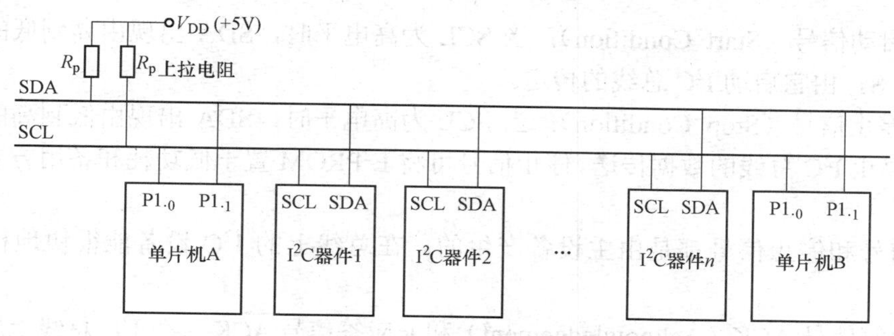

图 6-9　多主式系统结构

在图 6-8 和图 6-9 中的单片机若不具有 I^2C 接口，可利用单片机的口线模拟 SDA 和 SCL 线。若单片机本身提供有 I^2C 接口，则可直接采用它的 SDA 和 SCL 口线。

（2）工作过程。在数据传输中，主设备为数据传输产生时钟信号。要求 SDA 数据线只有在 SCL 串行时钟处于低平时才能变化。总线的一次典型工作过程如下。

1）开始。表明开始传输信号，由主设备产生。

2）地址。主设备发送地址信息，包含 7 位的从设备地址和 1 位的指示位。

3）数据。根据指示位，数据在主设备和从设备之间传输。数据一般以 8 位传输，接收器上用一位 ACK（回答信号）表明每个字节都收到了。传输可以被终止或重新开始。

4）停止。信号结束传输，由主设备产生。

3. I^2C 信号时序分析

（1）SDA 与 SCL 的时序关系。I^2C 总线上的各位时序信号应符合 I^2C 总线协议，其时序关系如图 6-10 所示。整个串行数据与芯片本身的数据操作格式应相符。I^2C 总线为同步传输总线，总线数据与时钟完全同步。当时钟 SCL 线为高电平时，对应数据线 SDA 线上的电平即为有效数据（高电平为“1”，低电平为“0”）；当 SCL 线为低电平时，SDA 线上的电平允许改变；当 SCL 发出的重复时钟脉冲每次为高电平时，SDA 线上对应的电平就是一位一位地传送数据，最先传输的是字节的最高位数据。

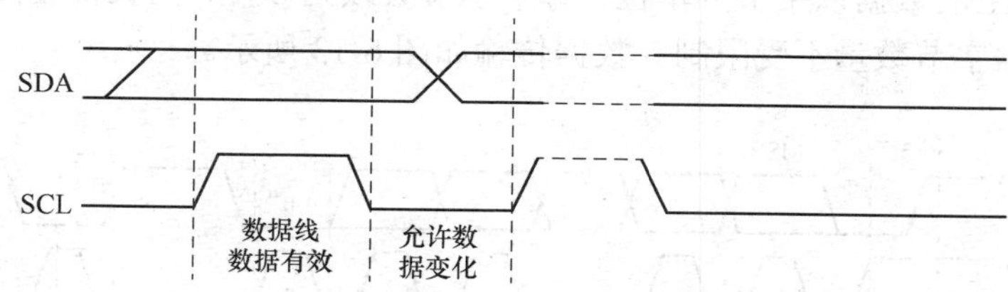

图 6-10　SDA 与 SCL 的时序关系

（2）启动与停止信号。I^2C 总线数据在传送时，有两种时序信号：启动信号、停止信号，如图 6-11 所示。

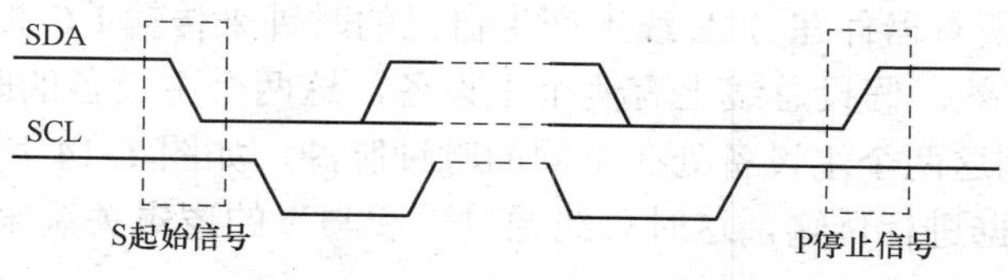

图 6-11　启动与停止信号

1）S 启动信号（Start Condition）：当 SCL 为高电平时，SDA 出现由高到低的电平跳变为启动信号 S，由它启动 I^2C 总线的传送。

2）P 停止信号（Stop Condition）：当 SCL 为高电平时，SDA 出现由低到高的跳变为结束信号 P，停止 I^2C 总线的数据传送。停止信号可将 E^2PROM 置于低功耗和备用方式（stand by mode）。

启动信号和停止信号都是由主设备产生的。在总线上的 I^2C 设备能很快地检测到这些信号。

（3）应答信号 ACK（Acknowledgement）和非应答信号 $\overline{ACK}$。在 I^2C 总线上所有的数据都是 8 位传送的，每个字节传送完以后，都要有一个应答位，而第 9 个 SCL 时钟对应于应答信号位。当 SDA 线上为低电平时，第 9 个 SCL 时钟对应的数据位为应答信号 ACK；当 SDA 线上为高电平时，第 9 个 SCL 时钟对应的数据位为非应答信号 $\overline{ACK}$。此信号是由接收数据的设备发出的，如图 6-12 所示。

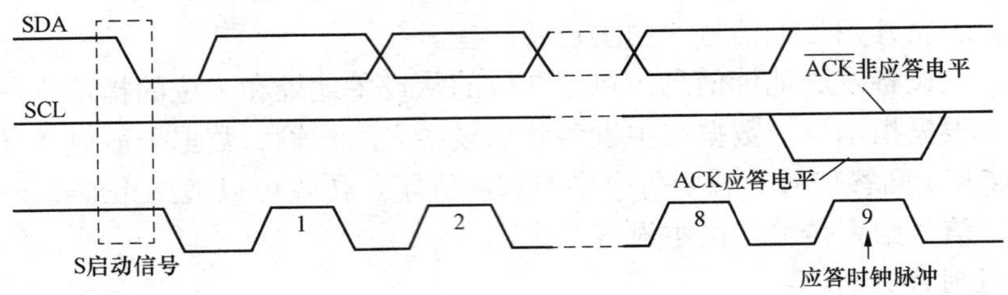

图 6-12　应答信号和非应答信号

（4）数据传输。当 I^2C 总线启动后或应答信号后的 1～8 个时钟脉冲，各对应一个字节的 D7～D0 位数据。在 SCL 时钟脉冲高电平期间，SDA 的电平必须保持稳定不变的状态，只有当 SCL 处在低电平时，才可改变 SDA 的电平值，但启动信号和停止信号是特例。因此，当 SCL 处于高电平时，SDA 的任何跳变都会识别成为一个启动或停止信号。在数据传输过程中，发送 SDA 信号线上的数据以字节为单位，每个字节必须为 8 位，而且都是高位在前，低位在后，每次发送数据字节数量不受限制。数据传输如图 6-13 所示。

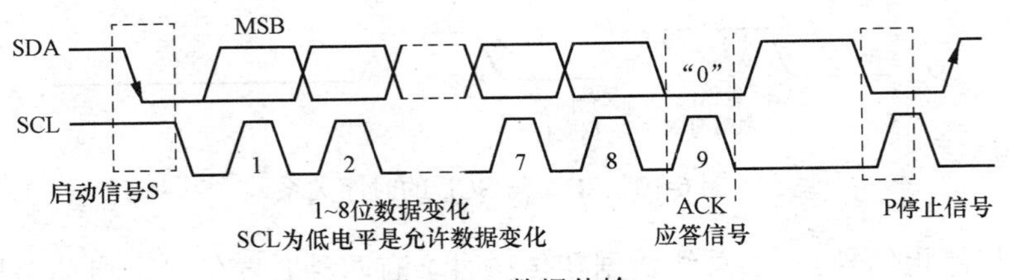

图 6-13　数据传输

（5）时钟同步。所有器件在 SCL 线上产生自己的时钟来传输 I^2C 报文，这些数据只有在 SCL 高电平期间才有效。假设总线上有两个主设备，这两个主设备的时钟分别为 CLK1 和 CLK2。若在某一时刻这两个主设备处在不同的时钟脉冲，如图 6-14 所示，此时它们都想控制总线，让自己的数据进行传输，这时总线通过“线与”的逻辑关系来裁定有效时钟，产生时钟同步信号 SCL。

（6）仲裁。数据在总线空闲时才能进行传输。在那些只有一个主设备的基本系统中不会有仲裁的。然而，更多的复杂系统允许有多个主控设备，因此，就有必要用某种形式的仲裁来避免总线冲突和数据丢失。通过用“线与”连接 I^2C 总线的两路信号（数据和时钟）可实现仲裁。所有的主设备必须监视 I^2C 的数据和时钟线，如果主设备发现已有数据正在传输，它就不会开始进行另一数据的传输。假设总线上有两个主设备，这两个设备的数据输出端分别对应为 DATA1 和 DATA2。这两个主设备可能在最小持续时间内产生一个起始条件，都想获得控制总线的能力，向总线发出一个启动信号，在这种情况下，相互竞争的设备自动使它们的时钟保持同步，然后像平常一样继续发射信号。因为这是符合规定的起始条件，但总线不能同时响应这两个启动信号，鉴于此，I^2C 总线通过“线与”的逻辑关系产生在数据线 SDA 上的信号，如图 6-15 所示。

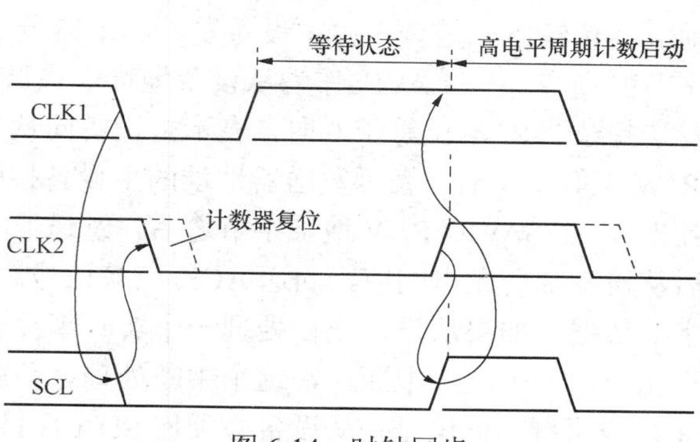

图 6-14　时钟同步

从图中可看出，刚开始 DATA1、DATA2 同时为高电平时，SDA 为高电平；DATA1 由高变低，而 DATA2 高电平保持时，SDA 变为低电平；DATA1、DATA2 同时为低电平时，SDA 为低电平；DATA1、DATA2 同时由低变为高电平时，SDA 也变为高电平；DATA1 为高电平，DATA2 为低电平时，SDA 为低电平，之后当 DATA2 由低变为高时，SDA 才为高……整个过程就是 SDA=DATA1&DATA2，即 SDA 是 DATA1 与 DATA2“线与”的结果，之后，DATA2 获得了总线控制权，可在总线上进行数据的传输，从而实现了总线仲裁。

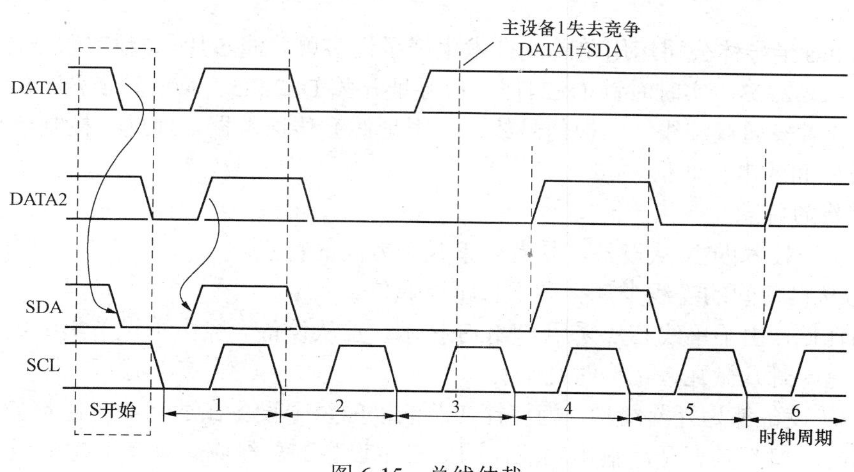

图 6-15　总线仲裁

因为没有数据丢失，仲裁处理是不需要一种特殊的仲裁相位的。获得主控权的设备从本质上来说，是不知道它为了总线而和其他设备竞争的。在串行数据传输中，若有重复起始条件或停止条件发送到总线上时，总线仲裁继续进行，不会停止。

4. I^2C 总线串行传输格式

I^2C 总线在串行传输数据中，启动后每次传送一个字节，每字节 8 位，且高位（D7）在前。其传输格式是首先由主设备发出起始信号 S 启动 I^2C 总线，首先发出一个地址字节，此字节的高 7 位 SLAVE 作为从设备地址，最低位是数据的传送方向位，用 $R/\overline{W}$ 表示，即读/写选择位。$R/\overline{W}$ 位等于 0 时，表示主设备向从设备发送数据（即主设备将数据写入从设备）；$R/\overline{W}$ 位等于 1 时，表示发送器地址的主设备接收从设备发来的数据（即从设备向主设备发送数据）。在 SAVE+ $R/\overline{W}$ 地址字节之后，发送器可发出任意个字节的数据。每发送一个字节之后从设备都会做出响应，回送 ACK 应答信号。主设备收到 ACK 信号后，可继续发送下一个字节数据。如果从设备正在处理一个实时事件而不能接收主设备发来的字节时，例如从设备正在处理一个内部中断，在这个中断处理之前就不能接收主设备发给它的字节，可以使时钟 SCL 线保持为低电平，从设备必须使 SDA 保持高电平。此时主设备发出结束信号 P，使传送异常结束，迫使主设备处理等待状态。若从设备处理完毕时将释放 SCL 线，主器件将继续传送字节。连续传送数据的格式如下。

S	SLAVE	$R/\overline{W}$	A	DATA1	A	DATA2	A…DATA*n*	$A/\overline{A}$	P
1 位	7 位	1 位	1 位（ACK）	8 位	…	…	…	1 位	1 位结束
起始	器件地址字节		应答	8 位数据	…	…	…		结束

6.2.3 单总线

单总线（1-Wire Bus）是美国 Dallas 半导体公司（2011 年并入 MAXIM 公司）于 20 世纪 90 年代新推出的一种串行总线技术。该技术只需使用一根信号线（将计算机的地址线、数据线、控制线合为一根信号线）可完成串行通信。单根信号线既传输时钟，又传输数据，而且数据传输是双向的，在信号线上可挂上许多测控对象，并且电源也经这根信号线馈给，所以在单片机的低速（约 100kbit/s 以下的速率）测控系统中，使用单总线技术可简化线路结构、减少硬件开销。

目前 Dallas 半导体公司运用单总线技术生产了许多单总线芯片，如数字温度计 DS18B20、RAM 存储器 DS2223、实时时钟 DS2415、可寻址开关 DS2405、A/D 转换器 DS2450 等。它们都是通过一对普通双绞线（一根信号线，一根地线）传送数据、地址、控制信号及电源，实现主/从设备间的串行通信。

1. 单总线的特点

采用单总线技术的主/从设备，具有以下几个方面的特点。

（1）主/从设备间的连线少，有利于长距离通信。

（2）功耗低，由于单线芯片采用 CMOS 技术，且从设备一般由主设备集中供电，因此耗电量很少（空闲时几微瓦，工作时几毫瓦）。

（3）主/从设备都为开漏结构，为使挂在总线上的每个设备在适当的时候都能驱动，它们与总线的匹配端口都具有开漏输出功能，因此在主设备的总线侧必须有上拉电阻。

（4）单总线上传送的是数字信号，因此系统的抗干扰性能好、可靠性高。

（5）特殊复位功能，线路处于空闲状态时为高电平，若总线处于低电平的时间大于器件规定值（通常该值为几百微秒）时，总线上的从设备将被复位。

（6）ROM ID，单总线上可挂许多单线芯片进行数据交换，为区分这些芯片，厂家在生产这些芯片时，每个单线芯片都编制了唯一的 ID 地址码，这些 ID 地址码都存放在该芯片自带的存储器中，通过寻址就能把芯片识别出来。

2. 单总线的接口电路及单总线芯片工作原理

（1）单总线接口电路。单总线上可并挂多个从设备，在单片机 I/O 口直接驱动下，能够并挂 200m 范围内的从设备。若进行扩展可挂 1000m 以上的从设备，所以在许多应用场合下，利用单总线技术可组成一个微型局域网（MicroLAN），图 6-16 为单片机与两个从设备间的单总线接口电路。

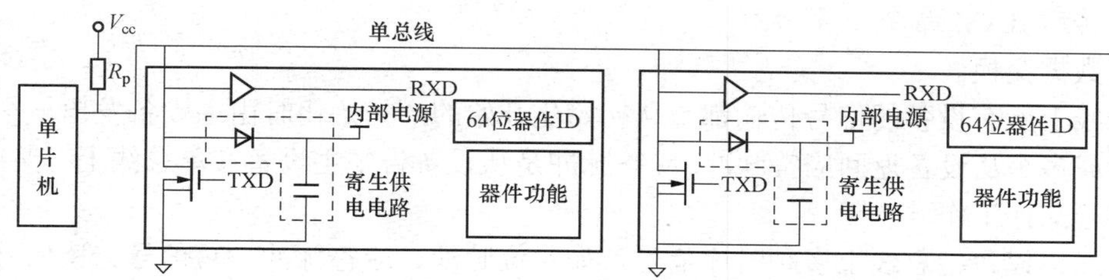

图 6-16　单片机与两个从设备间的单总线接口电路

从图 6-16 中可看出，系统中只用了一根总线，由于主/从设备均采用了开漏，所以在单片机与从设备之间使用了一个 4.7kΩ 的上拉电阻。

单总线的数据传输速率通常为 16.3kbit/s，但其最高速率可达 142kbit/s，因此单总线只能使用在速率要求不高的场合，在单片机测控或数据交换系统中，一般使用 100kbit/s 以下。

（2）单总线芯片工作原理。单总线最大的特点是主/从设备间的连线少，有利于长距离的信息交换。主设备在合适的时间内可驱动单总线上的每个从设备（单总线芯片），这是因为每个单总线芯片都有各自唯一的 64 位 ID 地址码。这 64 位 ID 地址码是厂家对每个单总线芯片使用激光刻录的一个 64 位二进制 ROM 代码，其中第一个 8 位表示单线芯片的分类编号，如可寻址开关 DS2405 的分类编号为 05H，数字温度计 DS1822 的分类编号为 10H 等；接着的 48 位是标识器件本身的序列号，这 48 位序列号是一个大于 281×10^{12} 的十进数编码，所以完全可作为每个单总线芯片和唯一标识代码；最后 8 位为前 56 位的 CRC（Cyclic Redundancy Cheek）循环冗余校验码。

在数据通信过程中，检验数据传输正确与否主要是检验 CRC 循环冗余校验码。即数据通信中，主设备收到 64 位 ID 地址码后，将前 56 位按 CRC 生成多项式：$CRC=X^8+X^5+X^4+1$，计算出 CRC 的值，并与接收到的 8 位 CRC 值进行比较，若两者相同则表示数据传输正确，否则重新传输数据。

作为单总线从设备的单总线芯片，一般都具有生成 CRC 校验码的硬件电路，而作为单总线的主设备可使用硬件电路生成 CRC 校验码，也可通过软件的方法来产生 CRC 循环冗余校验码。感兴趣的读者可参考相关资料。

从图 6-16 还可看出，从设备有一寄生供电电路（Parasite Power）部分。当总线处于高电平时，单总线不仅通过二极管给从设备供电，还对内部电容器充电储存电能；当总线处于低电平时，二极管截止，该单总线芯片由电容器供电，仍可维持工作，但维持工作的时间不长。因此单总线应间隔地输出高电平，使从设备能确保正常工作。

3. 单总线芯片的传输过程

单总线上虽然能并挂多个单总线从设备，但并不意味着主设备能同时与多个从设备进行数据通信。在任一时刻，单总线上只能传输一个控制信号或数据，即主设备一旦选中了某个从设备，就会保持与其通信直至复位，而其他的从设备则暂时脱离总线，在下次复位之前不参与任何通信。

单总线的数据通信包括 4 个过程：

（1）初始化。

（2）传送 ROM 命令。

（3）传送 RAM 命令。

（4）数据交换。

单总线上所有设备的信号传输都是从初始化开始的，初始化时由主设备发出一个复位脉冲及一个或多个从设备返回应答脉冲。应答脉冲是从设备告知主设备在单总线上有某些器件，并准备信号交换工作。

单总线协议包括总线上多种时序信号，如复位脉冲、应答脉冲、写信号、读信号等。除应答脉冲外，其他所有信号都来源于主设备，在正常模式下各信号的波形如图 6-17 所示。

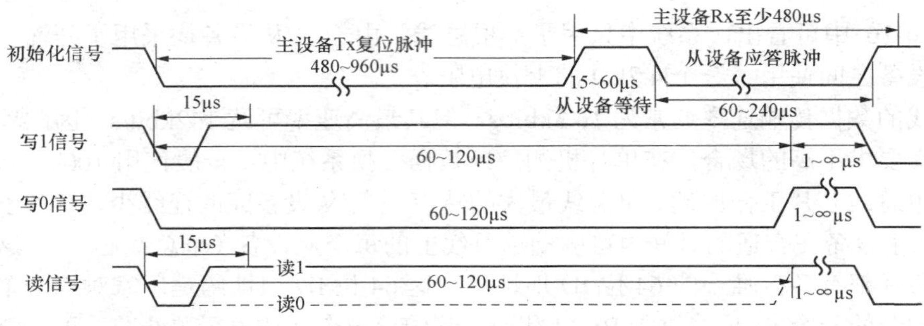

图 6-17 单总线信号波形

主设备 Tx 端首先发送一个 480～960μs 的低电平信号，并释放总线进入接收状态，而总线经 4.7kΩ 的上拉电阻拉至高电平，时间大约 15～60μs，Rx 端监测从设备应答脉冲的到来，监测时间至少需 480μs 以上。

从设备收到主设备的复位脉冲后，向总线发出一个应答脉冲（Presence Pulse），表示该从设备准备就绪。通常情况下，从设备等待 15～60μs 后就可向主设备发送一个 60～240μs 的低电平应答脉冲信号。

主设备收到从设备的应答脉冲后，就开始对从设备进行 ROM 命令和功能命令操作。图 6-17 中标识了写 1、写 0 和读信号时序。在每个时段内，总线每次只能传输一位数据。所有的读、写操作至少需要 60μs，并且每两个独立的时序间至少需要 1μs 的恢复时间。图中，读、写操作都是在主设备将总线拉为低电平之后才进行的。在写操作时，主设备在拉低总线 15μs 之内释放总线，并向从设备写 1；若主设备将总线拉为低电平之后并能保持至少 60μs 的低电平，则向从设备进行写 0 操作。从设备只在主设备发出读操作信号时才向主设备传输数据，所以，当主设备向从设备发出读数据命令后，必须马上进行读操作，以便从设备能传输数据。在主设备发出读操作后，从设备才开始在总线上发送 0 或 1。若从设备发送 1，则总线保持高电平，若发送 0，则将总线拉为低电平。由于从设备发送数据后可保持 15μs 有效时间，因此，主设备在读操作期间必须释放总线，且须在 15μs 内对总线状态进行采样，以便接收从设备发送的数据。

ROM 功能命令主要是用来管理、识别单总线芯片，实现传统“片选”功能。ROM 功能命令有 7 个。

（1）读 ROM：主设备读取从设备的 64 位 ID 地址码。该命令用于总线上只有一个从设备。

（2）匹配 ROM：主设备上有多个从设备时，允许主设备对多个从设备进行寻址。从设备将接收到的 ID 地址码与各自的 ID 地址码进行比较，若相同表示该从设备被主设备选中，否则将继续保持等待状态。

（3）查找 ROM：系统首次启动后，须识别总线上各器件。

（4）直访 ROM：系统只有一个从设备时，主设备可不发送 64 位 ID 地址码直接进入芯片对 RAM 存储器访问。

（5）超速匹配 ROM：超速模式下对从设备进行寻址。

（6）超速跳过 ROM：超速模式下，跳过读 ROM 命令。

（7）条件查找 ROM：用于查找输入电压超过设置的报警门限值的某个器件。

当执行以上 7 个命令中的任意一个时，主设备就能发送任何一个可使用的命令来访问存储器和控制功能，进行数据交换。

6.3　并行存储器的扩展

当单片机片内存储器容量不够用时，需对存储器进行扩展。单片机并行存储器的扩展包括程序存储器和数据存储器的扩展。单片机可并行扩展 64KB 的程序存储器和 64KB 的数据存储器，扩充容量随应用系统的要求而定。

6.3.1　并行程序存储器的扩展

并行扩展时，程序存储器与数据存储器共用地址总线和数据总线，但程序存储器有单独的地址编号，使用单独的控制信号和指令，由 $\overline{\text{PSEN}}$ 控制，即使与数据存储器地址重叠，其地址也不会被占用。芯片的片选一般采用线译码法。

1. 常用并行程序存储器芯片

并行扩展的程序存储器有紫外线擦除的可编程只读存储器 EPROM（Erasable Programmable Read Only Memory），如 2716（2K×8）、2732（4K×8）、2764（8K×8）、27 128（16K×8）、27 256（32K×8）和 27 512（64K×8）等。还有电擦除的可编程只读存储器 E^2PROM（Electrically Erasable PROM），如 2816（2K×8）、2817A（2K×8）、2864（8K×8）等。

紫外线擦除的可编程只读存储器芯片上有一玻璃窗口，在紫外光下照射 20min 左右，存储器的所有单元信息全部变为“1”，这时可通过相应的编程器将程序固化到芯片中。2716 存储容量有 2K×8 位，24 个引脚，采用 DIP 封装，其逻辑结构与引脚如图 6-18 所示。2716 有 5 种工作方式，见表 6-1。

电擦除可编程只读存储器可用电气方法在线擦除和再编程，能在应用系统中进行在线修改，并能在断电的情况下保持修改的结果。写入的数据在常温下可保存十年，可重复擦写 10 万次。E^2PROM 芯片有两类接口：并行接口和串行接口芯片。并行接口 E^2PROM 芯片一般容量大、速度快、功耗大，读写简单。串行接口 E^2PROM 芯片体积小、功耗低、占用系统信号线少、工作速度慢、读写复杂些。

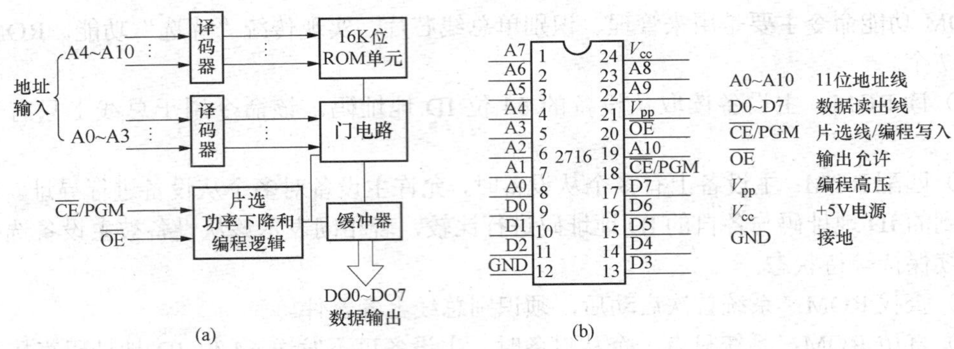

图 6-18 2716 的逻辑结构与引脚

（a）逻辑结构；（b）引脚

表 6-1 **2716 工 作 方 式**

工作方式	$\overline{\text{CE}}$/PGM	$\overline{\text{OE}}$	V_{pp}	V_{DD}	DO0～DO7
读	低电平	低电平	+5V	+5V	数据输出
维持	高电平	任意	+5V	+5V	高阻
编程	高电平	高电平	+25V	+5V	数据输入
编程检验	低电平	低电平	+25V	+5V	数据输出
编程禁止	高电平	任意	+25V	+5V	高阻

程序存储器扩展时，除需外加存储器芯片外，还必须有锁存器芯片，用于锁存地址信息。常用的地址锁存器有 74LS373、74LS273 和 8282，地址锁存信号为 ALE。锁存器的选择不同，与单片机的连接方法也不相同，图 6-19 为三种芯片与单片机 P0 口的连接方法。

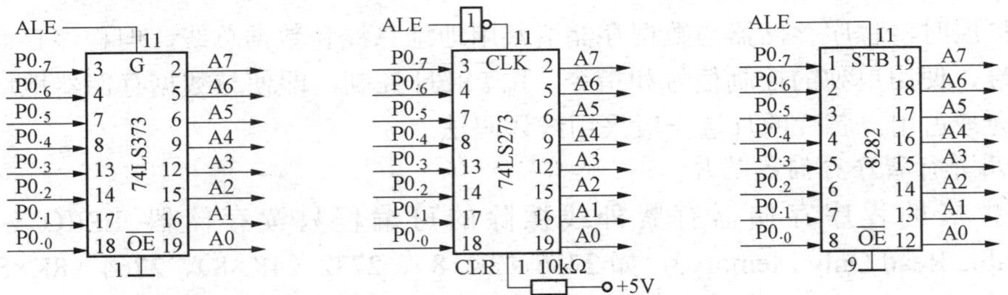

图 6-19 三种芯片与单片机 P0 口的连接方法

2. *程序存储器的扩展方法与实例*

并行程序存储器扩展是通过外部系统总线进行的。在扩展时，程序存储器芯片的地址线 A0～A*n* 对应连接到单片机构造的地址总线 A0～A*n* 上；程序存储器的数据线 D0～D7 对应连接到单片机的 $P0._0$～$P0._7$ 口上；程序存储器的输出允许控制端 $\overline{\text{OE}}$ 连接到单片机的片外程序存储器读控制端 $\overline{\text{PSEN}}$ 上。扩展存储器时，尽量选择容量大的存储器，使系统电路简单，减少芯片组合数量，提高系统稳定性。存储器根据应用环境选择合适型号，并考虑其兼容性。锁存器不同，连接电路也不相同。

（1）线译码法扩展 EPROM 存储器。图 6-20 所示为线译码法扩展三片 2764 EPROM 存储器。片外扩展容量达到 24KB。单片机的 $P2._5$、$P2._6$、$P2._7$ 分别对 0#、1#、2# 2764 EPROM 芯

片进行片选，各存储器芯片相应的地址范围为 0000H～1FFFH、2000H～3FFFH、6000H～7FFFH。各芯片的片选都是低电平有效，当 $P2._5$ 为低电平时 0#芯片被选中；当 $P2._6$ 为低电平时 1#芯片被选中；当 $P2._7$ 为低电平时 2#芯片被选中。

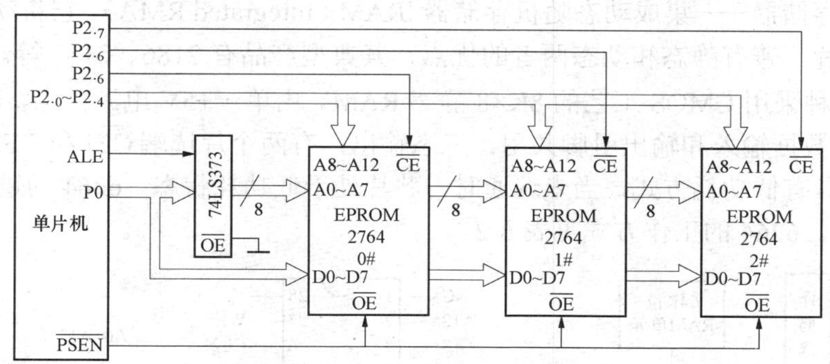

图 6-20　线译码法扩展三片 2764 EPROM 存储器

（2）全译码法扩展 E^2PROM 存储器。图 6-21 所示为全译码法扩展四片 2817 E^2PROM。片外扩展容量达到 8KB，使用 74LS139 作译码器，译码输出 Y0、Y1、Y2、Y3，分别对 0#、1#、2#、3# E^2PROM 芯片的片选。各存储器相应的地址范围为 0000H～07FFH、0800H～0FFFH、1000H～17FFH、1800H～1FFFH。

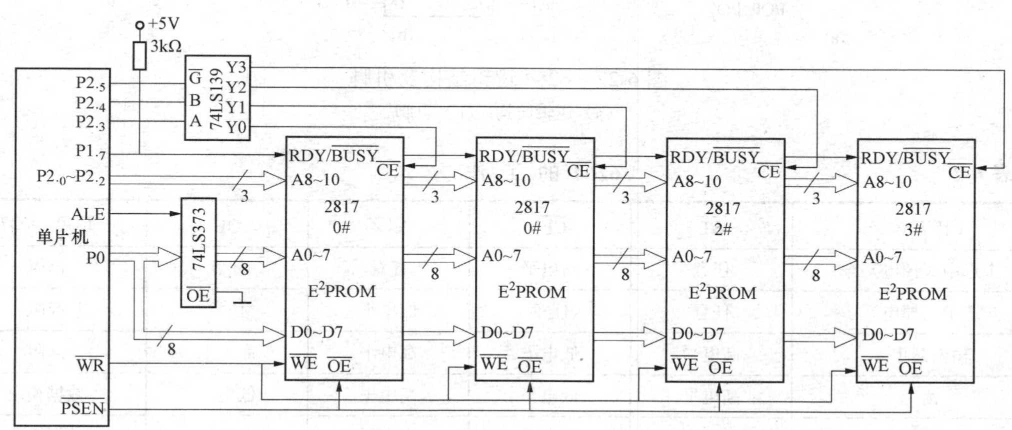

图 6-21　全译码法扩展四片 2817 E^2PROM 存储器

6.3.2　数据存储器的扩展

数据存储器也称随机存储器 RAM（Random Access Memory）。单片机片内的数据存储器可作为工作寄存器、堆栈、软件标志和数据缓冲器使用。在一般应用情况下，片内数据存储器能够满足系统的要求，但在进行大量数据缓冲器的应用系统中，需扩展外部数据存储器。

在扩展时，数据存储器和程序存储器共用数据总线和地址总线，但数据存储器使用 $\overline{RD}$、$\overline{WR}$ 分别作为读、写的控制信号。访问外部 RAM 时用“MOVX”指令。

1. 数据存储器常用芯片

常用的数据存储器按其工作方式可分为基于触发器原理的静态读写数据存储器 SRAM（Static RAM）和基于分布电容电荷存储原理的动态读写数据存储器 DRAM（Dynamic RAM）。

在同一规格中，静态 RAM 读写速度相对快，字节宽度易于扩展，但集成度低，功耗大。典型产品有 6116（2K×8）、6264（8K×8）、62 256（32K×8）等。动态 RAM 集成度高、功耗低，但需增加一个刷新电路，因此在单片机应用系统中没有得到广泛应用。近年来出现了一种新型的动态随机存储器——集成动态随机存储器 iRAM（Integrated RMA），它将动态 RAM 系统集成到一个芯片，兼有静态和动态两者的优点，其典型产品有 2186、2187 等。

6264 是一种采用 CMOS 工艺的 8K×8 静态 RAM。由单一+5V 电源供电，输入/输出电平与 TTL 兼容；数据输入和输出引脚共用，三态输出；有两个片选端 $\overline{CE1}$ 和 CE2，分别为低、高电平有效；具有低功耗方式，当未选通时，芯片处于低功耗状态。6264 的逻辑结构及引脚如图 6-22 所示。6264 的工作方式见表 6-2。

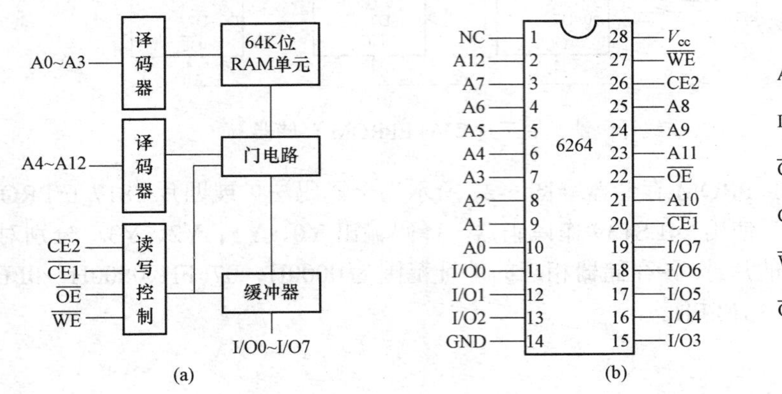

图 6-22 6264 逻辑结构及引脚

（a）逻辑结构；（b）引脚

表 6-2 **6264 的 工 作 方 式**

工作方式	$\overline{WE}$	$\overline{CE1}$	CE2	$\overline{OE}$	I/O0～I/O7
未选中（掉电）	任意	高电平	任意	任意	高阻
未选中（掉电）	任意	任意	低电平	任意	高阻
输出禁止	高电平	低电平	高电平	高电平	高阻
读	高电平	低电平	高电平	低电平	数据输出
写	低电平	低电平	高电平	高电平	数据输入
写	低电平	低电平	高电平	低电平	数据输入

从表 6-2 中可看出，当片选 1（$\overline{CE1}$）为高电平时，6264 未选中，为低电平时芯片才选中。同样片选 2（CE2）为低电平时，6264 未选中，为高电平时被选中，该引脚被拉至小于或等于 0.2V 时，RAM 进行数据保持状态。所以一般将 $\overline{CE1}$ 作为片选信号，接译码器，CE2 在不需要保持状态时必须接高电平。

2. 全译码法扩展数据存储器

图 6-23 为全译码法扩展两片数据存储器和两片程序存储器。从图中可看出，采用 74LS138 作为译码器，74LS373 作为地址锁存器，程序存储器和数据存储器共用了数据总线和地址总线，只不过分别由 $\overline{PSEN}$ 和 $\overline{WR}$ 来进行访问控制。6264 RAM 的 $\overline{CE1}$ 接片选信号，CE2 接至

高电平。

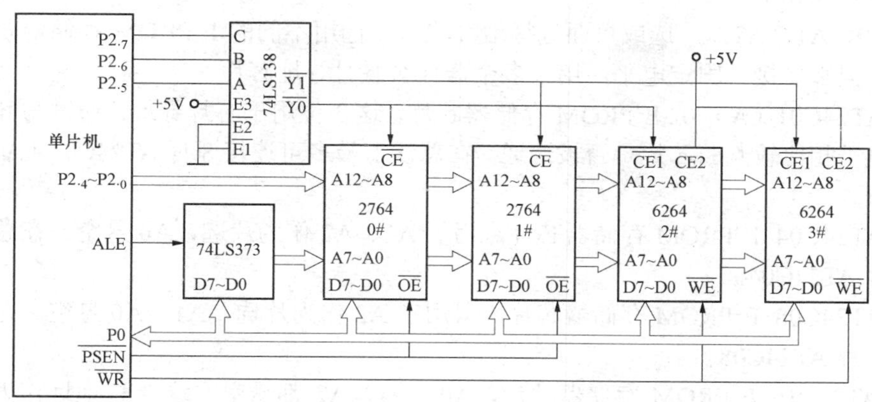

图 6-23　全译码法扩展两片数据存储器和两片程序存储器

在图中 0#、1#为程序存储器，分别占用 0000H～1FFFH、2000H～3FFFH 地址范围；2#、3#为数据存储器，也分别占用 0000H～1FFFH、2000H～3FFFH 地址范围。在使用过程中不会出现总线被占用的情况。

6.4　串行 E²PROM 存储器的扩展

串行 E²PROM 技术是一种非易失性存储器技术，是嵌入式控制的先进技术，串行 E²PROM 存储器具有体积小、功耗低、字节写入灵活、性价比高等特点。在串行 E²PROM 芯片中，地址与数据的传送方式都是串行方式，不占用系统地址总线和数据总线，但数据传输速率不高，只适合数据传送要求不高的场合。常见的串行 E²PROM 主要有二线制 I²C 总线的 E²PROM 和三线制 SPI 总线的 E²PROM 两种。

6.4.1　I²C 总线的 AT24Cxx 存储器扩展

二线制 I²C 串行 E²PROM 存储器主要有美国 Atmel 公司的 AT24Cxx 系列、美国 Catalyst 公司推出的 CAT24WCxx 系列、Microchip 公司的 24Cxx 系列、National 公司的 NM24Cxx 系列等厂家生产的产品。其中 Atmel 公司生产的 AT24Cxx 系列产品比较典型。

Atmel 公司生产的 AT24Cxx 系列有 AT24C01（A）/02/04/08/16/32/64 等型号，它们对应的存储容量分别是 128/256/512/1K/2K/4K/8K×8 位。

AT24C01（A）/02/04/08/16 是 Atmel 公司 AT24Cxx 系列比较典型产品，它们的外部封装形式、引脚功能及内部结构类似，只是存储容量不同而已。

1. AT24Cxx 外部封装及引脚功能

AT24C01（A）/02/04/08/16 E²PROM 存储器都是 8 个引脚，采用 PDIP 和 SOIC 两种封装形式，如图 6-24 所示。

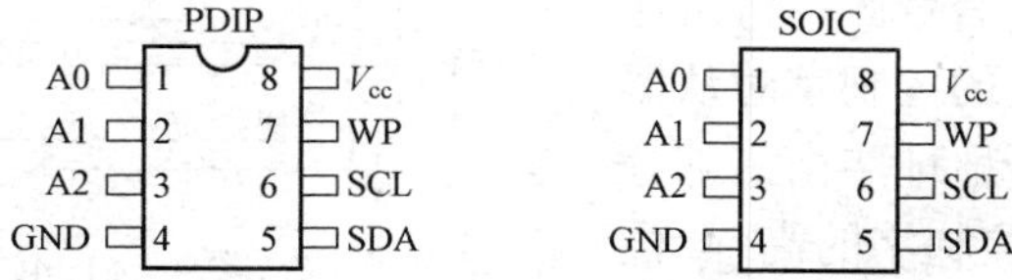

图 6-24　AT24C01（A）/02/04/08/16 的封装形式

各引脚功能如下。

（1）A0、A1、A2：片选或页面选择地址输入。选用不同的 E^2PROM 存储器芯片时，其意义不同，但都要接一固定电平，用于多个器件级联时寻址芯片。

对于 AT24C01（A）/02 E^2PROM 存储器芯片，这 3 位用于芯片寻址，通过与其所接的硬接线逻辑电平相比较判断芯片是否被选通。在总线上最多可连接 8 片 AT24C01（A）/02 存储器芯片。

对于 AT24C04 E^2PROM 存储器芯片，用了 A1、A2 作为片选，A0 悬空。在总线上最多可连接 4 片 AT24C04。

对于 AT24C08 E^2PROM 存储器芯片，只用了 A2 作为片选，A1、A0 悬空。在总线上最多可连接 2 片 AT24C08。

对于 AT24C16 E^2PROM 存储器芯片，A0、A1、A2 都悬空。这 3 位地址作为页地址位 P0、P1、P2。在总线上只能接一片 AT24C16。

（2）GND：地线。

（3）SDA：串行数据（/地址）I/O 端，用于串行数据的输入/输出。这个引脚是漏极开路驱动，可与任何数量的漏极开路或集电极开路器件“线或”连接。

（4）SCL：串行时钟输入端，用于输入/输出数据的同步。在其上升沿时串行写入数据，在下降沿时串行读取数据。

（5）WP：写保护，用于硬件数据的保护。WP 接地时，对整个芯片进行正常的读/写操作；WP 接电源 V_{cc} 时，对芯片进行数据写保护。其保护范围见表 6-3。

表 6-3　　WP 端的保护范围

WP 引脚状态	被保护的存储单元部分				
	AT24C01（A）	AT24C02	AT24C04	AT24C08	AT24C16
接 V_{cc}	1KB 全部阵列	2KB 全部阵列	4KB 全部阵列	正常读/写操作	上半部 8KB 阵列
接地	正常读/写操作				

（6）V_{cc}：电源电压，接+5V。

2. AT24Cxx 内部结构

AT24Cxx 的内部结构如图 6-25 所示，它由启动和停止逻辑、芯片地址比较器、串行控制逻辑、数据字地址计数器、译码器、高压发生器/定时器、存储矩阵、数据输出等部分组成。

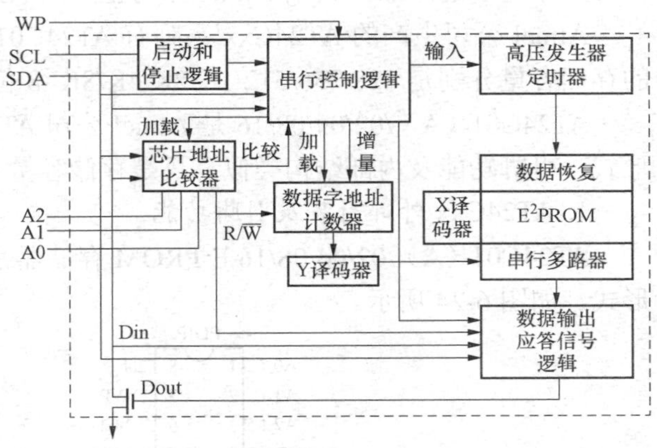

图 6-25　AT24Cxx 内部结构框图

3. AT24Cxx 命令字节格式

主器件发送“启动”信号后，再发送一个 8 位的含有芯片地址的控制字对从器件进行片选。这 8 位片选地址字由三部分组成：第一部分是 8 位控制字的高 4 位（D7～D4），固定值为 1010，是 I^2C 总线器件特征编码；第二部分是最低位 D0，D0 位是读/写选择位 $R/\overline{W}$，决定微处理器对 E^2PROM 进行读/写操作，$R/\overline{W}=1$ 表示读操作，$R/\overline{W}=0$ 表示写操作；剩下的三位为第三部分即 A0、A1、A2，这三位根据芯片的容量不同，其定义也不相同。表 6-4 为 AT24Cxx E^2PROM 芯片的地址安排（表中 P2、P1、P0 为页地址位）。

表 6-4　AT24Cxx　E^2PROM 芯片的地址安排

型　号	容量（×8 位）	地　　址	可扩展数目
AT24C01（A）	128	1　0　1　0　A2　A1　A0　$R/\overline{W}$	8
AT24C02	256	1　0　1　0　A2　A1　A0　$R/\overline{W}$	8
AT24C04	512	1　0　1　0　A2　A1　P0　$R/\overline{W}$	4
AT24C08	1KB	1　0　1　0　A2　P1　P0　$R/\overline{W}$	2
AT24C016	2KB	1　0　1　0　P2　P1　P0　$R/\overline{W}$	1
AT24C032	4KB	1　0　1　0　A2　A1　A0　$R/\overline{W}$	8
AT24C064	8KB	1　0　1　0　A2　A1　A0　$R/\overline{W}$	8

4. 时序分析

（1）SCL 和 SDA 的时钟关系。AT24Cxx E^2PROM 存储器采用二线制传输，遵循 I^2C 总线协议。SCL 和 SDA 的时钟关系与 I^2C 协议中规定的相同。加在 SDA 的数据只有在串行时钟 SCL 处于低电平时钟周期内才能改变，如图 6-26 所示。

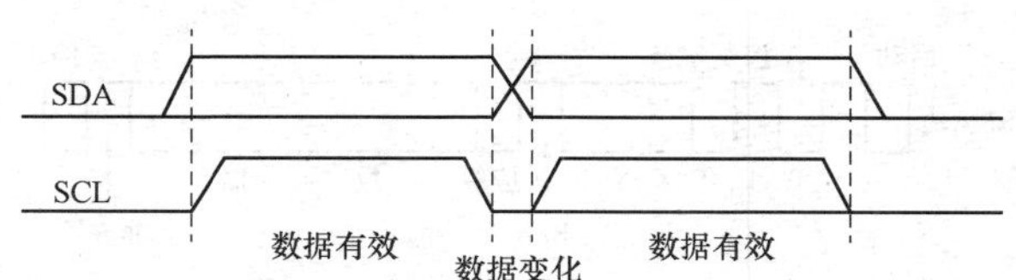

图 6-26　AT24Cxx SDA 和 SCL 时钟关系

（2）启动和停止信号。当 SCL 处于高电平时，SDA 由高电平变为低电平时表示“启动”信号；如果 SDA 由低变为高时表示“停止”信号。启动与停止信号如图 6-27 所示。

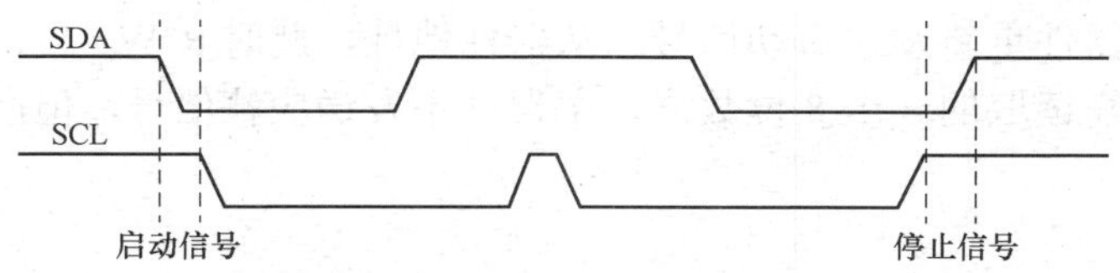

图 6-27　AT24Cxx 启动和停止信号

（3）应答信号。应答信号是由接收数据的存储器发出的，每个正在接收数据的 E^2PROM 收到一个字节数据后，需发出一个“0”应答信号 ACK；单片机接收完存储器的数据后也需发出一个应答信号。ACK 信号在主器件 SCL 时钟线的第 9 个周期出现。

在应答时钟第 9 个周期时，将 SDA 线变为低电平，表示已收到一个 8 位数据。若主器件没有发送一个应答信号，器件将停止数据的发送，且等待一个停止信号，如图 6-28 所示。

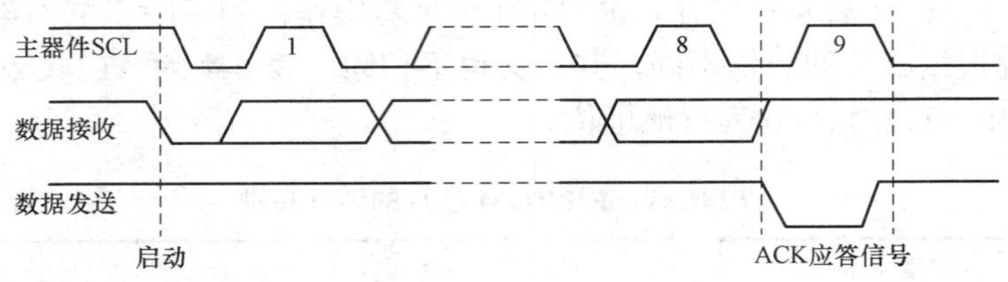

图 6-28 应答信号

5. 读/写操作

AT24C01/02/04/08/16 系列 E^2PROM 从器件地址的最后一位为 R/$\overline{W}$（读/写）位，R/$\overline{W}$=1 执行读操作，R/$\overline{W}$=0 表示写操作。

（1）读操作。读操作包括立即地址读、随机地址读、顺序地址读。

1）立即地址读。AT24C01/02/04/08/16 E^2PROM 在上次读/写操作完之后，其地址计数器的内容为最后操作字节的地址加 1，即最后一次读/写操作的字节地址为 N，则立即地址读从地址 N+1 开始。只要芯片不掉电，这个地址在操作中一直保持有效。在读操作方式下，其地址会自动循环覆盖，即地址计数器为芯片最大地址值时，计数器自动翻转为“0”，且继续输出数据。

AT24C01/02/04/08/16 E^2PROM 接收到主器件发来的从器件地址后，且 R/$\overline{W}$=1 时，该相应的 E^2PROM 发出一个应答信号 ACK，然后发送一个 8 位字节数据。主器件接收到数据后，不需发送一个应答信号，但需产生一个停止信号，如图 6-29 所示。

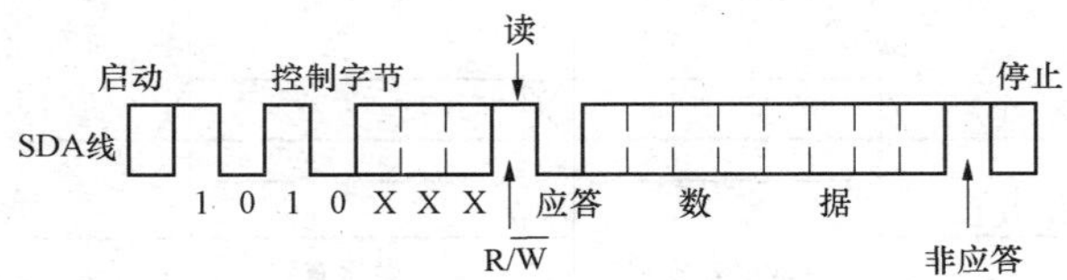

图 6-29 AT24Cxx 立即地址读

2）随机地址读。随机地址读通过一个“伪写入”操作形式对要寻址的 E^2PROM 存储单元进行定位，然后执行读出。随机地址读允许主器件对存储器的任意字节进行读操作，主器件首先发送启动信号、从器件地址、读取字节数据的地址执行一个“伪写入”操作。在从器件应答之后，主器件重新发送启动信号、从器件地址，此时 R/$\overline{W}$=1，从器件发送一个应答信号之后输出所需读取的一个 8 位数据，主器件不发送应答信号，但产生一个停止信号，如图 6-30 所示。

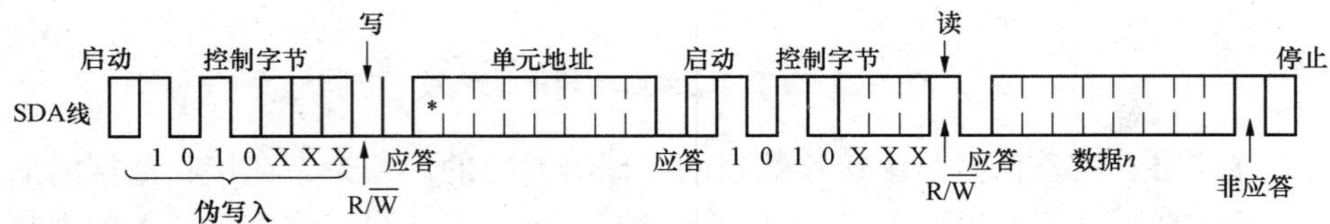

图 6-30 AT24Cxx 随机读

3）顺序地址读。顺序地址读可通过立即地址读或随机地址读操作启动。在从器件发送完一个数据后，主器件发出应答信号，告诉从器件需发送更多的数据，对应每个应答信号，从器件将发送一个数据，当主器件发送的不是应答信号而是停止信号时操作结束。从器件输出的数据按顺序从 n 到 $n+i$，地址计数器的内容相应的相加，计数器也会产生翻转继续输出数据，如图 6-31 所示。

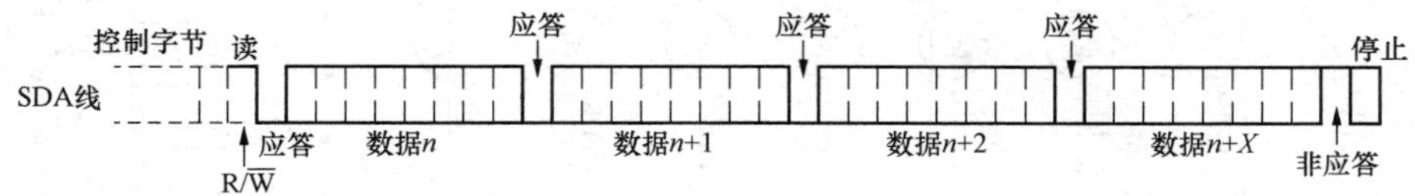

图 6-31　AT24Cxx 顺序读

（2）写操作。写操作包括字节写、页面写、写保护。

1）字节写。

每次启动串行总线时，字节写操作方式只能写入一个字节到从器件中。主器件发出“启动”信号和从器件地址给从器件，从器件收到并产生应答信号后，主器件再发送从器件 AT24C01（A）/02/04/08/16 的字节地址，从器件将再发送另一个相应的应答信号，主器件收到之后发送数据到被寻址的存储单元，从器件再一次发出应答，而且在主器件产生停止信号后才进行内部数据的写操作，从器件在写的过程中不再响应主器件的任何请求，如图 6-32 所示。

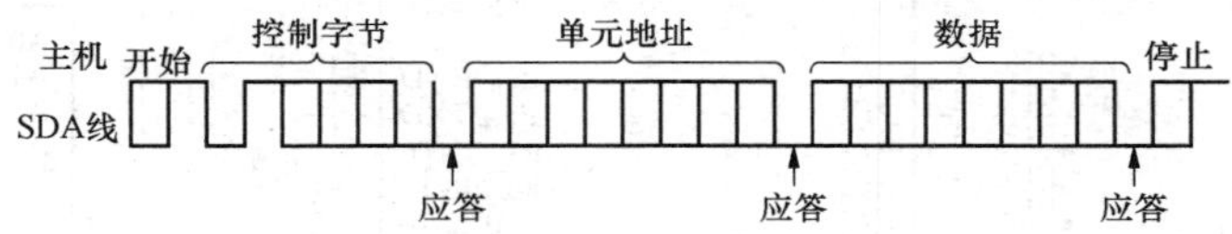

图 6-32　AT24C01（A）/02/04/08/16 字节写

2）页面写。页面写操作方式启动一次 I^2C 总线，24C01（A）可写入 8 个字节数据，AT24C02/04/08/16 可写入 16 个字节数据。页面字与字节写不同，传送一个字节后，主器件并不产生停止信号，而是发送 P 个（AT24C01（A）：P=7，AT24C02/04/08/16：P=15）额外字节，每发送一个数据后，从器件发送一个应答位，并将地址低位自动加 1，高位不变，如图 6-33 所示。

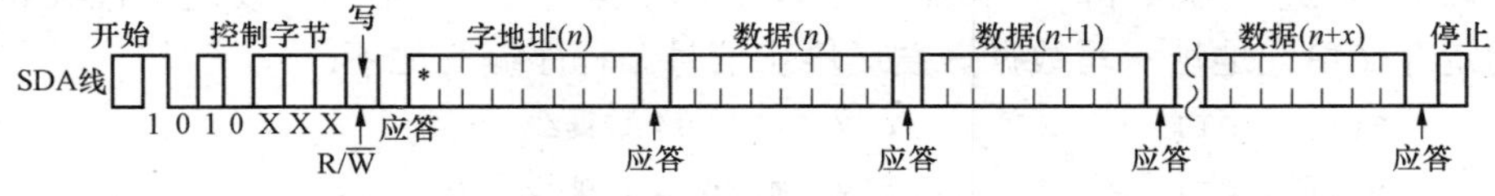

图 6-33　AT24C01（A）/02/04/08/16 页面写

3）写保护。当存储器的 WP 引脚接高电平时，将存储器区全部保护起来，可避免用户操作不当对存储器数据的改写，将存储器变为只读状态。

6. AT24Cxx 的应用

【例 6-1】 AT24Cxx 的读/写操作。要求先将花样灯的数据写入 AT24C04 中，再将数据逐个读出送至 P1 口，使发光二极管进行相应的显示。

解： AT24C04 的读/写操作显示的电路原理如图 6-34 所示。AT24C04 是位容量为 4K 位，其字节容量为 512B 的 E^2PROM 芯片。要完成任务操作，应先将花样灯显示数据写入 AT24C04 中，然后单片机再将这些数据依次从 AT24C04 中读取出来，并送往 P1 端口进行显示。由于单片机只外扩了一片AT24C04，因此作为从机的AT24C04，其地址为1010000x（x为1表示执行读操作，x为0表示执行写操作）。

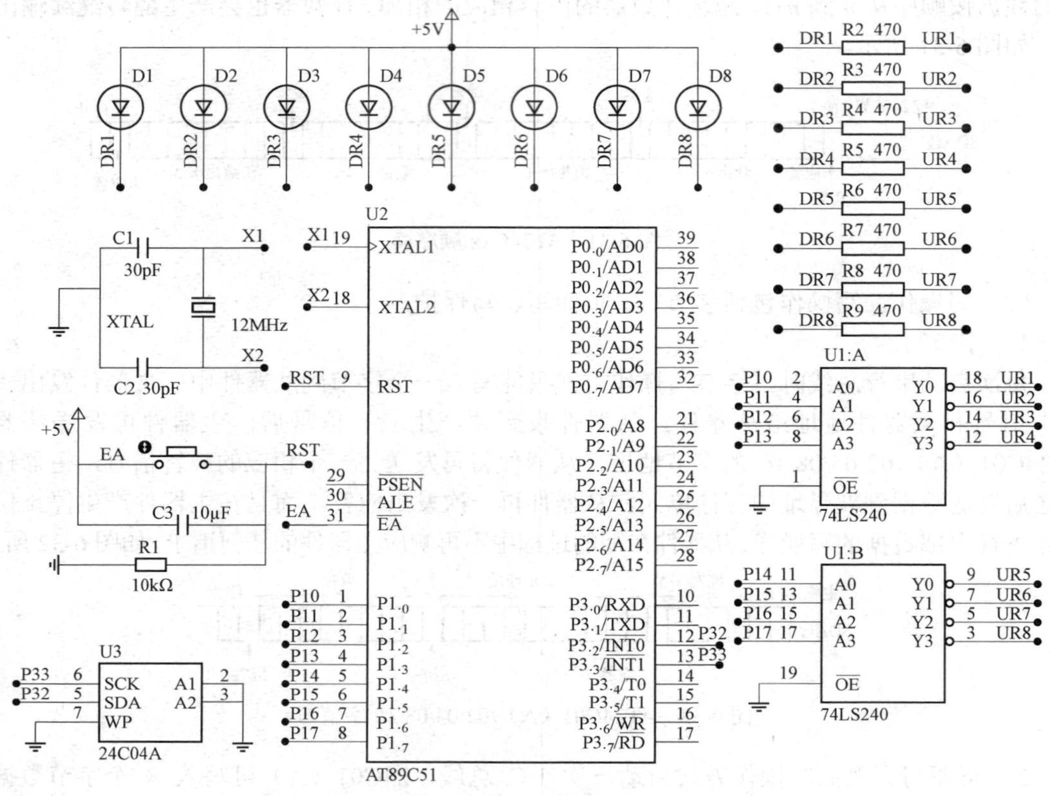

图6-34 AT24C04的读/写操作显示的电路原理

对AT24C04进行读操作时，其流程为单片机对其发送启动信号→发送AT24C04的从机地址→指定存储单元地址→重新发送启动信号→发送从机读寻址→读取数据→发送停止信号。对AT24C04进行写操作时，其流程为单片机对其发送启动信号→发送AT24C04的从机地址→指定存储单元地址→写数据→发送停止信号。程序编写如下。

```
        SDA     BIT  P3.2       ;定义AT24C04数据线
        SCL     BIT  P3.3       ;定义AT24C04时钟线
        LED     EQU  P1
        ORG     0000H
        AJMP    MAIN
        ORG     0030H
MAIN:   MOV     SP,#60H
        MOV     LED,#00H
        ACALL   WR_DATA         ;调用AT24C04写数据子程序
M_LOOP: ACALL   RE_DATA         ;调用AT24C04读数据子程序
        AJMP    M_LOOP
```

```
;向 AT24C04 写 N 字节数据子程序
WR_DATA:  MOV     R0,#00H        ;R0 中设置写起始地址
          MOV     R1,#72         ;R1 中设置写入字节数，共写入 72 个字节的数据
          MOV     DPTR,#TABLE    ;查表
    WR1:  CLR     A
          MOVC    A,@A+DPTR
          MOV     B,A
          LCALL   WR_BYTE        ;调用写字节子程序，将表中的字节写入 AT24C04
          INC     R0             ;写入后指向下一个 AT24C04 字节地址
          INC     DPTR           ;数据指针+1
          DJNZ    R1,WR1         ;72 个数是否写完？
          RET
;从 AT24C04 中读出读 N 字节数据子程序，并送 P1 口显示
RE_DATA:  MOV     R0,#00H        ;设定读取的初始地址
          MOV     R1,#72         ;设定读取个数
    RE1:  LCALL   RE_BYTE        ;读 E²PROM
          LCALL   STOP
          INC     R0             ;地址+1
          MOV     LED,A          ;将结果输出到 LED 显示
          MOV     R7,#100        ;延时约 500ms
          LCALL   DELAY_5MS
          DJNZ    R1,RE1
          RET
;AT24C04 写字节子程序，R0 为要写入的地址，B 为要写入的数据
 WR_BYTE: LCALL  START           ;调用启动信号
          MOV     A,#0A0H        ;指定从机地址，执行写操作
          LCALL   SENDBYTE       ;向 IIC 总线发送字节数据
          LCALL   WAITACK        ;等待应答信号
          MOV     A,R0
          LCALL   SENDBYTE
          LCALL   WAITACK
          MOV     A,B
          LCALL   SENDBYTE
          LCALL   WAITACK
          LCALL   STOP           ;暂停
          MOV     R7,#1          ;每写入 1 个字节，延时 5ms
          LCALL   DELAY_5MS
          RET
;读 AT24C04 操作子程序,R0 为要读的字节地址,A 为读取数据
```

```
RE_BYTE: LCALL  START
         MOV    A,#0A0H         ;指定从机地址，执行写操作
         LCALL  SENDBYTE
         LCALL  WAITACK
         MOV    A,R0            ;指定 AT24C04 读取的字节地址
         LCALL  SENDBYTE
         LCALL  WAITACK
         LCALL  START
         MOV    A,#0A1H         ;指定从机地址，执行读操作
         LCALL  SENDBYTE
         LCALL  WAITACK
         LCALL  RCVBYTE
         RET
;从 IIC 总线上接收一个字节数据，R4 设置字节位数，A 存放接收数据
RCVBYTE: MOV    R4,#08          ;一个字节共接收 8 位数据
         CLR    A
         SETB   SDA             ;释放 SDA 数据线
R_BYTE:  CLR    SCL
         NOP
         NOP
         NOP
         NOP
         SETB   SCL             ;启动一个时钟周期，读总线
         NOP
         NOP
         NOP
         NOP
         MOV    C,SDA           ;将 SDA 状态读入 C
         RLC    A               ;结果移入 A
         SETB   SDA             ;释放 SDA 数据线
         DJNZ   R4,R_BYTE       ;判断 8 位数据是否接收完全?
         RET
;向 IIC 总线发送一个字节数据，R4 设置字节位数，A 存放待发送数据
SENDBYTE: MOV   R4,#08
S_BYTE:   RLC   A
          MOV   SDA,C
          SETB  SCL
          NOP
          NOP
```

```
         NOP
         NOP
         CLR    SCL
         DJNZ   R4,S_BYTE        ;8 位发送完毕？
         RET
WAITACK: CLR    SCL              ;等待从机返回一个响应信号
         SETB   SDA              ;释放 SDA 信号线
         NOP
         NOP
         SETB   SCL
         NOP
         NOP
         NOP
         MOV    C,SDA
         JC     WAITACK          ;SDA 为低电平，返回了响应信号
         CLR    SDA
         CLR    SCL
         RET
  START: SETB   SDA              ;启动信号子程序
         SETB   SCL
         NOP
         CLR    SDA
         NOP
         NOP
         NOP
         NOP
         CLR    SCL
         RET
  STOP:  CLR    SDA              ;停止信号子程序
         NOP
         SETB   SCL
         NOP
         NOP
         NOP
         NOP
         SETB   SDA
         NOP
         NOP
         CLR    SCL
```

```
            CLR     SDA
            RET
DELAY_5MS:  MOV     R6,#10          ;延时 5ms 子程序
   DE1:     MOV     R5,#248
            DJNZ    R5,$
            DJNZ    R6,DE1
            DJNZ    R7,DELAY_5MS
            RET
  TABLE:    DB 01H,02H,04H,08H,10H,20H,40H,80H    ;单个右移
            DB 40H,20H,10H,08H,04H,02H,01H,00H    ;单个左移
            DB 01H,03H,07H,0FH,1FH,3FH,7FH,0FFH   ;两个右移
            DB 7FH,3FH,1FH,0FH,07H,03H,01H,00H    ;两个左移
            DB 03H,06H,0CH,18H,30H,60H,0C0H
            DB 60H,30H,18H,0CH,06H,03H,00H
            DB 18H,24H,42H,81H,42H,24H,18H,00H
            DB 18H,3CH,7EH,0FFH,7EH,3CH,18H,00H
            DB 55H,0AAH,0E7H,00H,0F0H,0FH
            DB 0FFH,00H,0FFH,00H
            END
```

6.4.2 SPI 总线的 93C46 存储器扩展

三线制 SPI 串行 E^2PROM 存储器主要有美国 Atmel 公司的 AT250xx 系列、Microchip 公司的 93Cxx 系列等厂家生产的产品。其中 93C46 是比较典型的产品，它的存储容量 1024 位，可配置为 16 位（ORG 引脚接 V_{cc}）或 8 位（ORG 引脚接 V_{ss}）的寄存器。

1. 93C46 外部封装及引脚功能

93C46 E^2PROM 采用 CMOS 工艺制成的 8 引脚串行可用电擦除可编程只读存储器，有 PDIP 和 SOIC 等封装形式，如图 6-35 所示。

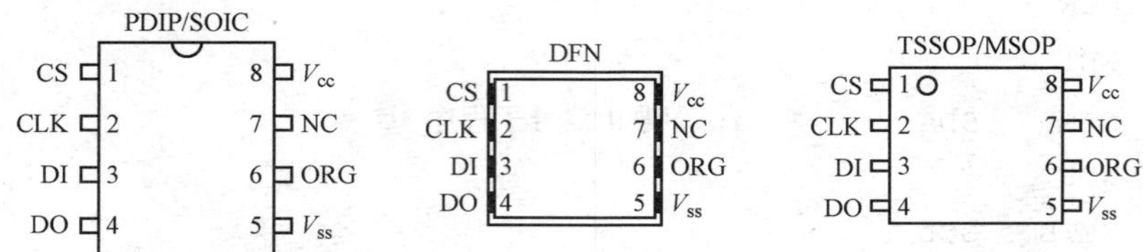

图 6-35 93C46 的封装形式

各引脚的功能如下。

（1）CS：片选端，高电平选通器件。CS 为低电平时，释放器件使它进入待机模式。

（2）CLK：串行时钟输入端，用来同步主器件与 93C46 器件之间的通信。操作码、地址和数据在 CLK 上升沿时按位移入；同样，数据在 CLK 的上升沿时按位移位。

（3）DI：数据输入端，用来与 CLK 输入同步地移入起始位、操作码、地址和数据。

（4）DO：数据输出端，在读取模式中，用来与 CLK 输入同步地输出数据。

（5）V_{ss}：电源地。

（6）ORG：存储器配置端，该引脚连接到 V_{cc} 或逻辑高电平时，配置为 16 位存储器架构；连接到 V_{ss} 或逻辑低电平时，选择为 8 位存储器架构。进行正常操作时，ORG 必须连接到有效的逻辑电平。

（7）NC：未使用。

（8）V_{cc}：电源电压。

2. 93C46 内部结构

93C46 内部结构如图 6-36 所示。它由存储器阵列、地址译码器、地址计数器、数据寄存器、方式译码逻辑、输出缓冲器、时钟发生器等部分组成。ORG 为高电平时选择 16 位（64×16）的存储器架构，ORG 为低电平时选择 8 位（128×8）的存储器架构。数据寄存器储存传输进来的串行数据（这些串行数据包括指令、地址和写入的数据），再由方式译码逻辑与内部时钟发生器，在指定的地址将数据作读取或写入动作。

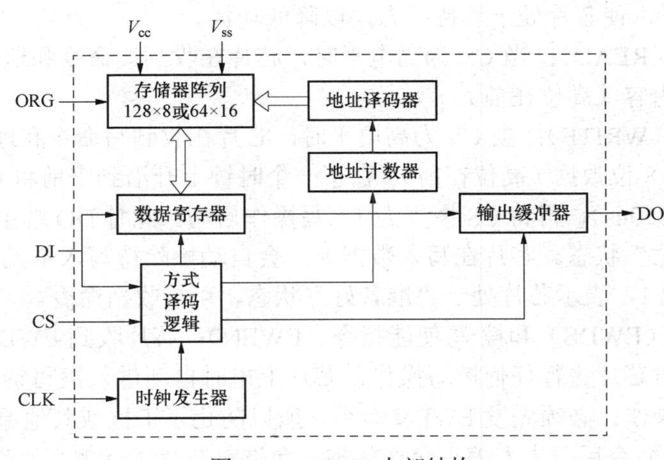

图 6-36　93C46 内部结构

3. 93C46 指令集

93C46 是 SPI 接口 E^2PROM，其容量为 1024 位，它们被 ORG 配置为 128 个字节（8bit）或 64 个字（16bit）。93C46 有专门的 7 条指令来实现各种操作，包括字节/字的读取、字节/字的写入、字节/字的擦除、全擦与全写。这 7 条指令的格式见表 6-5。

表 6-5　　93C46 指令格式

指令	功能描述	起始位	操作代码	ORG=0（128×8）			ORG=1（64×16）		
				地址	数据		地址	数据	
					DI	DO		DI	DO
READ	读取数据	1	10	A6～A0	—	D7～D0	A5～A0	—	D15～D0
WRITE	写入数据	1	01	A6～A0	D7～D0	（RDY/$\overline{BSY}$）	A5～A0	D15～D0	（RDY/$\overline{BSY}$）
EWEN	擦/写使能	1	00	11XXXXX	—	高阻态	11XXXX	—	高阻态
EWDS	擦/写禁止	1	00	00XXXXX	—	高阻态	00XXXX	—	高阻态

续表

指令	功能描述	起始位	操作代码	ORG=0（128×8）			ORG=1（64×16）		
				地址	数据		地址	数据	
					DI	DO		DI	DO
ERASE	擦字节或字	1	11	A6～A0	—	（RDY/$\overline{BSY}$）	A5～A0	—	（RDY/$\overline{BSY}$）
ERAL	擦全部	1	00	10XXXXX	—	（RDY/$\overline{BSY}$）	10XXXX	—	（RDY/$\overline{BSY}$）
WRAL	用同一数据写全部	1	00	01XXXXX	D7～D0	（RDY/$\overline{BSY}$）	01XXXX	D15～D0	（RDY/$\overline{BSY}$）

指令的最高位（起始位）为 1，作为控制指令的起始值。然后是两位操作代码，最后是 6 位或 7 位地址码。93C46 在 Microwire 系统中作为从器件，其 DI 引脚用于接收以串行格式发来的命令、地址和数据信息，信息的每位均在 CLK 的上升沿读入 93C46。不论 93C46 进行什么操作，必须先将 CS 位置 1，然后在同步时钟作用下，把 9 位或 10 位串行指令依次写入片内。在未完成这条指令所必须的操作之前，芯片拒绝接收新的指令。在不对芯片操作时，最好将 CS 置为低电平，使芯片处于等待状态，以降低功耗。

读取数据指令（READ）：当 CS 为高电平时，芯片在收到读命令和地址后，从 DO 端串行输出指定单元的内容（高位在前）。

写入数据指令（WRITE）：当 CS 为高电平时，芯片在收到写命令和地址后，从 DI 端接收串行输入 16 位或 8 位数据（高位在前）。在下一个时钟上升沿到来前将 CS 端置为 0（低电平保持时间不小于 250ns），再将 CS 恢复为 1，写操作启动。此时 DO 端由 1 变成 0，表示芯片处于写操作的“忙”状态。芯片在写入数据前，会自动擦除待写入单元的内容，当写操作完成后，DO 端变成 1，表示芯片处于“准备好”状态，可接收新命令。

擦/写禁止指令（EWDS）和擦/写使能指令（EWEN）：芯片收到 EWDS 命令后进入擦写禁止状态，不允许对芯片进行任何擦写操作，芯片上电时自动进入擦写禁止状态。此时，若想对芯片进行擦写操作，必须先发 EWEN 命令，所以防止了干扰或其他原因引起的误操作。芯片接收到 EWEN 命令后，进入擦写允许状态，允许对芯片进行擦写操作。读 READ 命令不受 EWDS 和 EWEN 的影响。

用同一数据写全部指令（WRAL）：将特定内容整页写入。

擦字节或字指令（ERASE）：用于擦除指定地址的数据位内容，擦除后该地址的内容为 1，该指令需要在 EWEN 的状态下才有效。

擦全部指令（ERAL）：擦除整个芯片的数据位内容，擦除后芯片所有地址的数据位内容均为 1，该指令需要在 EWEN 的状态下才有效。

在进行擦全部和用同一数据写全部时，在接收完命令和数据，CS 从 1 变为 0 再恢复为 1（低电平保持时间不小于 250ns）后，启动擦全部或用同一数据写全部，擦除和写入均为自动定时方式。在自动定时方式下，不需要 CLK 时钟。

4. 93C46 的应用

【例 6-2】 93C46 的读/写操作。要求先将流水灯的数据写入 93C46 中，再将数据逐个读出送至 P1 口，使发光二极管进行相应的显示。

解： 93C46 的读/写操作显示的电路原理如图 6-37 所示，图中 93C46 的 ORG 引脚与地线连接，将 93C46 配置为 8 位存储器架构。

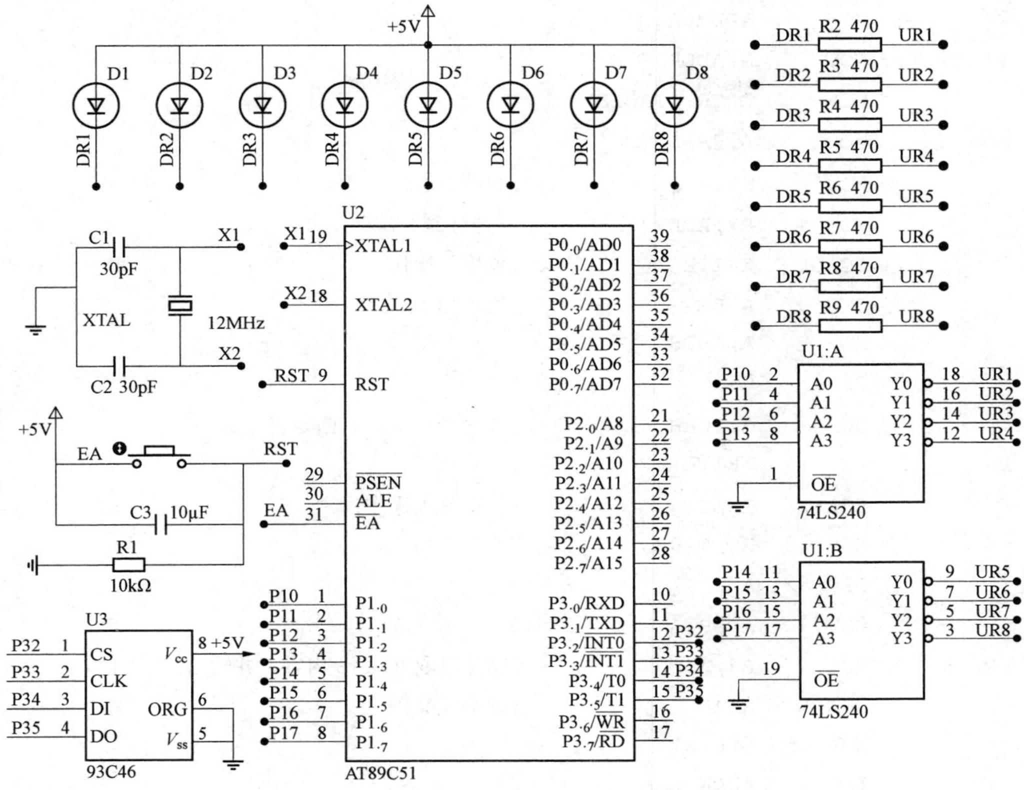

图 6-37　93C46 的读/写操作显示的电路原理

程序编写如下。

```
    CS      BIT     P3.2
    CLK     BIT     P3.3
    DI      BIT     P3.4
    DO      BIT     P3.5
   LED      EQU     P1
  ADDR      EQU     20H
  INDATA    EQU     21H
            ORG     0000H
            LJMP    MAIN
     MAIN:  MOV     SP,#30H
            CLR     DO                      ;初始化端口
            CLR     CS
            SETB    DI
            SETB    CLK
            LCALL   EWEN                    ;使能写入操作
            LCALL   ERASE                   ;擦除全部内容
            CLR     A                       ;写入显示代码到 93C46
```

```
            MOV     ADDR,A
WRITE_LP:   MOV     A,ADDR
            MOV     DPTR,#TABLE
            MOVC    A,@A+DPTR
            MOV     R5,A            ;数据到 R5
            MOV     R7,ADDR         ;地址到 R7
            LCALL   WRITE           ;调用写操作
            INC     ADDR            ;地址加 1
            MOV     A,ADDR
            CLR     C
            SUBB    A,#08H          ;共 8 个字节，判断是否完成
            JC      WRITE_LP
            LCALL   EWDS            ;禁止写入操作
            MOV     R0,#40H
            CLR     A
            MOV     ADDR,A
MAIN_LP:    MOV     R7,ADDR         ;循环读取 93C46 内容，并输出到 P1 口
            LCALL   READ            ;调用读操作
            MOV     LED,R7
            INC     ADDR
            ANL     ADDR,#07H
            MOV     R7,#250
            LCALL   DELAYMS         ;延时 250ms
            SJMP    MAIN_LP
;写数据到 93C46，R7 为要写入数据的地址，R5 为要写入的数据
WRITE:      MOV     INDATA,R5       ;暂存要写入的数据
            MOV     B,R7            ;设置要写入数据的地址
            MOV     R5,B            ;地址
            MOV     R7,#40H         ;写入指令
            LCALL   INOP            ;调用 INOP 子程序,写入指令和地址
            MOV     R7,INDATA       ;数据
            LCALL   SHIN            ;移入数据
            CLR     CS
            MOV     R7,#10
            LJMP    DELAYMS         ;延时 10ms
;读取 93C46 内的数据，R7 为地址，通过 R7 返回读取的数据
READ:       MOV     B,R7
            MOV     R5,B
            MOV     R7,#80H
```

```
        LCALL   INOP               ;调用 INOP 子程序，写入指令和地址
        LCALL   SHOUT              ;调用 SHOUT，读出数据保存到 R7
        CLR     CS
        RET
;写入使能指令
EWEN:   MOV     R5,#60H
        CLR     A
        MOV     R7,A
        LCALL   INOP
        CLR     CS
        RET
;写入禁止指令
EWDS:   CLR     A
        MOV     R5,A
        MOV     R7,A
        LCALL   INOP
        CLR     CS
        RET
;擦除所有内容
ERASE:  MOV     R5,#40H
        CLR     A
        MOV     R7,A
        LCALL   INOP
        MOV     R7,#1EH
        LCALL   DELAYMS
        CLR     CS
        RET
;写入操作码子程序，其中 R7 为指令码的高两位，R5 为指令码的低 7 位或地址
INOP:   CLR     CLK                ;开始位
        SETB    DI
        SETB    CS
        NOP
        NOP
        SETB    CLK
        NOP
        NOP
        CLR     CLK                ;开始位结束
        MOV     A,R7               ;先移入指令码高位
        RLC     A
```

```
          MOV     DI,C
          SETB    CLK
          RLC     A
          CLR     CLK
          MOV     DI,C                  ;移入指令码次高位
          SETB    CLK
          NOP
          NOP
          CLR     CLK
          MOV     A,R5                  ;移入余下的指令码或地址数据
          RLC     A                     ;R5 左移一位
          MOV     R5,A
          CLR     A
          MOV     R7,A
INOP_LP:  MOV     A,R5                  ;移入 R5 的高 7 位
          RLC     A
          MOV     DI,C
          SETB    CLK
          MOV     A,R5
          RLC     A
          MOV     R5,A
          CLR     CLK
          INC     R7
          CJNE    R7,#07H,INOP_LP ;判断是否 7 位全部移完
          SETB    DI
          RET
;从单片机移出数据到 93C46，R7 为要移出的数据
   SHIN:  CLR     A
          MOV     R6,A
          MOV     A,R6
          MOV     A,R7
SHIN_LP:  RLC     A
          MOV     DI,C
          SETB    CLK
          NOP
          NOP
          CLR     CLK
          INC     R6
          CJNE    R6,#08H,SHIN_LP ;共 8 位，判断是否完成
```

```
            SETB    DI
            RET
;从 93C46 移出数据到单片机的 R7
    SHOUT:  CLR     A
            MOV     R6,A
 SHOUT_LP:  SETB    CLK
            NOP
            NOP
            CLR     CLK
            MOV     C,DO
            RLC     A
            INC     R6
            CJNE    R6,#08H,SHOUT_LP ;共 8 位，判断是否完成
            MOV     R7,A
            RET
  DELAYMS:  MOV     A,R7
            JZ      DLYMS
     DLY1:  MOV     R6,#0B9H
     DLY2:  NOP
            NOP
            NOP
            DJNZ    R6,DLY2
            DJNZ    R7,DLY1
    DLYMS:  RET
    TABLE:  DB 01H,02H,04H,08H,10H,20H,40H,80H    ;右移流水灯
            END
```

6.5　外部 I/O 端口的扩展

80C51 单片机共有四个 8 位的并行 I/O 口，但是 I/O 口一般不能完全供用户使用。对于片内有 ROM/EPROM 的单片机，在不使用外部扩展时，才允许对这四个口完全由用户使用。对于单片机需要进行外部扩展的情况下，它所能提供给用户的 I/O 资源仅为 P1 口和 P2、P3 口线，因此在复杂的系统中，通常要进行外部 I/O 端口的扩展。

外部 I/O 端口的扩展主要有两种方法：一种是并行 I/O 端口的扩展；另一种是串行 I/O 端口的扩展。并行 I/O 端口的扩展又分为通过使用 I/O 扩展芯片的简单 I/O 扩展及使用可编程并行 I/O 芯片的扩展这两种方式。串行 I/O 端口的扩展也分两种方式：串行输入/并行输出方式及串行输出/并行输入方式。

6.5.1　并行 I/O 端口的简单扩展

采用 TTL 电路或 CMOS 锁存器，三态门作为 I/O 扩展芯片，可实现并行 I/O 端口的简单

扩展。它是采用系统外总线的扩展方式，I/O 口是通过 P0 口进行扩展。

可作为并行 I/O 端口的简单扩展方式的芯片有 74LS273、74LS373、74LS377、74LS244、74LS245、8282 等。在实际中，可根据系统对输入输出的要求选择合适的扩展芯片，如使用 74LS273 和 74LS244，将 P0 口扩展成简单的输入输出端口，其电路如图 6-38 所示。

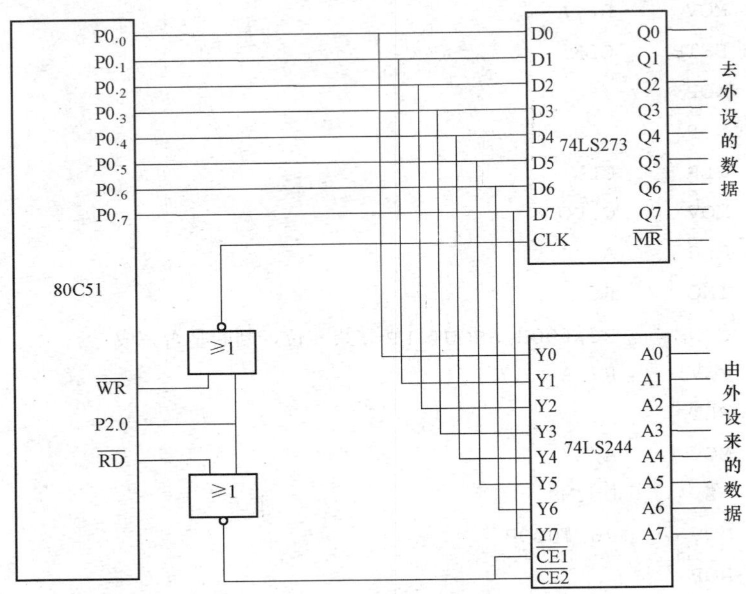

图 6-38 并行 I/O 端口的简单扩展

图 6-38 中 74LS244 是缓冲器，扩展输入口，外部设备数据由此输入；74LS273 输出端接外部输出设备。74LS244 和 74LS273 的工作受 80C51 单片机的 $P2._0$、$\overline{WR}$ 和 $\overline{RD}$ 这 3 条控制线控制。当 $P2._0$ 和 $\overline{RD}$ 为低电平，而 $\overline{WR}$ 为高电平时，选中 74LS244 并读取与该芯片连接的外部设备的数据；当 $P2._0$ 和 $\overline{WR}$ 为低电平，而 $\overline{RD}$ 为高电平时，选中并写 74LS273，单片机通过 P0 口输出数据到 74LS273，从而控制外部设备。

从图 6-38 中可看出，输入和输出都是在 $P2._0$ 为低电平时有效，那么它们的口地址 P2P0=1111111011111111B=FEFFH。输入和输出的口地址相同，那么是否会发生总线冲突？显示不会，因为输入控制信号由 $P2._0$ 和 $\overline{RD}$ 合成；输出控制信号由 $P2._0$ 和 $\overline{WR}$ 合成。所以输入和输出的程序段如下。

输入程序段：

```
MOV   DPTR,#0FEFFH          ;I/O 地址送 DPTR
MOVX  A,@DPTR               ; RD 为低，将 74LS244 中的数据读入 A 中
```

输出程序段：

```
MOV   A,#data               ;立即数 data 送入 A 中
MOV   DPTR,#0FEFFH          ; I/O 地址送 DPTR
MOVX  @DPTR,A               ; WR 为低，立即数经 74LS273 口输出
```

【例 6-3】 简单并行 I/O 端口扩展的应用。编写程序，要求将图 6-39 所示电路中拨码开关（DSW）状态通过发光二极管显示出来。

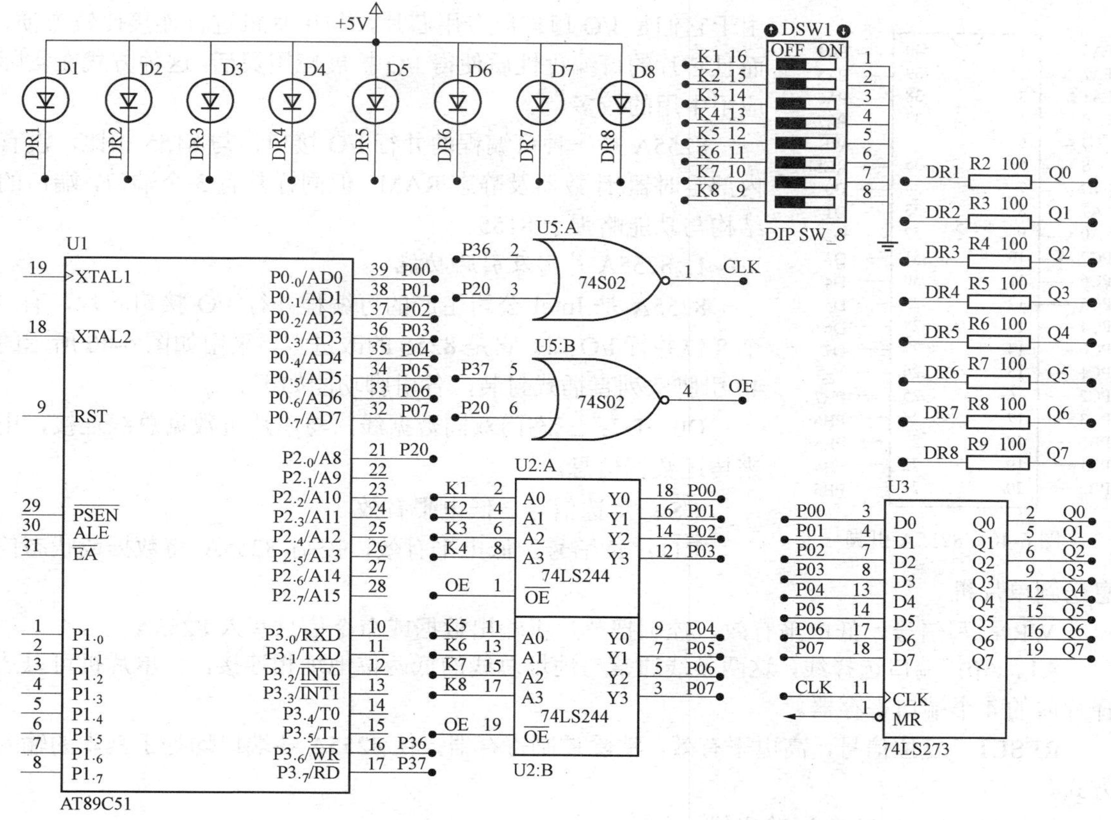

图 6-39　简单并行 I/O 端口扩展的应用电路

解：74LS244 与 8 位拨码开关（DSW）连接，作为外部 8 位并行数据的输入端；74LS273 与 8 个发光二极管进行连接，通过单片机的控制将开关状态由 74LS273 输出，从而控制相应二极管的亮或灭。由于 74LS244 和 74LS273 的数据端口都与 P0 连接，其选择由 P2.0、$\overline{\text{WR}}$ 和 $\overline{\text{RD}}$ 这 3 条控制线控制，因此它们的口地址均为 P2P0=FEFFH。编写程序时，首先指定 DPTR 的地址，然后将 DPTR 中的内容送入 A，再将 A 中的内容送入 DPTR 即可。编写程序如下。

```
        ORG     0000H
        AJMP    MAIN
        ORG     0030H
 MAIN:  MOV     DPTR,#0FEFFH        ;口地址送 DPTR
LP:     MOVX    A,@DPTR             ;按钮开关状态读入 A 中
        MOVX    @DPTR,A             ;A 中数据送输出口
        SJMP    LP                  ;反复连续执行
        END
```

6.5.2 采用 8255A 的并行 I/O 端口扩展

采用门电路的简单并行 I/O 端口扩展方式具有电路简单、成本低、配置灵活等优点，扩展单个 8 位输入或输出时也非常方便，但由于 TTL 门电路不具备可编程，因此用这种方式扩展的 I/O 端口功能单一。使用可编程并行 I/O 芯片如 8255A、8155 等进行 I/O 端口扩展时，

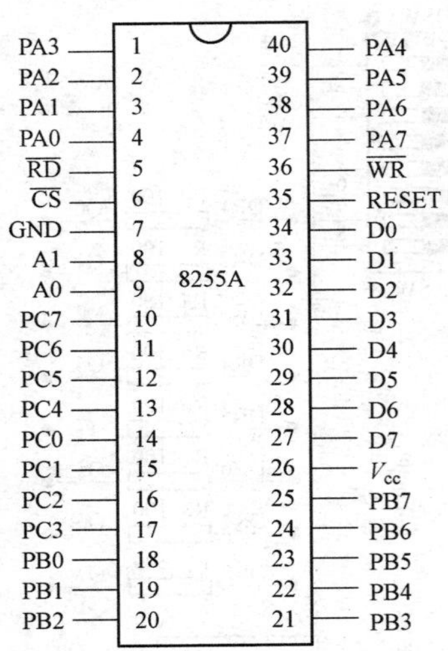

图 6-40 8255A 引脚

由于它们是 I/O 口扩展专用芯片，与单片机进行连接比较方便，而且芯片的可编程性质使得 I/O 扩展应用灵活，这种方式在实际应用中用的较多。

8255A 是一种可编程的并行 I/O 接口，与 8155 相比，没有内部定时器/计数器及静态 RAM，但同样具有 3 个端口，端口的结构与功能略强于 8155。

1. 8255A 外形及引脚功能

8255A 是 Intel 公司生产的可编程并行 I/O 接口芯片，有 3 个 8 位并行 I/O 口。它是 8255 的改进型，采用如图 6-40 所示的 40 引脚双列直插式封装，各引脚功能如下。

D0～D7：三态门双向数据线，与单片机数据总线连接，用来传送数据信息。

$\overline{CS}$：片选信号，低电平有效。

$\overline{RD}$：读信号，低电平有效，控制 8255A 将数据或状态信息送到单片机。

$\overline{WR}$：写信号，低电平有效，控制把单片机输出数据或命令信息写入 8255A。

A1、A0：端口选择线，这两条线通常与地址总线的低两位地址相连接，使单片机可以选择片内的 4 个端口寄存器。

RESET：复位信号，高电平有效，清除控制寄存器，使 8255A 各端口均处于基本的输入方式。

PA0～PA7：A 口输入/输出线。

PB0～PB7：B 口输入/输出线。

PC0～PC7：C 口输入/输出线。

V_{cc}：+5V 电源。

GND：地线。

2. 8255A 的内部结构

8255A 的内部结构如图 6-41 所示，它主要由 3 个 8 位数据端口（A 口、B 口和 C 口）、由 A 组和 B 组控制电路、数据总线缓冲器、读/写控制逻辑等部分组成。

（1）3 个 8 位数据端口。这 3 个 8 位数据端口均可看成 I/O 口，但它们的结构及功能各有不同。

A 口：具有一个 8 位数据输出锁存/缓冲器和一个 8 位数据输入锁存器，PA7～PA0 是可与外设连接的外部引脚。A 口可编程为 8 位输入/输出或双向 I/O 口。

B 口：具有一个 8 位数据输出锁存/缓冲器和一个 8 位数据输入缓冲器（不锁存），PB7～PB0 是可与外设连接的外部引脚。B 口可编程为 8 位输入/输出口，但不能作双向输入/输出口。

C 口：具有一个 8 位数据输出锁存/缓冲器和一个 8 位数据输入缓冲器（不锁存），PC7～PC0 是可与外设连接的外部引脚。

通常 A 口与 B 口用作输入/输出数据端口，C 口作为控制或状态信息的端口。在方式字控制下，C 口可分为两个 4 位端口，每个端口包含 1 个 4 位锁存器，可分别同端口 A 和端口 B 配合使用，也可作为控制信号输出，或作为状态信号输入。

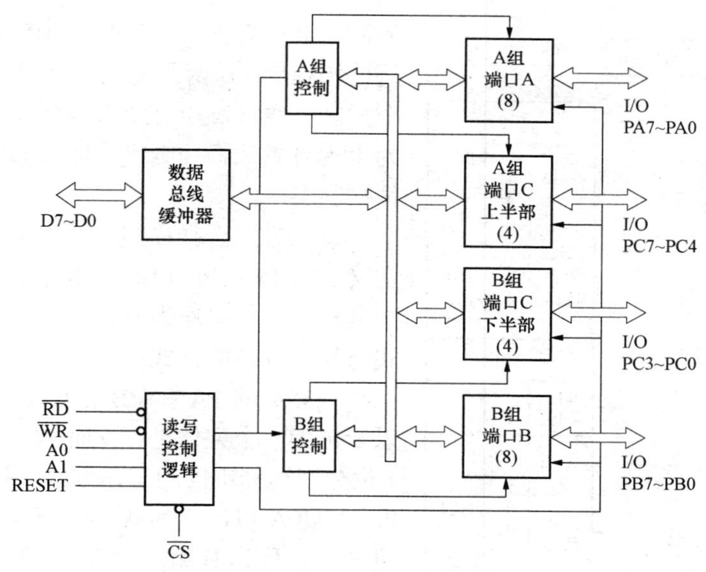

图 6-41　8255A 的内部结构

（2）A 组和 B 组控制电路。这两组控制电路根据 CPU 发出的方式选择控制字来控制 8255A 的工作方式，每个控制组都接收来自读/写控制逻辑的“命令”，接收来自内部数据总线的“控制字”，并向与其相连的端口发出适当的控制信号。A 组控制部件用来控制 PA 口和 PC 口的高 4 位（PC7～PC4）；B 组控制部件用来控制 PB 和 PC 口的低 4 位（PC3～PC0）。

（3）数据总线缓冲器。数据总线缓冲器是一个三态 8 位双向缓冲器，用作 8255A 同系列数据总线相连时的缓冲部件，CPU 通过执行输入/输出指令来实现对缓冲器发送或接收数据。A1、A0、$\overline{CS}$、$\overline{RD}$ 和 $\overline{WR}$ 信号的组合决定了 8255A 使用的端口对象、芯片选择、是否复位，以及 8255A 与 CPU 之间的数据传输方向，具体操作情况见表 6-6。表中“×”表示任意状态。

表 6-6　8255A 的端口选择及操作

$\overline{CS}$	A1	A0	$\overline{RD}$	$\overline{WR}$	端口操作
0	0	0	0	1	读 PA 口，端口 A→数据总线
0	0	0	1	0	写 PA 口，端口 A←数据总线
0	0	1	0	1	读 PB 口，端口 B→数据总线
0	0	1	1	0	写 PB 口，端口 B←数据总线
0	1	0	0	1	读 PC 口，端口 C→数据总线
0	1	0	1	0	写 PC 口，端口 C←数据总线
0	1	1	1	0	数据总线→8255 控制寄存器
1	×	×	×	×	芯片未选中（数据线呈高阻态）
0	1	1	0	1	非法操作
0	×	×	1	1	芯片未选中（数据线呈高阻态）

3. 8255A 的方式控制字

用编程的方法向 8255A 的控制端口写入控制字，可用来选择 8255A 的工作方式。8255A

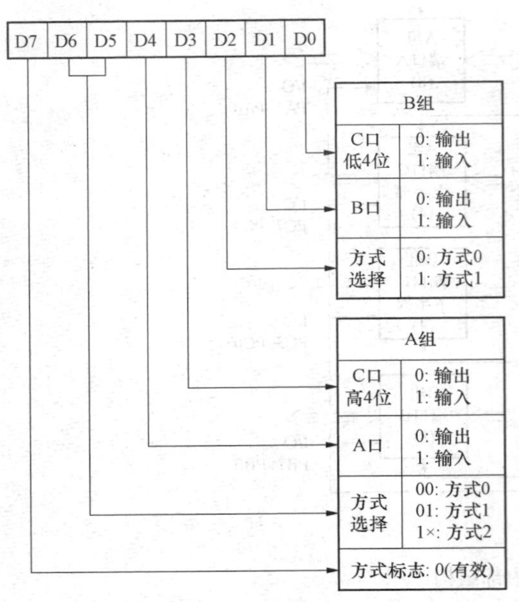

图 6-42　方式选择控制字的格式和定义

的控制字有两个，即方式选择控制字和 PC 口复位/置位控制字。这两个控制字共用一个地址，根据每个控制字的最高位 D7 来识别是何种控制字，D7 为 1 为方式选择控制字；D7 为 0 为 PC 口复位/置位控制字。

（1）方式选择控制字。方式选择控制字是用来定义 PA、PB、PC 口的工作方式，其中对 PC 口的定义不影响某些作为 PA、PB 口的联络线使用。方式选择控制字的格式和定义如图 6-42 所示。

8255A 的 PA 和 PB 在设定工作方式时，必须以 8 位为一个整体进行，而 PC 可分为高 4 位和低 4 位分别选择不同的工作方式，其中高 4 位（PC7～PC4）随 A 口，称为 A 组；低 4 位（PC3～PC0）随 B 口，称为 B 组。A 口可工作在方式 0、方式 1 和方式 2，而 B 口只能工作在方式 0 和方式 1。

例如，假设 8255A 的 PA 工作于方式 0 输入，PB 工作于方式 1 输出，PC 高 4 位输出，PC 低 4 位输入，则命令字为 10010101B=95H，初始化程序为

```
MOV    DPTR,#data16        ;指针指向16位立即数对应的8255A地址
MOV    A,#95H              ;方式命令字送A
MOVX   @DPTR,A             ;写入8255A的命令寄存器
```

（2）C 口复位/置位控制字。C 口的各位都具有位控制功能，在 8255A 工作方式 1、2 下，某些位是状态信号和控制信号，为便于实现这些功能，可单独对某一位复位/置位，其格式和定义如图 6-43 所示。

例如，命令字为 07H，表示将 C 口的 PC3 置 1；命令字为 08H，表示将 C 口的 PC4 清零。必须注意的是，虽然是对 PC 的某一位进行操作，但命令字必须从 8255A 的命令口写入。

4. 8255A 的工作方式

8255A 的工作方式有 3 种：方式 0、方式 1、方式 2（仅 A 口）。

（1）方式 0（基本输入/输出方式）。方式 0 为基本的输入/输出方式，适用此工作方式的外设，不需要任何选通信号。8255A 以方式 0 工作的端口在单片机执行 I/O 操作时，在单片机和外设之间建立一个直接的数据通道，单片机可对 8255A 进行数据的无条件传送。PA 口、PB 口及 PC 口的高、低两个 4 位端口中的任何一个端口都可被设

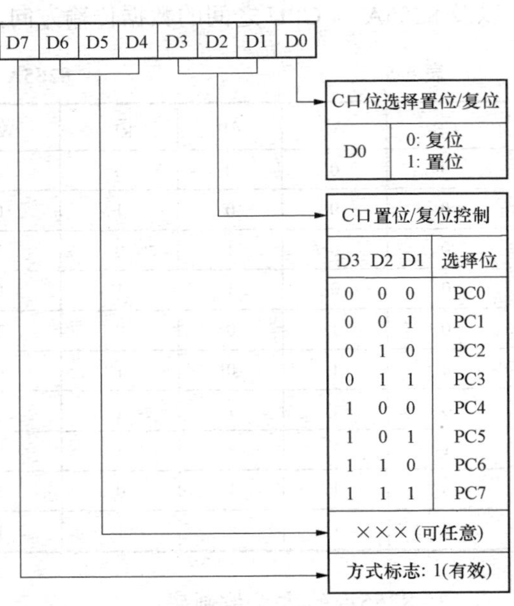

图 6-43　C 口复位/置位控制字的格式和定义

定为方式 0 输入或输出。作为输入口时，输入数据不锁存；作为输出口时，输出数据锁存。

例如，假设 8255A 的控制字寄存器地址为 FF7FH，则 A 口和 C 口的高 4 位工作在方式 0 输出，B 口和 C 口的低 4 位工作在方式 0 输入，初始化程序为

```
MOV    DPTR,#0FF7FH          ;控制字寄存器地址送 DPTR
MOV    A,#83H                ;方式控制字 83H 送 A
MOVX   @DPTR,A               ;83H 送控制字寄存器
```

（2）方式 1。方式 1 有选通输入和选通输出两种工作方式，只有 PA 口和 PB 口可由编程设定为方式 1 的输入或输出口，PC 口中的若干位将用来作为方式 1 输入/输出操作时的控制联络信号。

1）方式 1 输入。8255A 工作在方式 1 输入情况下控制联络信号如图 6-44 所示，$\overline{STB}$ 和 IBF 构成了一对应答联络信号，各个控制联络信号的功能如下。

$\overline{STB}$（包括 $\overline{STBA}$ 和 $\overline{STBB}$）：选通输入，低电平有效，由外设提供。当该信号有效时，8255A 的 PA 或 PB 将外设提供的数据锁存。

IBF（包括 IBFA 和 IBFB）：输入缓冲器满信号，高电平有效，由 8255A 输出给外设。当该信号有效时，表示外设送来的数据已到 PA 或 PB 的输入缓冲器。该信号可作为端口查询信号，只有当 PA 或 PB 端口的数据被取走后，该信号才变为低电平，端口才可接收新数据。

INTR（包括 INTRA 和 INTRB）：PA 或 PB 的中断请求信号，高电平有效，由 8255A 输出给外设。

INTE A：A 口中断允许，由 PC4 控制。

INTE B：B 口中断允许，由 PC2 控制。

PC6 和 PC7 可作为自由的输入/输出线。

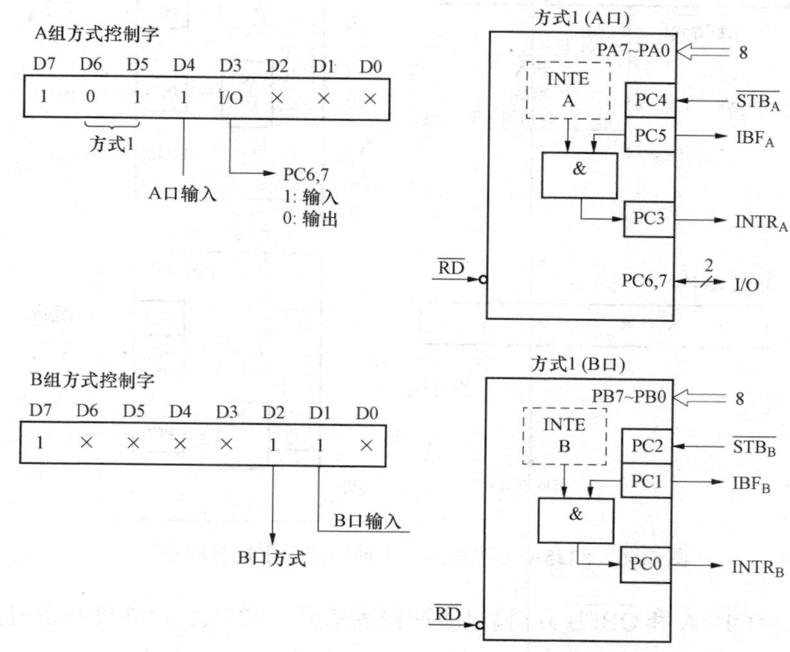

图 6-44　8255A 工作在方式 1 输入情况下控制联络信号

A 口在方式 1 输入下的工作示意如图 6-45 所示。首先，外设发出数据准备好的信号使选通输入 $\overline{STBA}$ 有效，输入数据装入 8255A 的端口 A 缓冲器，然后端口缓冲器满，缓冲器满信号 IBFA 置 1，CPU 可查询这个状态信号，以决定是否可读这个输入数据。如使用中断方式，当 $\overline{STBA}$ 重新变为高电平时，中断请求信号 INTRA 有效，向 CPU 发出中断请求，响应中断后，在中断服务程序中读取数据，并使 INTRA 恢复为低（无效），同时也使 IBFA 变低，用于通知外设可送下一个输入数据。

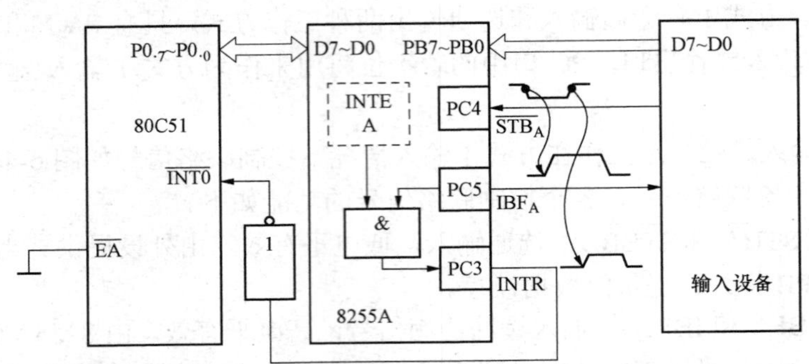

图 6-45　A 口在方式 1 输入下的工作示意

2）方式 1 输出。8255A 工作在方式 1 输出情况下控制联络信号如图 6-46 所示，$\overline{OBF}$ 和 $\overline{ACK}$ 构成了一对应答联络信号，各个控制联络信号的功能如下。

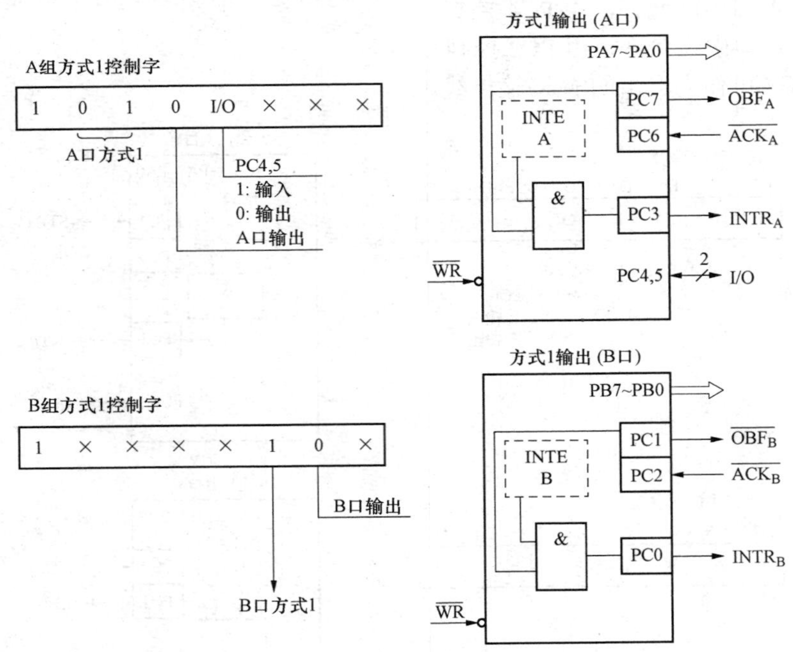

图 6-46　8255A 工作在方式 1 输出情况下控制联络信号

$\overline{OBF}$（包括 $\overline{OBFA}$ 和 $\overline{OBFB}$）：输出缓冲器满信号，8255A 给外设联络信号，外设可将数据取走。

$\overline{ACK}$（包括 $\overline{ACKA}$ 和 $\overline{ACKB}$）：外设的响应信号，外设已将数据取走。

INTR（包括 INTRA 和 INTRB）：PA 或 PB 的中断请求信号，高电平有效，由 8255A 输出给外设。

INTE A：A 口中断允许，由 PC6 控制。

INTE B：B 口中断允许，由 PC2 控制。

PC4 和 PC5 可作为自由的输入/输出线。

B 口在方式 1 输出下的工作示意如图 6-47 所示。80C51 输出到 8255A 的数据送到输出端口的数据输出锁存器，引起输出缓冲器满信号 $\overline{\mathrm{OBFB}}$ 为低电平，通知外设输出口数据已经准备好，外设收到 $\overline{\mathrm{OBFB}}$ 信号后，从 B 口取出数据，处理完这组数据后，向 8255A 发回外设响应信号 $\overline{\mathrm{ACKB}}$，8255A 收到 $\overline{\mathrm{ACKB}}$ 的下降沿即使 $\overline{\mathrm{OBFB}}$ 变高，表示输出缓冲器空。如使用查询方式，则 CPU 可查询 $\overline{\mathrm{OBFB}}$ 的状态，以决定是否可输出下一个数据。如使用中断方式，则在 $\overline{\mathrm{ACKB}}$ 的上升沿使 INTRB 有效，向 CPU 发出中断请求，CPU 响应中断后，在中断服务中把数据再次写入 8255A，使 $\overline{\mathrm{OBFB}}$ 有效，以启动外设再次取数，数据处理完毕，再向 8255A 发出下一 $\overline{\mathrm{ACKB}}$ 响应信号。

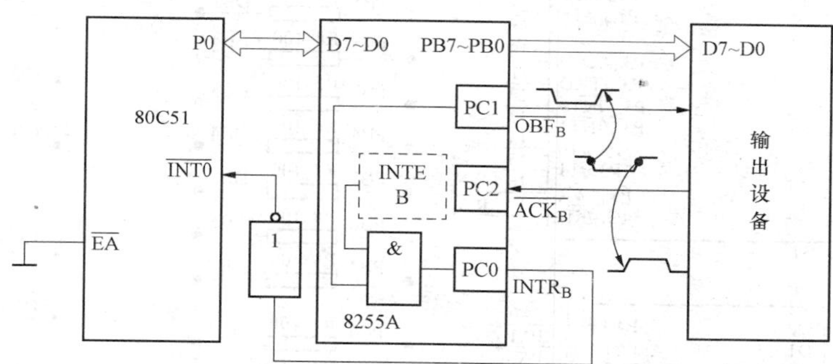

图 6-47　B 口在方式 1 输出下的工作示意

（3）方式 2。方式 2 为双向选通 I/O 方式，只有 A 口才有此方式，其工作示意如图 6-48 所示。在方式 2 下，PA7～PA0 为双向 I/O 总线。当输入时，PA7～PA0 受 $\overline{\mathrm{STBA}}$ 和 IBFA 控制，其工作过程和方式 1 输入时相同。当输出时，PA7～PA0 受 $\overline{\mathrm{OBFA}}$ 和 $\overline{\mathrm{ACKB}}$ 控制，其工作过程和方式 1 输出时相同。

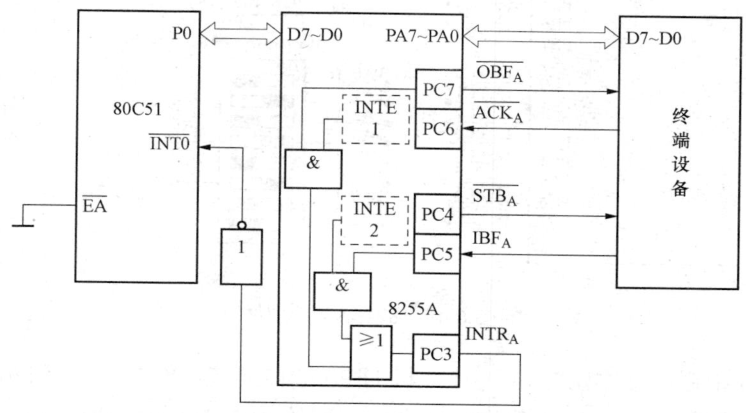

图 6-48　A 口在方式 2 下的工作示意

5. 8255A 的应用

【例 6-4】 编写程序，要求将图 6-49 所示电路中与 PA 端口连接的拨码开关（DSW）状态通过与 PB 发光二极管显示出来，PC 端口输出 55H，并通过与其连接的发光二极管显示该数据。

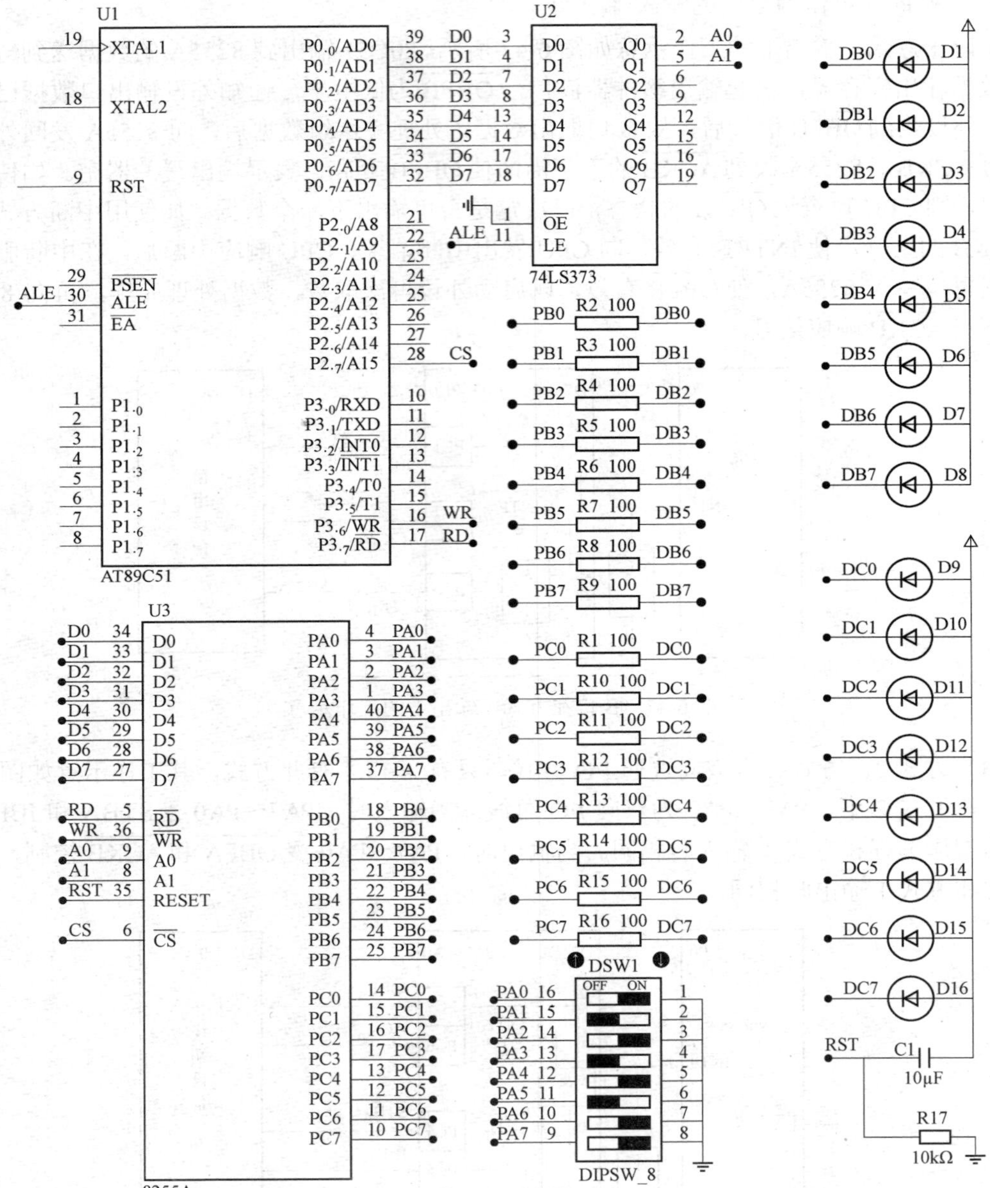

图 6-49 8255A 的应用

解：图 6-49 中锁存器 74LS373 与单片机的 P0 端口连接；8255A 的 A1A0 与单片机的低两位地址经锁存器后相连；$\overline{CS}$ 与单片机的 P2.$_7$ 口线连接；$\overline{RD}$ 与单片机的 $\overline{RD}$ 相连；$\overline{WR}$ 与单片机的 $\overline{WR}$ 相连；D0～D7 与单片机的 P0 端口相连。因此根据电路图连接的情况，地址

P2P0 的分配见表 6-7。PA 工作于方式 0 输入，PB 和 PC 工作于方式 1 输出，所以方式控制字为 10010000B=90H，编写程序时，首先指定控制寄存器地址送 DPTR，并将方式控制字送入控制寄存器中，再指定 A 口地址，将拨码开关（DSW）状态送入累加器 A 中，然后指定 B 口地址，将累加器 A 中的数据由 B 口输出，最后指定 C 口地址，将立即数 55H 由 C 口输出，编写程序如下。

表 6-7　8255A 地址分配情况

$P2_{.7}$（$\overline{CS}$）	A1（$P0_{.1}$）	A0（$P0_{.0}$）	端口	地址（P2P0）
0	0	0	A 口	7FFFCH
0	0	1	B 口	7FFFDH
0	1	0	C 口	7FFFEH
0	1	1	控制寄存器	7FFFFH

```
        ORG   0000H
        AJMP  MAIN
        ORG   0030H
MAIN:   MOV   DPTR,#7FFFH      ;控制寄存器地址送入 DPTR
        MOV   A,#90H           ;A 口方式 0 输入;B 口、C 口输出的方式控制送 A
        MOVX  @DPTR,A          ;方式控制字送入控制寄存器
START:  MOV   DPTR,#7FFCH      ;A 口地址送 DPTR
        MOVX  A,@DPTR          ;读取 A 口的数据送入累加器 A
        MOV   DPTR,#7FFDH      ;B 口地址送 DPTR
        MOVX  @DPTR,A          ;A 口数据送入 B 口进行显示
        MOV   DPTR,#7FFEH      ;C 口地址送 DPTR
        MOV   A,#55H           ;55H 送入累加器 A
        MOVX  @DPTR,A          ;C 口输出 55H
        LJMP  START
        END
```

6.5.2　串行 I/O 端口的扩展

串行 I/O 端口的扩展是通过外接串行 I/O 扩展芯片来实现，如 74LS164、74LS595、74LS165 等。串行 I/O 端口的扩展分为串行输入/并行输出方式及串行输出/并行输入方式，其中 74LS164、74LS595 可实现 I/O 端口的串行输入/并行输出；而 74LS165 可实现 I/O 端口的并行输入/串行输出。串行输入/并行输出的扩展方式在第 5 章的［例 5-6］中已经讲述，在此仅讲述使用 74LS165 实现 I/O 端口的并行输入/串行输出的相关知识。

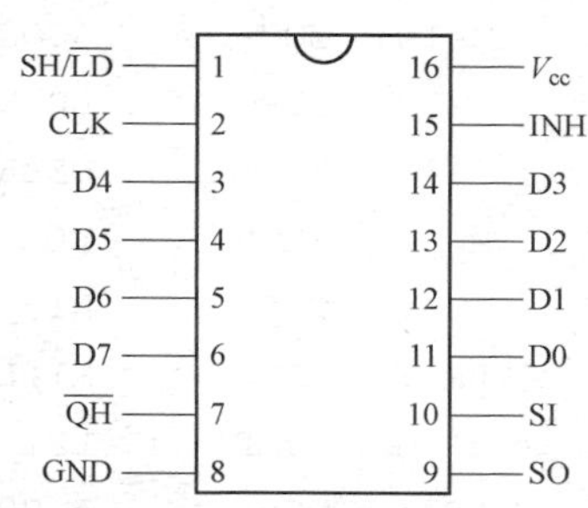

图 6-50　74LS165 芯片引脚

1. 74LS165 的外形及引脚功能

74LS165 是并行输入、串行输出的 8 位移位寄存器，其外形如图 6-50 所示，各引脚功能如下。

D0～D7：并行数据输入端。

$SH/\overline{LD}$：移位控制/置入控制端。

CLK：时钟输入端，需要接时钟源，80c51 单片机串口工作在方式 0 时接 TXD（$P3._1$）。

INH：时钟禁止端，高电平时有效，使用时此引脚设为低电平。

$\overline{QH}$：反相串行数据输出端。

SO：串行数据输出端。

SI：串行数据输入端，用于拓展多个 74LS165。

V_{cc}：电源。

GND：地。

2. 74LS165 的工作原理

CLK 和 INH 在功能上是等价的，可交换使用。当 CLK 和 INH 有一个为低电平且$SH/\overline{LD}$为高电平时，另一个时钟可输入。当 CLK 和 INK 有一个为高电平时，另一个时钟被禁止。只有在 CLK 为高电平时，INH 才可变为高电平。

当$SH/\overline{LD}$为低电平时，并行数据 D0～D7 被置入寄存器，而时钟（CLK、INH）及串行数据 SI 均无关。当$SH/\overline{LD}$为高电平时，并行置数功能被禁止。

74LS165 芯片上电后，首先设置$SH/\overline{LD}$端为低电平，此时芯片将 D0～D7 引脚上的高低电平数据存入芯片内部寄存器 Q0～Q7，然后$SH/\overline{LD}$端为高电平，此时芯片将寄存器内数据通过 SO 串行发送（$\overline{QH}$也会发送反相数据）。

3. 74LS165 的应用

【例 6-5】 使用单片机串行口外接 1 片 74LS165，以实现 8 位拨码开关值输入，并通过与单片机 P1 端口连接的 8 个 LED 发光二极管显示拨码开关的状态。

解：可将单片机的 RXD（$P3._0$）作为串行输入端与 74LS165 的串行输出端 SO 相连；TXD（$P3._1$）作为移位脉冲输出端与 74LS165 的移位脉冲输入端 CLK 相连；$P3._2$ 与$SH/\overline{LD}$相连用来控制 74LS165 的移位与置入，当$SH/\overline{LD}$=0 时允许 74LS165 置入并行数据，$SH/\overline{LD}$=1 时允许 74LS165 串行移位输出数据，其连接电路如图 6-51 所示。

当编程选择串行口方式 0，RI=0 时，串行口开始从 RXD 端以f_{osc}/12 的波特率输入数据，当接收完 8 位数据后，RI 置位。再次接收数据之前，必须由软件将 RI 清 0。编写程序如下。

```
        LD      EQU  P3.2      ;SH/LD 与 P3.2 连接
        ORG     0000H
        AJMP    MAIN
        ORG     0030H
MAIN:   MOV     SCON,#10H      ;设定串行口方式 0
        CLR     LD             ;SH/LD=0 载入数据
        LCALL   DELAY          ;延时片刻
        SETB    LD             ;SH/LD=1 数据输出
        CLR     RI             ;RI=0
LP1:    JBC     RI,LP2         ;RI=1?是则跳转到 LP2
        AJMP    LP1            ;否则继续等待直到 RI 为 1
LP2:    MOV     A,SBUF         ;将 SBUF 载入累加器 A，获取拨码开关状态
        CPL     A              ;由于 P1 取反输出，因此将 A 中内容先取反
```

```
        MOV     P1,A            ;数据送 P1 显示
        LJMP    MAIN            ;重新开始
DELAY:  MOV     R7,#02          ;短延时子程序
        DJNZ    R7,$
        RET
        END
```

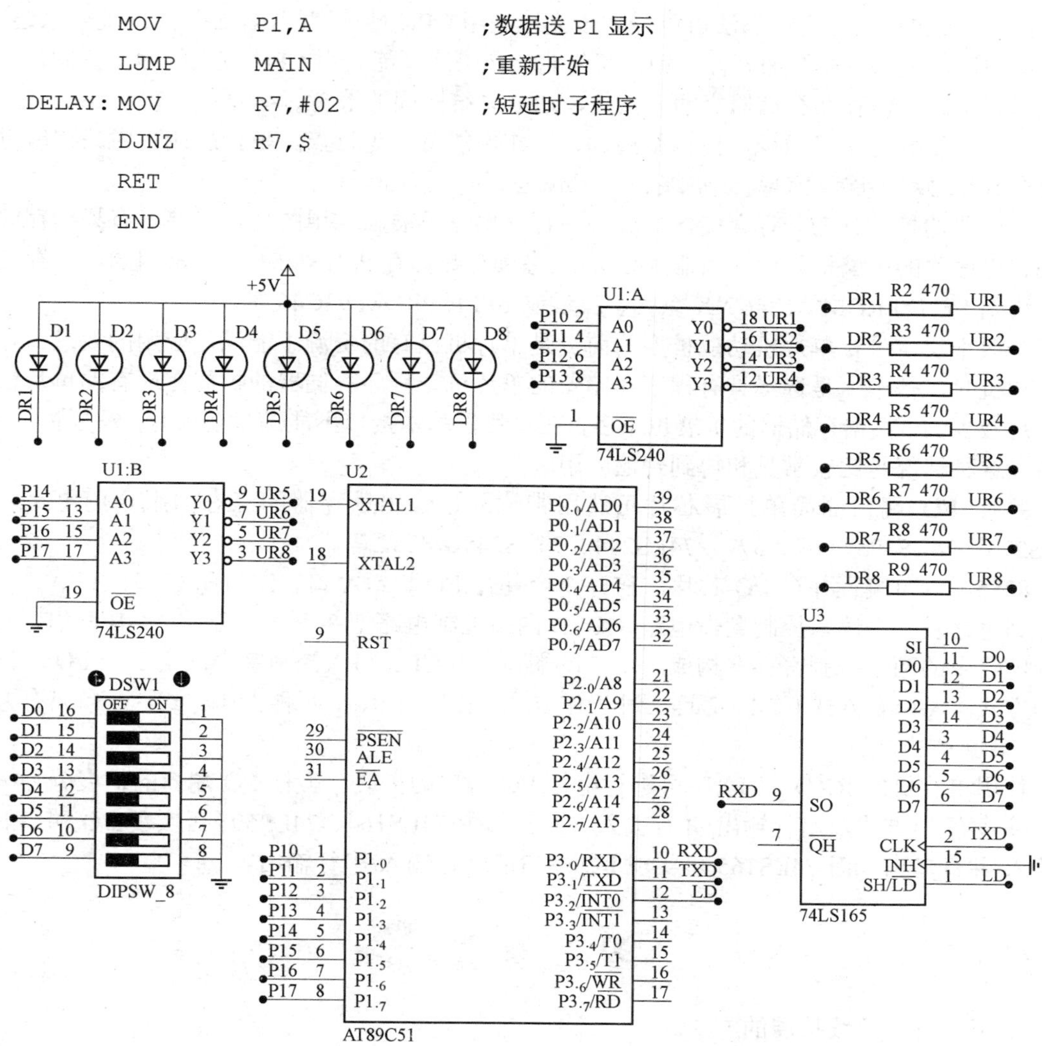

图 6-51　74LS165 串行扩展的应用

本章小结

单片机系统的扩展主要有总线扩展、存储器扩展、I/O 端口扩展等。总线扩展主要有并行总线扩展（即三总线扩展）和串行总线扩展。

三总线扩展的形成：以 P0 的 8 位口线作地址/数据线；以 P2 口的口线作高位地址线；ALE、$\overline{PSEN}$、$\overline{EA}$、$\overline{RD}$ 和 $\overline{WR}$ 等作控制信号线。使用 ALE 作地址锁存的选通信信号，以实现低 8 位地址的锁存；以 $\overline{PSEN}$ 作扩展程序存储器和 I/O 端口的读选通信信号；以 $\overline{EA}$ 为内外程序存储器的选择信号；以 $\overline{RD}$ 和 $\overline{WR}$ 作为扩展数据存储器和 I/O 端口的读/写选通信号。

地址译码有线译码法、全译码法、部分地址译码法等三种。线译码法结构简单、不需另加外围电路，具有体积小、成本低等优点，但也存在可寻址的器件数目受限，各芯片间的地

址空间不连续的缺点。全译码法可以最大限度地利用 CPU 地址空间，各芯片间地址可以连续，但译码电路较复杂，要增加硬件开销。部分地址译码法既能利用 CPU 较大的地址空间，又可简化译码电路，但存在存储器空间的重叠，造成系统空间的浪费。

串行总线具有连接线少、传输距离远、工作性能可靠等特点。串行总线常用的扩展方法主要有 SPI 总线扩展、I^2C 总线扩展和 1-Wire 总线扩展等。

存储器的扩展分为并行存储器扩展和串行存储器扩展。常用的并行存储器有只读存储器 2716、电擦除的可编程只读存储器 2816、动态读写数据存储器 6264 等。常用的串行存储器有二线制 I^2C E^2PROM AT24CXX 系列、三线制 SPI E^2PROM 93C46 等。

一般来说，进行单片机功能扩展的前提是单片机已有的资源不能满足应用的要求。在选择单片机时，基本上是选择具有程序存储器的单片机，程序存储器的扩展在现有的单片机应用中是极少的，数据存储器的扩展也不多，在单片机基本接口不能满足要求时，需要扩展 I/O 端口，这种情况是比较常见和得到普遍应用的。

并行 I/O 端口的简单扩展芯片可选用带输入、输出锁存器的三态门组合门电路，如 74LS273、74LS373、74LS377、74LS244、74LS245、8282 等。

8255A 为可编程并行 I/O 芯片，它有 3 个并行 I/O 口：A 口、B 口和 C 口，有 A、B 两组控制电路及一个读写控制逻辑电路。A、B 两组控制电路把 3 个端口分成 A、B 两组，两组控制电路中的两个控制寄存器构成一个控制端口。由 CPU 写入控制字来决定 3 个 I/O 端口的工作方式，A 口有方式 0、1、2 这三种工作方式，B 口有 0、1 两种工作方式，C 口只有方式 0 这一种工作方式。

使用单片机的 RXD 和 TXD 可进行串行 I/O 端口的扩展，串行 I/O 端口的扩展分为串行输入/并行输出方式及串行输出/并行输入方式，其中 74LS164、74LS595 可实现 I/O 端口的串行输入/并行输出；而 74LS165 可实现 I/O 端口的并行输入/串行输出。

习 题

1. 简述并行总线扩展的方法。
2. 地址译码方法有几种，各有什么特点？
3. 什么是 SPI 总线？
4. 什么是 I^2C 总线？
5. 什么是 1-Wire 单总线？
6. 程序存储器和数据存储器地址重叠时，是否会发生地址冲突的情况，为什么？
7. EPROM 和 E^2PROM 有区别吗？分别简述其特点。
8. 并行程序存储器扩展的方法有哪些？
9. 扩展串口存储器 AT24C04，电路如图 6-34 所示，编写连续从 AT24C04 中 80H 读出 20H 个数据存入 50H 起始的内部 RAM 的程序。
10. 简述可编程并行接口 8255A 的内部结构。
11. 编写 8255A 初始化程序，使 A 口按工作方式 0 输出，B 口按工作方式 0 输入，C 口的高 4 位按方式 0 输出，C 口低 4 位按方式 0 输入。
12. 编写程序，用单片机的串行口扩展一片 74LS164，实现 0～9 十个数字的循环显示。

第 7 章 80C51 单片机接口技术

在单片机应用系统中，除使用本身内部资源进行简单控制外，还可通过一些接口技术完成对外部设备进行较复杂的控制与管理。常用的接口技术包括键盘接口技术、LED 显示器接口技术、液晶显示器接口技术、模数（A/D）转换接口技术、数模（D/A）转换接口技术、实时时钟转换接口技术、温度转换接口技术等。

7.1 键盘接口技术

键盘是由若干个按键组成的，是向系统提供操作人员干预命令及数据的接口设备。在单片机应用系统中，为了控制系统的工作状态，以及向系统输入数据时，键盘是不可缺少的输入设备，它是实现人机对话的纽带。

键盘按其结构形式可分为编码键盘和非编码键盘两种方式。编码键盘通过硬件的方法产生键码，能自动识别按下的键，并产生相应的键码值，以并行或串行的方式发送给 CPU，它接口简单、响应速度快，但需专用的硬件电路；非编码键盘通过软件的方法产生键码，它不需专用的硬件电路，结构简单、成本低廉，但响应速度没有编码键盘快。为减少电路的复杂程度，节省单片机的 I/O 口，因此非编码键盘在单片机应用系统中使用的非常广泛。

非编码键盘可分为两种结构形式：独立式键盘和矩阵式键盘。本节将讨论非编码键盘接口技术，对于非编码键盘，需要解决按键的识别与消除抖动的问题。

7.1.1 按键的识别与消抖

1. 按键的识别

键盘是由多个按键构成的。按键工作处于两种状态：按下与释放。一般按下为接通，释放为断开，这两种状态要被 CPU 识别，通常将该两种状态转换为与之对应的低电平与高电平。这可通过图 7-1 所示电路实现，CPU 通过对按键信号电平的低与高来判别按键是否被按下与释放。

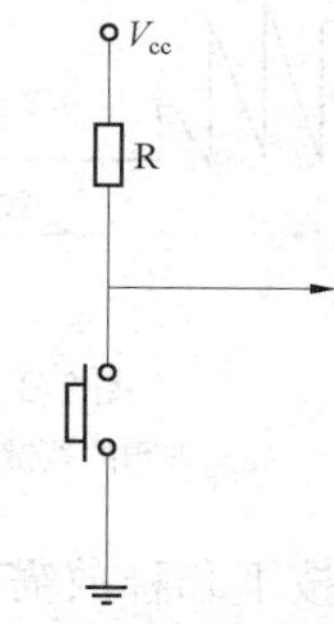

图 7-1 按键信号的产生

通常，将按键信号直接接入单片机的 I/O 口，可使用“`JB bit,rel`”或“`JNB bit,rel`”等指令对接入单片机端口按键的高低电平状态进行识别。

由于按键的按下与释放是随机的，如何捕捉按键的状态变化是需要考虑的问题。主要有定时查询和外部中断捕捉两种方法，其示意如图 7-2 所示。

（1）定时查询。图 7-2（a）是通过定时查询的方式来识别按键。通常单片机系统用户按一次按键（从按下到释放）或释放一次按键（从释放到再次按下），最快也需要 50ms 以上，在此期间，CPU 只要有一次查询键盘，则该次按键和释放就不会丢失。所以，利用这点就可编制键盘程序，即每隔不大于 50ms 的时间（典型为 20ms）CPU 就查询一次键盘，查询各键的按下与释放的状态，就能正确地识别用户对键盘的操作。各次查询键盘的间隔时间的定时，可用定时器中断来实现，也可用软件定时来实现。

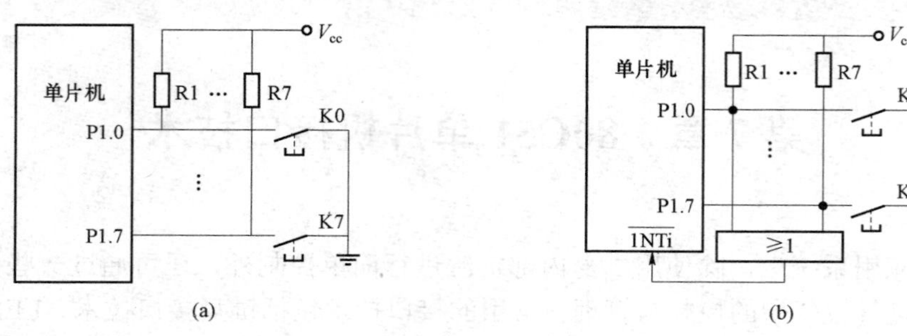

图 7-2　按键的识别

（a）定时查询；（b）外部中断捕捉

定时查询键盘方法的电路，其优点是电路简洁、节省硬件、抗干扰能力强、应用灵活。缺点是占用较多的 CPU 时间资源，但这对大多数单片机应用系统来说不是个问题。一般情况下推荐使用此方法。

（2）外部中断捕捉。图 7-2（b）是通过外部中断捕捉的方式来识别按键，此图中 8 个按键的信号是接单片机的 $P1._0$～$P1._7$ 端口，这 8 根接线是通过“与门”进行逻辑“与”操作后和 $\overline{\text{INTi}}$ 端口相连。没有按下按键时，$P1._0$～$P1._7$ 端口全为高电平，经过相“与”后的 $\overline{\text{INTi}}$ 端口也为高电平。当有任意键按下时，$\overline{\text{INTi}}$ 端口由高变为低，向 CPU 发出中断请求，若 CPU 开放外部中断，则响应中断，执行中断服务程序，扫描键盘。

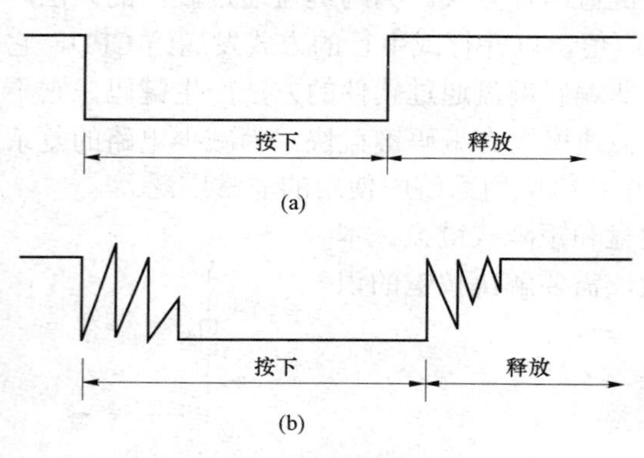

图 7-3　按键信号波形

（a）理想的按键信号；（b）实际的按键信号

用外部中断捕捉按键方法的优点是无需定时查询键盘，节省 CPU 的时间资源。缺点是容易受到干扰，已有键按下未释放时再有其他键按下时，则无法识别，另外，还需要额外增加一个“与门”。

2. 按键的消抖

理想的按键信号如图 7-3（a）所示，是一个标准的负脉冲，但实际情况如图 7-3（b）所示。按下和释放需要经过一个过程才能达到稳定，这一过程是处于高低电平之间的一种不稳定状态，称为抖动。抖动持续时间的长短、频率的高低与按键的机械特性、人的操作有关，一般在 5～10ms。这就有可能造成 CPU 对一次按键过程做多次处理。为避免这种情况发生，需采取措施消除抖动。

去抖动的方法有用硬件的方法和软件的方法两种。比如采用滤波电路防抖、RS 触发器构成的双稳态去抖电路，这些是硬件去抖法。如图 7-4 所示是一种比较简单、实用、可靠的方法，图中 RC 常数选择在 5～10ms 比较适宜。此方法的另一好处是增强了电路抗干扰能力。软件去抖法就是检测到有键按下时，执行一个 10～20ms 的延时子程序后，再确认该键是否仍保持闭合状态，若仍闭合则确认为此键按下，消除了抖动影响。

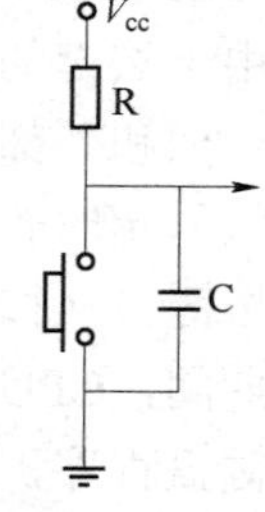

图 7-4　一种消抖电路

7.1.2　独立式键盘

独立式键盘是指直接用 I/O 口线构成单个按键电路，每个按键占用一条 I/O 端口线，各键的工作状态互不影响，如图 7-5 所示。

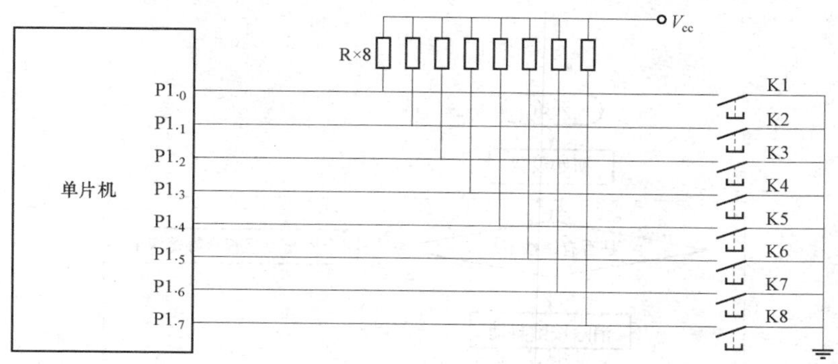

图 7-5　独立式键盘电路

当图 7-5 中的某一个键闭合时，相应的 I/O 口线变为低电平，当 CPU 查询到为低电平的 I/O 口线时，就可判断出与其对应的键处于按下状态，反之处于释放状态。

【例 7-1】 独立式键盘的使用，其电路原理如图 7-6 所示。将 8 个按键从 1～8 进行编号，如果其中一个键按下，则相应个数的发光二极管点亮显示；如果没有键按下，则全部熄灭。

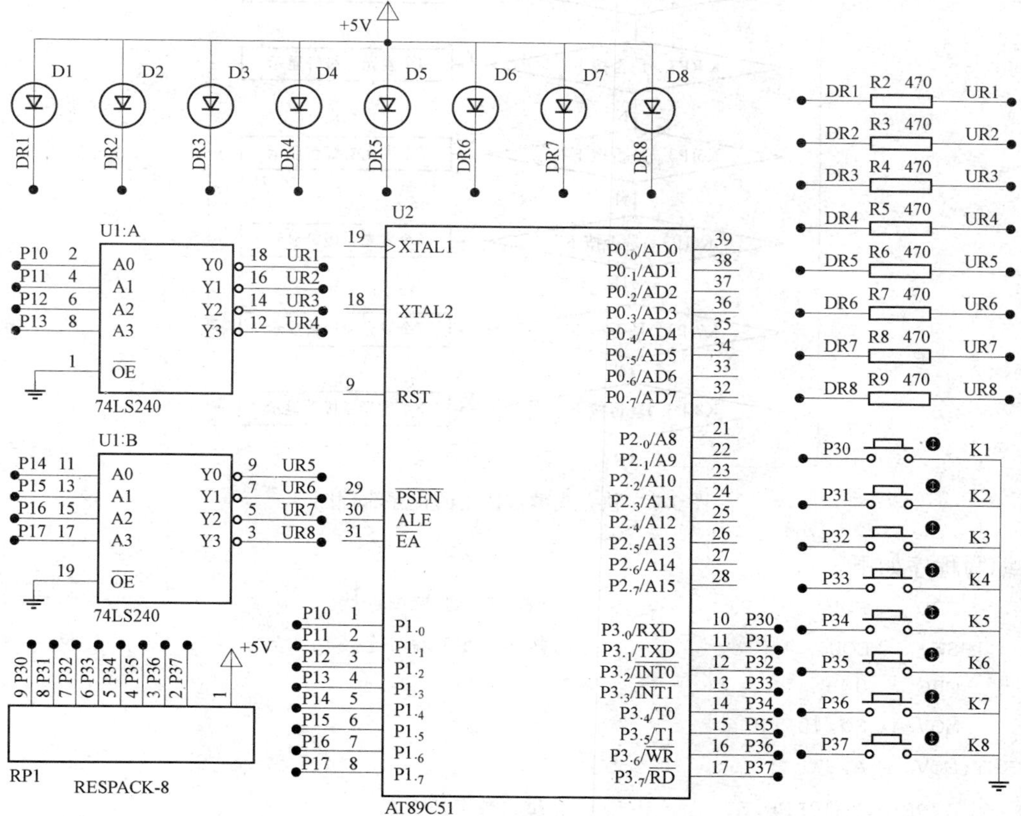

图 7-6　独立式键盘使用的电路原理

解：如果有键按下，则相应输入为低电平，否则为高电平。这样可通过读入 P3 口的数据来判断按下是什么键。在有键按下后，要有一定的延时，防止由于键盘抖动而引起的误操作。程序流程如图 7-7 所示。

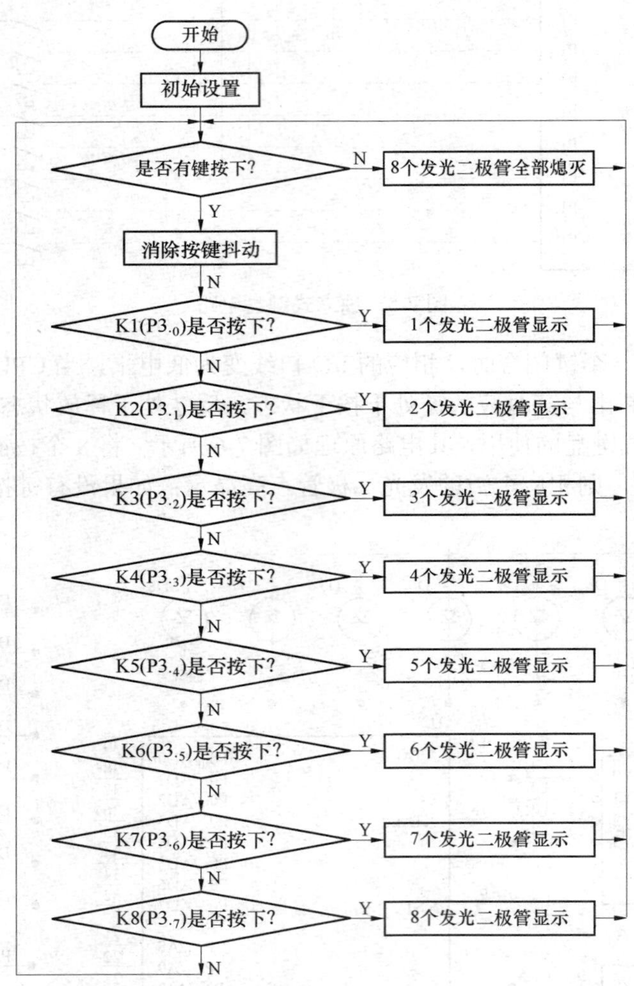

图 7-7　独立式键盘使用的程序流程图

编写程序如下。

```
     LED    EQU      P1              ;LED 与 P1 端口连接
     SW     EQU    P3                ;按键与 P3 端口连接
     ORG    00H
     MOV    SW,#0FFH
KEY:MOV     A,SW
     CJNE   A,#0FFH,KK               ;是否有键按下？
     MOV    LED,#00H                 ;没有键按下,LED 全部熄灭
```

```
    AJMP   KEY
KK: MOV    A,SW
    CJNE   A,#0FFH,KK1           ;除按键抖动
    AJMP   KEY
KK1:CJNE   A,#0FEH,KK2           ;判断 K1(P3.0)是否按下
    MOV    LED,#01H
    LCALL  DELAY
    AJMP   LP
KK2:CJNE   A,#0FDH,KK3           ;判断 K2(P3.1)是否按下
    MOV    LED,#03H
    LCALL  DELAY
    AJMP   LP
KK3:CJNE   A,#0FBH,KK4           ;判断 K3(P3.2)是否按下
    MOV    LED,#07H
    LCALL  DELAY
    AJMP   LP
KK4:CJNE   A,#0F7H,KK5           ;判断 K4(P3.3)是否按下
    MOV    LED,#0FH
    LCALL  DELAY
    AJMP   LP
KK5:CJNE   A,#0EFH,KK6           ;判断 K5(P3.4)是否按下
    MOV    LED,#1FH
    LCALL  DELAY
    AJMP   LP
KK6:CJNE   A,#0DFH,KK7           ;判断 K6(P3.5)是否按下
    MOV    LED,#3FH
    LCALL  DELAY
    AJMP   LP
KK7:CJNE   A,#0BFH,KK8           ;判断 K7(P3.6)是否按下
    MOV    LED,#07FH
    LCALL  DELAY
    AJMP   LP
KK8:   CJNE      A,#7FH,LP       ;判断 K8(P3.7)是否按下
       MOV       LED,#0FFH
       LCALL     DELAY
LP:    AJMP      KEY
DELAY: MOV       R7,#01H
DELA:  MOV       R6,#28H
DEL:   MOV       R5,#5AH
```

```
DJNZ   R5,$
DJNZ   R6,DEL
DJNZ   R7,DELA
RET
END
```

7.1.3 矩阵式键盘

矩阵式键盘又称行列式键盘。用 I/O 口线组成行、列结构，行列线分别连在按键开关的两端，列线通过上拉电阻接至电源，使无键按下时列线处于高电平状态。按键设置在行、列线的交叉点上。例如，用 3×3 的行列结构可构成 9 个键的键盘，用 4×4 的行列结构可构成 16 个键的键盘，如图 7-8 所示。

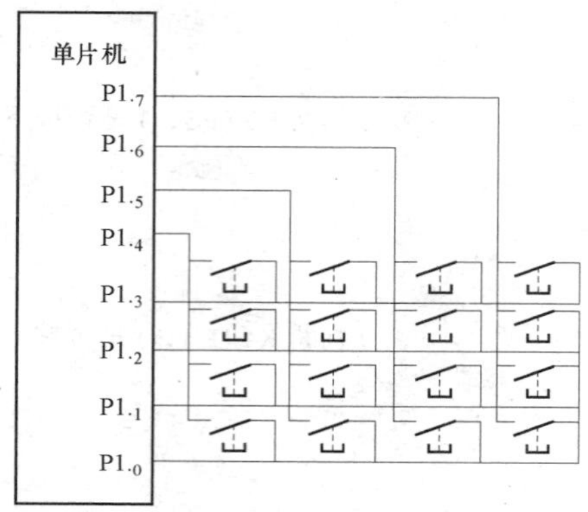

图 7-8 矩阵式键盘电路

其工作原理是行线 $P1._0$～$P1._3$ 是输入线，CPU 通过其电平的高低来判别键是否被按下。但每根线上接有 4 个按键，任何键按下都有可能使其电平变低，到底是哪个键按下呢？这里采用了“时分复用”的方法，即在一个查询周期里把时间分成 4 个间隔，每个时间间隔对应一个键，在哪个时间间隔检查到低电平，则代表是与之相对应的键被按下。时间间隔的划分是通过列线 $P1._4$～$P1._7$ 来实现的。

依次使列线 $P1._4$～$P1._7$ 中的一根输出为低电平，则只有与之对应的键按下时，才能使行线变为低电平，此时其他列线都输出高电平，与它们对应的键按下，不能使行线电平变低，所以就实现了行线的时分复用。

由于矩阵式键盘的按键数量比较多，为使程序简洁，一般在键盘处理程序中，给予每个键一个键号，由从列线 I/O 口输出的数据和从行线 I/O 口读入的数据得到按键的键号，然后由该键号通过散转表进入各按键的服务程序。

【例 7-2】 矩阵式键盘显示的应用。设计一个 4×4 的矩阵键盘和 4×4 的二极管显示电路，4×4 的键盘以 $P3._0$～$P3._3$ 作为行线，以 $P3._4$～$P3._7$ 作为列线；4×4 的二极管显示电路以 $P0._0$～$P0._3$ 作为行线，以 $P0._4$～$P0._7$ 作为列线。要求按下某键时，相应的二极管点亮显示。

解： 矩阵式键盘显示电路原理如图 7-9 所示。如果有键按下，则相应输入为低电平，否则为高电平。首先设置 $P3._7$ 为低电平，检测 $P3._0$～$P3._3$ 列是否为低电平，如果为低电平，则转入相应的显示子程序中。否则再设置 $P3._6$ 为低电平，检测 $P3._0$～$P3._3$ 列是否为低电平……

这样首先设置相应的行为低电平，然后再检测相应列是否为低电平的方式来实现键盘扫描。程序流程如图 7-10 所示。

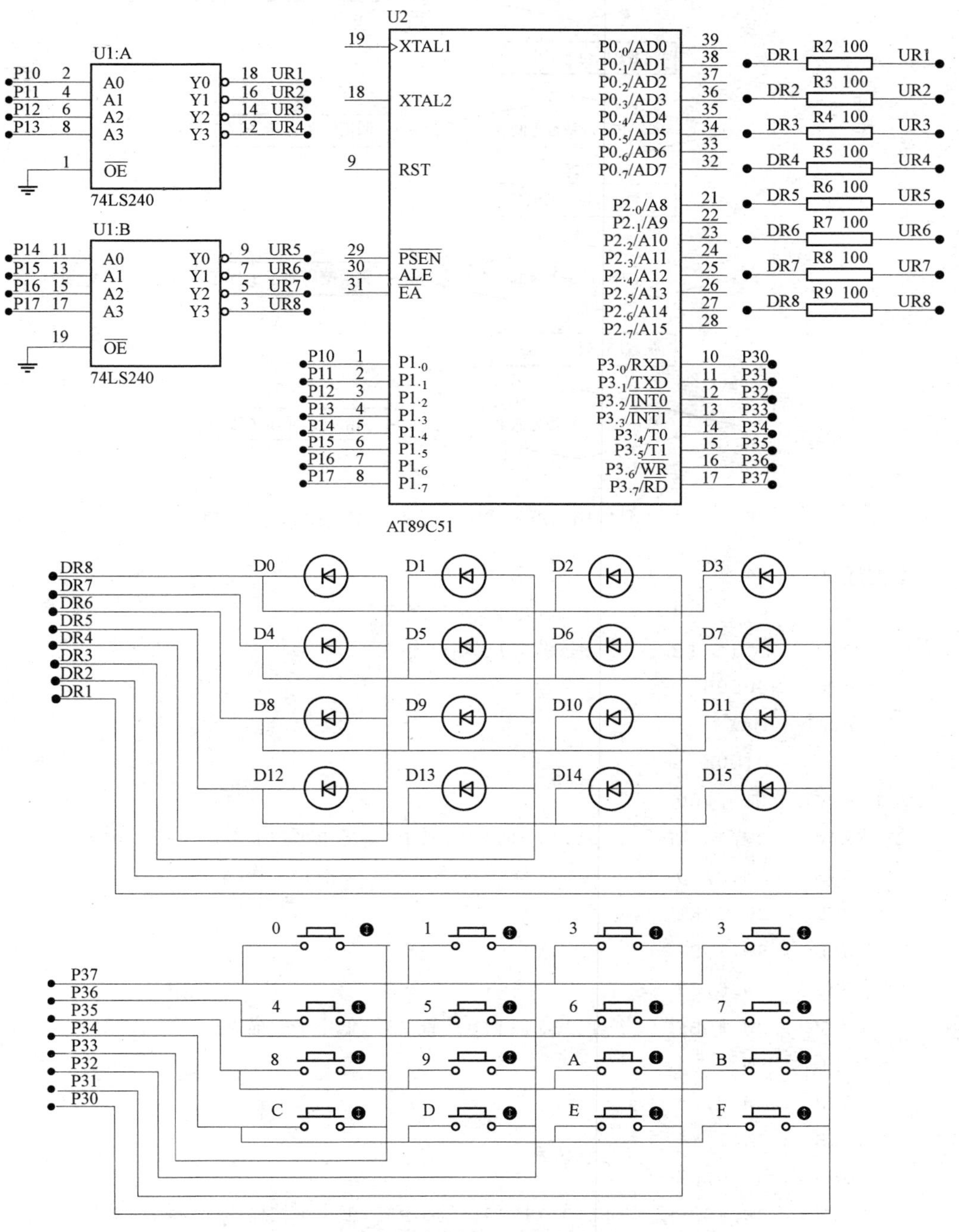

图 7-9　矩阵式键盘显示电路原理

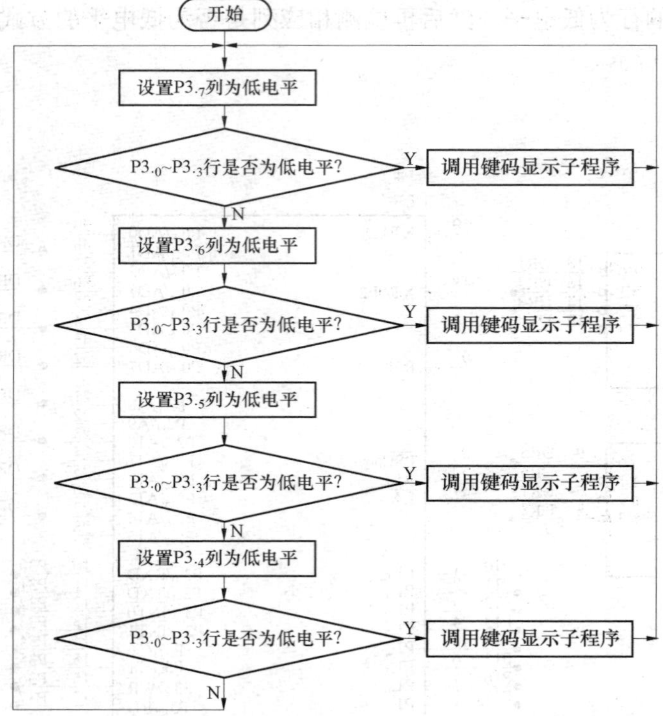

图 7-10 矩阵式键盘显示程序流程

编写程序如下。

```
        LED     EQU    P1        ;LED 与 P1 端口连接
        SW      EQU    P3        ;按键与 P3 端口连接
        ORG     0000H
        AJMP    MAIN
        ORG     0100H
MAIN:MOV        LED,#00H
KEY0:MOV        SW,#07FH     ;[01111111]7F,置 P3.7 低电平扫描 P3.0~P3.3 键值
        JNB     SW.3,K0
        JNB     SW.2,K1
        JNB     SW.1,K2
        JNB     SW.0,K3
        MOV     SW,#0BFH     ;[10111111]BF,置 P3.6 低电平扫描 P3.0~P3.3 键值
        JNB     SW.3,K4
        JNB     SW.2,K5
        JNB     SW.1,K6
        JNB     SW.0,K7
        MOV     SW,#0DFH     ;[11011111]DF,置 P3.5 低电平扫描 P3.0~P3.3 键值
        JNB     SW.3,K8
```

```
        JNB     SW.2,K9
        JNB     SW.1,K10
        JNB     SW.0,K11
        MOV     SW,#0EFH    ;[11101111]EF,置 P3.4 低电平扫描 P3.0~P3.3 键值
        JNB     SW.3,K12
        JNB     SW.2,K13
        JNB     SW.1,K14
        JNB     SW.0,K15
        AJMP    KEY0
;键码显示子程序
K0:     MOV     LED,#087H    ;D0 亮
        ACALL   delay1S
        AJMP    KEY0
        RET
K1:     MOV     LED,#08BH    ;D1 亮
        ACALL   delay1S
        AJMP    KEY0
        RET
K2:     MOV     LED,#08DH    ;D2 亮
        ACALL   delay1S
        AJMP    KEY0
        RET
K3:     MOV     LED,#08EH    ;D3 亮
        ACALL   delay1S
        AJMP    KEY0
        RET
K4:     MOV     LED,#047H    ;D4 亮
        ACALL   delay1S
        AJMP    KEY0
        RET
K5:     MOV     LED,#04BH    ;D5 亮
        ACALL   delay1S
        AJMP    KEY0
        RET
K6:     MOV     LED,#04DH    ;D6 亮
        ACALL   delay1S
        AJMP    KEY0
        RET
K7:     MOV     LED,#04EH    ;D7 亮
```

```
          ACALL     delay1S
          AJMP      KEY0
          RET
K8:       MOV       LED,#027H            ;D8 亮
          ACALL     delay1S
          AJMP      KEY0
          RET
K9:       MOV       LED,#02BH            ;D9 亮
          ACALL     delay1S
          AJMP      KEY0
          RET
K10:      MOV       LED,#02DH            ;D10 亮
          ACALL     delay1S
          AJMP      KEY0
          RET
K11:      MOV       LED,#02EH            ;D11 亮
          ACALL     delay1S
          AJMP      KEY0
          RET
K12:      MOV       LED,#017H            ;D12 亮
          ACALL     delay1S
          AJMP      KEY0
          RET
K13:      MOV       LED,#01BH            ;D13 亮
          ACALL     delay1S
          AJMP      KEY0
          RET
K14:      MOV       LED,#01DH            ;D14 亮
          ACALL     delay1S
          AJMP      KEY0
          RET
K15:      MOV       LED,#01EH            ;D15 亮
          ACALL     delay1S
          AJMP      KEY0
          RET
delay1S:  MOV       R3,#10               ;延时子程序
LOOP:     MOV       R4,#200
LOOP1:    MOV       R5,#230
          DJNZ      R5,$
```

```
DJNZ      R4,LOOP1
DJNZ      R3,LOOP
RET
END
```

7.2　LED 显示器接口技术

发光二极管（Light Emitting Diode，LED）是单片机应用系统中常用的输出设备。LED 显示器即为发光二极管显示器，它由发光二极管构成，具有结构简单、显示配目、价格便宜、配置灵活、接口方便等特点。

7.2.1　LED 显示器的结构及字形代码

通常使用的 LED 显示器是 7 段 LED，它由 8 个发光二极管组成，其中 7 个 LED 呈“日”字形排列，另外 1 个 LED 用于表示小数点（dp），其结构及连接如图 7-11 所示。当某一发光二极管导通时，相应地点亮某一点或某一段笔画，通过二极管不同的亮暗组合形成不同的数字、字母及其他符号。

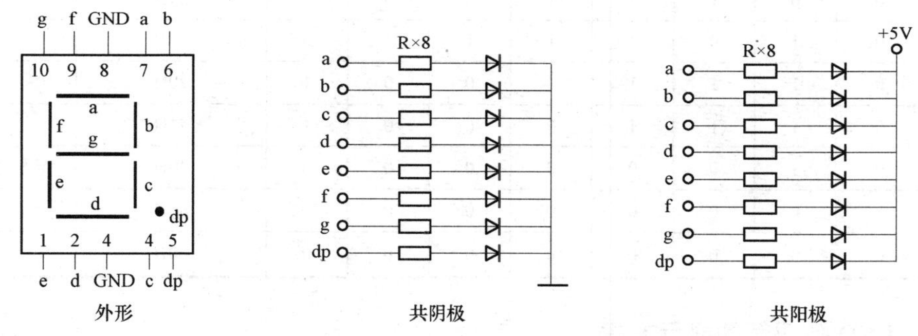

图 7-11　LED 结构及连接

LED 显示器中发光二极管有两种接法：① 所有发光二极管的阳极连接在一起，这种连接方法称为共阳极接法；② 所有二极管的阴极连接在一起，这种连接方法称为共阴极接法。共阳极的 LED 高电平时对应的段码被点亮，共阴极的 LED 低电平时对应段码被点亮。一般共阴极可不外接电阻，但共阳极中的发光二极管一定要外接电阻。

LED 显示器的发光二极管亮暗组合实质上就是不同电平的组合，也就是为 LED 显示器提供不同的代码，这些代码称为字形代码，即段码。7 段发光二极管加上 1 个小数点 dp 共计 8 段，字形代码与这 8 段的关系如下。

数据字	D7	D6	D5	D4	D3	D2	D1	D0
LED 段	dp	g	f	e	d	c	b	a

字形代码与十六进制数的对应关系见表 7-1。从表中可看出共阴极与共阳极的字形代码互为补数。

表 7-1 字形代码与十六进制数对应关系

字符	dp	g	f	e	d	c	b	a	段码（共阴）	段码（共阳）
0	0	0	1	1	1	1	1	1	3FH	C0H
1	0	0	0	0	0	1	1	0	06H	F9H
2	0	1	0	1	1	0	1	1	5BH	A4H
3	0	1	0	0	1	1	1	1	4FH	B0H
4	0	1	1	0	0	1	1	0	66H	99H
5	0	1	1	0	1	1	0	1	6DH	92H
6	0	1	1	1	1	1	0	1	7DH	82H
7	0	0	0	0	0	1	1	1	07H	F8H
8	0	1	1	1	1	1	1	1	7FH	80H
9	0	1	1	0	1	1	1	1	6FH	90H
A	0	1	1	1	0	1	1	1	77H	88H
B	0	1	1	1	1	1	0	0	7CH	83H
C	0	0	1	1	1	0	0	1	39H	C6H
D	0	1	0	1	1	1	1	0	5EH	A1H
E	0	1	1	1	1	0	0	1	79H	86H
F	0	1	1	1	0	0	0	1	71H	8EH
_	0	1	0	0	0	0	0	0	40H	BFH
.	1	0	0	0	0	0	0	0	80H	7FH
熄灭	0	0	0	0	0	0	0	0	00H	FFH

7.2.2 LED 数码管的显示方式

在单片机应用系统中一般需使用多个 LED 显示器，多个 LED 显示器是由 n 根位选线和 $8\times n$ 根段选线连接在一起的，根据显示方式不同，位选线与段选线的连接方法也不相同。段选线控制字符选择，位选线控制显示位的亮或暗。其连接方法如图 7-12 所示，连接方法的不同，使得 LED 显示器有静态显示和动态显示两种方式。

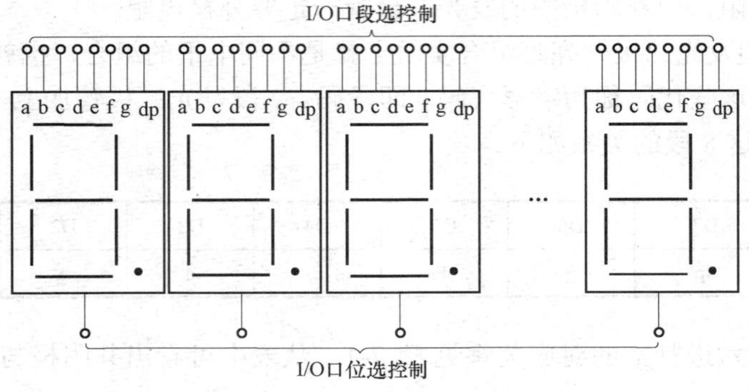

图 7-12 n 个 LED 显示器的连接

1. 静态显示

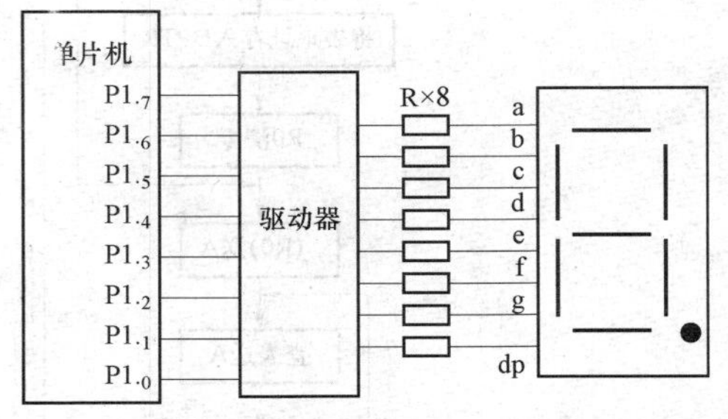

图 7-13　数码管静态显示接口电路

在静态显示方式下，每位数码管的 a～g 和 dp 端与一个 8 位的 I/O 端口连接，其电路如图 7-13 所示。当 LED 显示器要显示某个字符时，相应的发光二极管恒定地导通或截止即可。例如，LED 显示器要显示“0”时，a、b、c、d、e、f 导通，g、dp 截止。单片机将所要显示的数据送出去后就不需再管，直到下次显示数据需更新时再传送一次数据，显示数据稳定，占用 CPU 时间少。但这种显示方式，每位都需要一个 8 位输出口控制，所以占用硬件多，如果单片机系统中有 n 个 LED 显示器时，需 $8×n$ 根 I/O 口线，所占用的 I/O 资源较多，需进行扩展。

图 7-13 中，“驱动器”可以是 1413、7406、7407、74HC245、普通三极管等。值得一提的是大多数驱动器输出采用集电极开路形式，也就是输出电流为灌电流，适合选用共阳极数码管。

【例 7-3】 使用 P1 端口控制 1 位共阳极 LED 数码管进行静态显示，要求循环显示数字 0～9、字符“A～F”及“–”。

解：LED 数码管静态显示电路原理如图 7-14 所示，图中 LED 为 7 段的数码管，不含 dp 段；74HC245 为 LED 数码管驱动器。编写程序时，首先将显示数字 0～9、字符“A～F”及“–”的段码值存入 Tab 中，然后每隔 1s 的时间将 Tab 中的内容送给 P1 端口即可完成显示操作。程序流程如图 7-15 所示。

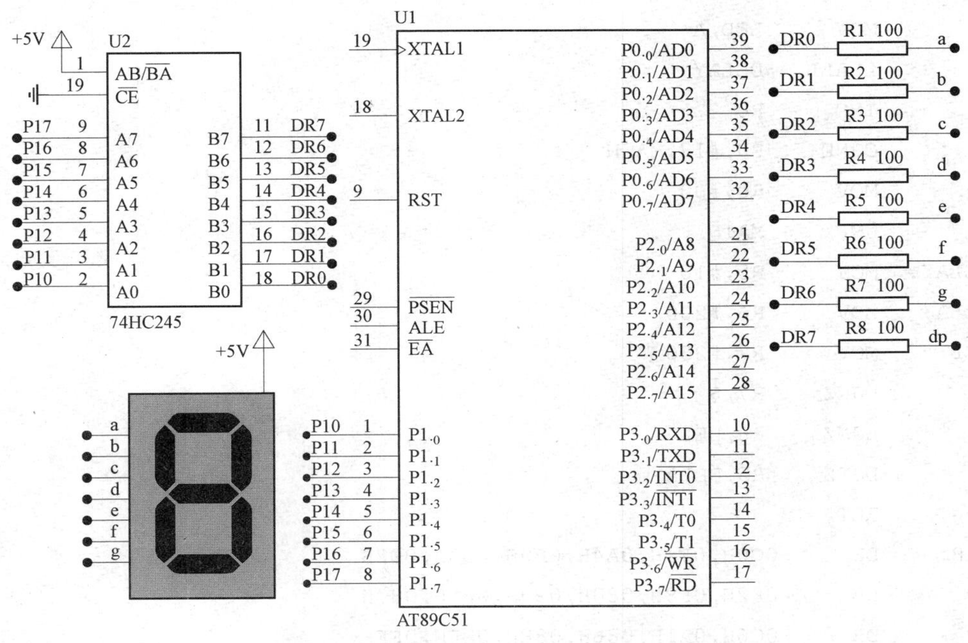

图 7-14　LED 数码管静态显示电路原理

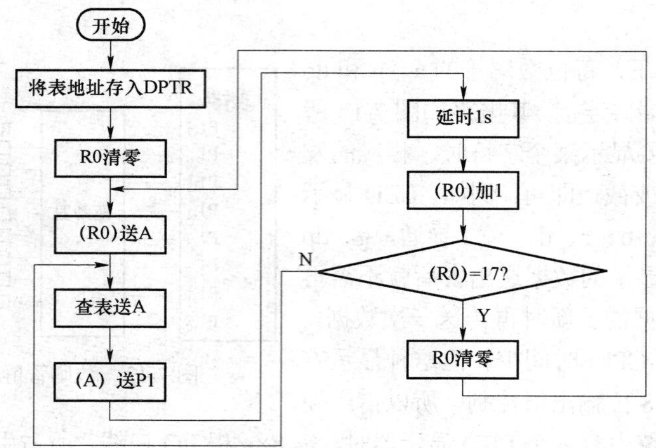

图 7-15　数码管静态显示程序流程

编写程序如下。

```
        LED     EQU     P1
        ORG     0000H
        AJMP    START               ;转入主程序
        ORG     0030H
START:  MOV     DPTR,#TAB
        MOV     R0,#00H
MAIN:   MOV     A,R0
        MOVC    A,@A+DPTR
        MOV     LED,A
        LCALL   DELAY
        INC     R0
        CJNE    R0,#17,MAIN
        MOV     R0,#00
        JMP     MAIN
DELAY:  MOV     R5,#10
DELA:   MOV     R6,#200
DEL:    MOV     R7,#230
        DJNZ    R7,$
        DJNZ    R6,DEL
        DJNZ    R5,DELA
        RET
TAB:    DB    0C0H,0F9H,0A4H,0B0H,099H,092H
        DB    082H,0F8H,080H,090H,088H,083H
        DB    0C6H,0A1H,086H,08EH,0BFH,0FFH
        END
```

2. 动态显示

动态显示方式的工作原理是逐个地循环点亮各个显示器，也就是说在任一时刻只有 1 位显示器在显示。为使人看到所有显示器都是在显示，就得加快循环点亮各位显示器的速度（提高扫描频率），利用人眼的视觉残留效应，给人感觉到与全部显示器持续点亮的效果一样。一般地，每秒循环扫描不低于 50 次。在这里需要指出的是，由于每位显示器只有部分时间点亮，因此看上去亮度有所下降，为达到与持续点亮一样的亮度效果，必须加在显示器的驱动电流。一般有几位显示器，电流就加大几倍。

图 7-16 所示是 8 位数码管动态显示的电路原理，图中数码管为共阳极数码管。从图中可看出，各位数码管的段码（a～g、dp）端并联在一起，通过驱动器与单片机系统的 P1 口相连，每只数码管的共阳极通过电子开关（三极管）与 V_{cc} 相连，电子开关受控于 P3 口。要点亮某位数码管时先将该位显示代码送 P1 口，再选通该电子开关。

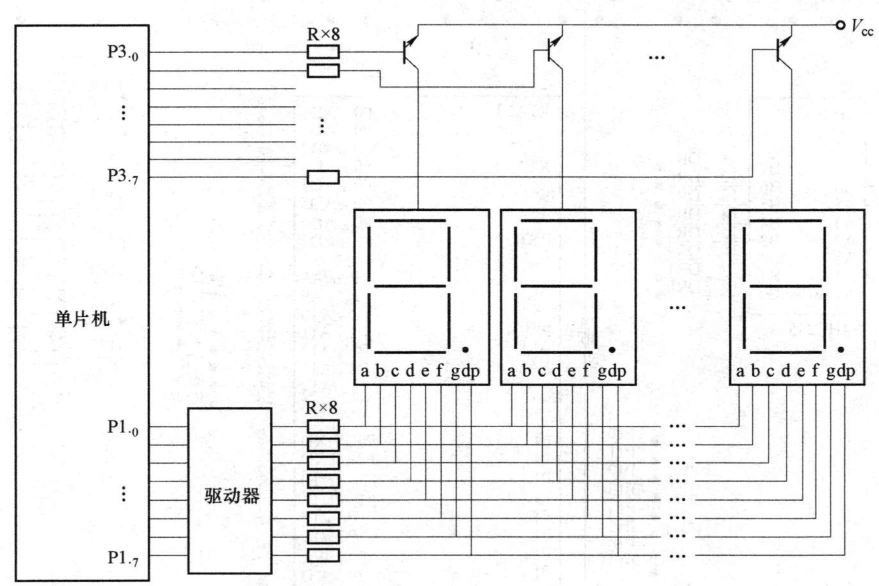

图 7-16　动态显示电路

【例 7-4】 采用动态显示法，在 8 位共阳极数码管上显示数字“87213695”。

解： 8 位共阳极数码管动态显示电路原理如图 7-17 所示。编写程序时，可将 R1、R3 作为 CS 控制，而 LED 显示的内容在 30H 起始单元中。通过查表的方式将显示段码送入 P1 端口，同时控制相应的片选位有效，使其显示。显示片刻后，R3 内容减 1 并判断是否为 0，若不为 0，则指向下一显示内容地址，且 R1 中的内容移位，即下一 LED 片选位有效。若 R3 中的内容为 0，表示 8 个数码管全部显示，则重新下一轮扫描显示。程序流程如图 7-18 所示。

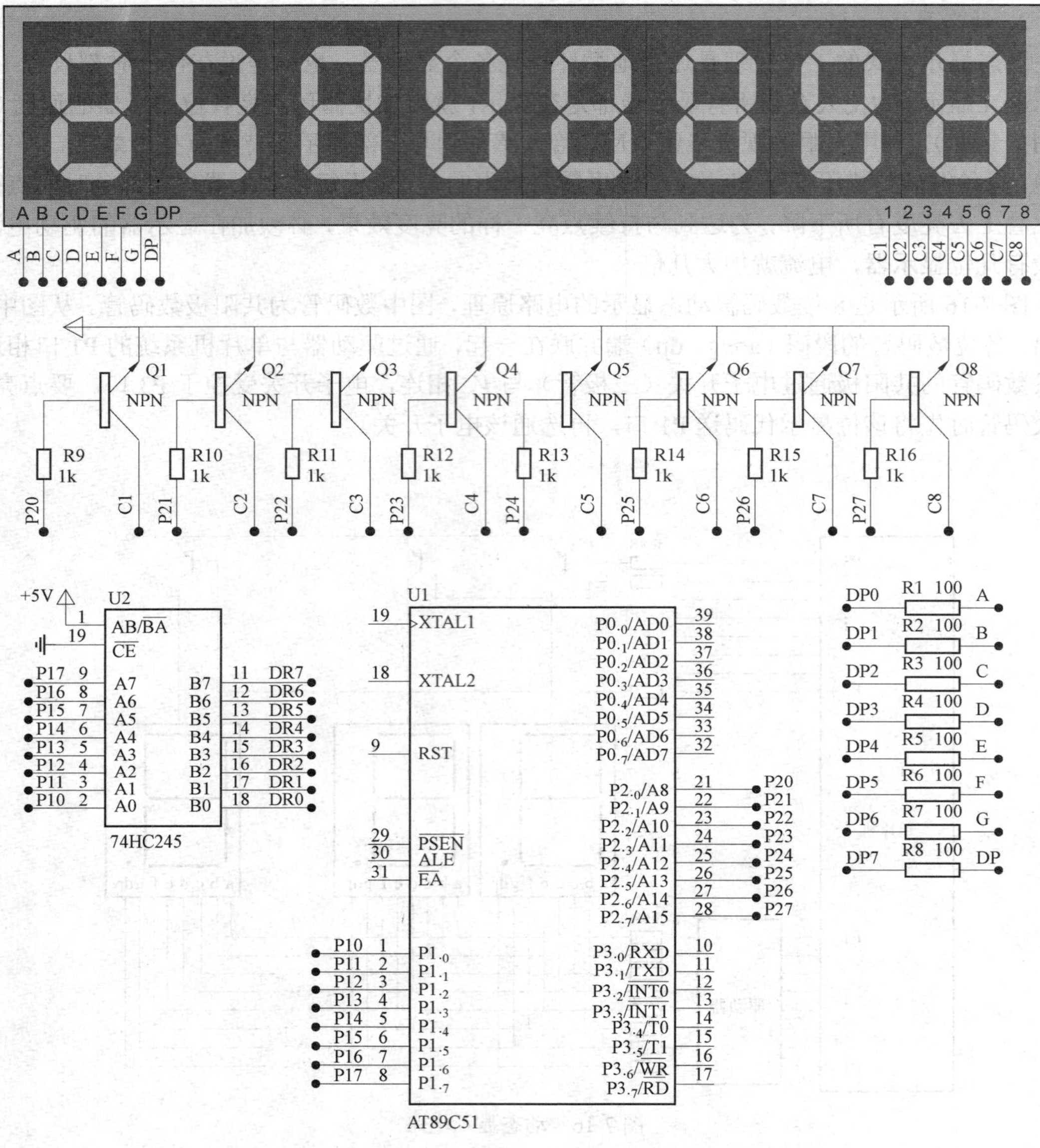

图 7-17 8 位共阳极数码管动态显示电路原理

编写的程序如下。

```
        LED     EQU     P1
        CS      EQU     P2
        ORG     0000H
START:  MOV     SP,#60H
        MOV     DPTR,#TABLE
MAIN:   MOV     30H,#5          ;设置 8 个数码管初值
        MOV     31H,#9
        MOV     32H,#6
```

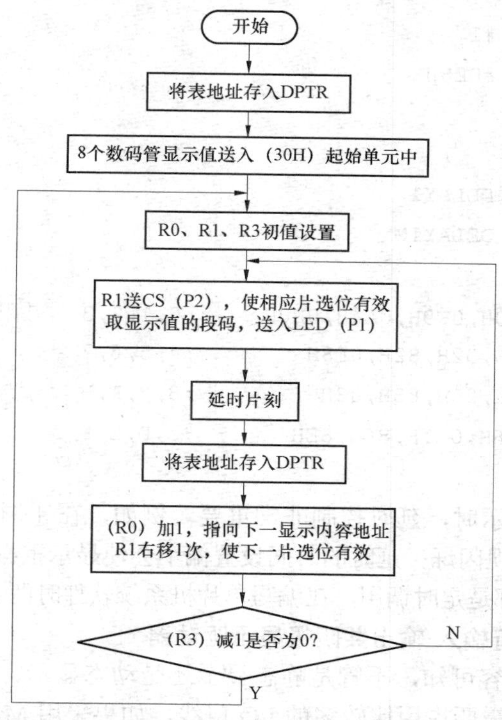

图 7-18　8 位共阳极数码管动态显示程序流程

```
        MOV     33H,#3
        MOV     34H,#1
        MOV     35H,#2
        MOV     36H,#7
        MOV     37H,#8
DISP:   MOV     R0,#30H         ;取 LED1 显示内容的地址
        MOV     CS,#00H         ;数码管全部熄灭
        MOV     R3,#08H         ;8 个数码管需移位 8 次
        MOV     R1,#80H         ;首先 LED1 显示
DIS:    MOV     CS,R1           ;使相应的片选位有效
        MOV     A,@R0           ;取显示内容
        MOVC    A,@A+DPTR       ;取显示内容的段码值
        MOV     LED,A           ;段码值由 P1 输出
        LCALL   DELAY1MS        ;延时片刻,使 LED 显示
        INC     R0              ;指向下一显示内容地址
        MOV     A,R1
        RR      A               ;移位使下一 LED 片选位有效
        MOV     R1,A
        DJNZ    R3,DIS          ;8 个 LED 是否显示完，没有继续显示
        LJMP    DISP
```

```
DELAY1MS:MOV    R7,#1
DELAY1M:MOV     R6,#0E8H
DELAY1: NOP
        NOP
        DJNZ    R6,DELAY1
        DJNZ    R7,DELAY1M
        RET
TABLE:  DB      0C0H,0F9H,0A4H,0B0H     ;0,1,2,3  共阳极段码
        DB      99H,92H,82H,0F8H        ;4,5,6,7
        DB      80H,90H,88H,83H         ;8,9,A,B
        DB      0C6H,0A1H,86H,8EH       ;C,D,E,F
        END
```

在控制数码管动态显示时，延时控制非常重要。例如，在［例 7-4］程序中，将延时的时间设置偏大会使显示出现闪烁；延时的时间设置偏小会使显示重影。一般情况下，由于动态显示程序和键盘查询程序都是定时调用，在编写单片机系统软件时两者同时兼顾，轮流执行。

7.2.3 MAX7219 串行输入/输出共阴极显示驱动器

通过上述两个小节内容可知，不管是静态显示还是动态显示，单片机都工作在并行 I/O 口状态或存储器方式中，需要占用比较多的 I/O 口线。如果采用 MAX7219 作为 LED 显示器的接口电路，则只需占用单片机的三根线就可串行实现 8 位 LED 的显示驱动和控制。

MAX7219 是美国 MAXIN（美信）公司生产的串行输入/输出共阴极显示驱动器。采用 3 线制串行接口技术进行数据的传送，可直接与单片机连接，用户能方便地修改内部参数实现多位 LED 显示器的显示。MAX7219 片内含有硬件动态扫描显示控制，每块芯片可驱动 8 个共阴极 LED 显示器。

1. MAX7219 外部封装及引脚功能

MAX7219 是七段共阴极 LED 显示器的驱动器，采用 24 引脚的 DIP 和 SO 两种封装形式，其外形封装如图 7-19 所示。

图 7-19 MAX7219 外形封装

MAX7219 LED 驱动器各引脚功能如下。

（1）Din：串行数据输入端。在 CLK 的上升沿，数据被锁入 16 位内部移位寄存器中。

（2）DIG0～DIG7：8 位数码管驱动线，输出位选信号，从数码管的共阴极吸收电流。

（3）GND：地线。

（4）LOAD：装载数据控制端。在 LOAD 的上升沿，最后送入的 16 位串行数据被锁存到移位寄存器中。

（5）CLK：串行时钟输入端。最高输入频率为 10MHz，在 CLK 的上升沿，数据被送入内部移位寄存器；在 CLK 的下降沿，数据 Dout 端输出。

（6）SEG a～SEG g：LED 七段显示器段驱动端。用于驱动当前 LED 段码。

（7）SEG dp：小数点驱动端。

（8）ISET：LED 段峰值电流设置端。ISET 端通过一只电阻与电源 V+相连，调节电阻值，改变 LED 段提供峰值电流。

（9）V+：+5V 电源。

（10）Dout：串行数据输出端。进入 Din 的数据在 16.5 个时钟后送到 Dout 端，Dout 在级联时传送到下一片 MAX7219 的 Din 端。

2. 内部结构

MAX7219 的内部结构如图 7-20 所示。其主要由段驱动器、段电流基准、二进制 ROM、数位驱动器、5 个控制寄存器、16 位移位寄存器、8×8 双端口 SRAM、地址寄存器和译码器、亮度脉宽调制器、多路扫描电路等部分组成。

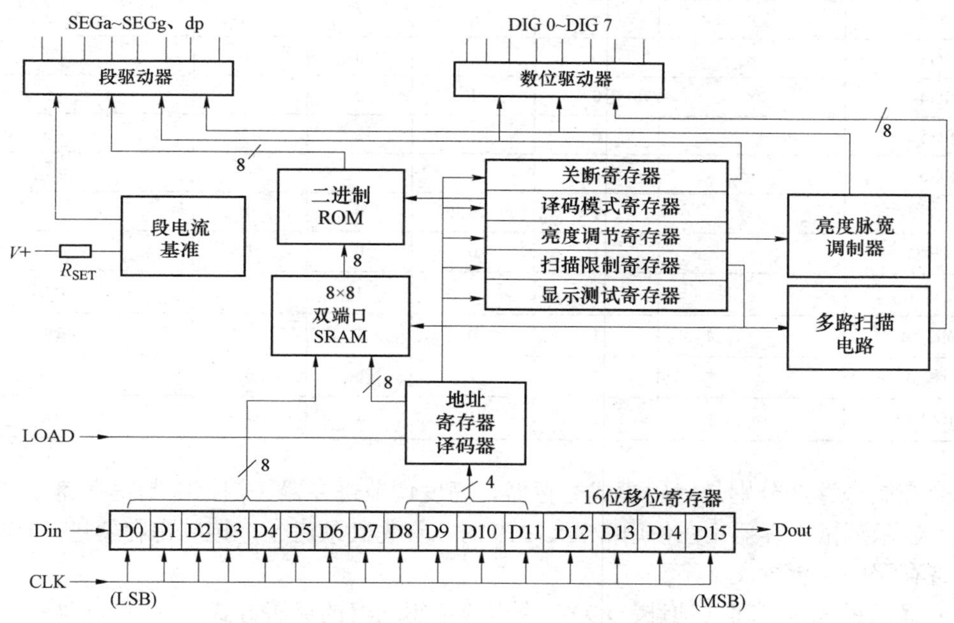

图 7-20　MAX7219 的内部结构

数位驱动器用于选择某位 LED 显示。串行数据以 16 位数据包的形式从 Din 引脚输入，在 CLK 的每个上升沿时，不管 LOAD 引脚的工作状态如何，数据一位一位地串行送入片内 16 位移位寄存器中。在第 16 个 CLK 上升沿出现的同时或之后，在下一个 CLK 上升沿之前，LOAD 必须变为高电平，否则移入移位寄存器的数据将会被丢失。这 16 位数据包格式见表 7-2。从表中可看出 D15～D12 为无关位，取任意值，通常全为“1”，D11～D8 为 4 位地址，D7～D0 为 5 个控制寄存的命令字或 8 位 LED 待显示的数据位，在 8 位数据中，D7 为最高位，D0 为最低位。一般情况下，程序先送控制命令，再送数据到显示寄存器，但必须每 16 位为一组，从最高位开始送数据，一直送到最低位为止。

表 7-2　**16 位数据包格式**

D15	D14	D13	D12	D11	D10	D9	D8	D7	D6	D5	D4	D3	D2	D1	D0
×	×	×	×	地址				MSB			数据			LSB	

通过对 D11～D8 中 4 位地址译码，可寻址 14 个内部寄存器，即 8 个数位寄存器、5 个控制寄存器及 1 个空操作寄存器。14 个内部寄存器地址见表 7-3。空操作寄存器主要用于多个 MAX7219 级联，允许数据通过而不对当前 MAX7219 产生影响。

表 7-3 14 个内部寄存器地址

寄存器	地址					十六进制代码
	D15～D12	D11	D10	D9	D8	
空操作	×	0	0	0	0	×0
DIG0	×	0	0	0	1	×1
DIG1	×	0	0	1	0	×2
DIG2	×	0	0	1	1	×3
DIG3	×	0	1	0	0	×4
DIG4	×	0	1	0	1	×5
DIG5	×	0	1	1	0	×6
DIG6	×	0	1	1	1	×7
DIG7	×	1	0	0	0	×8
译码模式	×	1	0	0	1	×9
亮度调节	×	1	0	1	0	×A
扫描限制	×	1	0	1	1	×B
关断模式	×	1	1	0	0	×C
显示测试	×	1	1	1	1	×F

5 个控制寄存器分别是译码模式寄存器、亮度调节寄存器、扫描限制寄存器、关断模式寄存器、显示测试寄存器。在使用 MAX7219 时，首先必须对 5 个控制寄存器进行初始化。5 个控制寄存器的设置含义如下。

（1）译码模式寄存器（地址：×9）：决定数位驱动器的译码方式，共有 4 种译码模式选择。每一位对应一个数位。其中，“1”代表 B 码方式；“0”表示不译方式。驱动 LED 数码管时，应将数位驱动器设置为 B 码方式。一般情况下，应将数据位置为全“0”，即选择“全非译码方式”，在此方式下，8 个数据位分别对应七个段和小数点。

当选择译码模式时，译码器只对数据的低 4 位进行译码（D3～D0），D4～D6 为无效位。D7 位用来设置小数点，不受译码器的控制且为高电平。表 7-4 为 B 型译码的格式。

表 7-4 B 型译码格式

字符代码	寄存器数据						段码							
	D7	D6～D4	D3	D2	D1	D0	DP	G	F	E	D	C	B	A
0		×	0	0	0	0		1	1	1	1	1	1	0
1		×	0	0	0	1		0	1	1	0	0	0	0
2		×	0	0	1	0		1	1	0	1	1	0	1
3		×	0	0	1	1		1	1	1	1	0	0	1
4		×	0	1	0	0		0	1	1	0	0	1	1

续表

字符代码	寄存器数据						段　码							
	D7	D6～D4	D3	D2	D1	D0	DP	G	F	E	D	C	B	A
5		×	0	1	0	1		1	0	1	1	0	1	1
6		×	0	1	1	0		1	0	1	1	1	1	1
7		×	0	1	1	1		1	1	1	0	0	0	0
8		×	1	0	0	0		1	1	1	1	1	1	1
9		×	1	0	0	1		1	1	1	1	0	1	1
-		×	1	0	1	0		0	0	0	0	0	0	1
E		×	1	0	1	1		1	0	0	1	1	1	1
H		×	1	1	0	0		0	1	1	0	1	1	1
L		×	1	1	0	1		0	0	0	1	1	1	0
P		×	1	1	1	0		1	1	0	0	1	1	1
blank		×	1	1	1	1		0	0	0	0	0	0	0

当选择不进行译码时，数据的 8 位与 MAX7219 各段线上的信号一致，表 7-5 列出了每个数字对应的段码位。

表 7-5　　**每个数字对应的段码位**

g b a f c e • dp d	寄存器数据							
	D7	D6	D5	D4	D3	D2	D1	D0
	DP	g	f	e	d	c	b	a

（2）亮度调节寄存器（地址：×A）：用于 LED 数码管显示亮度强弱的设置。利用其 D3～D0 位控制内部亮度脉宽调制器 DAC 的占空比来控制 LED 段电流的平均值，实现 LED 的亮度控制。D3～D0 取值范围为 0000～1111，对应电流的占空比则从 1/32、3/32 变化到 31/32，共 16 级，D3～D0 的值越大，LED 显示越亮。而亮度控制寄存器中的其他各位未使用，可置任意值。亮度调节寄存器的设置格式见表 7-6。

表 7-6　　**亮度调节寄存器的设置格式**

占空比	D7	D6	D5	D4	D3	D2	D1	D0	十六进制代码
1/32	×	×	×	×	0	0	0	0	X0H
3/32	×	×	×	×	0	0	0	1	X1H
5/32	×	×	×	×	0	0	1	0	X2H
7/32	×	×	×	×	0	0	1	1	X3H
9/32	×	×	×	×	0	1	0	0	X4H
11/32	×	×	×	×	0	1	0	1	X5H
13/32	×	×	×	×	0	1	1	0	X6H
15/32	×	×	×	×	0	1	1	1	X7H
17/32	×	×	×	×	1	0	0	0	X8H

续表

占空比	D7	D6	D5	D4	D3	D2	D1	D0	十六进制代码
19/32	×	×	×	×	1	0	0	1	X9H
21/32	×	×	×	×	1	0	1	0	XAH
23/32	×	×	×	×	1	0	1	1	XBH
25/32	×	×	×	×	1	1	0	0	XCH
27/32	×	×	×	×	1	1	0	1	XDH
29/32	×	×	×	×	1	1	1	0	XEH
31/32	×	×	×	×	1	1	1	1	XFH

（3）扫描限制寄存器（地址：×B）：用于设置显示数码管的个数（1～8）。该寄存器的D2～D0（低三位）指定要扫描的位数，D7～D3 无关，支持 0～7 位，各数位均以 1.3kHz 的扫描频率被分路驱动。当 D2～D0=111 时，可接 8 个数码管。扫描限制寄存器的设置格式见表 7-7。

表 7-7　扫描限制寄存器的设置格式

扫描 LED 位数	D7	D6	D5	D4	D3	D2	D1	D0	十六进制代码
只扫描 0 位	×	×	×	×	×	0	0	0	0xX0
扫描 0 或 1 位	×	×	×	×	×	0	0	1	0xX1
扫描 0，1，2 位	×	×	×	×	×	0	1	0	0xX2
扫描 0，1，2，3 位	×	×	×	×	×	0	1	1	0xX3
扫描 0，1，2，3，4 位	×	×	×	×	×	1	0	0	0xX4
扫描 0，1，2，3，4，5 位	×	×	×	×	×	1	0	1	0xX5
扫描 0，1，2，3，4，5，6 位	×	×	×	×	×	1	1	0	0xX6
扫描 0，1，2，3，4，5，6，7 位	×	×	×	×	×	1	1	1	0xX7

（4）关断模式寄存器（地址：×C）：用于关断所有显示器。有 2 种选择模式：D0="0"，关断所有显示器，但不会消除各寄存器中保持的数据；D0="1"，正常工作状态。剩下各位未使用，可取任意值。通常情况下选择正常操作状态。

（5）显示测试寄存器（地址：×F）：用于检测外接 LED 数码管是工作在测试状态还是正常操作状态。D0="0"，LED 处于正常工作状态；D0="1"，LED 处于显示测试状态，所有 8 位 LED 各位全亮，电流占空比为 31/32。D7～D1 位未使用，可任意取值。一般情况下选择正常工作状态。

3. 工作时序

MAX7219 工作时序如图 7-21 所示。从图中可看出，在 CLK 的每个上升沿，都有一位数据从 Din 端输入，加载到 16 位移位寄存器中。在 LOAD 的上升沿，输入的 16 位串行数据被锁存到数位或控制寄存器中。LOAD 必须在第 16 个 CLK 上升沿出现的同时或在下一个 CLK 上升沿之前，变为高电平，否则移入移位寄存器的数据将会被丢失。

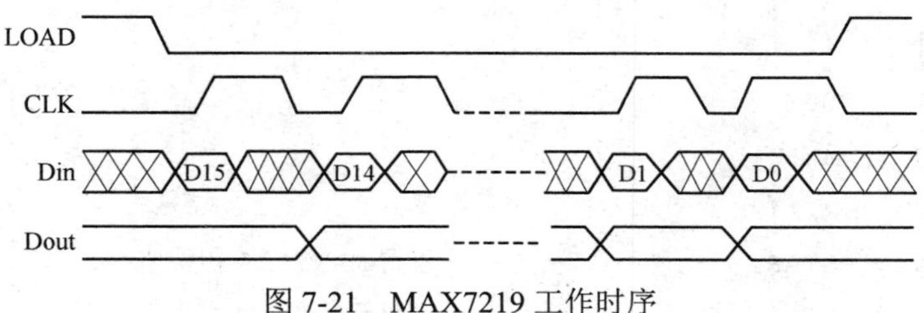

图 7-21　MAX7219 工作时序

【例 7-5】　使用 MAX7219 串行驱动 LED 数码管，显示为 01234567。

解：使用单片机 3 根 I/O 口线即可控制 MAX7219 驱动 8 个共阴极 LED 显示器，其电路原理如图 7-22 所示。编写程序时，无论是 MAX7219 的初始化，还是 8 个七段数码管的显示，均须对数据进行写入。16 位数据包分成两个 8 位的字节进行传送，第一字节是地址，第二字节是数据。在这 16 位数据包中，D15～D12 可任意写，在此均置为“1”；D11～D8 决定所选通的内部寄存器地址；D7～D0 为待显示数据，8 个 LED 显示器的显示内容在 TABLE 中。

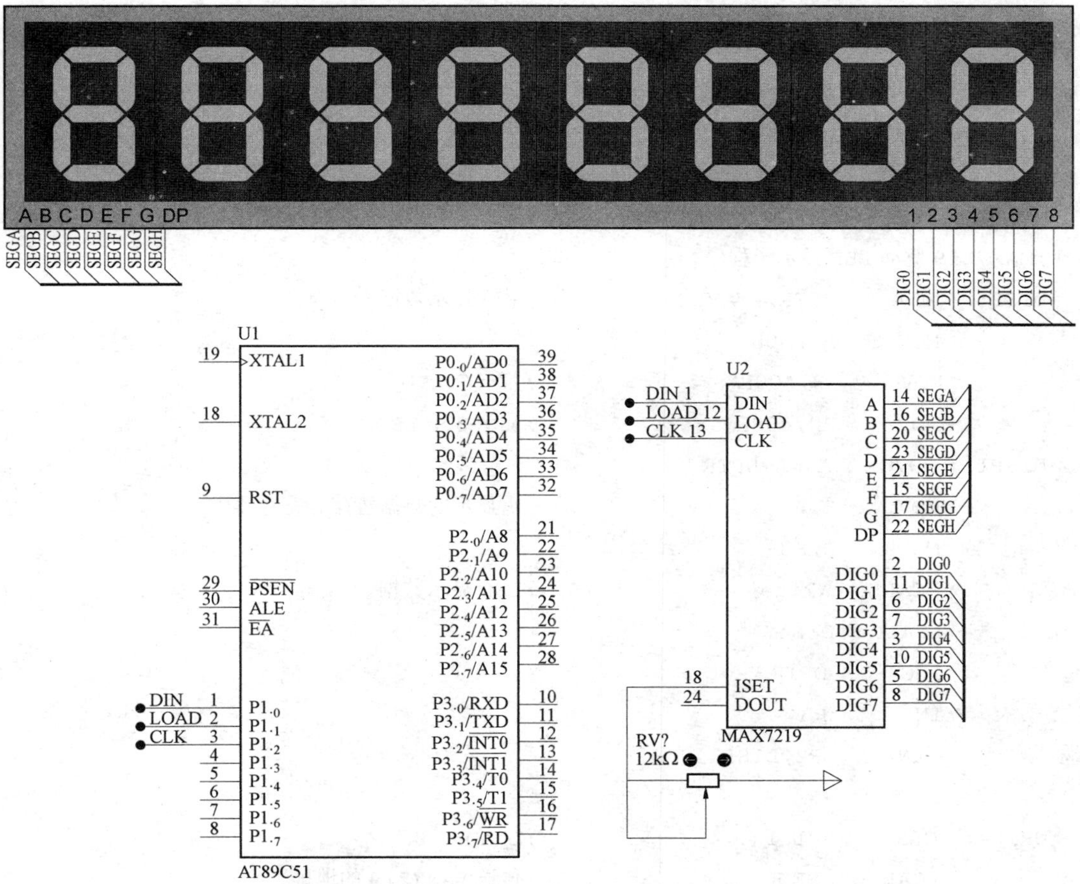

图 7-22　MAX7219 串行驱动 LED 数码管电路原理

编写程序如下。

```
        ORG     00H
        AJMP    MAIN
MAIN:   MOV     SP,#70H
        LCALL   START                   ;设置 MAX7129 初始值
        LCALL   DISP                    ;调显示子程序
; MAX7219 初始化子程序
START:  MOV     A,#0FBH                 ;设置扫描限制
        MOV     B,#07H                  ;可接 8 个 LED 数码管
        LCALL   WRite                   ;写扫描限制初始值
        MOV     A,#0F9H                 ;设置译码模式
        MOV     B,#00H                  ;不译码
        LCALL   WRite                   ;写译码模式
        MOV     A,#0FAH                 ;设置亮度值
        MOV     B,#0CH                  ;亮度设为 25/32
        LCALL   WRite
        MOV     A,#0FCH                 ;设置正常工作状态
        MOV     B,#01H
        LCALL   WRite
        RET
;MAX7219 驱动 LED 显示子程序
DISP:   MOV     DPTR,#TABLE             ;装入显示数据
        MOV     A,#00H
        MOV     R3,#00H                 ;第一个 LED
        MOV     R2,#08H                 ;显示 8 个 LED
DISP1:  MOVC    A,@A+DPTR
        MOV     B,A                     ;需显示的数据暂存 B 寄存器中
        MOV     A,R3
        LCALL   WRite                   ;LED 显示数据
        LCALL   DELAY
        INC     DPTR
        INC     R3
        DJNZ    R2,DISP1
        RET
WRite:  CLR     P1.1                    ;LOAD="0"
        LCALL   SEND                    ;传送 MAX7219 的地址
        MOV     A,B
        LCALL   SEND                    ;传送数据
```

```
        SETB    P1.1                    ;装载数据
        RET
;MAX7219 地址或数据串行写子程序
SEND:   MOV     R5,#08H                 ;向 MAX7219 送地址或数据
SEND1:  RLC     A
        MOV     P1.0,C                  ;移位装载
        CLR     P1.2
        NOP
        NOP
        NOP
        NOP
        NOP
        SETB    P1.2
        DJNZ    R5,SEND1
        RET
TABLE:DB  7EH,30H,6D,79H,33H,5BH,5FH,70H
        RET
DELAY:MOV     R7,#14H
DEL:  MOV     R6,#8AH
        DJNZ    R6,$
        DJNZ    R7,DEL
        RET
        END
```

7.2.4　LED 点阵显示器的接口

LED 数码管显示器只能显示 7 段字形的数字及少量的字母和符号，要想显示图形、汉字、各种字母、符号及美观的数字，就得使用 LED 点阵显示器。

LED 点阵显示器由一串发光或不发光的点状（或条状）显示器按矩阵的方式排列组成，其发光体是发光 LED 二极管。现在点阵显示器应用十分广泛，如广告活动字幕机、股票显示屏、活动布告栏等。

LED 点阵显示器的分类有多种方法：按阵列点数可分为 5×7、5×8、6×8、8×8 等 4 种；按发光颜色可分为单色、双色、三色；按极性排列方式又可分为共阳极和共阴极。图 7-23 所示为 5×7 的共阴极和共阳极阵列结构。

从图 7-23 可看出，只要让某些 LED 点亮，就可组成数字、字母、图形、汉字等。显示单个字母、数字时，只需一个 5×7 的 LED 点阵显示器即可，如图 7-24 所示。显示汉字需多个 LED 点阵显示器组合，最常见的组合方式有 15×14、16×15、16×16 等。LED 点阵显示器也可用 MAX7219 来进行串行驱动。

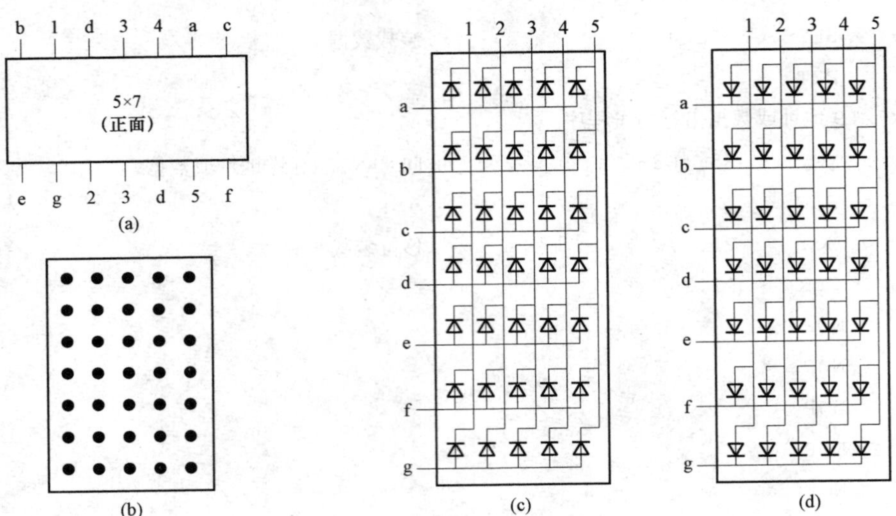

图 7-23 共阴极和共阳极结构

（a）5×7 点阵；（b）共阴极 LED 的结构；（c）共阴极；（d）共阳极

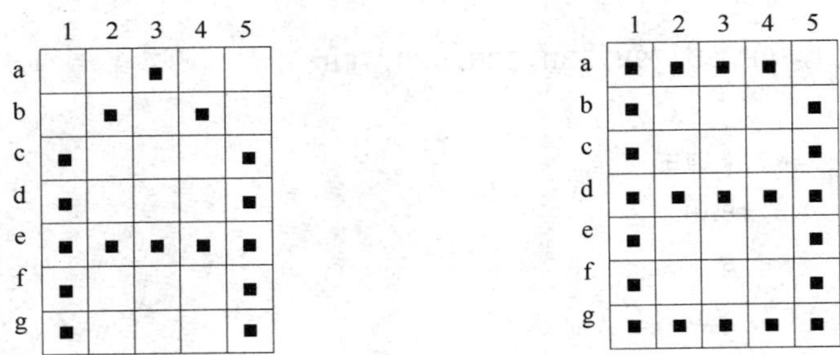

图 7-24 LED 点阵显示字母“A”和“B”

【例 7-6】 使用一个 8×8 共阴极 LED 点阵显示字符串“AT89c51RC”。

解： 一个 8×8 共阴极 LED 点阵的电路原理如图 7-25 所示。一个 8×8 的 LED 点阵在某一时刻只能显示一个字符，要显示字符串，必须在显示完一个字符后接着显示下一个字符，因此需建立一个字符库。由于每个字符有 8 个段码值，该字符串有 8 个字符，所以该字符串库中有 8×9 共 72 个段码值。字符库可使用一些字模软件（如 PCtoLCD 等）来进行完成，本实例字符库的字模段码值见表 7-8。

表 7-8 **字 模 段 码 值**

字符	段 码 值	字符	段 码 值
A	02H，06H，1EH，34H，14H，0EH，02H，02H	5	00H，3CH，2AH，2AH，2AH，2AH，24H，00H
T	20H，20H，22H，3EH，22H，20H，20H，00H	1	00H，12H，12H，3EH，02H，02H，00H，00H
8	00H，34H，2AH，2AH，2AH，2AH，34H，00H	R	22H，3EH，32H，30H，38H，34H，26H，02H
9	00H，10H，2AH，2AH，2AH，2EH，1CH，00H	C	1CH，36H，22H，22H，22H，22H，24H，00H
C	1CH，36H，22H，22H，22H，22H，24H，00H		

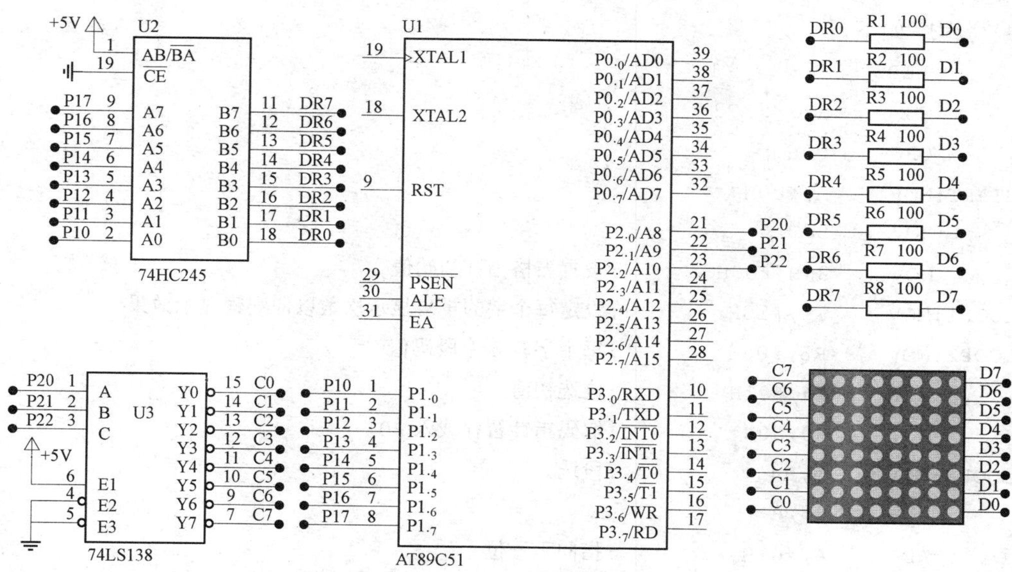

图 7-25　一个 8×8 点阵字符显示电路

8×8 共阴极 LED 点阵显示字符串，可通过建立一个数据表格的形式进行，首先位选 1 有效，将段码值 02H 送给 P1 以驱动相应段点亮，然后位选 2 有效，将段码值 06H 送给 P1 以驱动相应段点亮……如此进行，直到送完 8 个段码，就可显示“A”，然后再进行字符“T”的显示……每个字符的显示与字符“A”的显示过程相同，只是段码值不同而已。每送一个段码值时均有相应的计数值，当计数值达到 72 时，表示字符串已显示完，又从头开始。程序流程如图 7-26 所示。

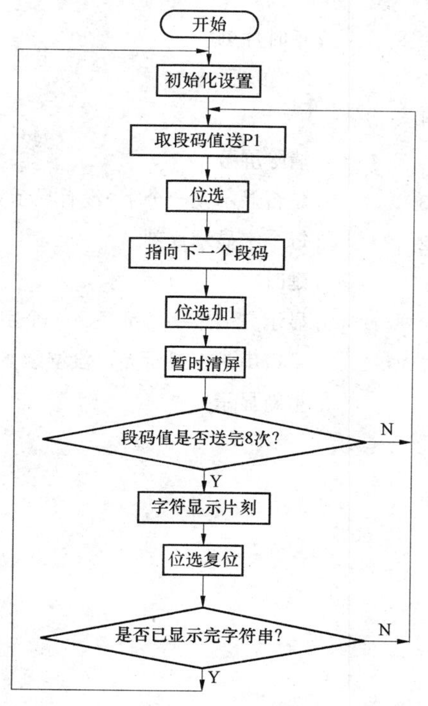

图 7-26　8×8 共阴极 LED 点阵显示字符串流程

编写程序如下。

```
        LED      EQU     P1
        CS       EQU     P2
        ORG      00H
START:MOV      A,#00H              ;清屏
        MOV      LED,A
        MOV      30H,#00H            ;设置表格指针初始值
LOOP1:MOV      R1,#10H             ;设定每个字的重复显示次数以便观察显示效果
LOOP2:MOV      R6,#08H             ;每个字有 8 个段码值
        MOV      R4,#01H             ;位选初值
        MOV      R0,30H              ;取码指针暂存载入 R0
LOOP3:MOV      A,R4                ;段选
        MOV      CS,A
        ADD      A,#01H              ;指向下一位
        MOV      R4,A
        MOV      A,R0
        MOV      DPTR,#TABLE         ;表中取段码
        MOVC     A,@A+DPTR
        MOV      LED,A               ;段码送 P1
        INC      R0                  ;指向下一段码并暂存
        MOV      R3,#10H
LOOP4:MOV      R5,#120             ;延时片刻
        DJNZ     R5,$
        DJNZ     R3,LOOP4
        ANL      CS,#00H             ;清除屏蔽
        DJNZ     R6,LOOP3            ;是否显示完一个字?没有显示完则继续
        DJNZ     R1,LOOP2            ;每个字显示片刻
        LCALL    DELAY               ;延时
        MOV      30H,R0              ;显示完一个字，准备下一个字的显示
        CJNE     R0,#72,LOOP1        ;字符串是否显示完，没继续
        SJMP     START               ;重新显示
DELAY:MOV      R7,#10
DELA: MOV      R6,#100
DEL:  MOV      R5,#248
        DJNZ     R5,$
        DJNZ     R6,DEL
        DJNZ     R7,DELA
        RET
TABLE:DB 02H,06H,1EH,34H,14H,0EH,02H,02H   ;"A",0
```

```
DB 20H,20H,22H,3EH,22H,20H,20H,00H   ;"T",1
DB 00H,34H,2AH,2AH,2AH,2AH,34H,00H   ;"8",2
DB 00H,10H,2AH,2AH,2AH,2EH,1CH,00H   ;"9",3
DB 1CH,36H,22H,22H,22H,22H,24H,00H   ;"C",4
DB 00H,3CH,2AH,2AH,2AH,2AH,24H,00H   ;"5",5
DB 00H,12H,12H,3EH,02H,02H,00H,00H   ;"1",6
DB 22H,3EH,32H,30H,38H,34H,26H,02H   ;"R",7
DB 1CH,36H,22H,22H,22H,22H,24H,00H   ;"C",8
RET
END
```

7.3　液晶显示器接口技术

LCD（Liquid Crystal Display）液晶显示器是一种利用液晶的扭曲/向列效应制成的新型显示器。它具有体积小、质量轻、功耗低、抗干扰能力强等优点，因而在单片机系统中被广泛应用。

7.3.1　LCD 液晶显示器的基本知识

1. LCD 液晶显示器的结构及工作原理

LCD 本身不发光，是通过借助外界光线照射液晶材料而实现显示的被动显示器件。LCD 液晶显示器的基本结构如图 7-27 所示。

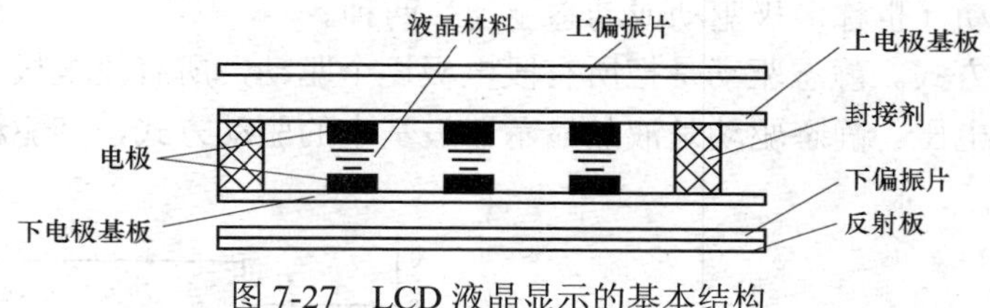

图 7-27　LCD 液晶显示的基本结构

向列型液晶材料被封装在上（正）、下（背）两片导电玻璃电极之间。液晶分子平列排列，上、下扭曲 90°。外部入射光线通过上偏振片后形成偏振光，该偏振光通过平行排列的液晶材料后被旋转 90°，再通过与上偏振片垂直的下偏振片，被反射板反射过来，呈透明状态。若在其上、下电极上加上一定的电压，在电场的作用下迫使加在电极部分的液晶分子转成垂直排列，其旋光作用也随之消失，致使从上偏振片入射的偏振光不被旋转，光无法通过下偏振片返回，呈黑色。当去掉电压后，液晶分子又恢复其扭转结构。因此可根据需要将电极做成各种形状，用以显示各种文字、数字、图形。

2. LCD 液晶显示器的分类

LCD 液晶显示器分类的方法有多种。

（1）按电光效应分类。电光效应是指在电的作用下，液晶分子的初始排列改变为其他的排列形式，使液晶盒的光学性质发生变化，即以电通过液晶分子对光进行了调制。

LCD 液晶显示器按电光效应的不同，可分为电场效应类、电流效应类、电热效应类三种。

电场效应类又可分为扭曲向列效应 TN（Twisted Nematic）型、宾主效应 GH 型和超扭曲效应 STN（Super Twisted）型等。

目前在单片机应用系统中广泛应用 TN 型和 STN 型液晶显示器。

（2）按显示内容分类。LCD 液晶显示器按其显示的内容不同，可分为字段式（又称笔画式）、点阵字符式和点阵图等三种。

字段式 LCD 是以长条笔画状显示像素组成的液晶显示器。

点阵字符式有 192 种内置字符，包括数字、字母、常用标点符号等。另外用户可自定义 5×7 点阵字符或其他点阵字符等。根据 LCD 型号的不同，每屏显示的行数有 1 行、2 行、4 行三种，每行可显示 8 个、16 个、20 个、24 个、32 个和 40 个字符等。

点阵图形式的 LCD 液晶显示器除可显示字符外，还可显示各种图形信息、汉字等。

（3）按采光方式分类。LCD 液晶显示器按采光方式的不同，可分为带背光源和不带背光源两类。

不带背光源 LCD 是靠显示器背面的反射膜将射入的自然光从下面反射出来完成的。大部分设备的 LCD 显示器是用自然光的光源，可选用不带背光的 LCD 器件。

若产品工作在弱光或黑暗条件下时，就选择带背光的 LCD 显示器。

3. LCD 液晶显示器的驱动方式

LCD 液晶显示器两极间不允许施加恒定直流电压，驱动电压直流成分越小越好，最好不超过 50mV。为了得到 LCD 亮、灭所需的两倍幅值及零电压，常给 LCD 的背极通以固定的交变电压，通过控制前极电压值的改变实现对 LCD 显示的控制。

LCD 液晶显示器的驱动方式由电极引线的选择方式确定。其驱动方式有静态驱动（直接驱动）和时分割驱动（也称多极驱动或动态驱动）两种。

（1）静态驱动方式。静态驱动是把所有段电极逐个驱动，所有段电极和公共电极之间仅在要显示时才施加电压。静态驱动是液晶显示器最基本的驱动方式，其驱动原理电路及波形如图 7-28 所示。

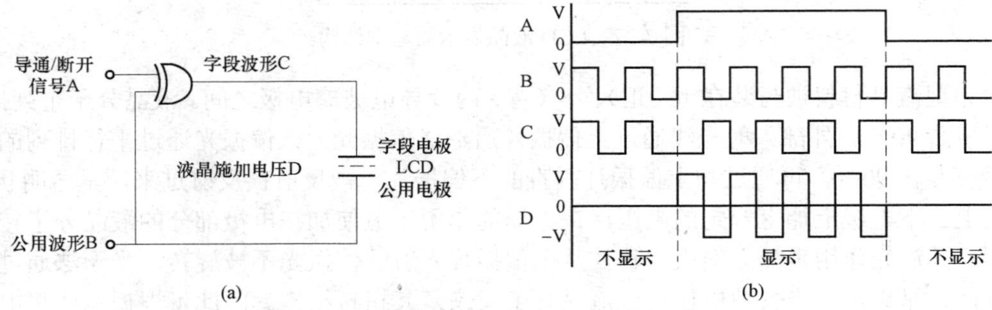

图 7-28 LCD 静态驱动原理电路及波形

（a）驱动原理电路；（b）波形

图 7-28 中，LCD 表示某个液晶显示字段。字段波形 C 与公用波形 B 不是同相就是反相。当此字段上两个电极电压相位相同时，两电极的相对电压为零，液晶上无电场，该字段不显示；当此字段上两个电极的电压相位相反时，两电极的相对电压为两倍幅值方波电压，该字段呈黑色显示。

在静态驱动方式下，若 LCD 有 n 个字段，则需 n+1 条引线，其驱动电路也需要 n+1 条引线。当显示字段较多时，驱动电路的引线数将需更多。所以当显示字段较少时，一般采用静态驱动方式。当显示字段较多时，一般采用时分割驱动方式。

（2）时分割驱动方式。时分割驱动是把全段电极集分为数组，将它们分时驱动，即采用逐行扫描的方法显示所需要的内容。时分割驱动原理如图 7-29 所示。

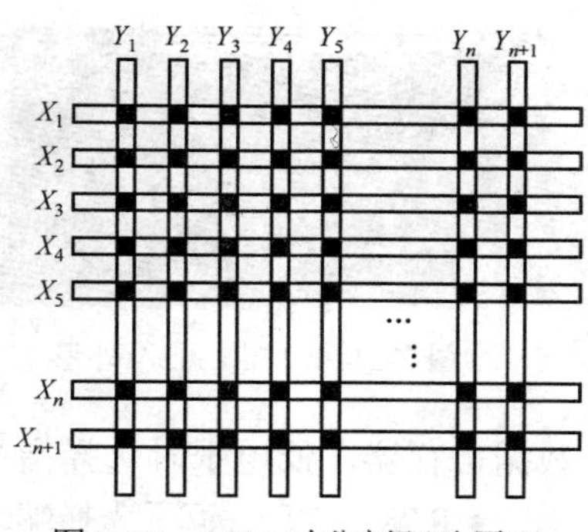

图 7-29　LCD 时分割驱动原理

从图 7-29 中可看出，电极沿 X、Y 方向排列成矩阵形式，按顺序给 X 电极施加选通波形，给 Y 电极施加与 X 电极同步的选通或非选通波形，如此周而复始。在 X 电极与 Y 电极交叉的段点被点亮或熄灭，达到 LCD 显示的目的。

驱动 X 电极从第一行到最后一行所需时间为帧周期 T_f，驱动每一行所需时间 T_r 与帧周期 T_f 的比值为占空比 D_{uty}。时分割的占空比 $D_{uty}=T_r/T_f=1/n$。其占空比有 1/2、1/8、1/11、1/16、1/32、1/64 等。非选通时波形电压与选通时波形电压的比值称为偏比 B_{ias}，$B_{ias}=1/a$。其偏比有 1/2、1/3、1/4、1/5、1/7、1/9 等。

图 7-30 所示为一位 8 段 1/3 偏比的 LCD 数码管各字段与背极的排列、等效电路。

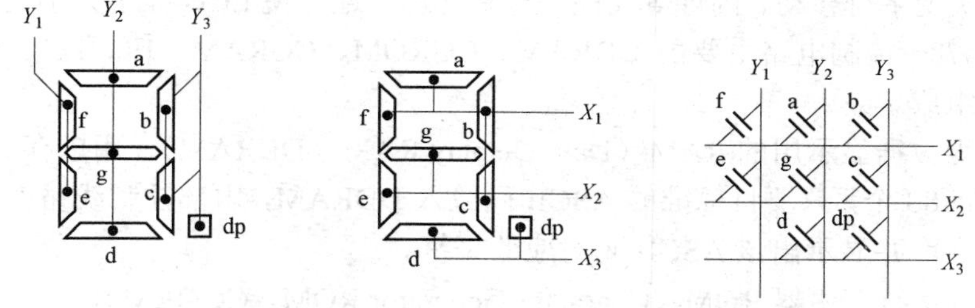

图 7-30　一位 LCD 数码管驱动原理电路图

从图 7-30 可看出，三根公共电极 X_1、X_2、X_3 分别与所有字符的 a、b、f；c、e、g；d、dp 相连，而 Y_1、Y_2、Y_3 是每个字符的单独电极，分别与 f、e；a、d、g；b、c、dp 相连。通过这种分组的方法可使具有 m 个字符段的 LCD 的引脚数为 $\frac{m}{n}+n$（n 为背极数），减少了驱动电路的引线数。所以当显示像素众多时，如点阵型 LCD，为节省驱动电路，多采用时分割驱动方式。

7.3.2　点阵字符式 LCD 显示器

点阵字符式 LCD 液晶显示器是将 LCD 控制器、点阵驱动器、字符存储器做在一块印刷块上，构成便于应用的液晶显示模块。专门用于显示数字、字符、图形符号及少量自定义的符号。

下面以 SMC1602A LCD 为例来讲述点阵字符式 LCD 显示器的有关知识。

SMC1602A 显示器可显示两行字符，每行 16 个，显示容量为 16×2 字符。它带有背光源，采用时分割驱动的形式，通过并行接口，可与单片机 I/O 口直接相连。

图 7-31 SMC1602A 外形

1. SMC1602A 的引脚及其功能

SMC1602A 外形如图 7-31 所示，它采用并行接口方式，有 16 根引线，各线的功能及使用方法如下。

- V_{ss}（1）：电源地。
- V_{DD}（2）：电源正极，接+5V 电源。
- V_L（3）：液晶显示偏压信号。
- RS（4）：数据/指令寄存器选择端。高电平时选择数据寄存器，低电平时选择指令寄存器。
- R/W（5）：读/写选择端。高电平时为读操作，低电平时为写操作。
- E（6）：使能信号，下降沿触发。
- D0～D7（7～14）：I/O 数据传输线。
- BLA（15）：背光源正极。
- BLK（16）：背光源负极。

2. SMC1602A 内部结构及工作原理

SMC1602A LCD 内部主要由日立公司的 HD44780、HD44100（或兼容电路）和几个电阻电容等部分组成。

HD44780 是用低功耗 CMOS 技术制造的大规模点阵 LCD 控制器，具有简单而功能较强的指令集，可实现字符移动、闪烁等功能，与微处理相连能使 LCD 显示大小英文字母、数字和符号。HD44780 控制电路主要由 DDRAM、CGROM、CGRAM、IR、DR、BF、AC 等大规模集成电路组成。

DDRAM 为数据显示用的 RAM（Data Display RAM，DDRAM），用以存放要 LCD 显示的数据，能存储 80 个，只要将标准的 ASCII 码放入 DDRAM，内部控制线路就会自动将数据传送到显示器上，并显示出该 ASCII 码对应的字符。

CGROM 为字符产生器 ROM（Character Generator ROM，CGORM），它存储了由 8 位字符码生成的 192 个 5×7 点阵字型和 32 种 5×10 点阵字符，8 位字符编码和字符的对应关系，即内置字符集，见表 7-9。

表 7-9 HD44780 内置字符集

高 4 位 / 低 4 位	0000	0001	0010	0011	0100	0101	0110	0111	1010	1011	1100	1101	1110	1111
xxxx0000	CGRA			0	@	P	`	p		ー	タ	ミ	α	P
xxxx0001	（2）		!	1	A	Q	a	q	。	ア	チ	ム	ä	q
xxxx0010	（3）		"	2	B	R	b	r	r	イ	ツ	メ	β	θ
xxxx0011	（4）		#	3	C	S	c	s	」	ウ	テ	モ	ε	∞
xxxx0100	（5）		$	4	D	T	d	t	、	エ	ト	ヤ	μ	Ω
xxxx0101	（6）		%	5	E	U	e	u	▪	オ	ナ	ユ	B	0
xxxx0110	（7）		&	6	F	V	f	v	ヲ	カ	ニ	ヨ	ρ	Σ
xxxx0111	（8）		'	7	G	W	g	w	ァ	キ	ヌ	ラ	g	π

续表

高 4 位 / 低 4 位	0000	0001	0010	0011	0100	0101	0110	0111	1010	1011	1100	1101	1110	1111
xxxx1000	(1)		(	8	H	X	h	x	イ	ク	ネ	リ	√	x̄
xxxx1001	(2)		)	9	I	Y	i	y	ウ	ケ	ノ	ル	⁻¹	y
xxxx1010	(3)		*	:	J	Z	j	z	エ	コ	ハ	レ	j	千
xxxx1011	(4)		+	;	K	[	k	(	オ	サ	ヒ	ロ	×	万
xxxx1100	(5)		,	<	L	¥	l	|	ヤ	シ	フ	ワ	¢	円
xxxx1101	(6)		-	=	M	]	m	)	ユ	ス	ヘ	ン	£	÷
xxxx1110	(7)		.	>	N	^	n	→	ヨ	セ	ホ	゛	ñ	
xxxx1111	(8)		/	?	O	_	o	←	ツ	ソ	マ	゜	ö	█

CGRAM 为字型、字符产生器（Character Generator RAM），可供使用者存储特殊造型的造型码，CGRAM 最多可存 8 个造型。

IR 为指令寄存器（Instruction Register），负责存储 MCU 要写给 LCD 的指令码，当 RS 及 R/W 引脚信号为 0 且 E［Enable］引脚信号由 1 变为 0 时，D0～D7 引脚上的数据便会存入 IR 寄存器中。

DR 为数据寄存器（Data Register），它们负责存储微机要写到 CGRAM 或 DDRAM 的数据，或者存储 MCU 要从 CGRAM 或 DDRAM 读出的数据。因此，可将 DR 视为一个数据缓冲区，当 RS 及 R/W 引脚信号为 1 且 E［Enable］引脚信号由 1 变为 0 时，读取数据；当 RS 引脚信号为 1，R/W 引脚信号为 0 且 E［Enable］引脚信号由 1 变为 0 时，存入数据。

BF 为忙碌信号（Busy Flag），当 BF 为 1 时，不接收微机送来的数据或指令；当 BF 为 0 时，接收外部数据或指令，所以，在写数据或指令到 LCD 之前，必须查看 BF 是否为 0。

AC 为地址计数器（Address Counter），负责计数写入/读出 CGRAM 或 DDRAM 的数据地址，AC 依照 MCU 对 LCD 的设置值而自动修改它本身的内容。

HD44100 也是采用 CMOS 技术制造的大规模 LCD 驱动 IC，既可当行驱动，又可当列驱动用，由 20×2B 二进制移位寄存器、20×2B 数据锁存器、20×2B 驱动器组成，主要用于 LCD 时分割驱动。

3. 显示位与 RAM 的对应关系（地址映射）

SMC1602A 内部带有 80×8B 的 RAM 缓冲区，显示位与 RAM 的对应关系见表 7-10。

表 7-10　　显示位与 RAM 地址的对应关系

显示位序号		1　2　3　4　5　6　…　40
RAM 地址（HEX）	第一行	00　01　02　03　04　05　…　27
	第二行	40　41　42　43　44　06　…　67

4. 指令操作

指令操作包括显示模式设置、显示开关控制、输入模式控制、数据指针设置、读/写数据、清屏、归位等方面，指令系统见表 7-11。

指令操作包括清屏、回车、输入模式控制、显示开关控制、移位控制、显示模式控制等，见表 7-11，各指令功能如下。

表 7-11　指　令　系　统

指令名称	控制信号		指令代码								功能
	RS	R/W	D7	D6	D5	D4	D3	D2	D1	D0	
清屏	0	0	0	0	0	0	0	0	0	1	显示清屏：（1）数据指针清零，（2）所有显示清除
回车	0	0	0	0	0	0	0	0	1	0	显示回车，数据指针清零
输入模式控制	0	0	0	0	0	0	0	1	N	S	设置光标、显示画面移动方向
显示开关控制	0	0	0	0	0	0	D/L	D	C	B	设置显示、光标、闪烁开关
移位控制	0	0	0	0	0	1	S/C	R/L	×	×	使光标或显示画面移位
显示模式控制	0	0	0	0	1	D/L	N	F	×	×	设置数据总线位数、点阵方式
CGRAM 地址设置	0	0	0	1	ACG						
DDRAM 地址指针设置	0	0	1	ADD							
忙状态检查	0	1	BF	AC							
读数据	1	1	数据								从 RAM 中读取数据
写数据	1	0	数据								对 RAM 进行写数据
数据指针设置	0	0	80H+地址码（0～27H，40～47H）								设置数据地址指针

注　表中的“×”表示“0”或“1”。

（1）清屏指令。设置清屏指令，使 DDRAM 的显示内容清零、数据指针 AC 清零，光标回到左上角的原点。

（2）回车指令。设置回车指令，显示回车，数据指针 AC 清零，使光标和光标所在的字符回到原点，而 DDRAM 单元的内容不变。

（3）输入模式控制指令。输入模式控制指令，用于设置光标、显示画面移动方向。当数据写入 DDRAM（CGRAM）或从 DDRAM（CGRAM）读取数据时，N 控制 AC 自动加 1 或自动减 1。若 N 为 1 时，AC 加 1；N 为 0 时，AC 减 1。S 控制显示内容左移或右移，S=1 且数据写入 DDRAM 时，显示将全部左移（N=1）或右移（N=0），此时光标看上去未动，仅仅显示内容移动，但读出时显示内容不移动；当 S=0 时，显示不移动，光标左移或右移。

（4）显示开关控制指令。显示开关控制指令，用于设置显示、光标、闪烁开关。D 为显示控制位，当 D=1 时，开显示；当 D=0 时，关显示，此时 DDRAM 的内容保持不变。C 为光标控制位，当 C=1 时，开光标显示；C=0 时，关光标显示。B 为闪烁控制位，当 B=1 时，光标和光标所指的字符共同以 1.25Hz 速率闪烁；当 B=0 时，不闪烁。

（5）移位控制指令。移位控制指令使光标或显示画面在没有对 DDRAM 进行读、写操作时被左移或右移。该指令每执行 1 次，屏蔽字符与光标即移动 1 次。在两行显示方式下，光标为闪烁的位置从第 1 行移到第 2 行。移位控制指令的设置见表 7-12。

表 7-12　移位控制指令的设置

D7～D4	D3	D2	D1	D0	指令设置含义
	S/C	R/L			
0001	0	0	×	×	光标左移，AC 自动减 1
0001	0	1	×	×	光标移位，光标和显示一起右移
0001	1	0	×	×	显示移位，光标左移，AC 自动加 1
0001	1	1	×	×	光标和显示一起右移

（6）显示模式控制指令。显示模式控制指令，用来设置数据总线位数、点阵方式等操作，显示模式控制指令的设置见表 7-13。

表 7-13　显示模式控制指令的设置

D7～D5	D4	D3	D2	D1	D0	指令设置含义
	D/L	N	F			
001	1	1	1	×	×	D/L=1 选择 8 位数据总线；N=1 两行显示；F=1 为 5×10 点阵
001	1	1	0	×	×	D/L=1 选择 8 位数据总线；N=1 两行显示；F=0 为 5×7 点阵
001	1	0	1	×	×	D/L=1 选择 8 位数据总线；N=0 一行显示；F=1 为 5×10 点阵
001	1	0	0	×	×	D/L=1 选择 8 位数据总线；N=0 一行显示；F=0 为 5×7 点阵
001	0	1	1	×	×	D/L=0 选择 4 位数据总线；N=1 两行显示；F=1 为 5×10 点阵
001	0	0	1	×	×	D/L=0 选择 4 位数据总线；N=0 一行显示；F=1 为 5×10 点阵
001	0	0	0	×	×	D/L=0 选择 4 位数据总线；N=0 一行显示；F=0 为 5×7 点阵

（7）CGRAM 地址设置指令。CGRAM 地址设置指令用于设置 CGRAM 地址指针，地址码 D5～D7 被送入 AC。设置此指令后，就可将用户自己定义的显示字符数据写入 CGRAM 或从 CGRAM 中读出。

（8）DDRAM 地址指针设置指令。DDRAM 地址指针设置指令用于设置两行字符显示的起始地址。为 10000000（80H）时，设置第一行字符的显示位置为第 1 行第 0 列；为 81H～8FH 时，为第 1 行第 1 列～第 1 行第 15 列；为 11000000（C0H）时，设置第二行字符的显示位置为第 2 行第 0 列；为 C1H～CFH 时，为第 1 行第 1 列～第 1 行第 15 列。

此指令设置 DDRAM 地址指针的值，此后就可将要显示的数据写入 DDRAM 中。在 HD44780 控制器中，由于内嵌大量的常用字符，这些字符都集成在 CGROM 中，当要显示这些点阵时，只需将该字符所对应的字符代码送给指定的 DDRAM 中即可。

【例 7-7】 使用 HD44780 内置字符集，在 SMC1602A 液晶上显示字符串，第一行显示内容为“AT89C51RC”；第二行显示内容为“cepp.sgcc.com.cn”。

解： SMC1602A 液晶显示电路原理如图 7-32 所示。使用 HD44780 内置字符集，在 SMC1602A 液晶上静态显示两行字符串时，可直接建立两个字符表格，分别为 DISP_TAB1: DB " AT89C51RC " 和 DISP_TAB2: DB " cepp.sgcc.com.cn " 。SMC1602A 液晶显示字符串时，首先对 LCD 进行初始化，再分别确定第 1 行的显示起始坐标和第 2 行的显示起始坐标，最后分别将显示内容送到第 1 行和第 2 行即可。

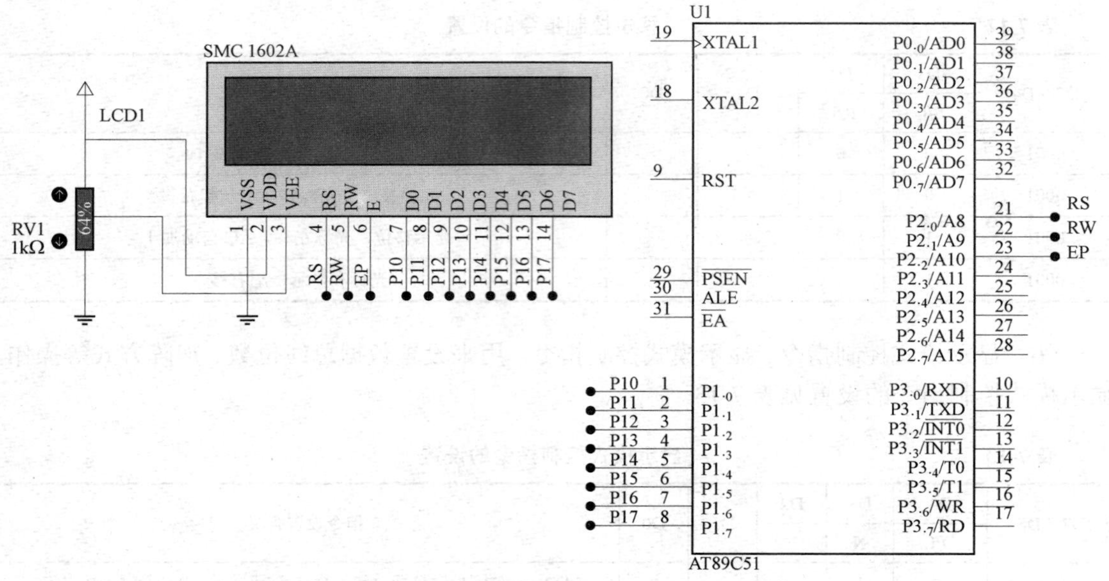

图 7-32 SMC1602A 液晶显示电路原理

编写程序如下。

```
            RS      EQU P2.0            ; 端口定义
            RW      EQU P2.1
            EP      EQU P2.2
            LCD     EQU P1
            ORG     00H
MAIN:       LCALL   LCD_RST             ; 初始化 LCD
            MOV     A,#15
            LCALL   DELAY_MS
MAIN1:      MOV     A,#1                ; 在第一行显示字符串"AT89C51RC"
            LCALL   LCD_POS             ; 设置第一行的起始位置
            MOV     DPTR,#DISP_TAB1     ; 指向"AT89C51RC"字符串表格地址
            LCALL   DISP_STR            ; 显示字符串
            MOV     A,#40H              ; 设置第二行的起始位置
            LCALL   LCD_POS             ; 在第二行显示字符串"cepp.sgcc.com.cn"
            MOV     DPTR,#DISP_TAB2
            LCALL   DISP_STR
            MOV     A,#200
            LCALL   DELAY2S             ; 显示 2s
            AJMP    MAIN1               ; 重新显示
DISP_STR:   CLR     A                   ; 显示字符串函数
            MOVC    A,@A+DPTR
            CJNE    A,#1BH,DISP_ST
```

```
            AJMP    DISP_EXI          ; 如果遇到 00H 表示表格结束
DISP_ST:    LCALL   WRITE_DATA        ; 写数据到 LCD
            INC     DPTR              ; 指向表格的下一字符
            MOV     A, #10
            LCALL   DELAY_MS
            SJMP    DISP_STR          ; 循环直到字符串结束
DISP_EXI:   NOP
            RET
LCD_RST:    MOV     A,#38H   ; 设置显示格式-38H——16*2 行显示,5*7 点阵,8 位数据接口
            LCALL   WRITE_CMD
            MOV     A,#1
            LCALL   DELAY_MS
            LCALL   LCD_ON            ;开显示
            MOV     A,#06H            ; 06H——读写后指针加 1
            LCALL   WRITE_CMD
            MOV     A,#1
            LCALL   DELAY_MS
            LCALL   LCD_CLEAR         ; 清除 LCD 屏幕
            RET
LCD_ON:     MOV     A,#0EH            ; 0EH——开显示，显示光标，光标不闪烁
            LCALL   WRITE_CMD
            MOV     A,#1
            LCALL   DELAY_MS
            RET
LCD_OFF:    MOV     A,#08H            ; 08H——关显示
            LCALL   WRITE_CMD
            MOV     A,#1
            LCALL   DELAY_MS
            RET
LCD_CLEAR:  MOV     A,#01H            ; 01H 清屏指令
            LCALL   WRITE_CMD
            MOV     A,#1
            LCALL   DELAY_MS
            RET
LCD_POS:    ORL     A,#80H            ;设置 LCD 当前光标的位置
            LCALL   WRITE_CMD
            RET
WRITE_CMD:  LCALL   CHECK_BUSY        ; 写入控制指令到 LCD
            CLR     RS
```

```
            CLR      RW
            CLR      EP
            NOP
            NOP
            MOV      LCD,A                ; 写入数据到 LCD 端口
            NOP
            NOP
            NOP
            NOP
            SETB     EP
            NOP
            NOP
            NOP
            NOP
            CLR      EP
            RET
WRITE_DATA: LCALL    CHECK_BUSY           ; 写入显示数据到 LCD
            SETB     RS
            CLR      RW
            CLR      EP
            NOP
            NOP
            MOV      LCD,A                ; 写入数据到 LCD 端口
            NOP
            NOP
            NOP
            NOP
            SETB     EP
            NOP
            NOP
            NOP
            NOP
            CLR      EP
            RET
CHECK_BUSY: CLR      RS
            SETB     RW
            SETB     EP
            NOP
            NOP
```

```
            NOP
            NOP
            MOV     C,LCD.7                     ; 读取忙碌位
            NOP
            NOP
            CLR     EP
            NOP
            NOP
            JC      CHECK_BUSY                  ; 等待 LCD 空闲(P0.7=0)
            RET
DELAY_MS:   MOV     R7,A
DELAY_MS1:  MOV     R6,#0E8H
DELAY_MS2:  NOP
            NOP
            DJNZ    R6,DELAY_MS2
            DJNZ    R7,DELAY_MS1
            RET
DELAY2S:    MOV     R7,#20
DELA:       MOV     R6,#200
DEL:        MOV     R5,228
            DJNZ    R5,$
            DJNZ    R6,DEL
            DJNZ    R7,DELA
            RET
DISP_TAB1:  DB      "   AT89C51RC "             ; 第 1 行显示内容
            DB      1BH                         ; 字符结束标志
DISP_TAB2:  DB      "cepp.sgcc.com.cn"          ; 第 2 行显示内容
            DB      1BH                         ; 字符结束标志
            END
```

7.3.3　点阵汉字式 LCD 显示器

点阵汉字式 LCD 显示器有多种形式，可分为带中文字库和不带中文字库两大类型。其中带中文字库的 LCD 又有多种型号，在此以 FYD12864 为例讲述点阵汉字式 LCD 显示器的相关知识。

FYD12864 是一种图形点阵液晶显示器，可完成进行字符、数字、汉字与图形显示，其特性主要由其控制器 ST7920 决定。FYD12864 的分辨率为 128×64，内置 8192 个 16×16 点汉字和 128 个 16×8 点 ASCII 字符集，利用该模块灵活的接口方式和简单、方便的操作指令，可构成全中文人机交互图形界面。可显示 8×4 行 16×16 点阵的汉字，也可完成图形显示。

1. FYD12864 的引脚及其功能

FYD12864 液晶显示器的外形如图 7-33 所示，它的外部引脚及功能见表 7-14。

图 7-33 FYD12864 液晶显示器的外形

表 7-14 **FYD12864 液晶显示器的外部引脚及功能**

引脚号	引脚名称	电平	引脚功能描述
			并口
1	V_{cc}	+5.0V	电源地
2	GND	0	电源正极
3	V0	—	对比度调节端（外接可调电阻调节对比度）
4	RS（CS）	H/L	寄存器选择端。H 为数据；L 为指令
5	R/W（SID）	H/L	读/写选择端。H 为读；L 为写
6	E（SCLK）	H/L	使能信号。读操作时，信号下降沿有效；写操作时，高电平有效
7～14	DB0～DB7	H/L	数据线 0～数据线 7
15	PSB	H/L	并口/串口选择控制。H 为并口；L 为串口
16	NC	—	空脚
17	RST	H/L	复位信号，低电平复位（H：正常工作，L：复位）
18	V_{EE}	−10V	液晶驱动电压（或名为 V_{out}）
19	BLA	+5V	LED 背光源正极
20	BLK	0V	LED 背光源负极

2. FYD12864 内部结构

FYD12864 的内部结构主要由 LCD 显示屏（LCD Panel）、控制器（controller）、驱动器（driver）和电源电路等部分构成，如图 7-34 所示。

ST7920 同时作为控制器和驱动器，它可提供 33 路 com 输出和 64 路 seg 输出。在驱动器 ST7921 的配合下，最多可驱动 128×64 点阵液晶显示。

控制器主要由指令寄存器 IR、数据寄存器 DR、忙标志 BF、地址计数器 DDRAM、CGROM、CGRAM 及时序发生电路组成。

（1）指令寄存器 IR 和数据寄存器 DR。IR 和 DR 均为 8 位寄存器，用户可通过 RS 和 R/W 输入信号的组合选择指定，以进行相应的操作，见表 7-15。

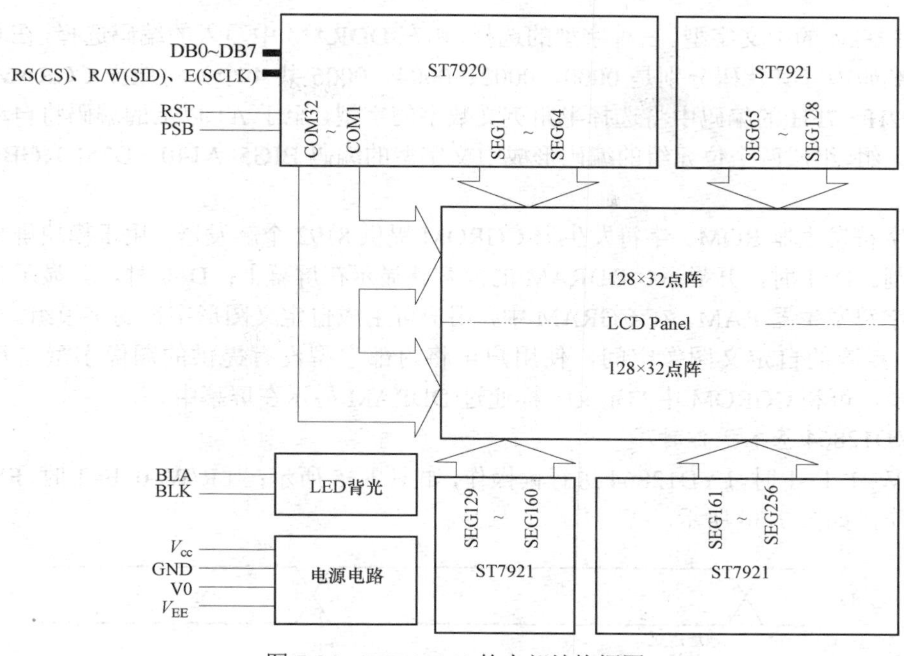

图 7-34　FYD12864 的内部结构框图

表 7-15　RS 和 R/W 输入信号的组合选择

E	RS	R/W	说　明
1	0	0	将 DB0～DB7 的指令代码写入指令寄存器中
下降沿		1	分别将状态标志 BF 和地址计数器 AC 内容读取 DB7 和 DB6～DB0
1	0	0	将 DB0～DB7 的数据写入数据寄存器中，模块的内部操作自动将数据写到 DDRAM 或 CGRAM 中
下降沿		1	将数据寄存器内的数据读到 DB0～DB7，模块的内部操作自动将 DDRAM 或 CGRAM 中的数据送入数据寄存器中

（2）忙标志位 BF。BF 标志提供内部工作情况。BF=1 表示模块正在进行内部操作，此时模块不接受外部指令和数据。当 RS=0、R/W=1 及 E=1 时，BF 输出到 DB7。每次操作之前最好先进行状态字检测，只有在确认 BF=0 后，微处理器才能访问模块。BF=0 时，模块为准备状态，随时可接受外部指令和数据。

利用 STATUS READ（读状态）指令，可将 BF 读到 DB7 总线，从而检验模块的工作状态。

（3）地址计数器 AC。AC 地址计数器是 DDRAM 或 CGRAM 的地址指针。随着 IR 中指令码的写入，指令码中携带的地址信息自动送入 AC 中，并做出 AC 作为 DDRAM 的地址指针还是 CGRAM 的地址指针的选择。

AC 具有自动加 1 或减 1 的功能。当 DR 与 DDRAM 或 CGRAM 之间完成一次数据传送后，AC 自动会加 1 或减 1。在 RS=0、R/W=1 且 E=1 时，AC 的内容送到 DB6～DB0。

（4）显示数据寄存器 DDRAM。模块内部显示数据 RAM 提供资料 64×2 个位元组的空间，最多可控制 4 行 16 字（64 个字）的中文字型显示。当写入显示数据 RAM 时，可分别显示 CGROM 与 CGRAM 的字型。此模块可显示三种字型，分别是半角英文字型（16×8）、CGRAM

字型及 CGROM 的中文字型。三种字型的选择，由在 DDRAM 中写入的编码选择，在 0000H～0006H 的编码中（其代码分别是 0000、0002、0004、0006 共 4 个）将选择 CGRAM 的自定义字型，02H～7FH 的编码中将选择半角英文数字的字型，至于 A1 以上的编码将自动的结合下一个位元组，组成两个位元组的编码形成中文字型的编码 BIG5（A140～D75F）、GB（A140～F7FFH）。

（5）字符发生器 ROM。字符发生器 CGROM 提供 8192 个触发器，用于模块屏幕显示开和关的控制。D=1 时，开显示，DDRAM 的内容就显示在屏幕上；D=0 时，关显示。

（6）字符发生器 RAM。在 CGRAM 中，用户可生成自定义图形字符的字模组。可生成 4 组 16×16 点阵的自定义图像空间，使用户可将内部字型没有提供的图像字型自行定义到 CGRAM 中，可和 CGROM 中的定义一样通过 DDRAM 显示在屏幕中。

3. FYD12864 基本操作时序

当 R/W=1、E=1 时，FYD12864 进行读操作，如图 7-35 所示；当 R/W=0、E=1 时，FYD12864 进行写操作，如图 7-36 所示。

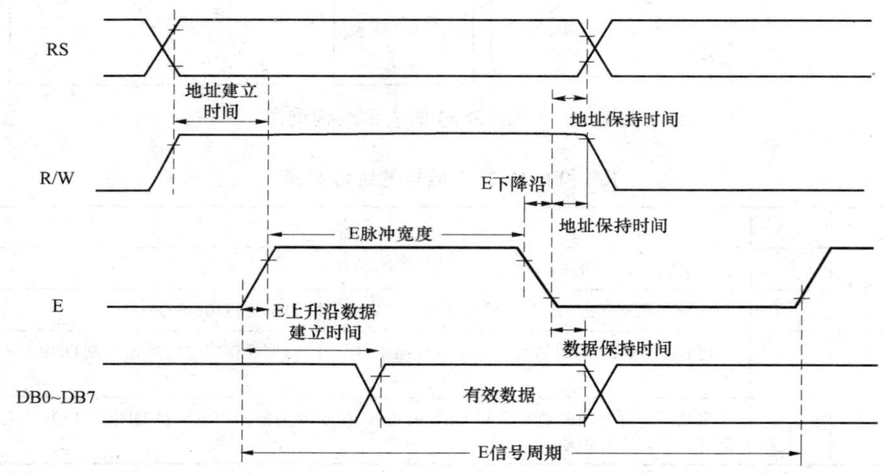

图 7-35　读操作时序

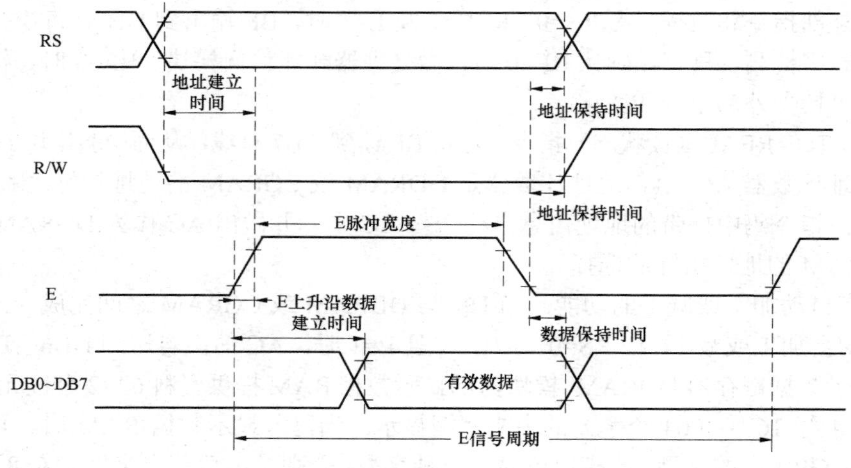

图 7-36　写操作时序

4. 指令操作

由于微处理器可直接访问模块内部的 IR 和 DR，作为缓冲区域，IR 和 DR 在模块进行内部操作之前，可暂存来自微处理器的控制信息。这样就给用户在微处理器和外围控制设备的选择上增加了余地。模块的内部操作由来自微处理器的 RS、R/W、E，以及数据信号 DB0～DB7 决定，这些信号的组合形成了模块的指令。

FYD12864 向用户提供了 11 条指令，大致可分为 4 大类：① 模块设置指令，如显示格式、数据长度等；② 设置内部 RAM 地址；③ 完成内部 RAM 数据传送；④ 完成其他功能。

通常情况下，内部 RAM 数据传送的功能使用最为频繁，所以 RAM 中的地址指针所具备的加 1 或减 1 功能，在一定程度上减轻了微处理器编程负担。此外，由于数据移位指令与写显示数据可同时进行，这样用户就能以最少系统开发时间，达到最高的编程效率。

注意，在每次访问模块之前，微处理器应首先检测忙标志 BF，确认 BF=0 后，访问过程才能进行。

FYD12864 中使用的指令集见表 7-16，指令内容为“×”，表示为任意值。下面详细讲述各操作指令的使用方法。

表 7-16　FYD12864 中使用的指令集

指令名称	控制信号		控制代码							
	R/W	RS	DB7	DB6	DB5	DB4	DB3	DB2	DB1	DB0
清除显示	0	0	0	0	0	0	0	0	0	1
归位	0	0	0	0	0	0	0	0	1	×
设置输入模式	0	0	0	0	0	0	0	1	I/D	S
显示开/关控制	0	0	0	0	0	0	1	D	C	B
光标或显示移位	0	0	0	0	0	1	S/C	R/L	×	×
功能设置	0	0	0	0	1	DL	N	F	×	×
CGRAM 地址设置	0	0	0	1	ACG5	ACG4	ACG3	ACG2	ACG1	ACG0
DDRAM 地址设置	0	0	1	ADD6	ADD5	ADD4	ADD3	ADD2	ADD1	ADD0
读取忙标志 BF 和 AC	1	0	BF	AC6	AC5	AC4	AC3	AC2	AC1	AC0
写数据到 CGRM 或 DDRAM	1	0	BF	AC6	AC5	AC4	AC3	AC2	AC1	AC0
从 CGRAM 或 DDRAM 中读取数据	1	1	D7	D6	D5	D4	D3	D2	D1	D0

（1）清除显示指令（Clear Display）。清除显示指令主要完成以下任务：① 将空位字符码 20H 送入全部 DDRAM 地址中，使 DDRAM 中的内部全部清除，显示消失；② 设定 DDRAM 的地址计数器 AC=0，自动增 1 模式；③ 显示归位，光标或闪烁回到原点（显示屏左上角）；④ 不改变移位设置模式。

（2）归位指令（Return Home）。归位指令主要完成以下任务：① 设定 DDRAM 的地址计数器 AC=0；② 将光标及光标所在位的字符回到原点；③ DDRAM 中的内容不发生改变。

（3）设置输入模式（Entry Mode Set）。设置输入模式指令的功能是指定在数据的读取与写入时，设定光标的移动方向及指定显示的移位。I/D 为字符码写入或读出 DDRAM 后 DDRAM 地址指针 AC 变化方向标志，当 I/D=1 时，完成一个字符码传送后，光标右移，AC 自动加 1；当 I/D=0 时，完成一个字符码传送后，光标左移，AC 自动减 1。S 显示移位标志，当 S=1 时，将全部显示向右（I/D=0）或向左（I/D=1）移位；当 S=0 时，显示不发生移位。注意：当 S 为 1 显示移位时，光标似乎并不移位；此外，读 DDRAM 操作及对 CGRAM 的访问不发生显示移位。

（4）显示开/关控制指令（Display On/Off Control）。指令中 D 为显示开/关控制标志，当 D=1 时，开显示；当 D=0 时，关显示。关显示后，显示数据仍保持在 DDRAM 中，若立即开显示，则显示数据将显示出来。C 为光标显示控制标志，当 C=1 时，光标显示；当 C=0 时，光标不显示。B 为闪烁显示控制标志，当 B=1 时，光标所指位置上，交替显示全黑点阵和显示字符，产生闪烁效果，F_{osc}=250kHz 时，闪烁频率约为 0.4ms，通过设置，光标可与其所指位置的字符一起闪烁。

（5）光标或显示移位指令（Cursor Or Display Shift）。光标或显示移位指令完成以下任务：① 使光标或显示在没有读写显示数据的情况下，向左或向右移动；② 可实现显示的查找或替换；③ 在双行显示方式下，第 1 行和第 2 行会同时移位；④ 当移位越过第 1 行第 41 列时，光标会从第 1 行跳转到第 2 行，但显示数据只在本行内水平移位，第 2 行的显示决不会移进第 1 行；⑤ 若仅执行移位操作，地址计数器 AC 的内容不会发生改变。S/C、R/L 位的功能说明见表 7-17。

表 7-17　　S/C、R/L 位的功能说明

S/C	R/L	功 能 说 明
0	0	光标向左移动，AC 自动减 1
0	1	光标向右移动，AC 自动加 1
1	0	光标与显示一起向左移动，AC 值不变
1	1	光标与显示一起向右移动，AC 值不变

（6）功能设置指令（Function Set）。功能设置指令可设置模块数据接口宽度和 LCD 显示屏显示方式，即微处理器与模块接口数据总线为 4 位或是 8 位、LCD 显示行数和显示字符点阵规格。所以，在执行其他指令设置（读忙标志指令除外）之前，在程序的开始，进行功能设置指令的执行。DL 设置数据接口宽度，当 DL=1 时，设置模块数据接口宽度为 8 位，即 DB7～DB0；当 DL=0 时，设置模块数据接口宽度为 4 位，即 DB7～DB4，而 DB3～DB0 不使用。模块数据接口宽度为 4 位时，需分两次传送数据。N 设置显示行数，当 N=1 时，两行显示；N=0 时，单行显示。F 为字符点阵字体标志。

（7）CGRAM 地址设置指令（Set CGRAM Address）。CGRAM 地址设置指令用来设置 CGRAM 地址指针，它将 CGRAM 存储用户自定义显示字符的字模数据的首地址 ACG5～ACG0 送入 AC 中，于是用户自定义字符字模就可写入 CGRAM 中或从 CGRAM 中读出。

（8）DDRAM 地址设置指令（Set DDRAM Address）。DDRAM 地址设置指令用来设置 DDRAM 地址指针，它将 DDRAM 存储显示字符的字符码首地址 ADD6～ADD0 送入 AC 中，于是显示字符的字符码就可写入 DDRAM 中或从 DDRAM 中读出。注意：在 LCD 显示屏 1

行显示方式下，DDRAM 的地址范围为 00H～4FH；两行显示方式下，DDRAM 的地址范围为第 1 行 00H～27H，第 2 行 40H～67H。

（9）读忙标志 BF 和 AC 指令（Read Busy Flag And Address）。当 RS=0、R/W=1、E=1 时，BF 和 AC6～AC0 被读到数据总线 DB7～DB0 的相应位。BF 为内部操作忙标志，当 BF=1 时，表示模块正在进行内部操作，此时模块不接收外部指令和数据，直到 BF=0 为止。AC6～AC0 为地址计数器 AC 内的当前内容，由于地址计数器 AC 为 CGROM、CGRAM 和 DDRAM 的公用指针，所以当前 AC 内容所指区域由前 1 条指令操作区域决定。只有当 BF=0 时，送到 DB7～DB0 的数据 AC6～AC0 才有效。

（10）写数据到 CGRAM 或 DDRAM 指令（Write Data To CGRAM Or DDRAM）。写数据到 CGRAM 或 DDRAM 指令，即写显示数据指令，它是将用户自定义字符的字模数据写到已设置好的 CGRAM 地址中，或者将欲显示字符的字符码写到 DDRAM 中。欲写入的数据 D7～D0 首先暂存在 DR 中，再由模块的内部操作自动写入地址指针所指定的 CGRAM 单元或 DDRAM 单元中。

（11）从 CGRAM 或 DDRAM 中读取数据指令（Read Data From CGRAM Or DDRAM）。从 CGRAM 或 DDRAM 中读取数据指令，即读显示数据，它是从地址计数器 AC 指定的 CGRAM 或 DDRAM 单元中，读出数据 D7～D0。读出的数据 D7～D0 暂存在 DR 中，再由模块的内部操作送到数据总线 DB7～DB0 上。注意，在读数据之前，应先通过地址计数器 AC 正确指定读取单元的地址。

5. 字符显示

FYD12864 每屏可显示 4 行 8 列共 32 个 16×8 点阵全高 ASCII 码字符，即每屏最多可实现 32 个中文字符或 64 个 ASCII 码字符的显示。FYD12864 内部提供 128×2B 的字符显示 RAM 缓冲地区（DDRAM）。字符显示是通过将字符显示编码写入该字符显示 RAM 实现的。根据写入内容的不同，可分别在液晶屏上显示 CGROM（中文字库）、HCGROM（ASCII 码字库）及 CGRAM（自定义字形）的内容。三种不同字符/字型的选择编码范围为 0000～0006H（其代码分别是 0000、0002、0004、0006 共 4 个）显示自定义字型，02H～7FH 显示半角英文数字的字符，A1A0H～F7FFH 显示 8192 种 GB 2312 中文字库字型。字符显示 RAM 在液晶模块中的地址 80～9FH。字符显示的 RAM 的地址与 32 个字符显示区域有着一一对应的关系，见表 7-18。

表 7-18　字符显示地址与显示区域对应的关系

第一行	80H	81H	82H	83H	84H	85H	86H	87H
第二行	90H	91H	92H	93H	94H	95H	96H	97H
第三行	88H	89H	8AH	8BH	8CH	8DH	8EH	8FH
第四行	98H	99H	9AH	9BH	9CH	9DH	9EH	9FH

6. 图形显示

FYD12864 除可显示汉字、字符、数字外，还可进行图形显示。进行图形显示时，需要先设垂直地址再设水平地址（连续写入两个字节的资料来完成垂直与水平的坐标地址）。垂直地址范围为 AC5～AC0；水平地址范围为 AC3～AC0。

绘图 RAM 的地址计数器 AC 只会对水平地址（X 轴）自动加 1，当水平地址为 0FH 时，会重新设为 00H，但并不会对垂直地址做进位加 1，所以当连续写入多笔资料时，程序需自行判断垂直地址是否需要重新设定。GDRAM 的坐标地址与资料排列顺序如图 7-37 所示。

		水平坐标				
		00	01	～	06	07
		D15～D0	D15～D0	～	D15～D0	D15～D0
垂直坐标	00					
	01					
	⋮					
	1E					
	1F					
	00			128×64点		
	01					
	⋮					
	1E					
	1F					
		D15～D0	D15～D0	～	D15～D0	D15～D0
		08	09	～	0E	0F

图 7-37 GDRAM 的坐标地址与资料排列顺序

【例 7-8】 使用带中文字库的 FYD12864 液晶显示 4 行汉字及两幅 BMP 格式的图像。

解： FYD12864 液晶显示器与单片机连接电路原理图如图 7-38 所示。由于使用带中文字库的 LCD，因此可使用查表的方式，将需要显示的汉字放入表格中即可。要显示两幅图像，则可先借助一些字模软件（如 Lcm Zimo）来生成表格中的定义字符数据，然后也是通过查表的方式来实现，编写的程序如下。

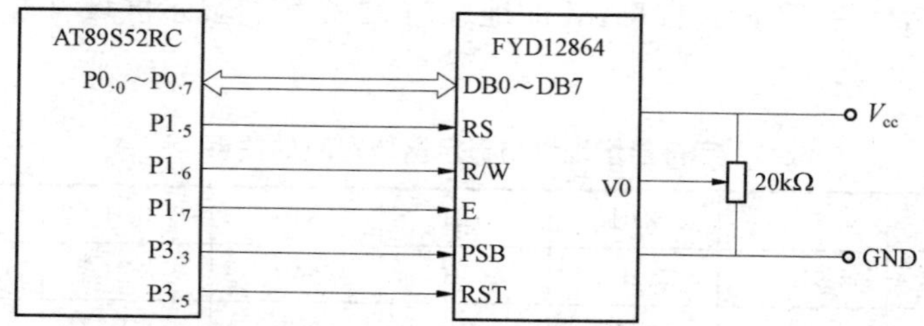

图 7-38 FYD12864 液晶显示器与单片机连接电路原理

```
RS      EQU     P1.5
RW      EQU     P1.6
E       EQU     P1.7
PSB     EQU     P3.3
RST     EQU     P3.5
```

```
        LCD_X  EQU   30H
        LCD_Y  EQU   31H
        COUNT  EQU   32H
        COUNT1 EQU   33H
        COUNT2 EQU   34H
        COUNT3 EQU   35H
      LCD_DATA  EQU   36H
      LCD_DATA1 EQU   37H
      LCD_DATA2 EQU   38H
        STORE   EQU   39H
        ORG     0000H
        LJMP    MAIN
        ORG     0100H
MAIN:   MOV     SP,#5FH
        CLR     RST                 ;复位
        LCALL   DELAY4
        SETB    RST
        NOP
        SETB    PSB                 ;8 位数据并口
LGS0:   MOV     A,#30H              ;30H 指令操作
        LCALL   SEND_I
        MOV     A,#01H              ;清除显示
        LCALL   SEND_I
        MOV     A,#06H              ;指定在资料写入或读取时，光标的移动方向
        LCALL   SEND_I              ;DDRAM 的地址计数器(AC)加 1
        MOV     A,#0CH              ;开显示,关光标,不闪烁
        LCALL   SEND_I
HAN_WR2:LCALL   CLEAR_P             ;显示汉字和字符
HAN_WR2A:MOV    DPTR,#TAB1A         ;显示汉字和字符
        MOV     COUNT,#10H          ;地址计数器设为 16
        MOV     A,#80H              ;第一行起始地址
        LCALL   SEND_I
        LCALL   QUSHU
HAN_WR2B:MOV    DPTR,#TAB1B         ;显示汉字和字符
        MOV     COUNT,#10H          ;地址计数器设为 16
        MOV     A,#90H              ;第二行起始地址
        LCALL   SEND_I
        LCALL   QUSHU
```

```
HAN_WR2C:MOV    DPTR,#TAB1C         ;显示汉字和字符
         MOV    COUNT,#10H          ;地址计数器设为16
         MOV    A,#88H              ;第三行起始地址
         LCALL  SEND_I
         LCALL  QUSHU
HAN_WR2D:MOV    DPTR,#TAB1D         ;显示汉字和字符
         MOV    COUNT,#10H          ;地址计数器设为16
         MOV    A,#98H              ;第四行起始地址
         LCALL  SEND_I
         LCALL  QUSHU
         LCALL  DELAY3
         LCALL  FLASH
         LCALL  CLEAR_P
TU_PLAY1:MOV    DPTR,#TU_TAB1       ;显示图形
         LCALL  PHO_DISP
         LCALL  DELAY3
TU_PLAY2:MOV    DPTR,#TU_TAB2       ;显示图形
         LCALL  PHO_DISP
         LCALL  DELAY3
         MOV    A,#01H              ;清屏
         LCALL  SEND_I
         LJMP   HAN_WR2
PHO_DISP:MOV    COUNT3,#02H         ;全屏显示图形子程序
         MOV    LCD_X,#80H
PHO_DISP1:MOV   LCD_Y,#80H
         MOV    COUNT2,#20H
PHO_DISP2:MOV   COUNT1,#10H
         LCALL  WR_ZB
PHO_DISP3:CLR   A
         MOVC   A,@A+DPTR
         LCALL  SEND_D
         INC    DPTR
         DJNZ   COUNT1,PHO_DISP3
         INC    LCD_Y
         DJNZ   COUNT2,PHO_DISP2
         MOV    LCD_X,#88H
         DJNZ   COUNT3,PHO_DISP1
         MOV    A,#36H
```

```
         LCALL   SEND_I
         MOV     A,#30H
         LCALL   SEND_I
         RET
CLRRAM:  MOV     LCD_DATA1,#00H     ;GDRAM 写 0 子程序
         MOV     LCD_DATA2,#00H
         LCALL   LAT_DISP
         RET
LAT_DISP:MOV     COUNT3,#02H        ;显示点阵子程序
         MOV     LCD_X,#80H
LAT_DISP1:MOV    LCD_Y,#80H
         CLR     F0
         MOV     COUNT2,#20H
LAT_DISP2:MOV    COUNT1,#10H
         LCALL   WR_ZB
LAT_DISP3:JB     F0,LAT_DISP32
         MOV     LCD_DATA,LCD_DATA1
         AJMP    LAT_DISP31
LAT_DISP32:MOV   LCD_DATA,LCD_DATA2
LAT_DISP31:MOV   A,LCD_DATA
         LCALL   SEND_D
         DJNZ    COUNT1,LAT_DISP31
         INC     LCD_Y
         CPL     F0
         DJNZ    COUNT2,LAT_DISP2
         MOV     LCD_X,#88H
         DJNZ    COUNT3,LAT_DISP1
         MOV     A,#36H
         LCALL   SEND_I
         MOV     A,#30H
         LCALL   SEND_I
         RET
WR_ZB:   MOV     A,#34H
         LCALL   SEND_I
         MOV     A,LCD_Y
         LCALL   SEND_I
         MOV     A,LCD_X
         LCALL   SEND_I
```

```
        MOV     A,#30H
        LCALL   SEND_I
        RET
FLASH:  MOV     A,#08H          ;关闭显示
        LCALL   SEND_I
        LCALL   DELAY5
        MOV     A,#0CH          ;开显示,关光标,不闪烁
        LCALL   SEND_I
        LCALL   DELAY5
        MOV     A,#08H          ;关闭显示
        LCALL   SEND_I
        LCALL   DELAY5
        MOV     A,#0CH          ;开显示,关光标,不闪烁
        LCALL   SEND_I
        LCALL   DELAY5
        MOV     A,#08H          ;关闭显示
        LCALL   SEND_I
        LCALL   DELAY5
        RET
CLEAR_P:MOV     A,#01H          ;清屏
        LCALL   SEND_I
        MOV     A,#34H
        LCALL   SEND_I
        MOV     A,#30H
        LCALL   SEND_I
        RET
QUSHU:  CLR     A               ;查表取数据送显示
        MOVC    A,@A+DPTR       ;查表取数据
        LCALL   SEND_D          ;送显示
        INC     DPTR
        LCALL   DELAY4          ;延时 80ms
        DJNZ    COUNT,QUSHU
        RET
SEND_D:LCALL CHK_BUSY           ;写数据子程序
        SETB    RS              ;RS=1,R/W=0,E=高脉冲,D0-D7=数据
        CLR     RW
        MOV     P0,A
        SETB    E
```

```
          NOP
          NOP
          CLR    E
          RET
SEND_I:   LCALL  CHK_BUSY       ;写指令子程序
          CLR    RS             ;RS=0,R/W=0,E=高脉冲,D0-D7=指令码
          CLR    RW
          MOV    P0,A
          SETB   E
          NOP
          NOP
          CLR    E
          RET
READ_D:   LCALL  CHK_BUSY       ;读数据子程序
          SETB   RS             ;RS=1,RW=1,E=H,D0-D7=数据
          SETB   RW
          SETB   E
          NOP
          MOV    A,P0
          CLR    E
          MOV    STORE,A
          RET
CHK_BUSY:MOV     P0,#0FFH       ;测忙碌子程序
          CLR    RS             ;RS=0,RW=1,E=H,D0-D7=状态字
          SETB   RW
          SETB   E
          JB     P0.7,$
          CLR    E
          RET
DELAY3:   MOV    R5,#16H        ;延时子程序
DEL31:    MOV    R6,#100
DEL32:    MOV    R7,#0FFH
DEL33:    DJNZ   R7,DEL33
          DJNZ   R6,DEL32
          DJNZ   R5,DEL31
          RET
DELAY2:   MOV    R6,#0CH
DEL21:    MOV    R7,#18H
```

```
DEL22:   DJNZ    R7,DEL22
         DJNZ    R6,DEL21
         RET
DELAY1: MOV      R6,#06H
DEL11:   MOV     R7,#08H
DEL12:  DJNZ     R7,DEL12
        DJNZ     R6,DEL11
        RET
DELAY4: MOV      R6,#100
DEL41:  MOV      R7,#200
DEL42:  DJNZ     R7,DEL42
        DJNZ     R6,DEL41
        RET
DELAY5: MOV      R5,#05H
DEL51:   MOV     R6,#100
DEL52:   MOV     R7,#0FFH
DEL53:  DJNZ     R7,DEL53
        DJNZ     R6,DEL52
        DJNZ     R5,DEL51
        RET
TAB1A:  DB  '黄河远上白云间，'     ;显示在第一行
TAB1B:  DB  '一片孤城万仞山。'     ;显示在第二行
TAB1C:  DB  '羌笛何须怨杨柳，'     ;显示在第三行
TAB1D:  DB  '春风不度玉门山。'     ;显示在第四行
TU_TAB1: ;Bitmap 点阵，横向取模左高位,数据排列:从左到右从上到下，图片尺寸:128×64
DB  00H,00H,00H,00H,00H,00H,00H,00H,00H,00H,00H,00H,00H,00H,00H,00H
DB  00H,00H,00H,00H,00H,00H,00H,00H,00H,00H,00H,00H,00H,00H,00H,00H
DB  00H,00H,00H,00H,00H,00H,00H,00H,00H,00H,00H,00H,00H,00H,00H,00H
DB  00H,07H,0FFH,0F8H,00H,00H,00H,00H,00H,00H,00H,00H,1FH,0FFH,0FCH,00H
DB  00H,1FH,0FFH,0FEH,00H,00H,00H,00H,00H,00H,00H,00H,0FFH,0FFH,0FEH,00H
DB  01H,0FFH,0FFH,0FFH,0C0H,00H,00H,00H,00H,00H,00H,03H,0FFH,0FFH,0FFH,80H
DB  07H,0FFH,0FFH,0FFH,0F8H,00H,00H,00H,00H,00H,00H,0FH,0FFH,0FFH,0FFH,0F0H
DB   1FH,0FFH,0FFH,0FFH,0F0H,00H,00H,00H,00H,00H,00H,07H,0FFH,0FFH,0FFH,0F8H
DB   1FH,0FFH,0FFH,0FFH,00H,00H,00H,00H,00H,00H,00H,7FH,0FFH,0FFH,0FCH
DB   1FH,0FFH,0FFH,0F8H,00H,00H,00H,00H,00H,00H,00H,00H,0FH,0FFH,0FFH,0FCH
DB   1FH,0FFH,0FFH,0C0H,00H,00H,00H,00H,00H,00H,00H,00H,01H,0FFH,0FFH,0FCH
DB   1FH,0FFH,0FEH,00H,00H,00H,00H,00H,00H,00H,00H,00H,00H,7FH,0FFH,0FCH
DB   0FH,0FFH,0F8H,00H,00H,00H,00H,00H,00H,00H,00H,00H,00H,0FH,0FFH,0FCH
DB   0FH,0FFH,0F0H,00H,00H,00H,00H,00H,00H,00H,00H,00H,00H,07H,0FFH,0F8H
```

```
DB   03H,0FFH,80H,00H,00H,00H,00H,00H,00H,00H,00H,00H,00H,01H,0FFH,0C0H
DB   01H,0FFH,00H,00H,00H,00H,00H,00H,00H,00H,00H,00H,00H,00H,0FFH,00H
DB   00H,1CH,00H,00H,00H,00H,00H,00H,00H,00H,00H,00H,00H,00H,3CH,00H
DB   00H,00H,00H,00H,00H,00H,00H,00H,00H,00H,3FH,80H,00H,00H,00H,00H
DB   00H,00H,00H,00H,00H,0FFH,80H,00H,00H,00H,7FH,0E0H,00H,00H,00H,00H
DB   00H,00H,00H,00H,07H,0FFH,0C0H,00H,00H,00H,0FFH,0FCH,00H,00H,00H,00H
DB   00H,00H,00H,00H,1FH,0FFH,0E0H,00H,00H,00H,0FFH,0FFH,00H,00H,00H,00H
DB   00H,00H,00H,00H,7FH,0FFH,0E0H,00H,00H,00H,0FFH,0FFH,80H,00H,00H,00H
DB   00H,00H,00H,00H,0F8H,0FH,0C0H,00H,00H,00H,7CH,03H,0C0H,00H,00H,00H
DB   00H,00H,00H,01H,0F0H,0FH,80H,00H,00H,00H,7EH,07H,0E0H,00H,00H,00H
DB   00H,00H,00H,01H,0FFH,0FFH,00H,00H,00H,00H,3FH,0FFH,0E0H,00H,00H,00H
DB   00H,00H,00H,01H,0FFH,0FCH,00H,01H,0F0H,00H,0FH,0FFH,0E0H,00H,00H,00H
DB   00H,00H,00H,01H,0FFH,0F0H,00H,03H,0F8H,00H,01H,0FFH,0E0H,00H,00H,00H
DB   00H,00H,00H,00H,0FFH,0E0H,00H,00H,00H,00H,00H,7FH,0C0H,00H,00H,00H
DB   00H,00H,00H,00H,08H,00H,00H,00H,00H,00H,00H,00H,00H,00H,00H,00H
DB   00H,00H,00H,00H,00H,00H,00H,00H,00H,00H,00H,00H,00H,00H,00H,00H
DB   00H,00H,00H,00H,00H,00H,00H,00H,00H,00H,00H,00H,00H,00H,00H,00H
DB   00H,00H,00H,00H,00H,00H,00H,00H,00H,00H,00H,00H,00H,00H,00H,00H
DB   00H,00H,00H,00H,00H,00H,00H,0C0H,00H,1CH,00H,00H,00H,00H,00H,00H
DB   00H,00H,00H,00H,00H,00H,00H,40H,00H,38H,00H,00H,00H,00H,00H,00H
DB   00H,00H,00H,00H,00H,00H,00H,3CH,01H,0C0H,00H,00H,00H,00H,00H,00H
DB   00H,00H,00H,00H,00H,00H,00H,00H,0F8H,00H,00H,00H,00H,00H,00H,00H
DB   00H,00H,00H,0EH,00H,00H,00H,00H,00H,00H,00H,00H,0FH,00H,00H,00H
DB   00H,00H,00H,3FH,0F8H,00H,00H,00H,00H,00H,00H,01H,0FFH,0E0H,00H,00H
DB   00H,00H,00H,0FFH,0FFH,0F0H,00H,00H,00H,00H,00H,7FH,0FFH,0F8H,00H,00H
DB   00H,00H,03H,0FFH,0FFH,0FFH,0FEH,00H,00H,00H,0FFH,0FFH,0FFH,0FCH,00H,00H
DB 00H,00H,07H,0FFH,0FFH,0FFH,0FFH,0FFH,0FFH,0FFH,0FFH,0FFH,0FFH,0FEH,00H,00H
DB 00H,00H,07H,0FFH,0FFH,0FFH,0FFH,0FFH,0FFH,0FFH,0FFH,0FFH,0FFH,0FEH,00H,00H
DB 00H,00H,07H,0FFH,0FFH,0FFH,0FFH,0FFH,0FFH,0FFH,0FFH,0FFH,0FFH,0FFH,00H,00H
DB  00H,00H,0FH,0FFH,0FFH,0FFH,80H,00H,00H,00H,0FH,0FFH,0FFH,0FFH,00H,00H
DB  00H,00H,0FH,0FFH,0FFH,0FCH,00H,00H,00H,00H,00H,7FH,0FFH,0FFH,00H,00H
DB  00H,00H,07H,0FFH,0FFH,0FCH,00H,00H,00H,00H,00H,3FH,0FFH,0FFH,00H,00H
DB  00H,00H,07H,0FFH,0FFH,0FCH,00H,00H,00H,00H,00H,3FH,0FFH,0FFH,00H,00H
DB  00H,00H,07H,0FFH,0FFH,0FEH,00H,00H,00H,00H,00H,7FH,0FFH,0FFH,00H,00H
DB  00H,00H,03H,0FFH,0FFH,0FFH,00H,00H,00H,00H,00H,7FH,0FFH,0FEH,00H,00H
DB  00H,00H,01H,0FFH,0FFH,0FFH,0C0H,00H,00H,00H,01H,0FFH,0FFH,0FEH,00H,00H
DB  00H,00H,00H,0FFH,0FFH,0FFH,0E0H,00H,00H,00H,03H,0FFH,0FFH,0FCH,00H,00H
DB  00H,00H,00H,3FH,0FFH,0FFH,0E0H,00H,00H,00H,07H,0FFH,0FFH,0F0H,00H,00H
DB  00H,00H,08H,0FH,0FFH,0FFH,0E0H,00H,00H,00H,0FH,0FFH,0FFH,0C0H,00H,00H
```

```
DB  00H,00H,3CH,01H,0FFH,0FFH,0C0H,00H,00H,00H,0FH,0FFH,0FFH,01H,0C0H,00H
DB  00H,00H,0FFH,00H,0FH,0FCH,00H,00H,00H,00H,03H,0FFH,0F0H,03H,0E0H,00H
DB  0EH,07H,0FFH,80H,00H,00H,00H,00H,00H,00H,00H,7FH,80H,07H,0F8H,00H
DB  0FH,0FFH,0FFH,0E0H,00H,00H,00H,00H,00H,00H,00H,00H,00H,1FH,0FFH,0FCH
DB  0FH,0FFH,0FFH,0F0H,00H,00H,00H,00H,00H,00H,00H,00H,00H,7FH,0FFH,0FCH
DB  07H,0FFH,0FFH,0FEH,00H,00H,00H,00H,00H,00H,00H,00H,01H,0FFH,0FFH,0FCH
DB  03H,0FFH,0FFH,0FFH,00H,00H,00H,00H,00H,00H,00H,00H,03H,0FFH,0FFH,0FCH
DB  03H,0FFH,0FFH,0FFH,0E0H,00H,00H,00H,00H,00H,00H,00H,1FH,0FFH,0FFH,0FCH
DB  00H,0FFH,0FFH,0FFH,0F8H,00H,00H,00H,00H,00H,00H,00H,0FFH,0FFH,0FFH,0FCH
DB  00H,3FH,0FFH,0FFH,0FFH,00H,00H,00H,00H,00H,00H,01H,0FFH,0FFH,0FFH,0F0H
DB  00H,0FH,0FFH,0FFH,0FFH,0E0H,00H,00H,00H,00H,00H,1FH,0FFH,0FFH,0FFH,0C0H
TU_TAB2:                                   ; 数据表
DB   00H,00H,00H,00H,00H,00H,03H,0E8H,00H,00H,00H,00H,00H,00H,00H,00H
DB   00H,00H,00H,00H,1EH,01H,82H,18H,00H,00H,00H,00H,00H,00H,00H,00H
DB   00H,00H,00H,00H,33H,0E3H,0C2H,28H,0FH,0E0H,00H,00H,00H,00H,00H,00H
DB   00H,00H,00H,00H,30H,3BH,84H,08H,0FDH,0E0H,00H,00H,00H,00H,00H,00H
DB   00H,00H,00H,00H,70H,0FH,88H,47H,0C0H,20H,00H,00H,00H,00H,00H,00H
DB   00H,00H,00H,00H,70H,02H,10H,86H,00H,20H,00H,00H,00H,00H,00H,00H
DB   00H,00H,80H,00H,0D0H,01H,11H,18H,00H,30H,00H,00H,00H,00H,00H,00H
DB   00H,00H,62H,01H,90H,01H,91H,30H,00H,30H,00H,00H,00H,00H,00H,00H
DB   00H,00H,59H,01H,0EH,00H,92H,20H,00H,0A0H,10H,40H,00H,00H,00H,00H
DB   00H,00H,20H,0C7H,0FH,0C0H,7CH,0E1H,0F9H,0E2H,27H,80H,00H,00H,00H,00H
DB   00H,00H,30H,12H,06H,70H,7FH,0C6H,01H,0D2H,07H,00H,00H,00H,00H,00H
DB   00H,00H,28H,0AH,02H,18H,3FH,0DCH,03H,92H,09H,06H,00H,00H,00H,00H
DB   00H,00H,0A2H,0BH,03H,0EH,5FH,0B8H,06H,14H,11H,0FH,00H,00H,00H,00H
DB   00H,7FH,0E1H,87H,00H,0C3H,39H,0FFH,0FCH,08H,63H,0FH,00H,00H,00H,00H
DB   00H,0C0H,18H,73H,80H,3FH,0C8H,81H,00H,09H,0FFH,0C4H,00H,00H,00H,00H
DB   03H,00H,08H,07H,0C0H,03H,0C0H,80H,00H,0FH,0C0H,7EH,00H,00H,00H,00H
DB   0EH,00H,05H,83H,0E0H,00H,41H,0F8H,00H,30H,00H,07H,80H,00H,00H,00H
DB   0CH,00H,07H,0E6H,0F0H,00H,63H,0DCH,00H,30H,00H,1FH,0C0H,00H,00H,00H
DB   1CH,7EH,00H,18H,38H,07H,0BEH,06H,03H,0C0H,01H,0F0H,0F0H,00H,00H,00H
DB   33H,0FFH,0F0H,00H,1CH,04H,70H,03H,0FCH,00H,0FH,00H,90H,00H,00H,00H
DB   3EH,03H,1FH,80H,7FH,04H,40H,00H,0C0H,00H,7CH,00H,88H,00H,00H,00H
DB   38H,07H,80H,3FH,0EFH,0FCH,88H,00H,60H,1FH,0E0H,00H,88H,00H,00H,00H
DB   70H,07H,80H,00H,0BH,08H,10H,1FH,0FFH,0F8H,60H,03H,88H,00H,00H,00H
DB   60H,27H,00H,00H,32H,09H,10H,0FH,0FFH,0FH,90H,07H,08H,00H,00H,00H
DB   60H,20H,00H,1FH,44H,08H,14H,0FH,0FCH,20H,08H,0CH,08H,00H,00H,00H
DB   60H,00H,00H,40H,0E4H,06H,16H,1CH,07H,0C0H,07H,0B8H,10H,00H,00H,00H
DB   60H,00H,00H,81H,0DCH,06H,0E7H,1FH,0FBH,0C0H,07H,60H,30H,00H,00H,00H
```

```
DB    70H,00H,00H,7FH,48H,0C6H,87H,0DAH,01H,0F1H,0F7H,80H,0E0H,00H,00H,00H
DB    70H,00H,00H,01H,49H,0C4H,0C7H,0FAH,00H,40H,0EH,03H,80H,00H,00H,00H
DB    50H,00H,00H,06H,3BH,0E0H,0EEH,0F8H,00H,30H,38H,0EH,00H,00H,00H,00H
DB    68H,00H,00H,76H,3FH,0E1H,0EDH,0F4H,00H,1BH,0E0H,38H,00H,00H,00H,00H
DB    2CH,00H,00H,0FFH,3CH,73H,0FEH,34H,00H,1FH,80H,70H,00H,00H,00H,00H
DB    26H,00H,07H,06H,0FBH,7FH,7AH,0CH,00H,3BH,81H,0C0H,00H,00H,00H,00H
DB    33H,00H,18H,82H,0E4H,0BEH,0D8H,00H,00H,73H,0E7H,00H,00H,00H,00H,00H
DB    11H,00H,10H,8AH,0F0H,1DH,0FCH,00H,01H,0E4H,3CH,00H,00H,00H,00H,00H
DB    10H,80H,10H,01H,0C0H,58H,18H,00H,03H,0CCH,10H,00H,00H,00H,00H,00H
DB    18H,40H,10H,11H,0C0H,26H,08H,00H,07H,98H,30H,00H,00H,00H,00H,00H
DB    18H,60H,18H,21H,0F8H,1CH,0CH,00H,0EH,20H,60H,00H,00H,00H,00H,00H
DB    08H,20H,08H,43H,1FH,90H,04H,00H,3CH,40H,0E0H,00H,00H,00H,00H,00H
DB    08H,30H,06H,83H,07H,0F8H,04H,00H,78H,0C1H,0C0H,00H,00H,00H,00H,00H
DB    08H,18H,00H,06H,0C0H,7FH,0FCH,01H,0E1H,03H,0C0H,00H,00H,00H,00H,00H
DB    08H,18H,00H,0CH,18H,01H,6EH,07H,0C4H,06H,0D8H,00H,00H,00H,00H,00H
DB    18H,18H,00H,18H,03H,80H,02H,3EH,18H,08H,0DCH,00H,00H,00H,00H,00H
DB    18H,18H,00H,1CH,00H,1EH,07H,0F8H,20H,30H,9CH,00H,00H,00H,00H,00H
DB    10H,08H,00H,06H,00H,00H,03H,0C1H,80H,60H,9CH,00H,00H,00H,00H,00H
DB    10H,88H,02H,07H,0C0H,00H,03H,06H,01H,0C0H,0C0H,00H,00H,03H,0F0H,00H
DB    33H,0D8H,03H,8FH,0F8H,00H,03H,70H,07H,0C0H,40H,00H,00H,1FH,8FH,00H
DB    3EH,78H,02H,17H,9FH,0E0H,03H,00H,1FH,0C0H,60H,00H,00H,0F0H,01H,80H
DB    78H,38H,0CH,05H,30H,0FFH,0FDH,00H,0E0H,0C0H,30H,00H,0FH,0C0H,00H,0C0H
DB    20H,30H,60H,08H,60H,60H,01H,03H,0E0H,40H,18H,00H,3FH,0FCH,00H,60H
DB    00H,00H,40H,10H,0E0H,60H,01H,0EH,40H,40H,0EH,1FH,0E0H,07H,87H,0E0H
DB    00H,00H,41H,0C0H,0E0H,60H,01H,0F8H,60H,60H,03H,0FFH,00H,00H,0C6H,70H
DB    00H,00H,44H,00H,0F0H,60H,01H,0C0H,20H,0B8H,00H,18H,00H,00H,7CH,00H
DB    00H,00H,10H,01H,39H,0C0H,00H,00H,1FH,0EH,00H,0E0H,00H,00H,3CH,00H
DB    00H,00H,0A0H,00H,0FH,80H,00H,00H,08H,07H,0FFH,00H,00H,00H,18H,00H
DB    00H,01H,40H,02H,02H,00H,00H,00H,00H,00H,20H,00H,00H,00H,10H,00H
DB    00H,02H,0B1H,0B2H,00H,00H,00H,00H,00H,00H,00H,00H,00H,00H,00H,00H
DB    00H,00H,40H,0C0H,00H,00H,00H,00H,00H,00H,00H,00H,00H,00H,00H,00H
DB    00H,00H,00H,00H,00H,00H,00H,00H,00H,00H,00H,00H,00H,00H,00H,00H
DB    00H,00H,00H,00H,00H,00H,00H,00H,00H,00H,00H,00H,00H,00H,00H,00H
DB    00H,00H,00H,00H,00H,00H,00H,00H,00H,00H,00H,00H,00H,00H,00H,00H
DB    00H,00H,00H,00H,00H,00H,00H,00H,00H,00H,00H,00H,00H,00H,00H,00H
DB    00H,00H,00H,00H,00H,00H,00H,00H,00H,00H,00H,00H,00H,00H,00H,00H
DB    00H,00H,00H,00H,00H,00H,00H,00H,00H,00H,00H,00H,00H,00H,00H,00H
      END
```

7.4 模数（A/D）转换接口技术

单片机只能接收二进制数，但是在单片机构成的系统中，许多输入量都是非数字信号的模拟信号，如速度、压力、流量、温度等。通常需要将这些模拟信号转换成数字量后，单片机才能对其进行控制操作。能够将模拟量转换成数字量的器件称为模/数转换器 ADC（Analog to Digital Converter）。

模/数转换器的应用范围广泛，因此其品种及类型非常多。按位数来分，有 8 位、10 位、12 位、16 位等，如 ADC0809、ADC0832、TLC2543。位数越多，其分辨率（Resolution）就越高，但价格也越贵。按单片机与 ADC 的连接不同，可分为并行输出（如 ADC0809）和串行输出（如 ADC0832）。在此分别以 ADC0809 和 ADC0832 为例，讲述 A/D 转换器的相关知识。

7.4.1 并行模数转换器 ADC0809 及其应用

1. ADC0809 外形及引脚功能

ADC0809 是一种 8 路模拟输入的 8 位逐次逼近式 ADC，外形如图 7-39 所示，引脚功能如下。

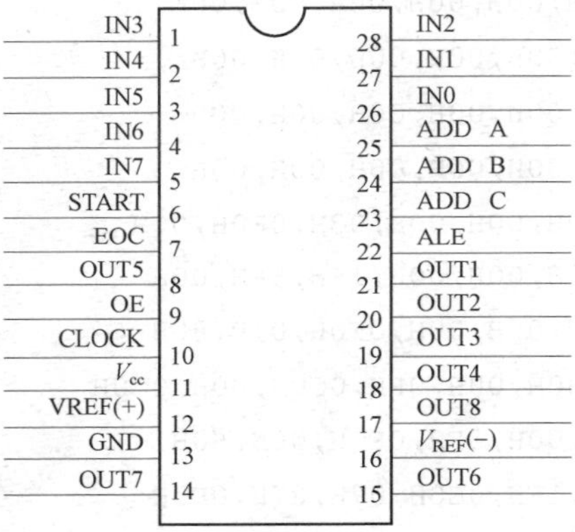

图 7-39 ADC0809 外形

（1）IN0～IN7：8 路模拟量输入端。

（2）ADD A、ADD B、ADD C：模拟量输入通道地址选择线，其 8 位编码分别对应 IN0～IN7，见表 7-19。

（3）ALE：地址锁存端。

（4）START：ADC 转换启动信号，正脉冲有效，引脚信号要求保持在 200ns 以上。其上升沿将内部逐次逼近寄存器清 0，下降沿启动 ADC 转换。

（5）EOC：转换结束信号，可作中断请求信号或供 CPU 查询。

（6）CLOCK：时钟输入端。由于 ADC0809 内部没有时钟电路，所需时钟信号必须由外界提供，要求频率范围在 10kHz～1.2MHz，通常使用的频率为 500kHz。

（7）OE：允许输出信号。OE=1，输出转换得到的数据；OE=0，输出数据线呈高阻状态。

（8）V_{cc}：芯片工作电压。

（9）V_{REF}（+）、V_{REF}（−）：基准参考电压的正负值。

（10）OUT1～OUT8：8 路数字量输出端。

表 7-19 通道选择

ADD C	ADD B	ADD A	选择的通道	ADD C	ADD B	ADD A	选择的通道
0	0	0	IN0	1	0	0	IN4
0	0	1	IN1	1	0	1	IN5
0	1	0	IN2	1	1	0	IN6
0	1	1	IN3	1	1	1	IN7

2. ADC0809 内部结构

ADC0809 内部结构如图 7-40 所示，它除了 8 位 ADC 转换电路外，还有一个 8 路通道选择开关，其作用可根据地址译码信号来选择 8 路模拟输入，8 路模拟输入可分时共用一个 ADC 转换器进行转换，可实现多路数据采集。其转换结果通过三态输出锁存器输出。

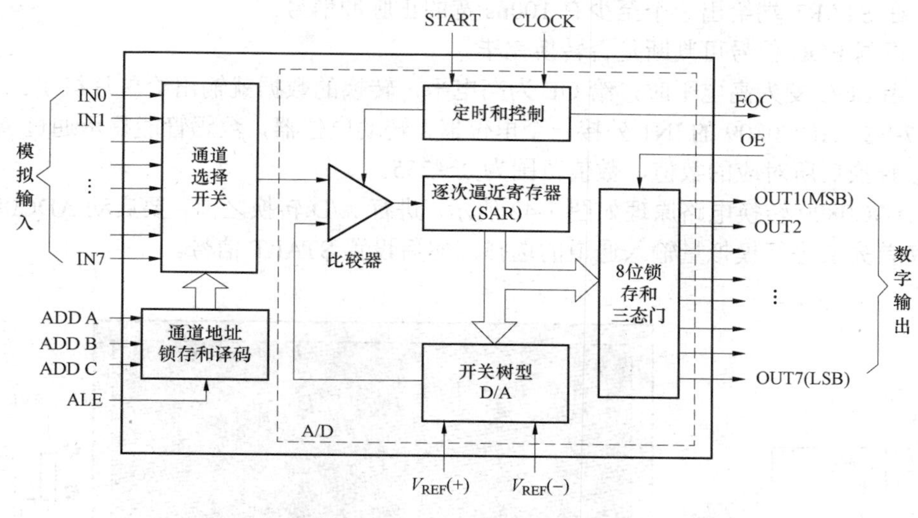

图 7-40　ADC0809 内部结构

3. ADC0809 工作时序

ADC0809 的工作时序如图 7-41 所示。当通道选择地址有效时，ALE 信号一出现，地址便马上被锁存，这时转换启动信号紧随 ALE 之后（或与 ALE 同时）出现。START 的上升沿将逐次逼近寄存器 SAR 复位，在该上升沿之后的 2μs 加 8 个时钟周期内（不定），EOC 信号将变低电平，以指示转换操作正在进行中，直到转换完成后 EOC 再变高电平。微处理器收到变为高电平的 EOC 信号后，便立即送出 OE 信号，打开三态门，读取转换结果。

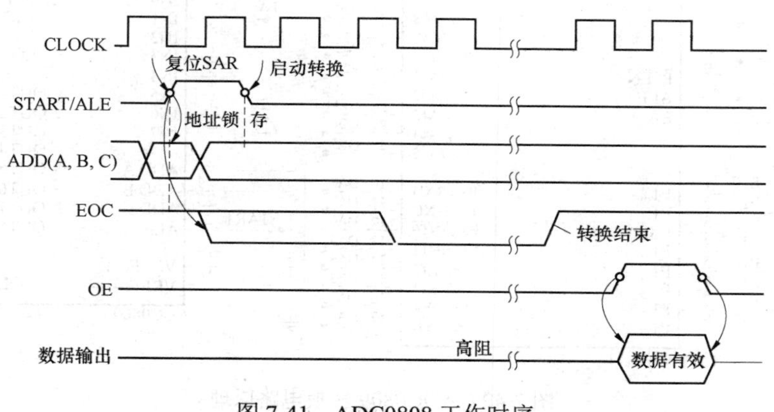

图 7-41　ADC0808 工作时序

4. ADC0809 的应用

ADC0809 应用时，注意以下几点。

（1）ADC0809 内部带有输出锁存器，可与单片机直接相连。

（2）初始化时，使用 START 和 OE 信号全为低电平。

（3）ADD C、ADD B 和 ADD A 的状态决定了将哪一路模拟输入量进行转换。

（4）在 START 端给出一个至少有 100ns 宽的正脉冲信号。

（5）根据 EOC 信号可判断是否转换完毕。

（6）当 EOC 变为高电平时，给 OE 为高电平，转换的数据就输出给单片机了。

【例 7-9】 ADC0809 的 IN1 外接一个电位器，转动电位器，数码管能显示通过 ADC0809 进行模/数转换后所对应的数值，数值范围为 0～255。

解： ADC0809 转换电路原理如图 7-42 所示。进行 A/D 转换之前，要启动 ADC0809 进行模/数转换首先要进行模拟量输入通道的选择，然后设置 START 信号。

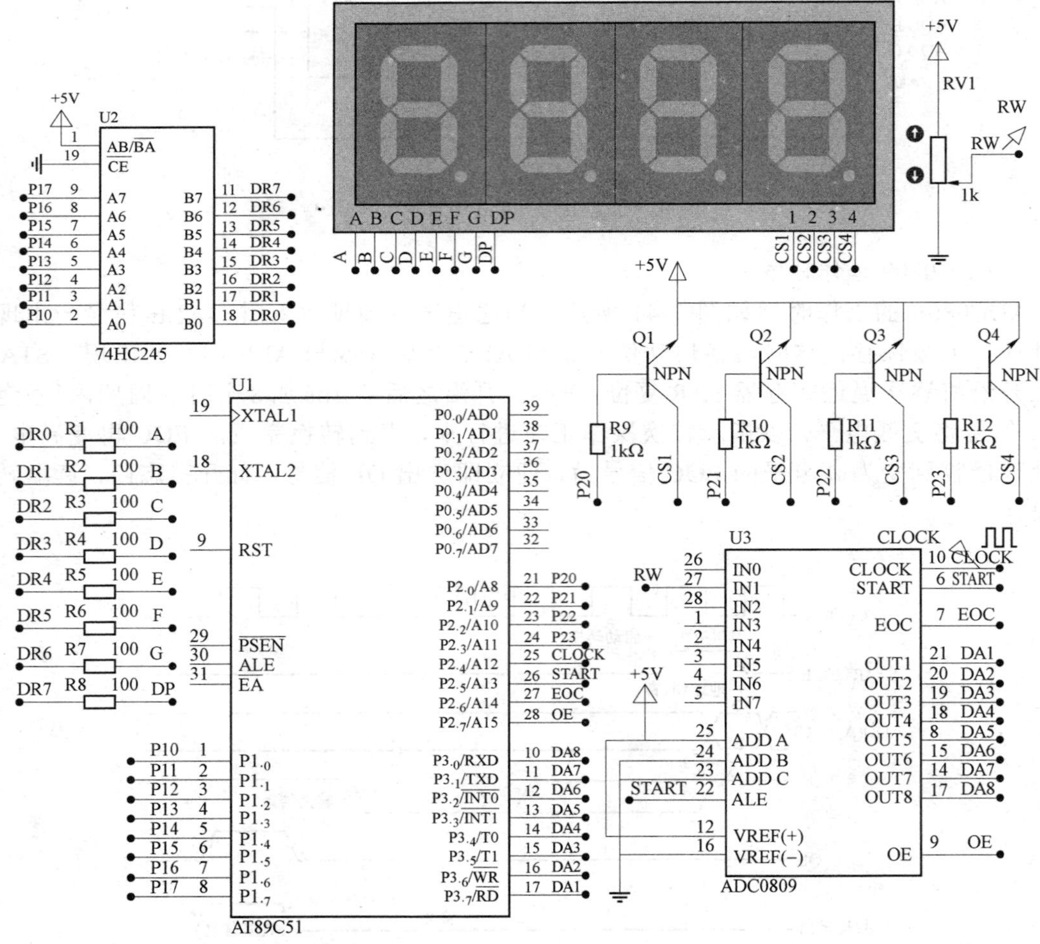

图 7-42　ADC0809 转换电路原理

模拟量输入通道的选择有两种方法：一种是通过地址总线选择；另一种是通过数据总线选择。图 7-42 中采用地址总线选择，ADD C=0，ADD B=0，ADD A=1，即组成通道选择数据为 001，对应通道 IN1，即模拟量数据是由 IN1 通道输入。因此，在程序中不需要设置模拟量输入通道。

由图 7-41 时序图可看出，START 信号设置为 START=0，START=1，START=0 以产生启动转换的正脉冲。

进行 A/D 转换时，采用查询 EOC 的标志信号来检测 A/D 转换是否完毕，若完毕则将数据通过单片机 P3 端口读入（adval），经过数据处理之后在数码管上显示。程序流程如图 7-43 所示，编写程序如下。

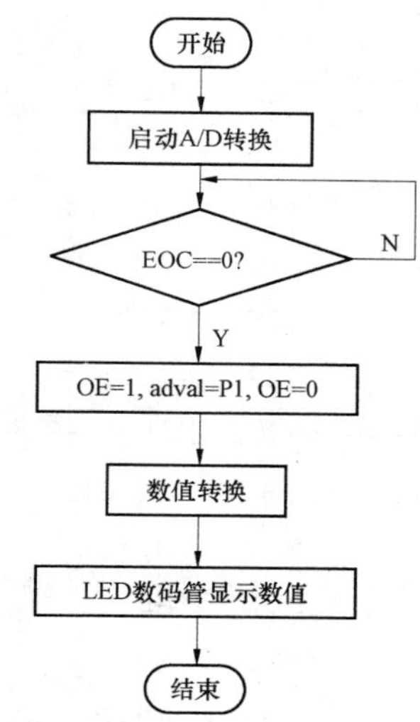

图 7-43　ADC0808 模数转换程序流程

```
OE      BIT     P2.7                ;ADC0809 的 OE 端
EOC     BIT     P2.6                ;ADC0809 的 EOC 端
ST      BIT     P2.5                ;ADC0809 的 START 和 ALE 端
CS4     BIT     P2.3
CS3     BIT     P2.2
CS2     BIT     P2.1
CS1     BIT     P2.0
LED_0   DATA    30H                 ;显示缓冲区
LED_1   DATA    31H
LED_2   DATA    32H
LED_3   DATA    33H
ADC     DATA    34H                 ;存放转换后的数据
        ORG     0000H
        AJMP    START
        ORG     0030H
;------初始化------------------------------
START:MOV     SP,#60H             ;设置堆栈
        MOV     LED_0,#00H          ;清空显示缓冲区
        MOV     LED_1,#00H
        MOV     LED_2,#00H
        MOV     LED_3,#00H
        MOV     DPTR,#TABLE         ;送字型码表首地址
;------ADC0808 转换------------------------
AD_CONV:CLR  ST
        NOP
       SETB   ST
```

```
        NOP
        CLR     ST              ;启动转换
        NOP
        JNB     EOC,$           ;等待转换结束
        SETB    OE              ;允许输出
        MOV     ADC,P3          ;暂存转换结果
        CLR     OE              ;关闭输出
;------数据处理------------------------
ADC_RD:MOV      A,ADC           ;将AD转换结果转换成BCD码
        MOV     B,#10           ;乘以10
        MUL     AB
        MOV     R7,A
        MOV     R6,B
TUNBCD:CLR      A               ;BCD码初始化
        CLR     C
        MOV     R3,A
        MOV     R4,A
        MOV     R5,A
        MOV     R2,#10H         ;转换双字节十六进制整数
T_BCD:MOV       A,R7            ;从高端移出待转换数的一位到CY中
        RLC     A
        MOV     R7,A
        MOV     A,R6
        RLC     A
        MOV     R6,A
        MOV     A,R5
        ADDC    A,R5
        DA      A
        MOV     R5,A
        MOV     A,R4
        ADDC    A,R4
        DA      A
        MOV     R4,A
        MOV     A,R3
        ADDC    A,R3
        MOV     R3,A
        DJNZ    R2,T_BCD
        MOV     A,R5
        SWAP    A
```

```
        ANL     A,#0FH
        MOV     LED_0,A
        MOV     A,R4
        ANL     A,#0FH
        MOV     LED_1,A
        MOV     A,R4
        SWAP    A
        ANL     A,#0FH
        MOV     LED_2,A
        MOV     A,R3
        ANL     A,#0FH
        MOV     LED_3,A
        LCALL   DISP                ;调用显示子程序
        AJMP    AD_CONV
DISP:   CLR     CS4                 ;消隐
        CLR     CS3
        CLR     CS2
        CLR     CS1
        MOV     A,LED_0             ;数码显示子程序
        MOVC    A,@A+DPTR
        SETB    CS4                 ;显示第 4 位(最低位)
        MOV     P1,A
        LCALL   DELAY
        CLR     CS4
        MOV     A,LED_1
        MOVC    A,@A+DPTR
        SETB    CS3                 ;显示第 3 位
        MOV     P1,A
        LCALL   DELAY
        CLR     CS3
        MOV     A,LED_2
        MOVC    A,@A+DPTR
        SETB    CS2                 ;显示第 2 位
        MOV     P1,A
        LCALL   DELAY
        CLR     CS2
        MOV     A,LED_3
        MOVC    A,@A+DPTR
        SETB    CS1                 ;显示第 1 位(最高位)
```

```
        MOV    P1,A
        LCALL  DELAY
        CLR    CS1
        RET
DELAY:MOV    R7,#10          ;延时
DELA: MOV    R6,#50
        DJNZ   R6,$
        DJNZ   R7,DELA
        RET
TABLE:DB     0C0H,0F9H,0A4H,0B0H,99H,92H,82H,0F8H
        DB     80H,90H,88H,83H,0C6H,0A1H,86H,8EH,6FH
        END
```

7.4.2 串行模数转换接口 ADC0832 及其应用

ADC0832 属于串行输入方式的 ADC，它是美国国家半导体公司生产的一种 8 位分辨率、双通道 A/D 转换芯片，具有体积小、兼容性强、性价比高等特点。

1. ADC0832 外形及引脚功能

ADC0832 的外形如图 7-44 所示，引脚功能如下。

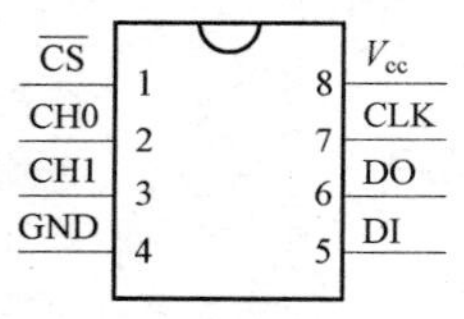

图 7-44 ADC0832 外形

（1）$\overline{CS}$：片选使能端，低电平有效。

（2）CH0、CH1：模拟输入通道 0、1，或作为 IN+/–使用。

（3）GND：电源地。

（4）DI：数据信号输入，选择通道控制。

（5）DO：数据信号输出，转换数据输出。

（6）CLK：芯片时钟输入。

（7）V_{cc}：电源输入端。

2. ADC0832 内部结构及工作原理

ADC0832 的内部结构如图 7-45 所示。当 ADC0832 没有进行 A/D 转换时，$\overline{CS}$ 为高电平，此时芯片禁用，CLK 和 DO、DI 的电平可为任意。若要进行 A/D 转换时，须先将 $\overline{CS}$ 置为低电平，并保持此状态至转换完全结束。A/D 进行转换时，CLK 端输入的是时钟脉冲，DO、DI 则使用 DI 端输入通道功能选择的数据信号。在第 1 个时钟脉冲下降之前，DI 端必须为高电平，表示起始信号。在第 2、3 个时钟脉冲下降之前，DI 端应输入 2 位数据用于选择通道功能，其功能选择由复用地址决定，见表 7-20。

表 7-20　　ADC0832 复用模式

复用模式	复用地址		通道功能	
	单一/$\overline{差分}$	奇/$\overline{偶}$	通道 0（CH0）	通道 1（CH1）
单一复用	0	0	+	-
	0	1	-	+
差分复用	1	0	+	
	1	1		+

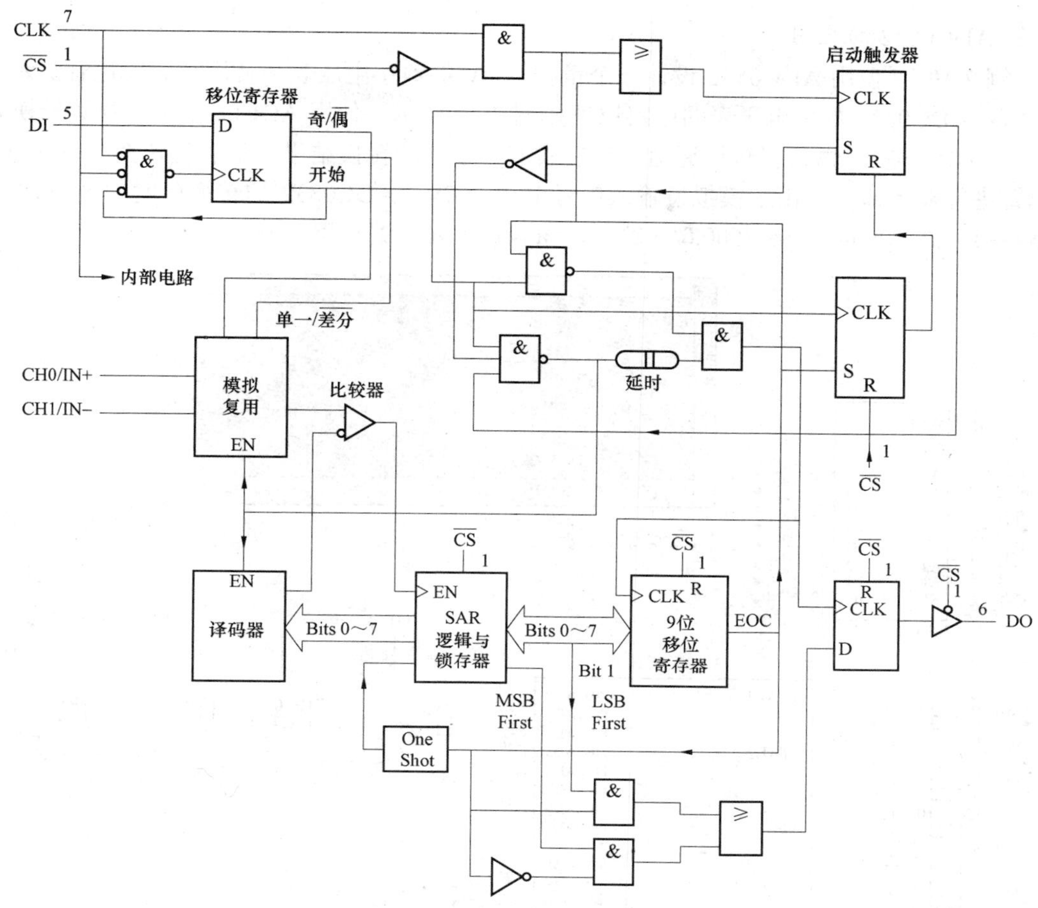

图 7-45　ADC0832 内部结构

当复用地址为 00 时，将 CH0 作为正输入端 IN+，CH1 作为负输入端 IN-进行输入；当复用地址为 01 时，将 CH0 作为负输入端，CH1 作为正输入端 IN+进行输入；当复用地址为 10 时，只对 CH0 进行单通道转换；当复用地址为 11 时，只对 CH1 进行单通道转换。

到第 3 个脉冲的下降沿之后，DI 端的输入电平信号无效。此后 DO/DI 端则开始利用数据输出 DO 进行转换数据的读取。从第 4 个脉冲下降沿开始由 DO 端输出转换数据最高位 DATA7，随后每个脉冲下降沿 DO 端输出下一位数据。直到第 11 个脉冲时发出最低位数据 DATA0，一个字节的数据输出完成。也正是从此位开始输出下一个相反字节的数据，即从第 11 个字节的下降沿输出 DATA0。随后输出 8 位数据，到第 19 个脉冲时数据输出完成，也标志着一次 A/D 转换的结束。最后将 $\overline{CS}$ 置高电平禁用芯片，直接将转换后的数据进行处理就可以了。

作为单通道模拟信号输入时，ADC0832 的输入电压是 0～5V 且 8 位分辨率时的电压精度为 19.53mV。如果作为由 IN+与 IN−的输入时，可将电压值设定在某一个较大范围内，从而提高转换的宽度。但在进行 IN+与 IN−的输入时，如果 IN−的电压大于 IN+的电压，则转换后的数据结果始终为 00H。

3. ADC0832 的应用

【例 7-10】 使用 ADC0832 设计一个量程为 5V 的数字电压表，使用数码管进行显示。

解：ADC0832 数字电压表的电路原理如图 7-46 所示。使用 ADC0832 进行模数转换时，先启动 ADC0832，再选择转换通道，然后读取一字节的转换结果，最后将转换结果送 LED 数码管进行显示即可。由于模拟量输入信号电压为 5V，ADC0832 的转换精度为 8 位，因此数据转换公式为 volt=adval×500.0/（2^8–1）=adval×1.96。编写程序如下。

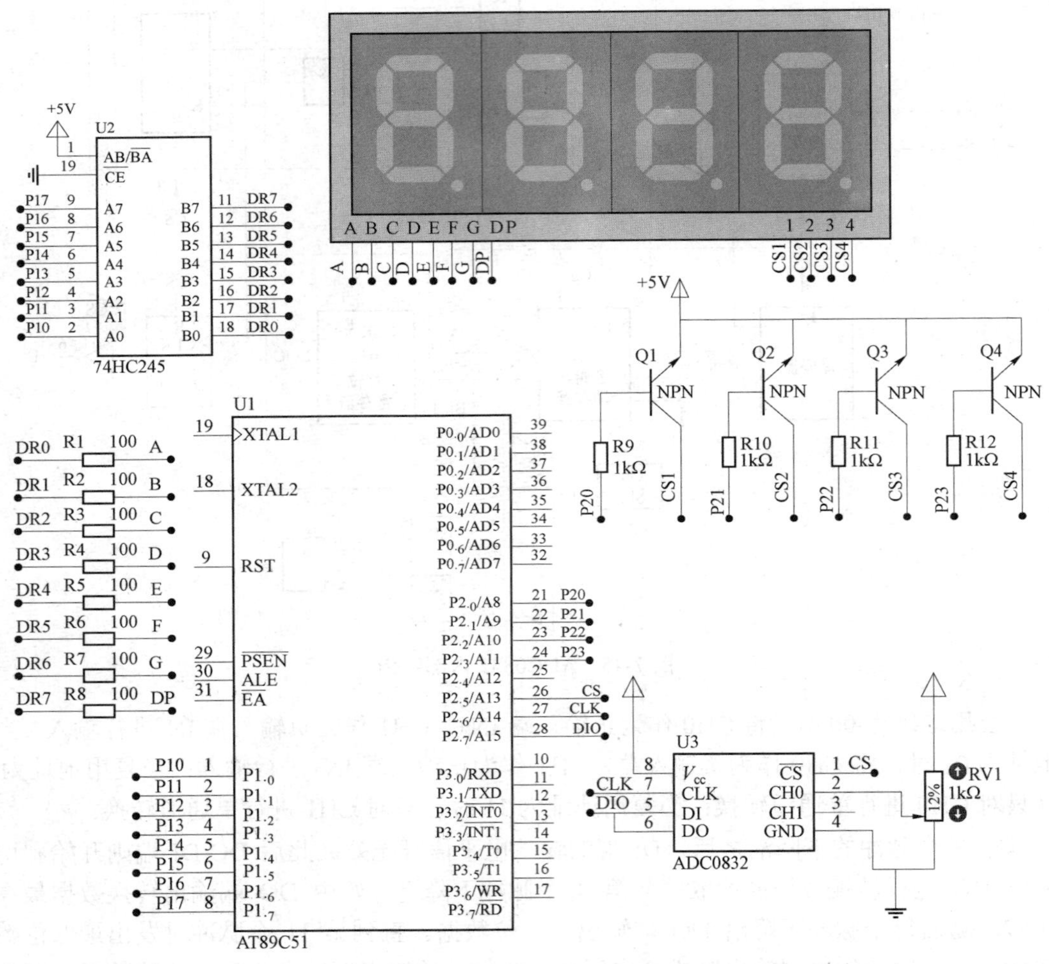

图 7-46 ADC0832 数字电压表的电路原理

```
AD_DAT EQU   P2.7
AD_CLK EQU   P2.6
AD_CS  EQU   P2.5
CS4    BIT    P2.3
CS3    BIT    P2.2
CS2    BIT    P2.1
CS1    BIT    P2.0
```

```
LED_0  DATA   30H                  ;显示缓冲区
LED_1  DATA   31H
LED_2  DATA   32H
LED_3  DATA   33H
       ORG    0000H
       JMP    START
START:MOV    SP,#60H
       MOV    A,#00H
       MOV    20H,A
       MOV    P0,#0FFH
       MOV    P2,#0FFH
       MOV    DPTR,#TABLE
START1:CALL  AD_CONV
       CALL   ADC_RD
       JMP    START1
AD_CONV:                           ;ADC0832 初始化
       SETB   AD_CS                ;一个转换周期开始
       CLR    AD_CLK
       CLR    AD_CS                ;CS 置 0，片选有效
       SETB   AD_DAT               ;DI 置 1，起始位
       SETB   AD_CLK               ;第一个脉冲
       CLR    AD_DAT               ;在负跳变之前加一个 DI 反转操作
       CLR    AD_CLK
       SETB   AD_DAT               ;DI 置 1，设为单通道
       SETB   AD_CLK               ;第二个脉冲
       CLR    AD_DAT
       CLR    AD_CLK
       CLR    AD_DAT               ;DI 置 0，选择通道 0
       SETB   AD_CLK               ;第三个脉冲
       SETB   AD_DAT
       CLR    AD_CLK
       NOP
       SETB   AD_CLK               ; 第四个脉冲
       MOV    R1,#08H              ;计数器初值，读取 8 位数据
AD_READ:CLR  AD_CLK                ;下降沿
       MOV    C,AD_DAT             ;读取 DO 端数据
       RLC    A                    ;C 移入 A，高位在前
       SETB   AD_CLK               ;下一个脉冲
       DJNZ   R1,AD_READ           ;没读完继续
```

```
        SETB   AD_CS
        MOV    20H,A                ;转换结果发给 20H
        RET
ADC_RD:MOV   A,20h                  ;将 AD 转换结果转换成 BCD 码
        MOV    B,#0C4H              ;乘以 19.6mV(5v/255)
        MUL    AB
        MOV    R7,A
        MOV    R6,B
TUNBCD:CLR    A                     ;BCD 码初始化
        CLR    C
        MOV    R3,A
        MOV    R4,A
        MOV    R5,A
        MOV    R2,#10H              ;转换双字节十六进制整数
T_BCD:MOV     A,R7                  ;从高端移出待转换数的一位到 CY 中
        RLC    A
        MOV    R7,A
        MOV    A,R6
        RLC    A
        MOV    R6,A
        MOV    A,R5
        ADDC   A,R5
        DA     A
        MOV    R5,A
        MOV    A,R4
        ADDC   A,R4
        DA     A
        MOV    R4,A
        MOV    A,R3
        ADDC   A,R3
        MOV    R3,A
        DJNZ   R2,T_BCD
        MOV    A,R5
        SWAP   A
        ANL    A,#0FH
        MOV    LED_0,A
        MOV    A,R4
        ANL    A,#0FH
        MOV    LED_1,A
```

```
        MOV     A,R4
        SWAP    A
        ANL     A,#0FH
        MOV     LED_2,A
        MOV     A,R3
        ANL     A,#0FH
        MOV     LED_3,A
        LCALL   DISP                    ;调用显示子程序
        AJMP    AD_CONV
DISP:   MOV     A,LED_0                 ;数码显示子程序
        CLR     CS4                     ;消隐
        CLR     CS3
        CLR     CS2
        CLR     CS1
        MOVC    A,@A+DPTR
        SETB    CS4                     ;显示第4位(最低位)
        MOV     P1,A
        LCALL   DELAY
        CLR     CS4
        MOV     A,LED_1
        MOVC    A,@A+DPTR
        SETB    CS3                     ;显示第3位
        MOV     P1,A
        LCALL   DELAY
        CLR     CS3
        MOV     A,LED_2
        MOVC    A,@A+DPTR
        SETB    CS2                     ;显示第2位
        MOV     P1,A
        LCALL   DELAY
        CLR     CS2
        MOV     A,LED_3
        MOVC    A,@A+DPTR
        SETB    CS1                     ;显示第1位(最高位)
        MOV     P1,A
        CLR     P1.7                    ;第1位显示小数点
        LCALL   DELAY
        CLR     CS1
        RET
```

```
DELAY:MOV    R7,#10              ;延时
DELA: MOV    R6,#50
      DJNZ   R6,$
      DJNZ   R7,DELA
      RET
TABLE:DB     0C0H,0F9H,0A4H,0B0H,99H,92H,82H,0F8H
      DB     80H,90H,88H,83H,0C6H,0A1H,86H,8EH,6FH
      END
```

7.5 数模（D/A）转换接口技术

在单片机应用领域中，经常需要将经过单片机加工处理后的数字信号转换成模拟信号去控制相应的设备。能够把数字信号转换成模拟信号的器件称为数/模转换器 DAC（Digital to Analog Converter）。

数/模转换器种类繁多，性能各不相同，但其工作原理基本相同。数/模转换器是将数字量转换成相应的模拟量，每个数字量都是二进制代码按位组合，每位数字代码都有一定的“权”，“权”对应着一定大小的模拟量。为将数字量转换成模拟量，应将其每一位转换成相应的模拟量，然后求和即得到与数字量成正比的模拟量。

D/A 转换器有多种类型。根据数字输入的位数不同可分为 8 位、10 位、12 位、14 位、16 位、18 位或更高位的 D/A 转换器，如 MAX517/518/519、TLC5615、MAX503、MAX530 等；根据数据输入的方式不同可分为并行输入和串行输入，并行输入方式的 D/A 转换器的转换时间（转换时间是指 D/A 的输入改变到输出稳定的时间间隔）一般比串行输入方式的快，但并行输入方式与单片机连接时占用的接口引脚多，采用并行输入的 D/A 转换器有 DAC0830/0831/0832 等，采用串行输入的 D/A 转换器有 MAX517/518/519、TLC5615 等；根据输出形式的不同可分为电流输出型和电压输出型，通常电流输出型比电压输出型的建立时间要快；根据输出极性的不同，又可分为单极性输出和双极性输出；根据结构的不同，可分为两类：一类 DAC 芯片内设置有数据寄存器、片选信号、写信号，引脚可直接与单片机 I/O 总线连接；另一类没有锁存器，不能与单片机直接连接，中间必须加锁存器，或者通过并行或串行接口与单片机连接。下面以常用的 DAC0832 和 TLC5615 为例来讲述 D/A 转换的有关知识。

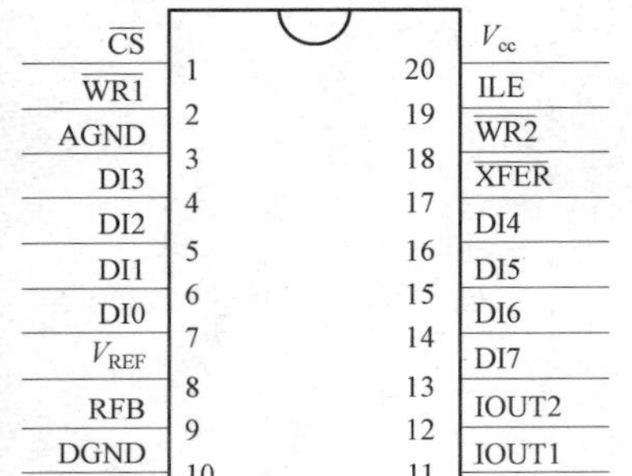

图 7-47 DAC0832 外形引脚

7.5.1 并行数模转换器 DAC0832 及其应用

DAC0832 是 8 位分辨率的 D/A 转换芯片，该芯片以其价格低廉、接口简单、转换控制容易等优点，在单片机应用系统中得到广泛的应用。

1. DAC0832 外形及引脚功能

DAC0832 是 20 引脚的双列直插式芯片，其外形如图 7-47 所示。各引脚功能如下。

$\overline{CS}$：片选信号，低电平有效。

$\overline{WR1}$：输入寄存器的写选通信号。

AGND：模拟地，模拟信号和基准电源的参考地。

DI0～DI7：数据输入线。

V_{REF}：基准电压输入线（–10V～+10V）。

RFB：反馈信号输入线，芯片内部有反馈电阻。

DGND：数字地。

IOUT1：电流输出线。当输入全为 1 时 IOUT1 最大。

IOUT2：电流输出线。其值与 IOUT1 之和为一常数。

$\overline{XFER}$：数据传送控制信号输入线，低电平有效。

$\overline{WR2}$：DAC 寄存器写选通输入线。

ILE：数据锁存允许控制信号输入线，高电平有效。

V_{cc}：电源输入线（+5V～+15V）。

2. DAC0832 内部结构及工作原理

DAC0832 的内部结构如图 7-48 所示，从图中可看出 DAC0832 是双缓冲结构，由一个输入寄存器，一个 DAC 寄存器构成双缓冲结构。

DAC0832 是由 R-2R 的电阻阶梯网络来完成数字到模拟的转换，如图 7-49 所示。

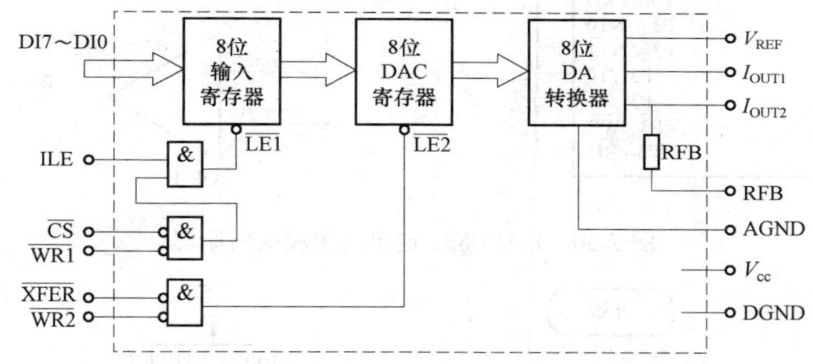

图 7-48　DAC0832 内部结构

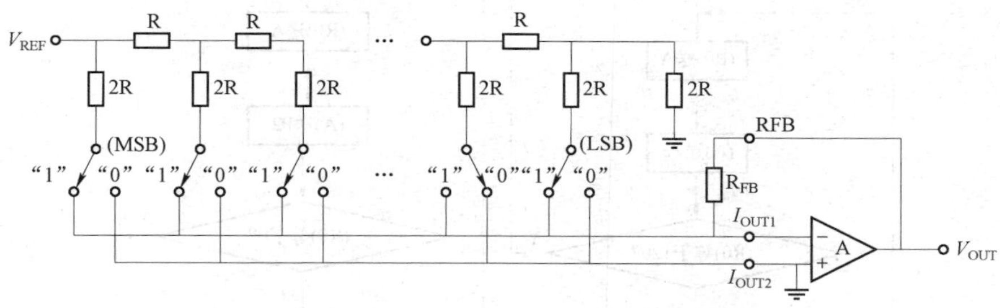

图 7-49　R-2R 电阻阶梯网络

3. DAC0832 的应用

【例 7-11】 使用 DAC0832 设计一个三角波信号发生器。

解： 使用 DAC0832 输出三角波，其电路原理如图 7-50 所示。三角波实质由上升斜波和下降斜波两部分构成，也可看成是两个锯齿波构成的。要形成上升斜波时，将送入 P2 端口的数值应是递增的；形成下降沿时，将送入 P2 端口的数值应是递减的。递增及递减数值的大小决定三角波波形的平滑度及频率大小，若递增及递减数值较大时，输出的三角波有明显的阶梯状，其频率较大。若递增及递减数值较小时，输出三角波的上升或下降斜波较平滑，其频率较小。同样，幅度的大小由上升斜波和下降斜波的拐点数值及起始值决定。程序流程如图 7-51 所示。

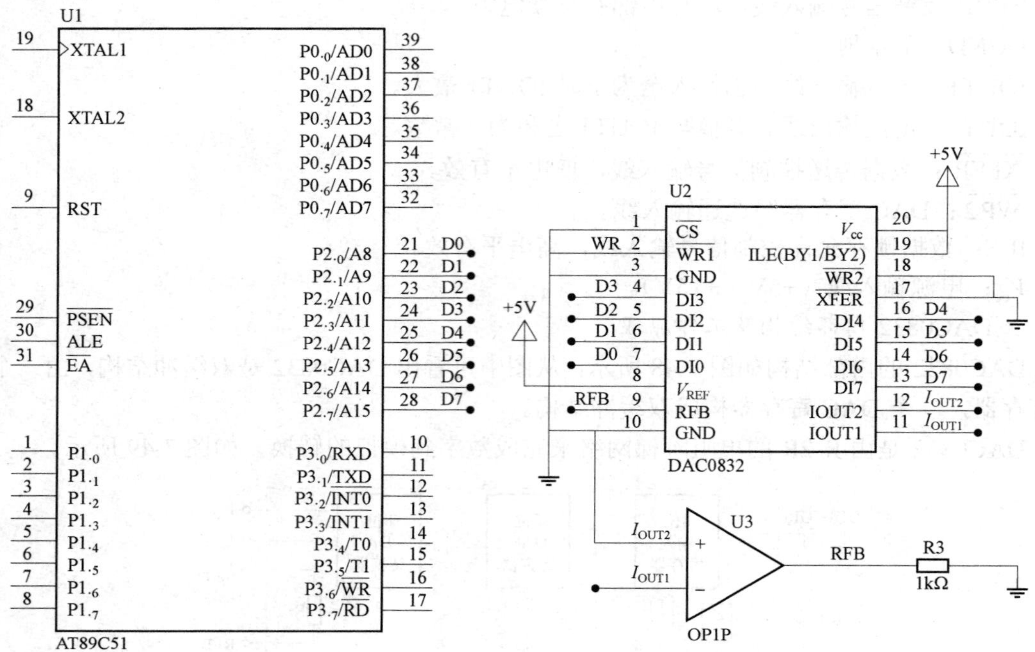

图 7-50　DAC0832 输出三角波电路原理

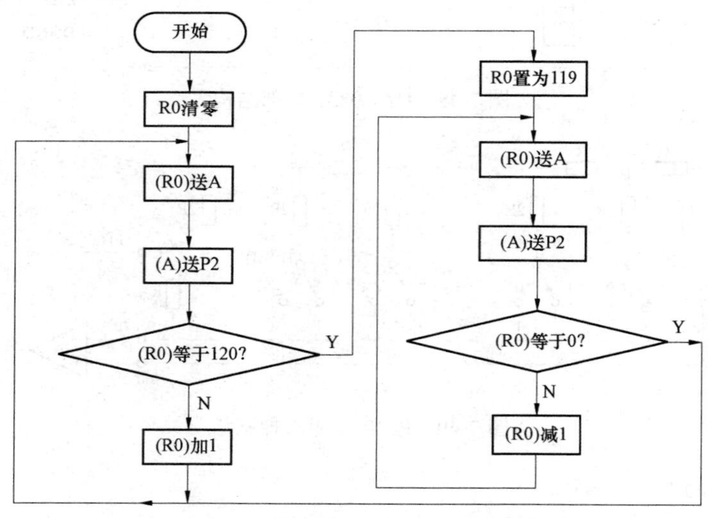

图 7-51　DAC0832 输出三角波程序流程

编写程序如下。

```
WAVE  EQU     P2
      ORG     00H
```

```
        AJMP   MAIN
        ORG    30H
MAIN:  MOV    R0,#00H
LP:    MOV    A,R0
       MOV    WAVE,A
       CJNE   R0,#120,LP1
       AJMP   LP2
LP1:   INC    R0
       AJMP   LP
LP2:   MOV    R0,#119
LP3:   MOV    A,R0
       MOV    WAVE,A
       CJNE   R0,#0,LP4
       AJMP   LP
LP4:   DEC    R0
       AJMP   LP3
       END
```

7.5.2　串行数模转换器 TLC5615 及其应用

TI 公司生产的 TLC5615 是一种兼容 SPI 和 Micro Wire 串行总线接口的 CMOS 型的 10 位分辨率的 D/A 转换器，它带有缓冲基准输入（高阻抗）的电压输出数字-模拟转换器（DAC）。DAC 具有基准电压两倍的输出电压范围，且 DAC 是单调变化的。器件可在单 5V 电源下工作，具有上电复位（Power-On Reset）功能，确保可重复启动。器件接收 16 位数据字以产生模拟输出。

TLC5615 的功耗比较低，在 5V 供电时功耗仅为 1.75mW；数据更新率为 1.2MHz；典型的建立时间为 12.5μs。可广泛应用于电池供电测试仪表、数字失调与增益调整、机器和机械装置控制器件及移动电话等领域。

1. TLC5615 外形及引脚功能

TLC5615 外形封装如图 7-52 所示，引脚功能如下。

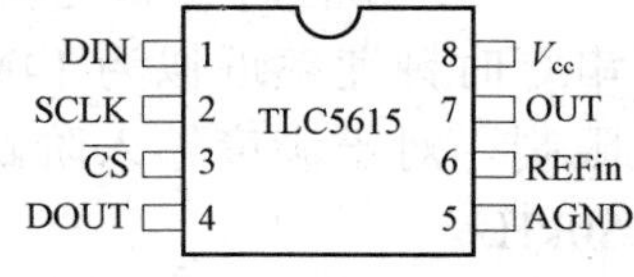

图 7-52　TLC5615 外形封装

（1）DIN：串行数据输入端。

（2）SCLK：串行时钟输入端。

（3）$\overline{CS}$：片选端，低电平有效。

（4）DOUT：用于菊花链的串行数据输出。

（5）AGND：模拟地。

（6）REFin：基准输入端。

（7）OUT：DAC 模拟电压输出端。

（8）V_{cc}：正电源端。

2. TLC5615 的内部结构及工作原理

TLC5615 的内部结构如图 7-53 所示。它由 16 位转换寄存器、控制逻辑、10 位 DAC 寄存器、上电复位、DAC、外部基准缓冲器、基准电压倍增器等部分组成。

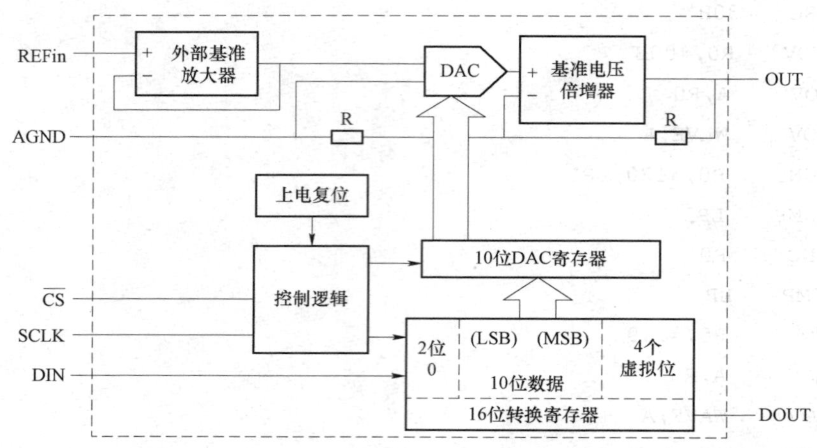

图 7-53　TLC5615 的内部结构

TLC5615 通过固定增益为 2 的运放缓冲电阻串网络，把 10 位数字数据转换成模拟电压。上电时，内部电路把 DAC 寄存器复位至全 0。其输出具有与基准输入相同的极性，表达式为 Vo=2×REFin×CODE/1024。

（1）数据输入。由于 DAC 是 12 位寄存器，所以在写入 10 位数据后，最低 2 位写入 2 个“0”。

（2）输出缓冲器。输出缓冲器具有满电源电压幅度（rail to rail）输出，它带有短路保护并能驱动有 100pF 负载电容的 2kΩ 负载。

（3）外部基准。外部基准电压输入经过缓冲，使 DAC 输入电阻与代码无关。因此，REFin 输入电阻为 10MΩ，输入电容典型值为 5pF，它们与输入代码无关。基准电压决定 DAC 的满度输出。

（4）逻辑接口。逻辑输入端可使用 TTL 或 CMOS 逻辑电平。但使用满电源电压幅度，CMOS 逻辑可得到最小的功耗。当使用 TTL 逻辑电平时，功耗需求增加约两倍。

（5）串行时钟和更新速率。图 7-54 所示为 TLC5615 的工作时序。TLC5615 的最大串行时钟速率近似为 14MHz。通常，数字更新速率（Digital Update Rate）受片选周期的限制。对于满度输入阶跃跳变，10 位 DAC 建立时间为 12.5μs，这把更新速率限制在 80kHz。

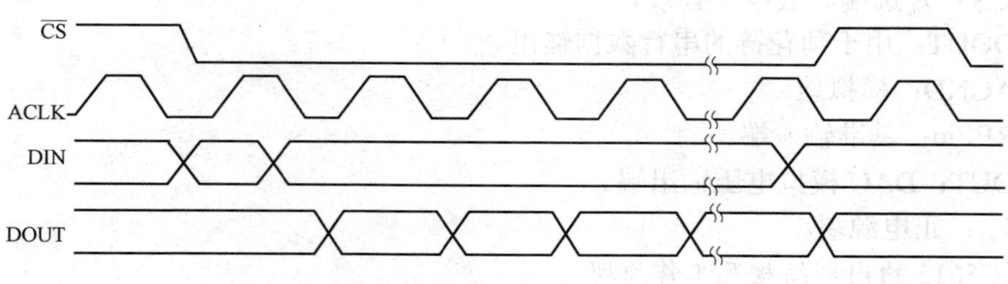

图 7-54　TLC5615 的工作时序

（6）菊花链接（Daisy-Chaining，即级联）器件。如果时序关系合适，可在 1 个链路（Chain）中把一个器件的 DOUT 端连接到下一个器件的 DIN 端实现 DAC 的菊花链接（级联）。DIN 端的数据延迟 16 个时钟周期加 1 个时钟宽度后出现在 DOUT 端。DOUT 是低功率的图腾柱（Totem-Poled，即推拉输出电路）输出。当 $\overline{CS}$ 为低电平时，DOUT 在 SCLK 下降沿变化；当 $\overline{CS}$ 为高电平时，DOUT 保持在最近数据位的值并不进入高阻状态。

3. TLC5615 的使用方法

当片选信号 $\overline{CS}$ 为低电平时，输入数据读入 16 位移位寄存器（由时钟同步，最高有效位在前）。SCLK 输入的上升沿把数据移入输入寄存器，接着，$\overline{CS}$ 的上升沿把数据传送至 DAC 寄存器。当 $\overline{CS}$ 为高电平时，输入的数据不能由时钟同步送入输入寄存器。所有 $\overline{CS}$ 的跳变应当发生在 SCLK 输入为低电平时。

串行数模转换器 TLC5615 的使用有两种方式，即使用菊花链（级联）功能方式和不使用菊花链（级联）功能方式。

如果不使用菊花链（级联）功能方式时，DIN 只需输入 12 位数据。DIN 输入的 12 位数据中，前 10 位为 TLC5615 输入的 D/A 转换数据，且输入时高位在前，低位在后，后两位必须写入为零的 2 位数值，因为 TLC5615 的 DAC 输入锁存器为 12 位宽。12 位的输入数据序列如下。

D9	D8	D7	D6	D5	D4	D3	D2	D1	D0	0	0

如果使用菊花链（级联）功能时，那么可传送 4 个高虚拟位（Upper Dummy Bits）在前的 16 位输入数据序列。

4 Upper Dummy	10 Data Bits	0	0

来自 DOUT 的数据需要输入时钟 16 个下降沿，因此，需要额外的时钟宽度。当菊花链接（级联）多个 TLC5615 器件时，因为数据传送需要 16 个输入时钟周期加上 1 个额外的输入时钟下降沿数据在 DOUT 端输出，所以，数据需要 4 个高虚拟位。为了提供与 12 位数据转换器传送的硬件与软件兼容性，两个额外位总是需要的。

4. TLC5615 的应用

【例 7-12】 使用 TLC5615 设计一个锯齿波信号发生器。

解：使用 TLC5615 输出锯齿波的电路原理如图 7-55 所示。根据输出形状的不同，锯齿波分为正向锯齿波和反向锯齿波两类。正向锯齿波的初始电平数值较小，该数值每次通过 TLC5615 进行 DAC 转换后，递增 1。当递增到一定值时，再重新赋为初始电平数值，这样通过 TLC5615 的 DAC 转换，输出的波形为正向锯齿波。反向锯齿波反之。

TLC5615 为 12 位 D/A 转换器，要输出锯齿波，可分为高 4 位的转换和低 8 位的转换。在转换过程中，要注意各时序电平，编写程序如下。

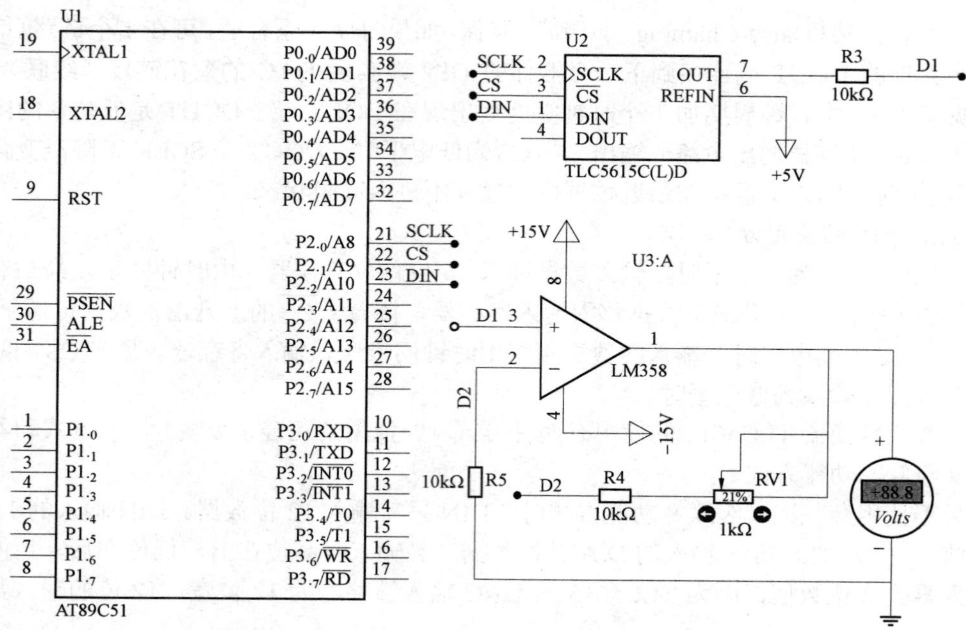

图 7-55 TLC5615 输出锯齿波电路原理

```
        DA_H    EQU     30H
        DA_L    EQU     31H
        DIN     BIT     P2.2
        CS      BIT     P2.1
        SCLK    BIT     P2.0
        ORG     00H
        AJMP    MAIN
        ORG     30H
MAIN:   MOV     R1,#0H
LP:     MOV     30H,#00H            ; 装入高 8 位数据
        MOV     A,R1
        MOV     31H,A               ; 装入低 8 位数据
        CLR     CS                  ; 设置 CS 为低电平
        LCALL   DELAY               ; 延时
        MOV     R2,#04              ; 设置高 4 位转换位数
        LCALL   WDATA_H             ; 调用高 4 位 DAC 转换
        MOV     R2,#08              ; 设置低 8 位转换位数
        LCALL   WDATA_L             ; 调用低 8 位 DAC 转换
        CLR     SCLK
        SETB    CS
        INC     R1
        CJNE    R1,#128,LP          ; 判断是否计数达 128
```

```
        AJMP   MAIN
WDATA_H:NOP
        LCALL  DELAY
        MOV    A,30H            ; 装入高 8 位
        RLC    A                ; 从最高位 DAC 寄存器中移位
LOOP:   RLC    A
        MOV    DIN,C
        SETB   SCLK
        MOV    30H,A
        LCALL  DELAY
        CLR    SCLK
        DJNZ   R2,LOOP
        RET
WDATA_L:NOP
        MOV    A,31H            ; 装入低 8 位
        RLC    A
LOOP1:RLC      A
        MOV    DIN,C
        SETB   SCLK
        MOV    31H,A
        LCALL  DELAY
        CLR    SCLK
        DJNZ   R2,LOOP1
        SETB   CS
        RET
DELAY:MOV      R3,#1            ; 转换时间
DELA: MOV      R4,#15
DEL:    NOP
        DJNZ   R4,DEL
        DJNZ   R3,DELA
        RET
        END
```

7.6　实时时钟转换接口技术

传统的并行时钟扩展芯片引脚数比较多、体积大，占用 I/O 口线较多。串行扩展的时钟芯片引脚较少，只需占用少数几根 I/O 口线，在单片机系统中被广泛应用。

单片机串行扩展的实时时钟芯片比较多，如 PCF8563、DS1302、NJU6355 等实时时钟芯片。DS1302 是 DALLAS 公司推出的 SPI 总线涓流充电时钟芯片，内含有一个实时时钟/日历

和 31 字节静态 RAM，通过简单的串行接口与单片机进行通信。实时时钟/日历电路提供秒、分、时、日、日期、月、年的信息，每月的天数和闰年的天数可自动调整，时钟操作可通过 AM/PM 指示决定采用 24h 或 12h 格式。DS1302 与单片机之间能简单地采用同步串行的方式进行通信仅需用到三个口线：① $\overline{\text{RST}}$（复位）；② I/O（数据线）；③ SCLK（串行时钟）。时钟/RAM 的读/写数据以 1B 或多达 31B 的字符组方式通信。DS1302 工作时功耗很低，保持数据和时钟信息时功率小于 1mW。DS1302 由 DS1202 改进而来，增加了以下的特性：双电源管脚用于主电源和备份电源供应 V_{cc1}。为可编程涓流充电电源附加 7B 存储器，它广泛应用于电话传真便携式仪器及电池供电的仪器仪表等。

7.6.1 DS1302 外部封装及引脚功能

DS1302 包含了 DIP 和 SOIC 两种封装形式，如图 7-56 所示。

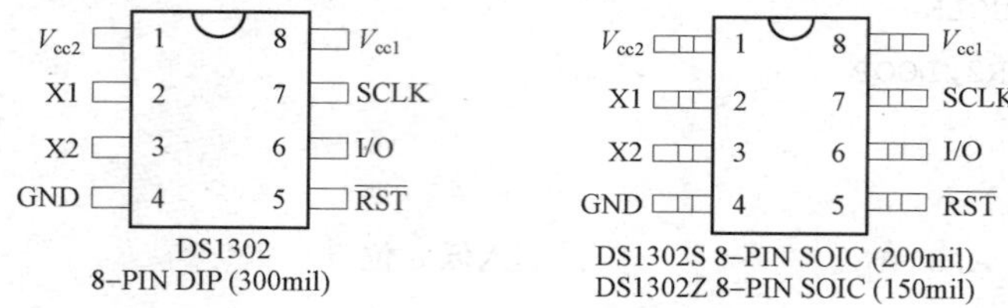

图 7-56 DS1302 封装形式

DS1302 引脚功能如下。

V_{cc2}：主电源，一般接+5V 电源。

V_{cc1}：辅助电源，一般接 3.6V 可充电池。

X1 和 X2：晶振引脚，接 32.768kHz 晶振，通常该引脚上还要接补偿电容。

GND：电源地，接主电源及辅助电源的地端。

SCLK：串行时钟输入端。

I/O：数据输入/输出端。

$\overline{\text{RST}}$：复位输入端。

7.6.2 DS1302 内部结构及工作原理

DS1302 的内部结构如图 7-57 所示，它包括输入移位寄存器、控制逻辑、晶振、实时时钟和 31×8RAM 等部分。

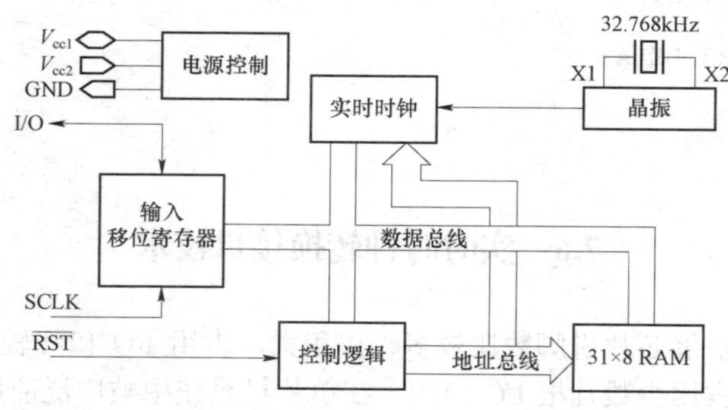

图 7-57 DS1302 的内部结构

在进行任何数据传输时，$\overline{RST}$必须被置为高电平（注意虽然将它置为高电平，内部时钟还是在晶振作用下走时的，此时，允许外部读写数据）。在每个 SCLK 上升沿时数据被输入，下降沿时数据被输出，一次只能读写一位。是读还是写需要通过串行输入控制指令来实现（也是一个字节），通过 8 个脉冲便可读取一个字节从而实现串行数据的输入与输出。最初通过 8 个时钟周期载入控制字节到输入移位寄存器。如果控制指令选择的是单字节模式，连续的 8 个时钟脉冲可进行 8 位数据的写和 8 位数据的读操作。8 个脉冲便可读写一个字节，SCLK 时钟的上升沿时，数据被写入 DS1302；SCLK 脉冲的下降沿读出 DS1302 的数据。在突发模式，通过连续的脉冲一次性读写完 7B 的时钟/日历寄存器（注意时钟/日历寄存器要读写完），也可根据实际情况一次性读写 8～32 位 RAM 数据。

7.6.3　DS1302 命令字节格式

每个数据的传送由命令字节进行初始化，DS1302 的命令字节格式见表 7-21，最高位 MSB（D7 位）必须为逻辑 1，如果为 0 则禁止写 DS1302。D6 位为逻辑 0（CLK），指定读写操作时钟/日历数据；D6 位为逻辑 1（RAM），指定读写操作为 RAM 数据。D5～D1 位（A4～A1 地址）指定进行输入或输出的特定寄存器。最低有效位 LSB（D0 位）为逻辑 0，指定进行写操作（输入）；为逻辑 1，指定读操作（输出）。命令字节总是从最低有效位 LSB（D0）开始输入，命令字节中的每位是在 SCLK 的上升沿送出的。

表 7-21　DS1302 的命令字节格式

D7（MSB）	D6	D5	D4	D3	D2	D1	D0（LSB）
1	RAM/$\overline{CLK}$	A4	A3	A2	A1	A0	RD/$\overline{W}$

7.6.4　数据传输

所有的数据传输在$\overline{RST}$置 1 时进行，输入信号有两种功能：首先，$\overline{RST}$接通控制逻辑，允许地址/命令序列送入移位寄存器；其次，$\overline{RST}$提供终止单字节或多字节数据的传送手段。当$\overline{RST}$为高电平时，所有的数据传送被初始化，允许对 DS1302 进行操作。如果在传送过程中$\overline{RST}$置为低电平，则会终止此次数据传送，I/O 引脚变为高阻态。上电运行时，在 V_{cc} 大于或等于 2.5V 之前，$\overline{RST}$必须保持低电平。只有在 SCLK 为低电平时，才能将$\overline{RST}$置为高电平。I/O 为串行数据输入输出端（双向），SCLK 始终是输入端。

数据的传输主要包括数据输入、数据输出及突发模式，其传输格式如图 7-58 所示。

数据输入：经过 8 个时钟周期的控制字节的输入，一个字节的输入将在下 8 个时钟周期的上升沿完成，数据传输从字节最低位开始。

数据输出：经过 8 个时钟周期的控制读指令的输入，控制指令串行输入后，一个字节的数据将在下 8 个时钟周期的下降沿被输出，注意第一位输出是在最后一位控制指令所在脉冲的下降沿被输出，要求$\overline{RST}$保持位高电平。

同理 8 个时钟周期的控制读指令如果指定的是突发模式，将会在脉冲的上升沿读入数据，下降沿读出数据，突发模式一次可进行多字节数据的一次性读写，只要控制好脉冲就行了。

突发模式：突发模式可指定为任何时钟/日历或 RAM 的寄存器，与以前一样，位 6 指定时钟或 RAM，位 0 指定读或写。读取或写入的突发模式开始在位 0 地址 0。

对于 DS1302 来说，在突发模式下写时钟寄存器，起始的 8 个寄存器用来写入相关数据，必须写完。然而，在突发模式下写 RAM 数据时，没有必要全部写完。每个字节都将被写入而不论 31 字节是否写完。

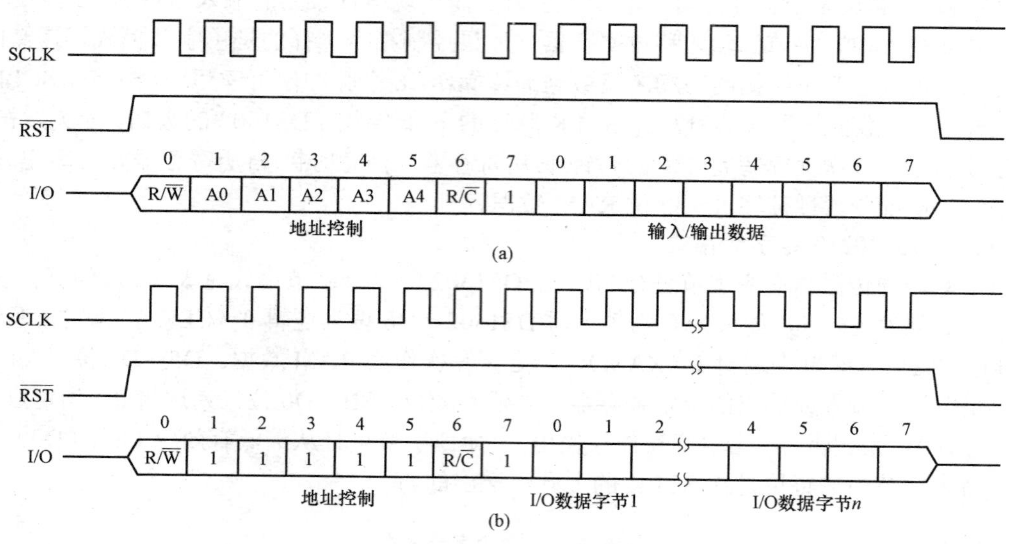

图 7-58 数据传输格式

（a）单字节输入/输出数据传输；（b）突发模式传输

7.6.5 DS1302 内部寄存器

DS1302 内部寄存器地址（命令）及数据寄存器分配情况如图 7-59 所示。图中 $RD/\overline{W}$ 为读/写保护位：$RD/\overline{W}=0$，寄存器数据能够写入；$RD/\overline{W}=1$，寄存器数据不能写入，只能读。A/P=1，下午模式；A/P=0，上午模式。TCS 为涓流充电选择：TCS=1010，使能涓流充电；TCS=其他，禁止涓流充电。DS 为二极管选择位：DS=01，选择一个二极管；DS=10，选择两个二极管；DS=00 或 11 时，即使 TCS=1010，充电功能也被禁止。RS 位的功能见表 7-22。

表 7-22　　RS 位的功能

RS 位	电阻	典型位（kΩ）	RS 位	电阻	典型位（kΩ）
00	无	无	10	R2	4
01	R1	2	11	R3	8

7.6.6 DS1302 与单片机的连接及其应用

DS1302 与 AT89S51 单片机的连接如图 7-60 所示。在 DS1302 的第 2、3 引脚接入 32.768kHz 的石英晶振。DS1032 与 AT89S51 单片机连接时需使用 3 根口线，通过 SPI 总线读取 DS1302 的时间。

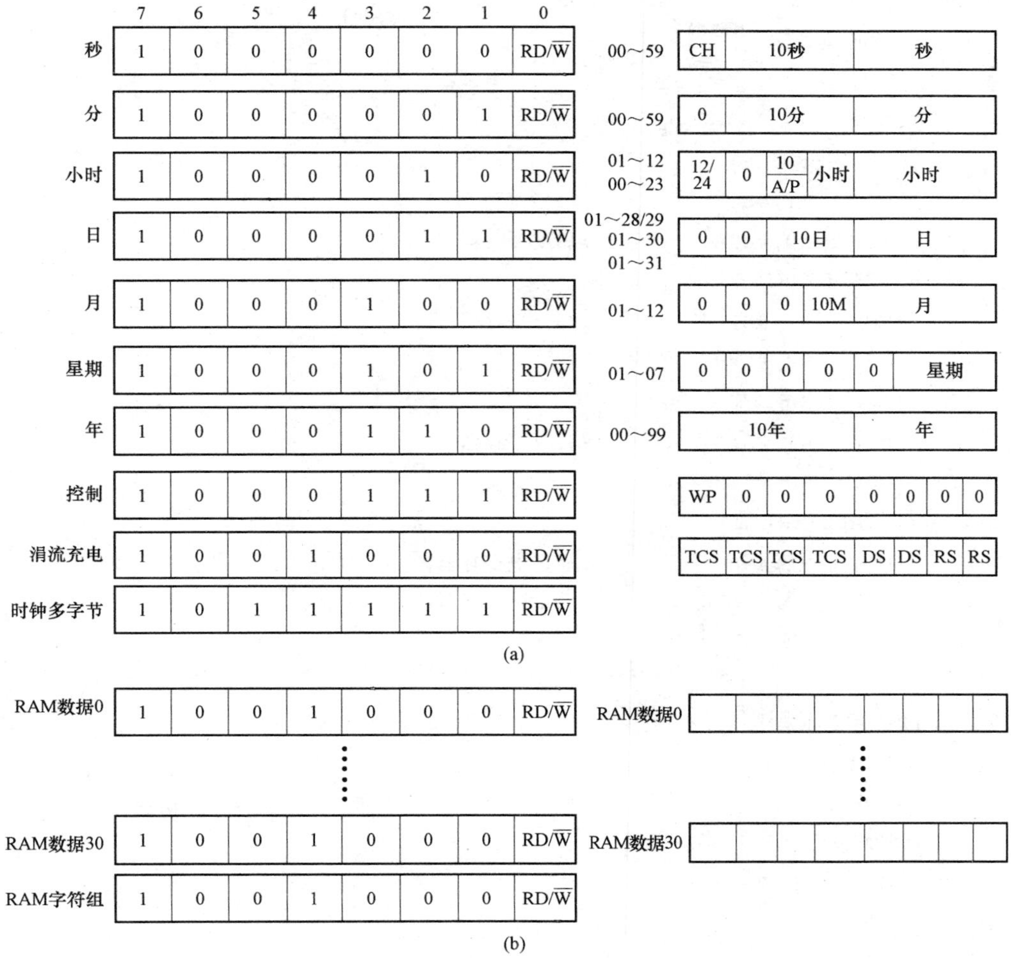

7 6 5 4 3 2 1 0
秒 1 0 0 0 0 0 0 RD/$\overline{W}$
分 1 0 0 0 0 0 1 RD/$\overline{W}$
小时 1 0 0 0 0 1 0 RD/$\overline{W}$
日 1 0 0 0 0 1 1 RD/$\overline{W}$
月 1 0 0 0 1 0 0 RD/$\overline{W}$
星期 1 0 0 0 1 0 1 RD/$\overline{W}$
年 1 0 0 0 1 1 0 RD/$\overline{W}$
控制 1 0 0 0 1 1 1 RD/$\overline{W}$
涓流充电 1 0 0 1 0 0 0 RD/$\overline{W}$
时钟多字节 1 0 1 1 1 1 1 RD/$\overline{W}$
00～59 CH 10秒 秒
00～59 0 10分 分
01～12 00～23 12/24 0 10 A/P 小时 小时
01～28/29 01～30 01～31 0 0 10日 日
01～12 0 0 0 10M 月
01～07 0 0 0 0 0 星期
00～99 10年 年
WP 0 0 0 0 0 0 0
TCS TCS TCS TCS DS DS RS RS
(a)
RAM数据0 1 0 0 1 0 0 0 RD/$\overline{W}$
RAM数据30 1 0 0 1 0 0 0 RD/$\overline{W}$
RAM字符组 1 0 0 1 0 0 0 RD/$\overline{W}$
RAM数据0
RAM数据30
(b)

图 7-59 DS1302 内部寄存器地址（命令）及数据寄存器分配情况

（a）时钟/日历控制部分；（b）RAM 控制部分

+5V
10kΩ×3
AT89S51
P2.0
P2.1
P2.2
SCLK
I/O
$\overline{RST}$
DS1302
8 7 6 5
1 2 3 4
3.6V
0.1μF
32.768kHz

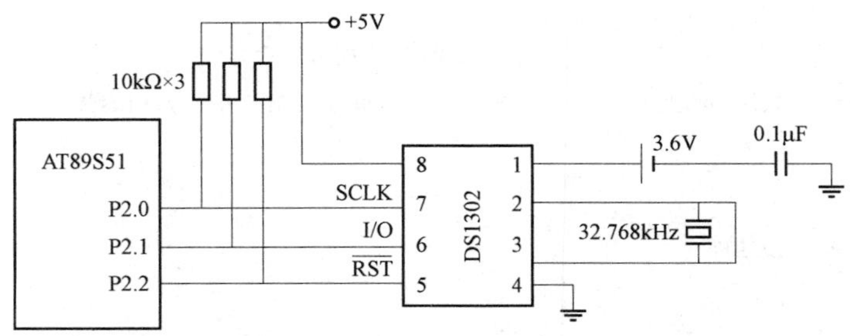

图 7-60 DS1302 与 AT89S51 单片机的连接

下面给出了部分参考子程序。

（1）DS1302 初始化子程序。基于 SPI 总线的 DS1302 的所有传输过程都是以初始化开始的，子程序中（R0）为数据；（R1）为地址。

```
RESET:  CLR   RST              ;DS1302 复位
        CLR   SCLK
        NOP
        NOP
        SETB  RST
        MOV   R1,#80H          ;写秒寄存器
        MOV   R0,#00H          ;启动振荡器
        LCALL WRITE
        MOV   R1,#82H          ;写分寄存器
        MOV   R0,#58H
        LCALL WRITE
        MOV   R1,#84H          ;写时寄存器
        MOV   R0,#80H
        LCALL WRITE
        MOV   R1,#90H          ;写充电寄存器
        MOV   R0,#0ABH
        LCALL WRITE
        RET
```

（2）读 DS1302 子程序。

```
READ:   CLR    SCLK
        NOP
        NOP
        SETB   RST
        NOP
        NOP
        MOV    A,R1
        MOV    R2,#08H
READ_01:RRC    A
        NOP                    ;先传输地址到 DS1302
        MOV    IO_DATA,C       ;IO_DATA 即 DS1302 的 I/O 口线
        NOP
        NOP
        SETB   SCLK
        NOP
        NOP
        CLR    SCLK
        NOP
        NOP
```

```
        DJNZ   R2,READ_01
        NOP
        NOP
        SETB   IO_DATA
        CLR    A
        CLR    C
        MOV    R2,#08H
READ_02:CLR    SCLK
        NOP
        NOP
        MOV    C,IO_DATA
        NOP
        NOP
        RRC    A                  ;再从 DS1302 接收数据
        NOP
        NOP
        SETB   SCLK
        NOP
        NOP
        DJNZ   R2,READ_02
        MOV    R0,A
        CLR    RST
        RET
```

（3）读 DS1302 子程序。

```
WRITE:  CLR    SCLK
        NOP
        NOP
        SETB   RST
        NOP
        MOV    A,R1
        MOV    R2,#08H
WRI_01: RRC    A                  ;传输地址到 DS1302
        NOP
        NOP
        CLR    SCLK
        NOP
        NOP
        MOV    IO_DATA,C
        NOP
```

```
        NOP
        SETB   SCLK
        NOP
        NOP
        DJNZ   R2,WRI_01
        CLR    SCLK
        NOP
        NOP
        MOV    A,R0
        MOV    R2,#08H
WRI_02: RRC    A                ;传输数据到DS1302
        NOP
        CLR    SCLK
        NOP
        NOP
        MOV    IO_DATA,C
        NOP
        NOP
        SETB   SCLK
        NOP
        NOP
        DJNZ   R2,WRI_02
        CLR    SCLK
        NOP
        NOP
        CLR    RST
        NOP
        NOP
        RET
```

（4）读 DS1302 时间、日期数据子程序，存放 40H～46H 单元。

```
GET_TIME:
        MOV    R1,#81H          ;读秒
        LCALL  READ
        MOV    40H,R0
        MOV    R1,#83H          ;读分
        LCALL  READ
        MOV    41H,R0
        MOV    R1,#85H          ;读时
        LCALL  READ
```

```
MOV     42H,R0
MOV     R1,#87H         ;读出日期
LCALL   READ
MOV     43H,R0
MOV     R1,#89H         ;读出月份
LCALL   READ
MOV     44H,R0
MOV     R1,#8BH         ;读出星期
LCALL   READ
MOV     46H,R0
MOV     R1,#8DH         ;读出年
LCALL   READ
MOV     45H,R0
RET
```

7.7　温度转换接口技术

温度是环境的基本参数之一，人们在生活、生产中需要对温度进行测量。温度的测量主要是通过温度传感器进行的。温度传感器主要有：① 传统的分立式传感器；② 模拟集成温度传感器；③ 智能集成温度传感器。在很多智能化的温度传感器中，大多使用同步串行总线技术，如美国模拟器件公司（ADI）推出的数字温度传感器 AD7418、Dallas 公司的 DS1621 采用了 I^2C 总线技术；DS1620 采用了 SPI 总线技术；DS18B20 采用了 1-Wire 总线技术。

DS18B20 是 Dallas 公司继 DS1820 后推出的一种改进型智能数字温度传感器，与传统热敏电阻相比，只需一根线就能直接读出被测温度，并可根据实际需求编程实现 9～12 位数字值的读数方式。

7.7.1　DS18B20 封装形式及引脚功能

DS18B20 有三种封装形式：① 采用 3 引脚 TO-92 的封装形式；② 采用 6 引脚的 TSOC 封装形式；③ 采用 8 引脚的 SOIC 封装形式，如图 7-61 所示。

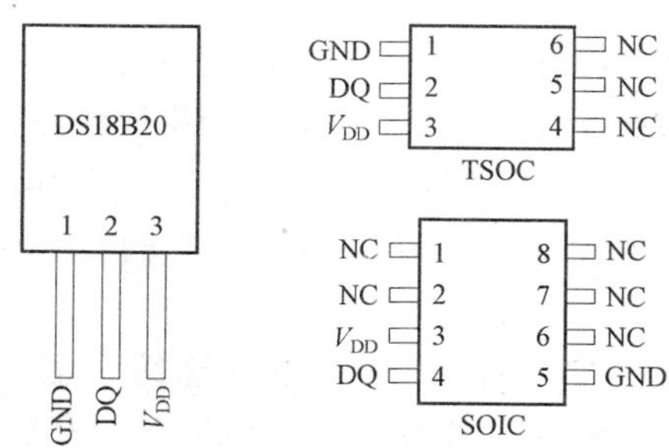

图 7-61　DS18B20 封装形式

DS18B20 芯片各引脚功能如下。

（1）GND：电源地。

（2）DQ：数字信号输入/输出端。

（3）V_{DD}：外接供电电源输入端。采用寄生电源方式时该引脚接地。

7.7.2　DS18B20 内部结构

温度传感器 DS18B20 的内部结构如图 7-62 所示。主要由 64 位 ROM、温度传感器、非挥发的温度报警触发器及高速缓存器等四部分组成。

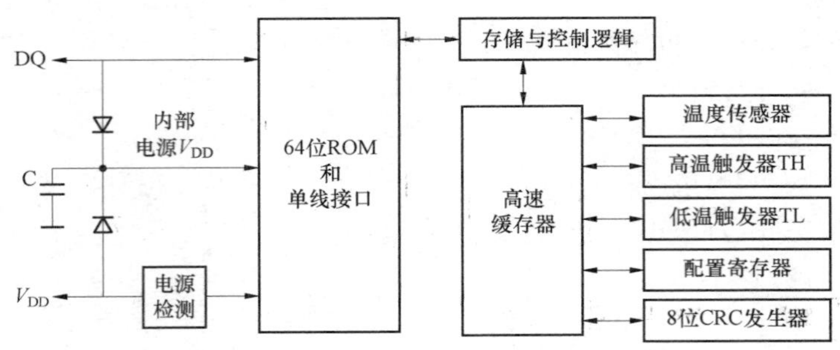

图 7-62 温度传感器 DS18B20 的内部结构

下面对 DS18B20 内部相关部分进行简单的描述。

1. 64 位 ROM

64 位 ROM 是由厂家使用激光刻录的一个 64 位二进制 ROM 代码，是该芯片的标识号，如图 7-63 所示。

8位循环冗余检验	48位序列号	8位分类编号（10H）
MSB LSB	MSB LSB	MSB LSB

图 7-63 64 位 ROM 结构

第 1 个 8 位表示产品分类编号，DS18B20 的分类号为 10H；接着为 48 号序列号，它是一个大于 281×10^{12} 的十进数编码，作为该芯片的唯一标识代码；最后 8 位为前 56 位的 CRC 循环冗余校验码（CRC=$X^8+X^5+X^4+1$）。由于每个芯片的 64 位 ROM 代码不同，因此在单总线上能够并挂多个 DS18B20 进行多点温度实时检测。

2. 温度传感器

温度传感器是 DS18B20 的核心部分，该功能部件可完成对温度的测量。通过软件编程可将−55～125℃内的温度值按 9 位、10 位、11 位、12 位的分辨率进行量化，以上分辨率都包括一个符号位，因此对应的温度量化值分别是 0.5、0.25、0.125、0.062 5℃，即最高分辨率为 0.062 5℃。芯片出厂时默认为 12 位的转换精度。当接收到温度转换命令（0x44）后，开始转换，转换完成后的温度以 16 位带符号扩展的二进制补码形式表示，存储在高速缓存器 RAM 的第 0、1 字节中，二进制数的前 5 位是符号位。如果测得的温度大于 0，这 5 位为 0，只要将测到的数值乘上 0.062 5 即可得到实际温度；如果温度小于 0，这 5 位为 1，测到的数值需要取反加 1 再乘上 0.062 5 即可得到实际温度。

例如，+125℃的数字输出为 0x07D0，+25.062 5℃的数字输出为 0x019 1，−25.062 5℃的数字输出为 0xFF6F，−55℃的数字输出为 0xFC90。

3. 高速缓存器

DS18B20 内部的高速缓存器包括一个高速暂存器 RAM 和一个非易失性可电擦除的 E^2PROM。非易失性可电擦除 E^2PROM 用来存放高温触发器 TH、低温触发器 TL 和配置寄存器中的信息。

高速暂存器 RAM 是一个连续 8B 的存储器，前两个字节是测得的温度信息，第 1 个字节的内容是温度的低八位，第 2 个字节是温度的高八位。第 3 个和第 4 个字节是 TH、TL 的易失性拷贝，第 5 个字节是配置寄存器的易失性拷贝，以上字节的内容在每次上电复位时被刷新。第 6、7、8 个字节用于暂时保留为 1。

4. 配置寄存器

配置寄存器的内容用于确定温度值的数字转换分辨率。DS18B20 工作时按此寄存器的分辨率将温度转换为相应精度的数值，它是高速缓存器的第 5 个字节，该字节定义如下。

TM	RO	R1	1	1	1	1	1

TM 是测试模式位，用于设置 DS18B20 在工作模式还是在测试模式。在 DS18B20 出厂时该位被设置为 0，用户不要去改动；R1 和 R0 用来设置分辨率；其余 5 位均固定为 1。DS18B20 分辨率的设置见表 7-23。

表 7-23　DS18B20 分辨率的设定

R1	R0	分辨率	最大转换时间（ms）
0	0	9 位	93.75
0	1	10 位	187.5
1	0	11 位	375
1	1	12 位	750

7.7.3　DS18B20 测温原理

DS18B20 测温原理如图 7-64 所示，从图中看出，其主要由斜率累加器、温度系数振荡器、减法计数器、温度寄存器等功能部分组成。斜率累加器用于补偿和修正测温过程中的非线性，其输出用于修正减法计数器的预置值；温度系数振荡器用于产生减法计数脉冲信号，其中低温度系数的振荡频率受温度的影响很小，用于产生固定频率的脉冲信号送给减法计数器 1；高温度系数振荡器受温度的影响较大，随着温度的变化，其振荡频率明显改变，产生的信号作为减法计数器 2 的脉冲输入。减法计数器是对脉冲信号进行减法计数；温度寄存器暂存温度数值。

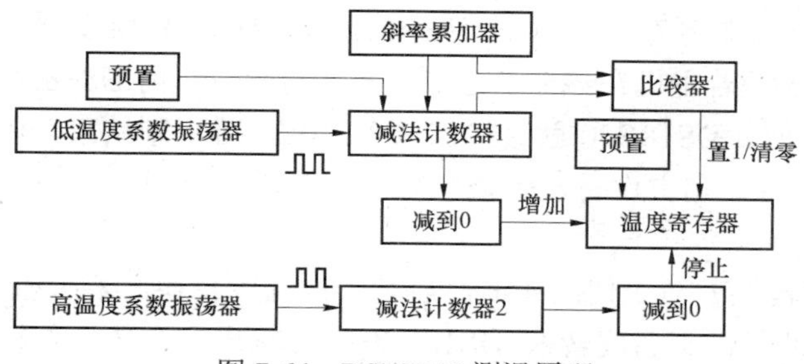

图 7-64　DS18B20 测温原理

在图 7-64 中，还隐含着计数门，当计数门打开时，DS18B20 就对低温度系数振荡器产生的时钟脉冲进行计数，从而完成温度测量。计数门的开启时间由高温度系数振荡器决定，每次测量前，首先将−55℃所对应的基数分别置入减法计数器 1 和温度寄存器中，减法计数器 1 和温度寄存器被预置在−55℃对应的一个基数值。

减法计数器 1 对低温度系数振荡器产生的脉冲信号进行减法计数，当减法计数器 1 的预置值减到 0 时，温度寄存器的值将加 1。之后，减法计数器 1 的预置将重新被装入，减法计数器 1 重新开始对低温度系数晶振产生的脉冲信号进行计数，如此循环，直到减法计数器 2 计数到 0 时，停止温度寄存器值的累加，此时温度寄存器中的数值即为所测温度。斜率累加器不断补偿和修正测温过程中的非线性，只要计数门仍未关闭就重复上述过程，直至温度寄存器值达到被测温度值。

由于 DS18B20 是单总线芯片，在系统中若有多个单总线芯片时，每个芯片的信息交换是分时完成的，均有严格的读写时序要求。系统对 DS18B20 的操作协议为初始化 DS18B20（发复位脉冲）→发 ROM 功能命令→发存储器操作命令→处理数据。

7.7.4 DS18B20 的 ROM 命令

Read ROM（读 ROM）命令代码 33H，允许主设备读出 DS18B20 的 64 位二进制 ROM 代码。该命令只适用于总线上存在单只 DS18B20。

Match ROM（匹配 ROM）命令代码 55H，若总线上有多个从设备时，使用该命令可选中某一指定的 DS18B20，即只有和 64 位二进制 ROM 代码完全匹配的 DS18B20 才能响应其操作。

Skip ROM（跳过 ROM）命令代码 0CCH，在启动所有 DS18B20 转换之前或系统只有一个 DS18B20 时，该命令将允许主设备不提供 64 位二进制 ROM 代码就使用存储器操作命令。

Search ROM（搜索 ROM）命令代码 0F0H，当系统初次启动时，主设备可能不知总线上有多少个从设备或它们的 ROM 代码，使用该命令可确定系统中的从设备个数及其 ROM 代码。

Alarm ROM（报警搜索 ROM）命令代码 0ECH，该命令用于鉴别和定位系统中超出程序设定的报警温度值。

Write Scratchpad（写暂存器）命令代码 4EH，允许主设备向 DS18B20 的暂存器写入两个字节的数据，其中第一个字节写入 TH 中，第二个字节写入 TL 中。可在任何时刻发出复位命令中止数据的写入。

Read Scratchpad（读暂存器）命令代码 0BEH，允许主设备读取暂存器中的内容。从第 1 个字节开始直到读完第 9 个字节 CRC 读完。也可在任何时刻发出复位命令中止数据的读取操作。

Copy Scratchpad（复制暂存器）命令代码 48H，将温度报警触发器 TH 和 TL 中的字节复制到非易失性 E^2PROM。若主机在该命令之后又发出读操作，而 DS18B20 又忙于将暂存器的内容复制到 E^2PROM 时，DS18B20 就会输出一个“0”，若复制结束，则 DS18B20 输出一个“1”。如果使用寄生电源，则主设备发出该命令后，立即发出强上拉并至少保持 10ms 以上的时间。

Convert T（温度转换）命令代码 44H，启动一次温度转换。若主机在该命令之后又发出其他操作，而 DS18B20 又忙于温度转换，DS18B20 就会输出一个“0”，若转换结束，则 DS18B20 输出一个“1”。如果使用寄生电源，则主设备发出该命令后，立即发出强上拉并至少保持 500ms 以上的时间。

Recall E^2（拷回暂存器）命令代码 0B8H，将温度报警触发器 TH 和 TL 中的字节从 E^2PROM 中拷回到暂存器中。该操作是在 DS18B20 上电时自动执行，若执行该命令后又发出读操作，DS18B20 会输出温度转换忙标识：0 为忙，1 完成。

Read Power Supply（读电源使用模式）命令代码 0B4H，主设备将该命令发给 DS18B20

后发出读操作，DS18B20 会返回它的电源使用模式：0 为寄生电源，1 为外部电源。

7.7.5　DS18B20 的工作时序

由于 DS18B20 采用 1-Wire 串行总线协议方式，即在一根数据线实现数据的双向传输，而对 80C51 单片机来说，硬件上并不支持单总线协议，因此，在使用时，应采用软件的方法来模拟单总线的协议时序来完成对 DS18B20 芯片的访问。

由于 DS18B20 是在一根 I/O 线上读写数据，因此，对读写的数据位有着严格的时序要求。DS18B20 有严格的通信协议来保证各位数据传输的正确性和完整性。该协议定义了几种信号的时序：初始化时序、读时序、写时序。所有时序都是将主机作为主设备，单总线器件作为从设备。而每次命令和数据的传输都是从主机主动启动写时序开始，如果要求单总线器件回送数据，在进行写命令后，主机需启动读时序完成数据接收。数据和命令的传输都是低位在先。

1. 初始化时序

单片机和 DS18B20 间的通信都需要从初始化时序开始，初始化时序如图 7-65 所示。一个复位脉冲跟着一个应答脉冲表明 DS18B20 已经准备好发送和接收数据（该数据为适当的 ROM 命令和存储器操作命令）。

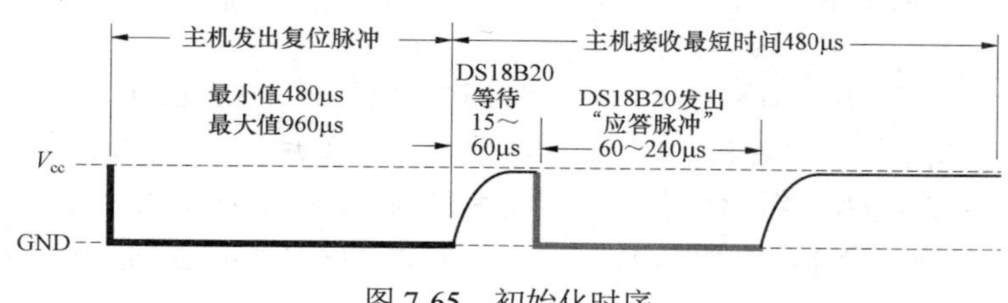

图 7-65　初始化时序

2. 读时序

对于 DS18B20 的读时序分为读 0 时序和读 1 时序两个过程，如图 7-66 所示。从 DS18B20 中读取数据时，主机生成读时隙。对于 DS18B20 的读时隙是从主机把单总线拉低之后，在 15μs 之内就得释放单总线，以让 DS18B20 把数据传输到单总线上。在读时隙的结尾，DQ 引脚将被外部上拉电阻拉到高电平。DS18B20 完成一个读时序过程，至少需要 60μs 才能完成，包括两个读周期间至少 1μs 的恢复时间。

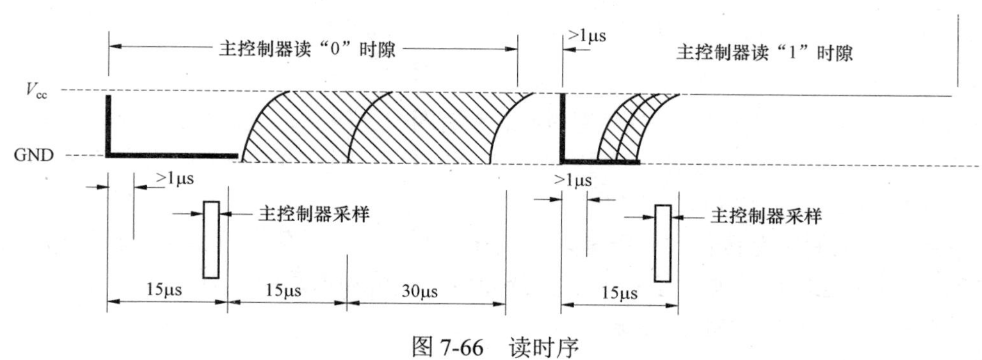

图 7-66　读时序

3. 写时序

对于 DS18B20 的写时序也分为写 0 时序和写 1 时序两个过程，如图 7-67 所示。对于

DS18B20 写 0 时序和写 1 时序的要求不同，当要写 0 时序时，单总线要被拉低至少 60μs，保证 DS18B20 在 15～45μs 能够正确地采样 I/O 总线上的“0”电平，当要写 1 时序时，单总线被拉低之后，在 15μs 之内就得释放单总线。

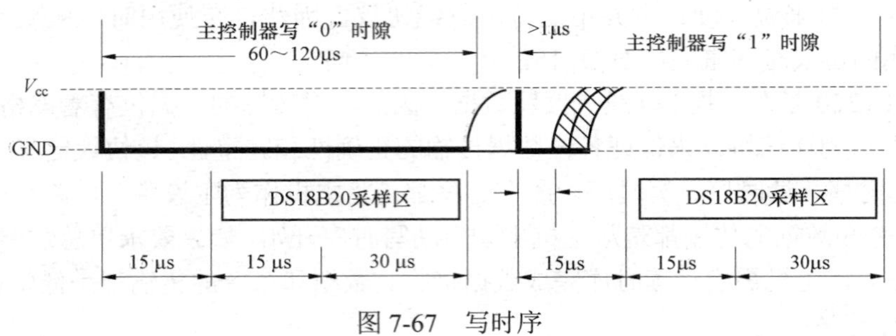

图 7-67　写时序

7.7.6　DS18B20 与单片机的连接及其应用

DS18B20 可采用外部电源供电和寄生电源供电两种模式。外部电源供电模式是将 DS18B20 的 GND 直接接地，DQ 与单总线相连作为信号线，V_{DD} 与外部电源正极相连，如图 7-68（a）所示。

寄生电源供电模式如图 7-68（b）所示，从图中可看出，DS18B20 的 GND 和 V_{DD} 均直接接地，DQ 与单总线连接，单片机 $P1._6$ 与 DS18B20 的 DQ 相连。为保证在有效的 DS18B20 时钟周期内能提供充足的电流，使用一个 MOSFET 和单片机 $P1._7$ 来完成对总线的上拉。当 DS18B20 处于写存储器操作和温度 A/D 转换操作时，总线必须有强的上拉，上拉开启时间最大为 10μs。

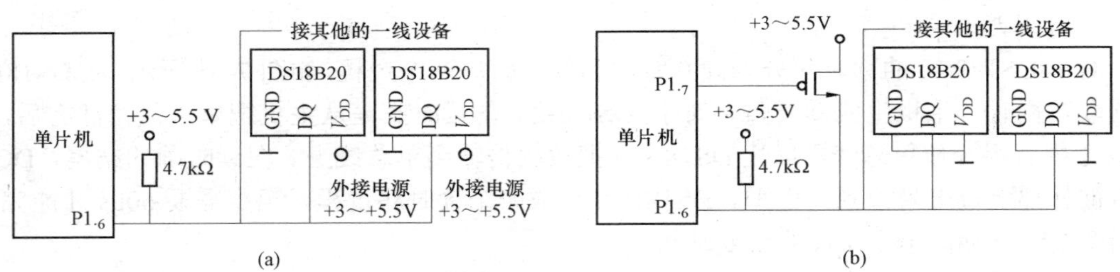

图 7-68　DS18B20 与单片机的连接

（a）外接电源供电模式；（b）寄生电源供电模式

DS18B20 遵循单总线协议，每次测温时都必须有四个过程：① 初始化；② 传送 ROM 命令；③ 传送 RAM 命令；④ 数据交换。下面给出了部分参考子程序（单片机的工作频率为 12MHz）。

1. 对 DS18B20 进行初始化子程序

基于单总线上的所有传输过程都是以初始化开始的，初始化过程由单片机发出的复位脉冲和 DS18B20 响应的应答脉冲组成。应答脉冲使单片机知道总线上有 1-Wire 设备，且准备就绪。系统中 CPU 采用 12MHz 晶振。

```
RESET: SETB  P1.6
       NOP
       NOP
```

```
        CLR   P1.6
        MOV   R7,#01H
DELA1:  MOV   R6,#0A0H     ;延时 480μs
        DJNZ  R6,$
        DJNZ  R7,DELA
        SETB  P1.6         ;释放总线
        MOV   R7,#35       ;延时 70μs
        DJNZ  R7,$
        CLR   C
        MOV   C,P1.6       ;数据线变为低电平吗?
        JC    C,RESET      ;不是，未准备好，重新初始化
        MOV   R7,#80
LOOP1:  MOV   C,P1.6
        JC    EXIT         ;数据线变为高电平,初始化成功
        DJNZ  R7,LOOP1     ;数据线低电平持续时间 3×80=240μs
        SJMP  RESET        ;初始化失败，继续初始化
EXIT:   MOV   R6,#240      ;初始化成功，给出应答时间 2×240=480μs
        DJNZ  R6,$
        RET
```

在对 DS18B20 进行 ROM 或功能命令字的写入及对其进行读出操作时，都要求按照严格的 1-Wire 通信协议（时序），以保证数据的完整性。其中有写 0、写 1、读 0 和读 1 操作。在这些时序中，都由单片机发出同步信号。并且所有的命令字和数据在传输的过程中都是字节的 LSB 在前。这一点于基于其他总线协议的串行通信格式（如 SPI、I^2C 等）不同，它们通常是字节的 MSB 在前。

2. 从 DS18B20 中读出一个字节的子程序

```
READ:   MOV   R7,#08       ;读完一个字节需进行 8 次
        SETB  P1.6
        NOP
        NOP
READ1:  CLR   P1.6         ;低电平需持续一定的时间
        NOP
        NOP
        NOP
        SETB  P1.6         ;口线设为输入
        MOV   R6,#07H      ;等待 15μs
        DJNZ  R6,$
        MOV   C,P1.6       ;主设备按位依次读 DS18B20
        MOV   R6,#60       ;延时 120μs
        DJNZ  R6,$
```

```
        RRC   A                ;读取的数据移入 A 中
        SETB  P1.6
        DJNZ  R7,READ1         ;保证读完一个字节
        MOV   R6,#60
        DJNZ  R6,$
        RET
```

3. 向 DS18B20 写入一个字节数据

```
WRITE:  MOV   R7,#08H          ;写一个字节需循环 8 次
WRITE1:SETB   P1.6
        MOV   R6,#08
        RRC   A                ;写入位从 A 中移入 CY 中
        CLR   P1.6
        DJNZ  R6,$             ;延时 16μs
        MOV   P1.6,C           ;按位写入 DS18B20 中
        MOV   R6,#30           ;保证写入持续时间
        DJNZ  R6,$
        DJNZ  R7,WRITE1        ;保证一个字节全部写完
        SETB  P1.6
        RET
```

4. DS18B20 温度转换子程序

DS18B20 完成温度转换必须经过初始化、ROM 操作、存储器操作三个步骤。

```
CONV:   LCALL RESET            ;复位
        MOV   A,#0CCH          ;跳过 ROM
        LCALL WRITE
        MOV   A,#44H           ;开始转换
        LCALL WRITE
        MOV   R6,#60           ;延时
        DJNZ  R6,$
        RET
```

5. 读转换温度值子程序

若系统中只使用了一片 DS18B20，且 DS18B20 外接电源，使用默认的 12 位转换精度。

```
READTEM:LCALL RESET            ;复位
        MOV   A,#0CCH          ;跳过 ROM
        LCALL WRITE
        MOV   A,#0BEH          ;读存储器
        LCALL WRITE
        LCALL READ             ;读出温度的低字节存 30H
        MOV   30H,A
        LCALL READ             ;读出温度的高字节存 31H
```

```
MOV    31H,A
RET
```

如果总线上并挂多个 DS18B20、采用寄生电源连接方式、需进行转换精度配置、高低限报警时，则还需编写相关的子程序，如 CRC 校验子程序等。30H 和 31H 单元中的内容需进行温度转换运算才能得到真实的温度值，限于篇幅在此不作叙述，请读者参阅有关资料。

本章小结

单片机 I/O 口线有限，在许多应用场合中，需扩展外部 I/O 端口，如键盘、显示器、实时时钟、模/数转换、数/模转换等。

键盘是单片机系统最常用的输入部件，分为独立式和矩阵式两种。在按键的数量比较少时，一般采用独立式键盘；按键数量比较多时，采用矩阵式键盘。

LED 数码管显示器是目前单片机系统最常用的输出显示器，它使用方便、显示醒目、价格低廉。按接法不同分为共阴极和共阳极两种，按显示方式不同分为静态显示和动态显示，一般情况下，采用动态扫描显示。

LCD 显示器功耗低、显示信息量大，有字段式和点阵字符式等几种显示方式。点阵字符式 LCD 显示器很适合用来显示汉字及图形。

在自动控制领域中，经常要将温度、速度、压力、电压等模拟信号转换成数字信号，这就需要 A/D 转换器。按连接方式的不同，分为并行输出和串行输出两大类的 A/D 转换器，如 ADC0809 和 ADC0832，前者为 8 位的并行 ADC，后者也为 8 位的串行 ADC。

D/A 转换器的作用是将单片机输出的数字量转换成模拟量，如电机的调速、测量闭环系统、信号波形的产生等都要用到 D/A 转换器。根据数据输入方式的不同，分为并行输入和串行输入，如 DAC0832 和 TLC5615，前者是转换精度为 8 位的并行输入 DAC，后者是转换精度为 12 位的串行输入 DAC。

实时时钟也是单片机应用中不可缺少的，被广泛应用于单片机时钟控制领域。DS1302 为 SPI 总线涓流充电时钟芯片，内含有一个实时时钟/日历和 31B 静态 RAM，提供秒、分、时、日、日期、月、年等信息。

DS18B20 是一种数字温度传感器，与传统热敏电阻相比，只需一根线就能直接读出被测温度，并可根据实际需求编程实现 9～12 位数字值的读数方式。

本章在介绍以上 I/O 端口的外部功能扩展时，以串行扩展为主，通过相应的串行扩展芯片讲述其工作原理及使用方法。

习　题

1. 键盘按结构形式分为哪两种？
2. 键盘如何去抖动？
3. 如何利用单片机的串行口扩充键盘？
4. 共阴极和共阳极 LED 有何区别？LED 有哪两种显示方式？
5. 试设计一个 LED 显示器/键盘电路。

6. 试为 80C51 单片机系统设计一个 LED 显示器接口，该显示器共有 8 位，从左到右分别为 LED1～LED8(共阴式)，要求将 30H～37H 共 8 个单元中的十进制数依次显示到 LED1～LED8 上。要求：画出该接口硬件连接图，并进行接口程序的设计。

7. 使用 MAX7219 时，如何设置各控制寄存器？

8. A/D 转换的作用是什么？在单片机应用系统中，什么场合用到 A/D 转换？

9. 试用 ADC0809 设计一个数字电压表，测量范围为 0～5V，要求画出该接口硬件连接图，并进行接口程序的设计。

10. 试用 ADC0832 设计一个 LCD1602 显示的数字电压表，测量范围为 0～5V，要求画出该接口硬件连接图，并进行接口程序的设计。

11. 什么是 D/A 转换器？如何进行分类？

12. 试用 DAC0832 设计一个正弦波信号发生器，要求画出该接口硬件连接图，并进行接口程序的设计。

13. 试用 TLC5615 设计一个阶梯波信号发生器，要求画出该接口硬件连接图，并进行接口程序的设计。

14. 试用 DS1302 设计一个可调时钟系统，要求画出该接口硬件连接图，并进行接口程序的设计。

15. 阐述 DS18B20 测温原理。

16. 试用 DS18B20 设计一个可调温度报警系统，测温范围为–55～+125℃，要求画出该接口硬件连接图，并进行接口程序的设计。

第 8 章　单片机应用系统的设计与开发

单片机应用系统是指以单片机为核心部件构成的应用系统，通常要求系统具有可靠性高、操作维护方便、性价比高等特点。本章将以 80C51 为例，讲解单片机应用系统的设计、开发及抗干扰技术。

8.1　系统开发软件的使用

对于初学者来说，进行单片机系统开发时会用到两个常用软件：Keil C51 和 Proteus，其中 Keil C51 主要用来编写、编译、调试程序；Proteus 用于系统开发的软件虚拟仿真。

8.1.1　Keil C51 编译软件的使用

Keil C51 是德国 Keil Software 公司推出的兼容汇编语言和 C 语言的单片机软件开发系统。它集编辑、编译、仿真于一体，支持汇编、PLM 语言和 C 语言的程序设计，具有界面友好、易学易用等特点。

1. Keil C51 软件基本操作

（1）启动 Keil C51 软件。双击桌面 Keil μVision5 快捷图标，将弹出图 8-1 所示的画面。之后，进入 μVision5 集成开发环境，如图 8-2 所示。

图 8-1　启动 Keil 时的画面

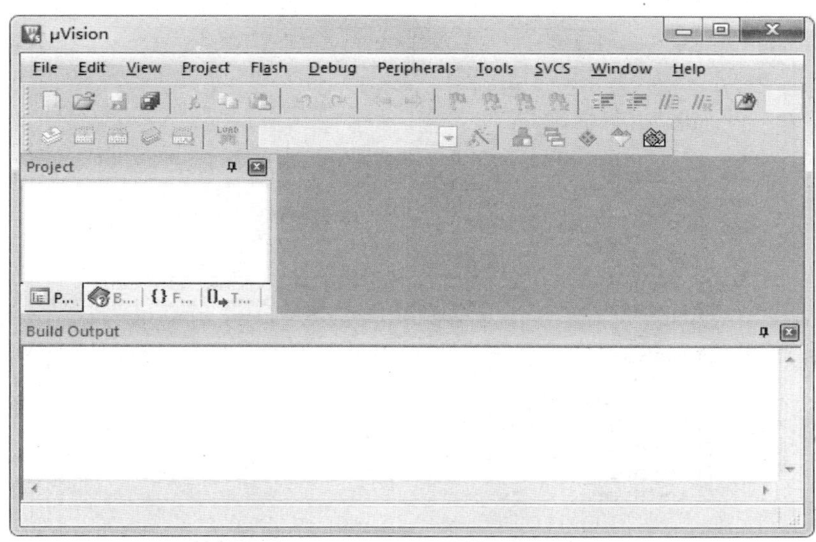

图 8-2　μVision5 集成开发环境

（2）创建一个新的工程项目。在图 8-2 的界面中，执行菜单命令“Project”→“Close Project”，关闭已打开的项目。执行菜单命令“Project”→“New μVision Project”，将弹出“Create New Project”对话框，在此对话框中选择保存路径，并输入项目名，如图 8-3 所示。

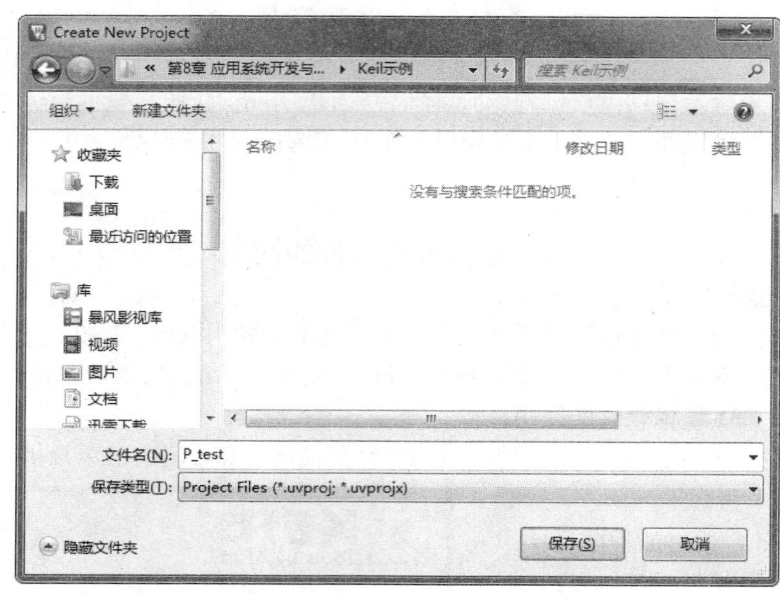

图 8-3　Create New Project 对话框

输入项目名后，单击“保存”按钮时，将进入目标芯片选择对话框。由于 Keil μVision5 中没有 STC 单片机型号，但是可以将 STC 单片机当成 Intel 公司的 8052/87C52/87C54/87C58，Atmel 公司的 AT89C/5152/55/55WD 等，或者 NXP 公司的 P87C52/P87C54/P87C58/P87C51RD+，在图 8-4 中将其当作 Atmel 公司的 AT89C51RC。

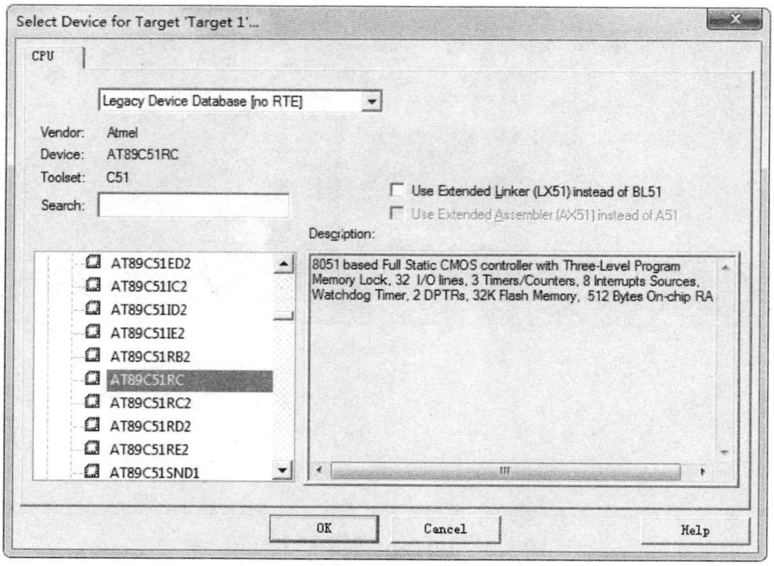

图 8-4　Select Device 对话框

选择目标芯片后，单击“OK”按钮，将进入如图 8-5 所示的对话框，询问用户是否将标准的 8051 启动代码复制到项目文件夹，并将该文件添加到项目中。在此单击“否”按钮，项目窗口中将不添加启动代码；单击“是”按钮，项目窗口中将添加启动代码。这两者的区别如图 8-6 所示。

图 8-5　询问用户是否添加启动代码对话框

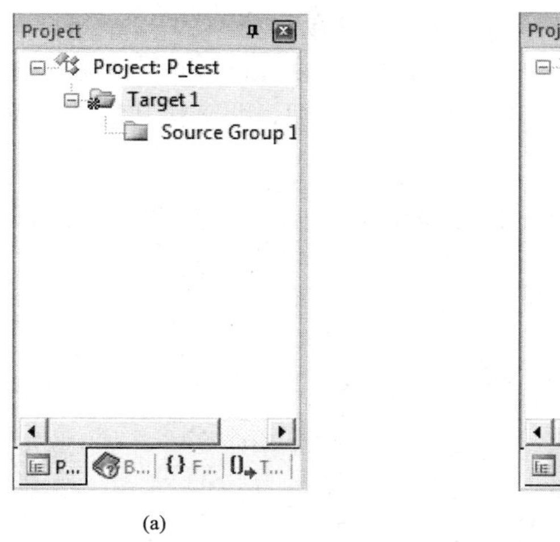

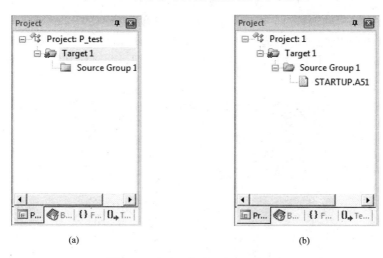

(a)　　(b)

图 8-6　是否添加启动代码的区别

（a）未添加启动代码；（b）添加启动代码

（3）新建 ASM 源程序文件。创建新的项目后，执行菜单命令“File”→“New”，或者在工具栏中单击图标，将打开一个空的文本编辑窗口，在此窗口输入以下源程序代码。

```
        ORG    00H     ;程序上电从 00h 开始
        AJMP   START   ;跳转到主程序
        ORG   0030H    ;主程序起始地址
 START:MOV     A,#00H
        MOV    P1,A
        MOV    A,#01H ;    P1.1亮
        MOV    R0,#08H     ;循环 8 次
LP1:    MOV    P1,A
        LCALL  DELAY       ;等待 1s
        RL      A
        DJNZ   R0,LP1      ;左移 8 次
```

```
        AJMP    START
DELAY: MOV     R7,#10          ;1s 延时子程序
DE1:   MOV     R6,#200
DE2:   MOV     R5,#248
       DJNZ    R5,$
       DJNZ    R6,DE2
       DJNZ    R7,DE1
       RET
       END
```

源代码可用汇编语言或单片机 C 语言进行书写。源程序输入好后，执行菜单命令“File”→“Save”，将弹出保存对话框。在此对话中输入保存的文件名称，文件名可以是汉字、字符、字母或数字，并且一定要带扩展名（使用汇编语言编写的源程序，扩展名为“.A51”或“.ASM”；使用单片机 C 语言编写的源程序，扩展名为“.C”）。在项目窗口的“Target1”→“Source Group 1”上右击鼠标，在弹出的菜单中选择“Add Existing Files to Group ‘Source Group 1’”，然后选择刚才所保存的源程序代码文件，并单击“ADD”按钮，即可将其添加到项目中，如图 8-7 所示。

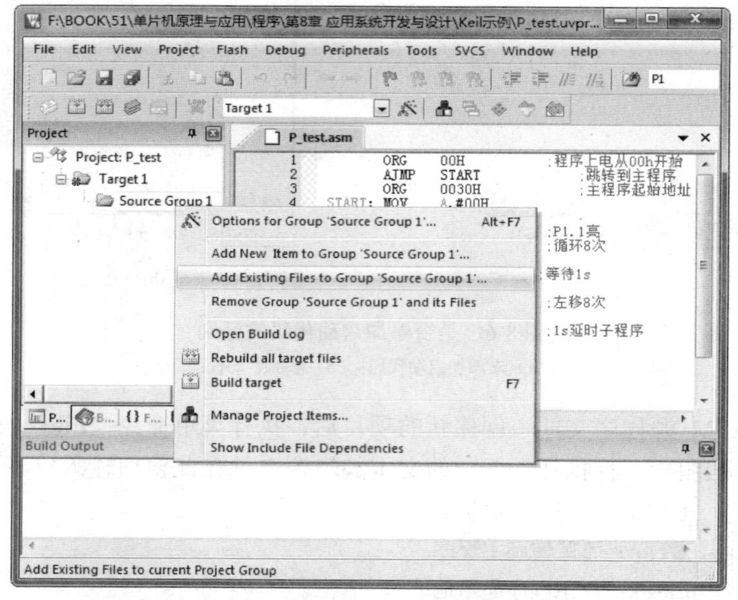

图 8-7 在项目中添加源程序文件

（4）编译文件。添加源程序文件后，执行菜单命令“Project”→“Build target”，或者在工具栏中单击图标，进行源程序的编译。编译完成后，μVision5 将会在输出窗口（Output Window）的编译页（Build）中显示相关信息。如果编译的程序有语法错误时，双击错误信息，光标将会保留在 μVision5 文本编辑窗口中出现该错误或警告的源程序位置上。修改好源程序代码后，再次执行菜单命令“Project”→“Build target”，或者在工具栏中点击图标，对源程序重新编译。

（5）HEX 文件的生成。写入 51 系列单片机中的文件一般为“.HEX”文件，要得到“.HEX”文件，在 Keil 中需进行相关设置。执行菜单命令“Project”→“Options for Target‘Target 1’”，或者在工具栏中单击图标，然后在弹出的对话框中选择“Output”选项卡。在“Output”选项卡中，选中“Create HEX File”项即可，如图 8-8 所示。

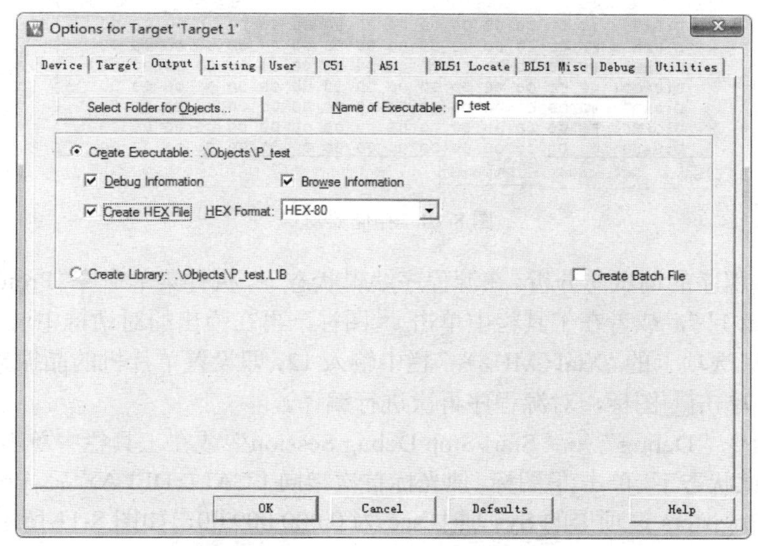

图 8-8　选中生成“.HEX”文件选项

设置好后，重新编译文件，如果源程序文件没有语法错误或警告提示时，将在编译输出窗口（Build Output）中显示已创建一个以“.HEX”为后缀名的目标文件，如图 8-9 所示。

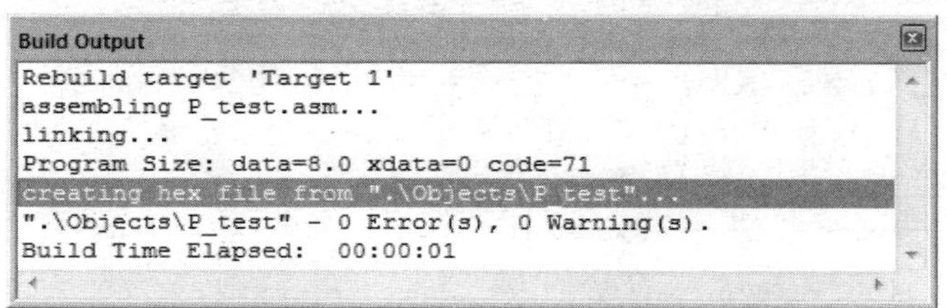

图 8-9　提示已生成“.HEX”目标文件

2. Keil 程序调试与分析

（1）寄存器和存储器窗口分析。执行菜单命令“Debug”→“Start/Stop Debug Session”，或者在工具栏中单击图标，即可进入调试状态。执行菜单命令“Debug”→“Run”，或者单击图标，全部运行源程序。

源程序运行过程中，可通过 Memory Window（存储器窗口）来查看存储区中的数据。若在调试状态下，没有此窗口时，可执行菜单命令“View”→“Memory window”或单击图标将其打开。在存储器窗口的上部，有供用户输入存储器类型的起始地址的文本输入框，用来设置关注对象所在的存储区域和起始地址，如“D：30H”。其中，前缀表示存储区域，冒号后为要观察的存储单元的起始地址。常用的存储区前缀有 d 或 D（表示内部 RAM 的直接寻址区）、i 或 I（表示内部 RAM 的间接寻址区）、x 或 X（表示外部 RAM 区）、c 或 C（表示

ROM 区）。由于 P1 端口属于 SFR（特殊功能寄存器），片内 RAM 字节地址为 90H，所以在存储器窗口的上部输入“D：90H”时，可查看 P1 端口的当前运行状态，如图 8-10 所示。

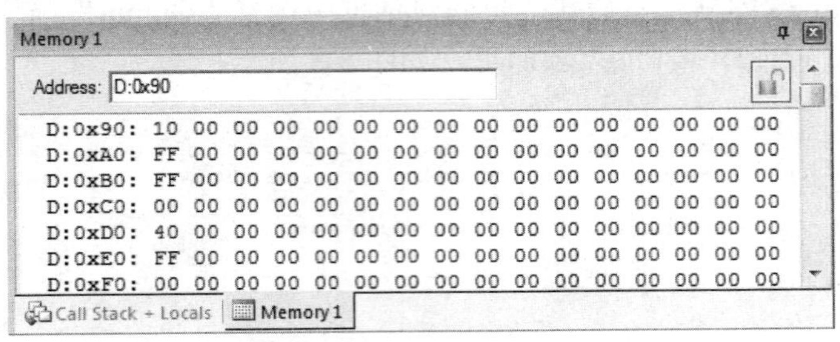

图 8-10 存储器窗口

（2）延时子程序的调试与分析。在源程序编辑状态下，执行菜单命令“Project”→“Options for Target ‘Target 1’”，或者在工具栏中单击图标，再在弹出的对话框中选择“Target”选项卡。在“Target”选项卡的“Xtal（MHz）：”栏中输入 12，即设置单片机的晶振频率为 12MHz。然后在工具栏中单击图标，对源程序再次进行编译。

执行菜单命令“Debug”→“Start/Stop Debug Session”或在工具栏中单击图标，进入调试状态。在调试状态下，单击图标，使光标首次指向 LCALL DELAY 后，Project workspace（项目工作区）Registers 选项卡的 Sys 项中 sec 为 0.000 009 00，如图 8-11 所示，表示进入首次运行到 LCALL DELAY 时花费了 0.000 009 00s。再单击图标，光标指向 ret，Sys 项的 sec 为 0.998 040 00，如图 8-12 所示。因此，DELAY 的延时时间为两者之差，即 0.998 031 00s，即延时约为 1s。

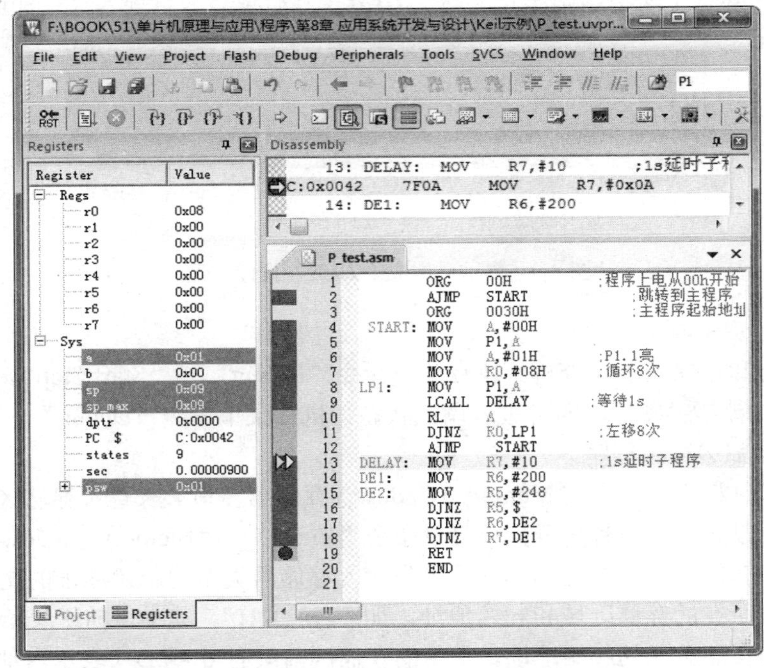

图 8-11 刚进入延时子程序的时间

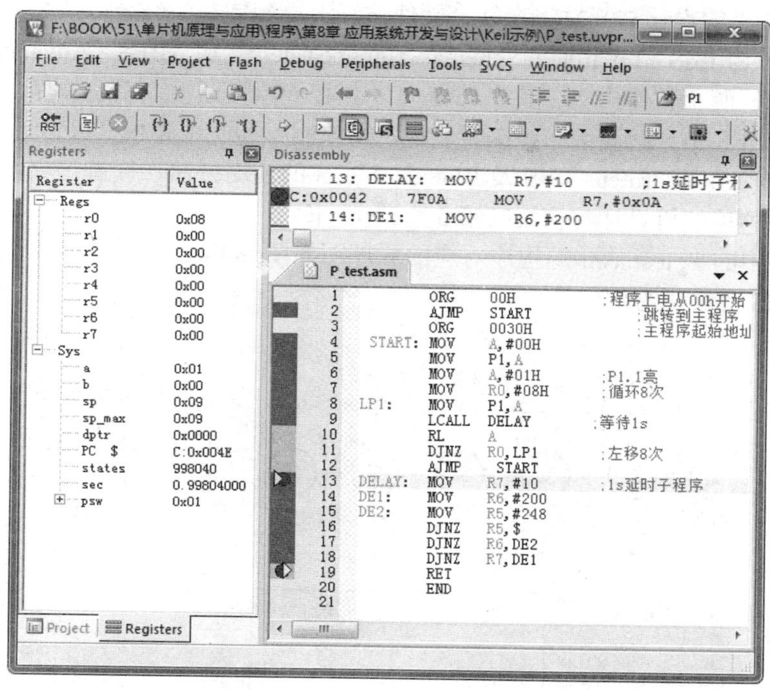

图 8-12　跳出延时子程序的时间

（3）P1 端口运行模拟分析。执行菜单命令“Debug”→“Start/Stop Debug Session”或在工具栏中单击图标，进入调试状态。

执行菜单命令“Peripherals”→“I/O Ports”→“Port 1”，将弹出 Parallel Port 1 窗口。Parallel Port 1 窗口的最初状态如图 8-13（a）所示，表示 P1 端口的初始值为 0xFF，即 FFH。单击或多次击图标后，Parallel Port 1 窗口的状态将会发生变化，如图 8-13（b）所示，表示 P1 端口当前为 0x02，即 02H。

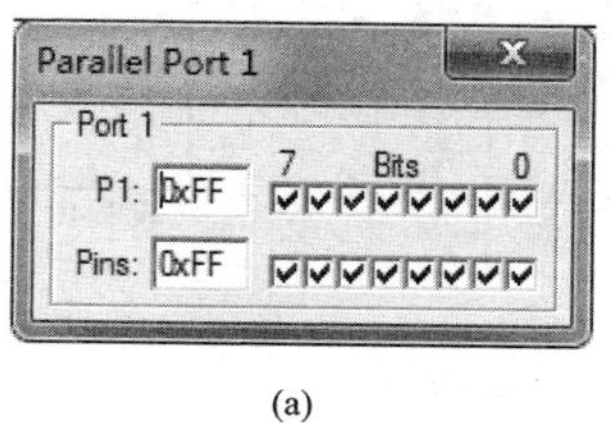

(a)

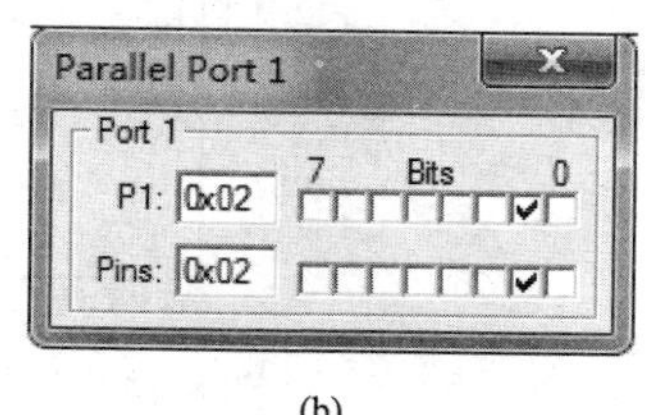

(b)

图 8-13　P1 端口状态

（a）初始状态；（b）P1 运行状态

8.1.2　Proteus 仿真软件的使用

在 80C51 单片机的学习与开发过程中，Keil C51 是程序设计开发平台，它能进行程序的编译与调试，但是不能直接进行硬件仿真。Proteus 软件具有交互式仿真功能，它不仅是模拟电路、数字电路、模/数混合电路的设计与仿真平台，更是目前世界上最先进、最完整的多种型号微处理器系统的设计与仿真平台。如果将 Keil C51 软件和 Proteus 软件有机结合起来，那么 80C51 单片机的设计与开发将在软、硬件仿真上得到完美的结合。

Proteus 软件由 ISIS（Intelligent Schematic Input System）和 ARES（Advanced Routing and Editing Software）两个软件构成，其中 ISIS 是一款智能原理图输入系统软件，可作为电子系统仿真平台；ARES 是一款高级布线编辑软件，用来制作印制电路板（PCB）。由于篇幅的原因，本书并不详细介绍 Proteus ISIS 及 Proteus ARES 的使用方法，读者可参考编者的《基于 Proteus 的 51 系列单片机设计与仿真（第 3 版）》一书。

与 8.1.1 节中的 P_test.asm 源程序对应的原理图如图 8-14 所示，本节以此图为例，简单介绍 Proteus ISIS 的使用方法。

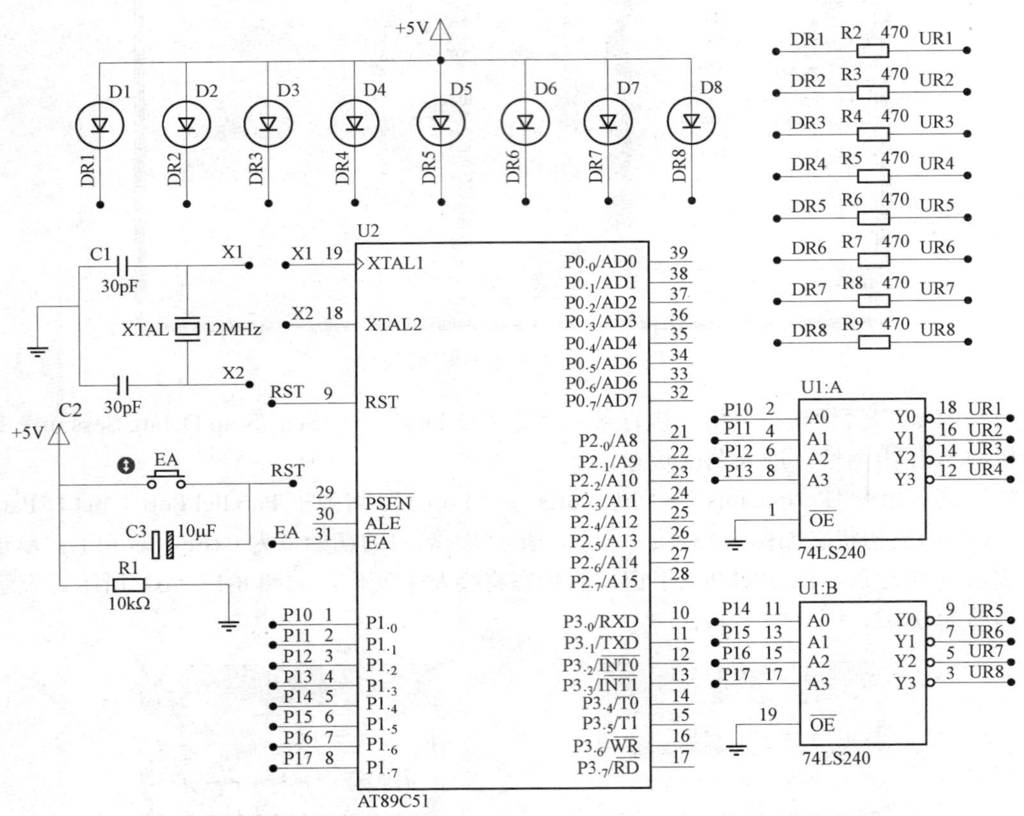

图 8-14　与 P_test.asm 对应的原理图

1. 新建设计文件

在桌面上双击图标，打开 ISIS 7 Professional 窗口。单击菜单“File”→“New Design”，弹出模板选择窗口。横向图纸为 Landscape，纵向图纸为 Portrait，DEFAULT 为默认模板。选中 DEFAULT，再单击“OK”按钮，则新建了一个 DEFAULT 模板。也可在 ISIS 7 Professional 窗口中直接单击图标，也可新建一个 DEFAULT 模板。

2. 设定图纸的大小

执行菜单“System”→“Set Junction Dots...”弹出对话框，在此对话框中选择 A4 复选框，单击“OK”按钮，完成图纸的设置。图纸设置好后，进入如图 8-15 所示的 ISIS 7 Professional 窗口。

3. 保存设计项目

新建一个 DEFAULT 模板后，在 ISIS 7 Professional 窗口的标题栏上显示为 DEFAULT。单击图标或执行菜单“File”→“Save Design...”，弹出“Save ISIS Design File”对话框。在此对话框中选择合适的保存路径，输入保存文件名为 P_test。该文件的扩展名为“.DSN”，即该文件名为 P_test.DSN。文件保存后在 ISIS 7 Professional 窗口的标题栏上显示为 P_test。

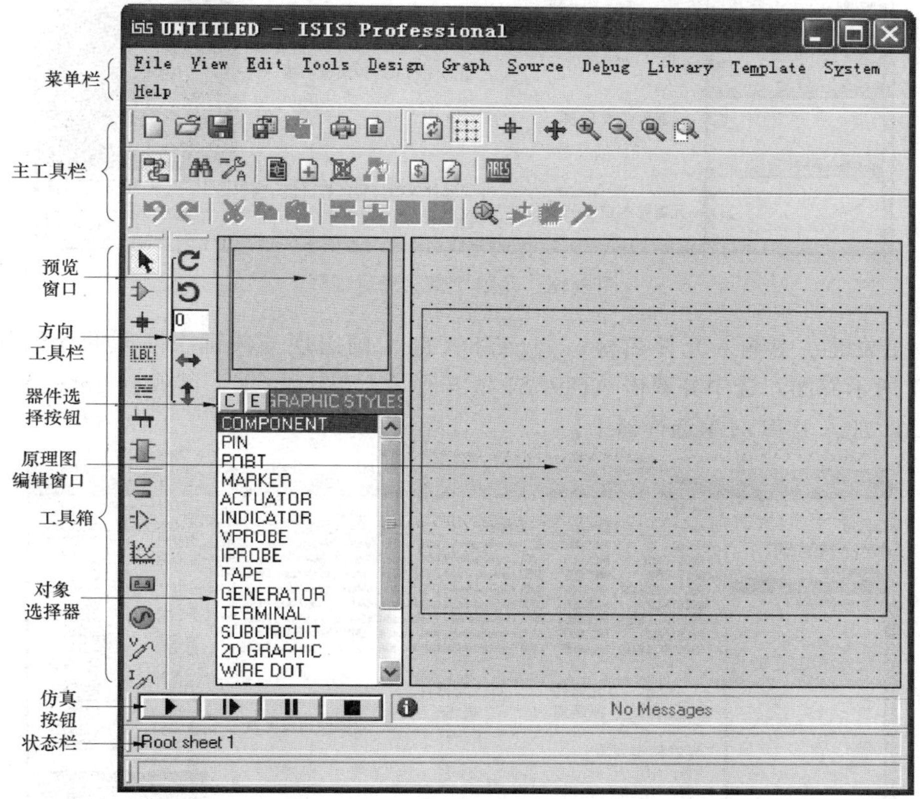

图 8-15　ISIS 7 Professional 窗口

4. 为设计项目添加电路元器件

本例中使用的元件见表 8-1。在器件选择按钮 P L DEVICES 中单击“P”按钮或执行菜单“Library”→“Pick Device/Symbol”，弹出图 8-16 所示对话框。在此对话框中，添加元器件的方法有两种。

表 8-1　　本例中使用的元件

单片机 AT89C51	瓷片电容 CAP 22pF	电解电容 CAP-ELEC	晶振 CRYSTAL 12MHz
电阻 RES	排阻 RESPACK-8	发光二极管 LED-GREEN	发光二极管 LED-YELLOW
蜂鸣器 Sounder	发光二极管 LED-RED	发光二极管 LED-BLUE	

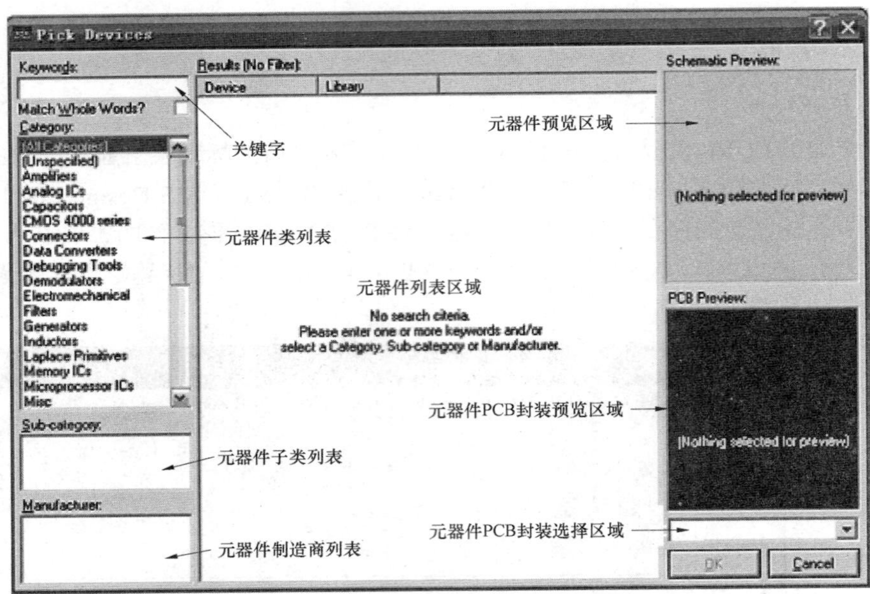

图 8-16 元器件库选择对话框

（1）在关键字中输入元件名称，如 AT89C51，则出现与关键字匹配的元器件列表，如图 8-17 所示界面，选中并双击 AT89C51 所在行后，单击“OK”键或按 Enter 键，便将器件 AT89C51 加入 ISIS 对象选择器中。

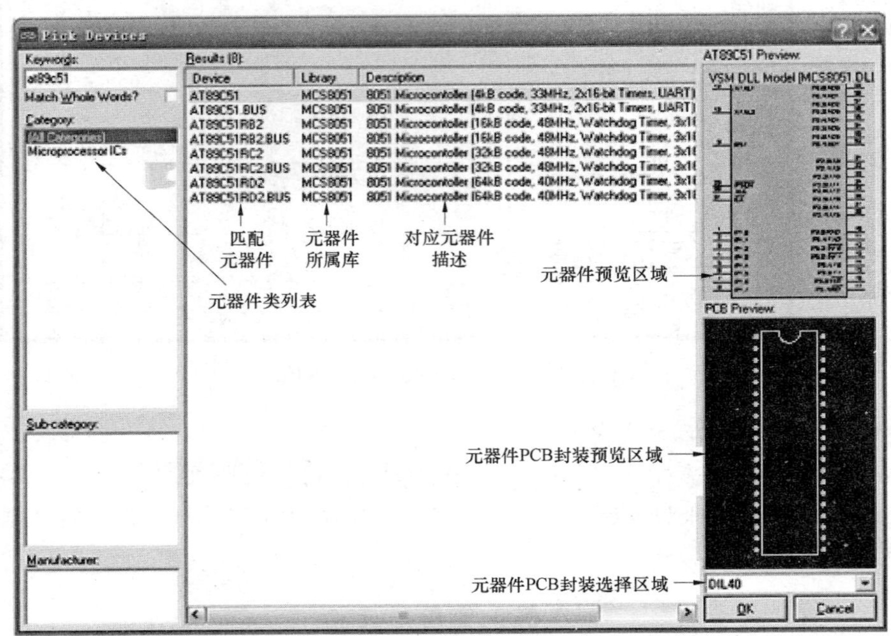

图 8-17 输入元器件名称

（2）在元器件类列表中选择元器件所属类，然后在子类列表中选择所属子类，同时当对元器件的制造商有要求时，在制造商区域选择期望的厂商，即可在元器件列表区域得到相应的元器件。

按照以上方法将表 8-1 中的元器件添加到 ISIS 对象选择器中。

5. 放置、移动、旋转、删除对象

元件添加到 ISIS 对象选择器中后，在对象选择器中，单击要放置的元件，蓝色条出现在该元件名上，再在原理图编辑窗口中单击就放置了一个元件。也可在按住鼠标左键的同时，移动鼠标，在合适位置释放，将元件放置在预定位置。

在原理图编辑窗口中若要移动元件或连线时，先右击对象，使元件或连线处于选中状态（默认情况下为红色），再按住鼠标左键拖动，元件或连线就跟随指针移动，到达合适位置时，松开鼠标即可。

放置元件前，单击要放置的元件，蓝色条出现在该元件名上，单击方向工具栏上相应的转向按钮可旋转元件，再在原理图编辑窗口中单击就放置了一个已经更改方向的元件。若在原理图编辑窗口中需要更改元件方向时，单击选中该元件再单击块旋转图标，在弹出的对话框中输入旋转的角度也可实现更改元件方向。

在原理图编辑窗口中要删除元件时，右键双击该元件就可删除该元件，或者先左击选中该元件，再按下键盘上的 Delete 键也可删除元件。

通过放置、移动、旋转、删除元件后，可将各元件放置 ISIS 原理图编辑窗口的合适位置，如图 8-18 所示。

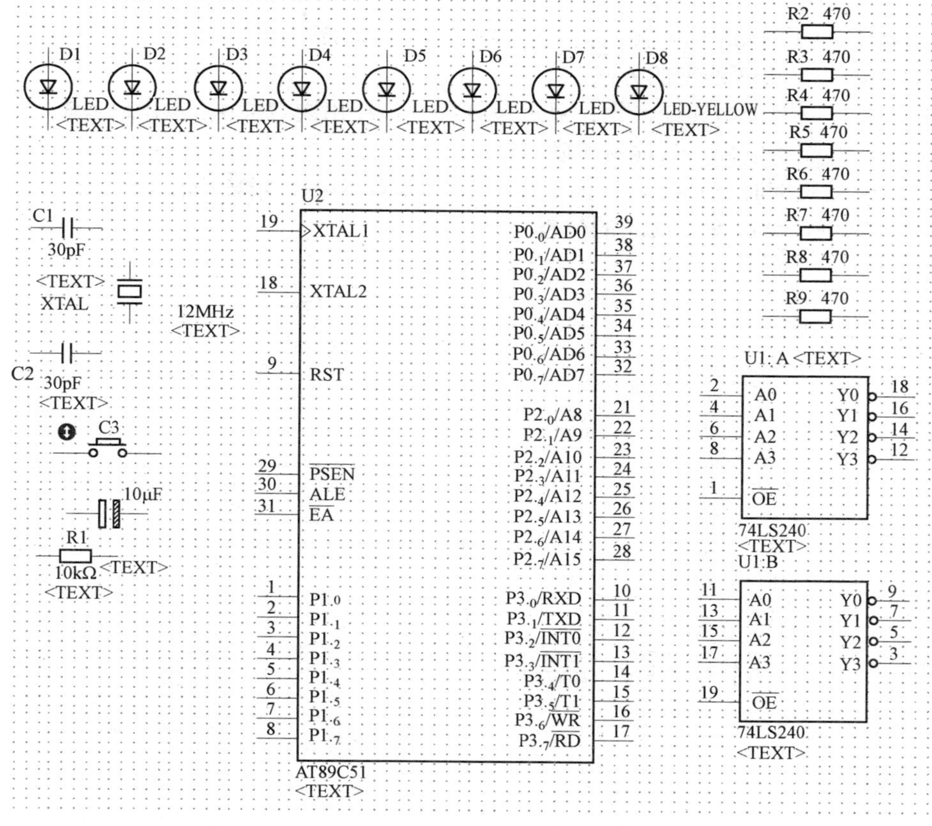

图 8-18　各件元放置在原理图编辑窗口合适位置

6. 放置电源、地

单击工具箱中⊟元件终端图标，在对象选择器中单击 POWER，使其出现蓝色条，再在原理图编辑窗口合适位置单击鼠标就将电源放置在原理图中，同样对象选择器中单击 GROUND，再在原理图编辑窗口合适位置单击鼠标就将“地”放置在原理图中。

7. 布线

在 ISIS 原理图编辑窗口中没有专门的布线按钮，但系统默认自动布线有效，因此可直接画线。在两个对象间连线的方法有两种：直接连接和网络标识法连接。

（1）两个对象间直接连接。

1）光标靠近一个对象引脚末端，该处自动出现一个“⊡”，单击左键。

2）拖动鼠标，在另一对象的引脚末端，该端出现一个“⊡”时再单击鼠标就可画一连线，如图 8-19（a）所示；若想手动设定走线路径时，拖动鼠标过程在想要拐点处单击，设定走线路径，到达画线端的另一端单击鼠标左键，就画好一连线，如图 8-19（b）所示。在拖动鼠标过程中，按住 Ctrl 键，在画线的另一端出现一个“⊡”时单击鼠标左键，可手动画一任意角度的连线，如图 8-19（c）所示。

（2）网络标识法连接。

1）靠近需要进行网络标识的引脚末端，该处自动出现一个“⊡”，单击左键。

2）拖动鼠标，在合适的位置双击左键绘制一段导线。

3）在工具箱中单击 LBL 图标，然后在需要连接的线上单击鼠标左键，弹出图 8-20 所示对话框。在 Label 页的 String 项中输入相应的线路标号，如 DR1 等。

（3）移动画线、更改线型的方法。

1）单击鼠标左键选中连线，指针靠近该画线，该线出现双箭头，如图 8-19（d）所示。

2）按住左键拖动鼠标，该线就跟随移动。

3）若多根线要同时移动时，先框选这些线，再单击块移动按钮，拖动鼠标，在合适位置单击鼠标左键，就改变了线条的位置。

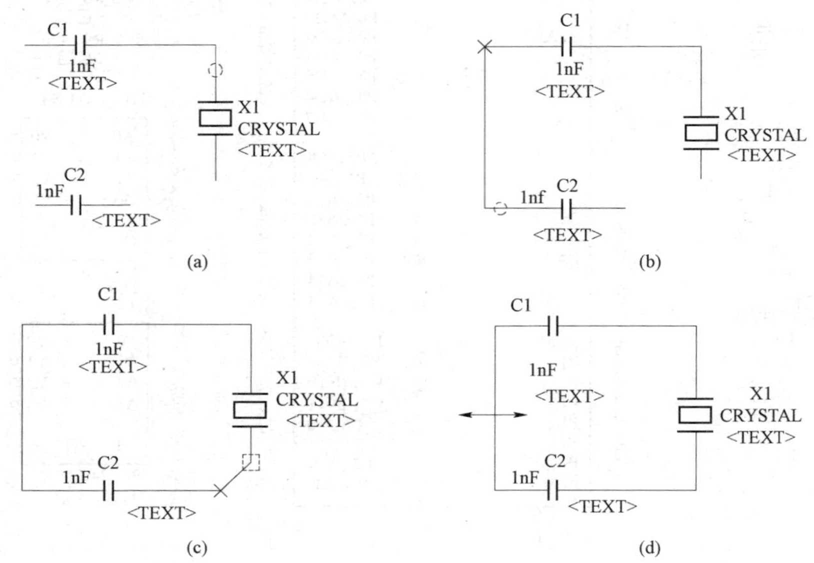

图 8-19　布线

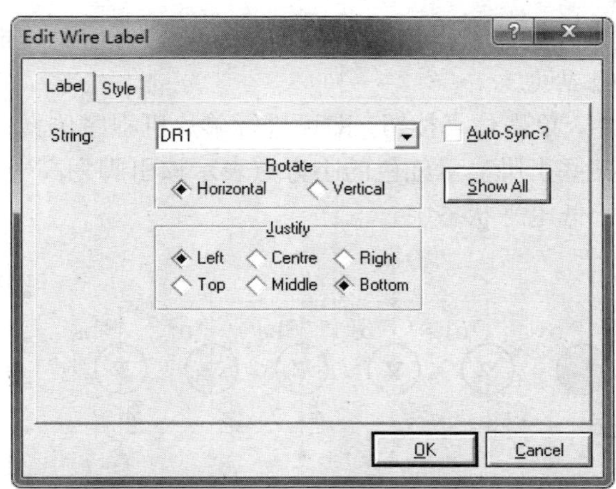

图 8-20　线路网络标号

8. 设置、修改元件属性

在需要修改元件上右击鼠标，在弹出的菜单中选择“Edit Properties”，或按快捷键 Ctrl+E，将出现 Edit Component 对话框，在此对话框中设置相关信息。例如，修改电容为 30pF，如图 8-21 所示。

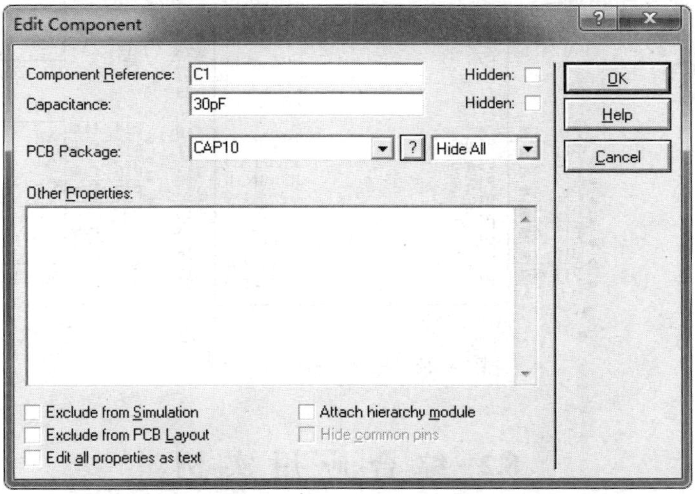

图 8-21　元件属性设置

9. 编辑设计原理图界面

根据以上步骤及方法在原理图编辑窗口中绘制完图 8-14 所示的电路图后，可将不需要显示的一些项目隐藏，把界面编辑成简洁、清爽的界面。执行菜单命令“View”→“Toggle Grid”，可以去掉界面中的网格；执行菜单命令“Template”→“Set Design Defaults”，在弹出的对话框中将“Show hidden text？”后的勾去掉，可以隐藏元器件的文本内容。

10. 单片机程序仿真

在原理图中，双击 AT89C51 单片机，将弹出元件编辑对话框。在元件编辑对话框中的“Program File”选项，单击按钮，添加 8.1.1 节中由 Keil C51 生成的 P_test..hex 文件。在“Clock

Frequency”选项中设置单片机的工作频率为 12MHz。设置好后，单击“OK”按钮将原理图保存，并回到原理图编辑界面。

在原理图编辑界面中，单击仿真按钮，即可进行单片机程序仿真，如图 8-22 所示。注意，在仿真过程中，器件的某些引脚显示红色的小方点表示该引脚为高电平状态，引脚显示蓝色的小方点表示该引脚处于低电平状态中。

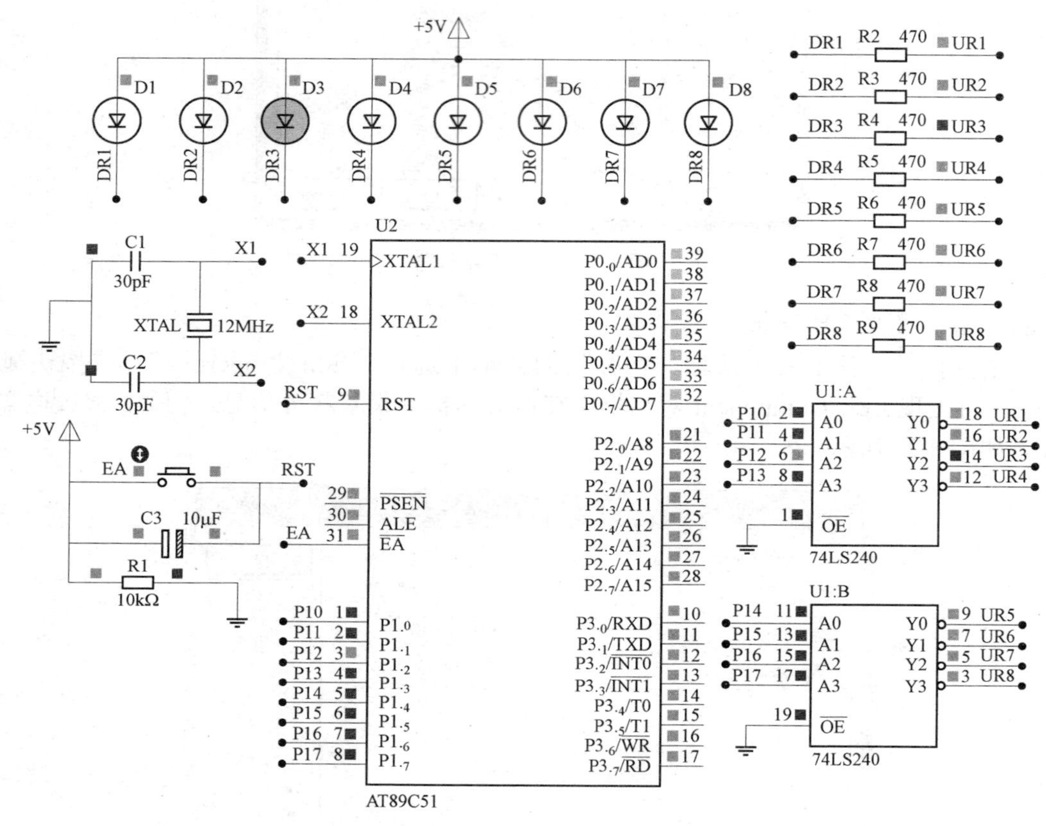

图 8-22 P_test 程序仿真图

8.2 综合应用实例

通过前面章节的学习，读者已掌握了简单的单片机应用设计，本节将在此基础上进一步介绍几个综合设计实例。通过对这些实例的学习，使读者的单片机应用设计能力得到进一步的提高。

8.2.1 电子音乐播放器的设计

利用 80C51 系列单片机产生乐曲音符，并将乐曲音符翻译成计算机音乐语言，由单片机进行信息处理，然后通过蜂鸣器或喇叭可以播放出电子音乐。

1. 电子音乐的基础知识

（1）音频脉冲的产生。音乐的产生主要是通过单片机的 I/O 端口输出高低不同的脉冲信号来控制蜂鸣器发声。要产生音频脉冲信号，只要算出某一音频的周期（1/频率），然后将此周期除以 2，即为半周期的时间。利用单片机定时器计时这个半个周期时间，计时结束后，就将输出脉冲的 I/O 端口反相，然后重复计时此半周期时间，再对 I/O 端口反相，这样就能在此 I/O 端口上得到此频率的脉冲。

通常利用 89C51 系列单片机的内部定时器 0，工作在方式 1 下，改变计数初值 TH0 和 TL0 来产生不同的频率。

例如，若单片机采用 12MHz 的晶振，要产生频率为 587Hz 的音频脉冲时，其音频脉冲信号的周期 T=1/587=1703.577 5μs≈1704μs，半周期的时间为 852μs，因此，只要令计数器计数 852μs /1μs=852，在每计数 852 次时将 I/O 端口反相，就可得到 C 调中音 Re。

计数脉冲值与频率的关系为

$$N=f_i \div 2 \div f_r$$

式中：N 为计数值；f_i 为内部计时一次为 1μs，故其频率为 1MHz；f_r 为要产生的频率。

那么计数值 T 的求法为

$$T=65\,536-N=65\,536-f_i \div 2 \div f_r$$

例如，设 f_i=1MHz，求低音 Do（262Hz），中音 Do（523Hz）和高音 Do（1046Hz）的计数值。

解：$T=65\,536-N=65\,536-f_i \div 2 \div f_r=65\,536-1\,000\,000 \div 2 \div f_r=35\,536-500\,000 \div f_r$

低音 Do 的 T=65 536−500 000÷262=63 628

中音 Do 的 T=65 536−500 000÷523=64 580

高音 Do 的 T=65 536−500 000÷1046=65 058

综上所述，在 11.059 2MHz 频率下，C 调各音符频率计数值 T 的关系见表 8-2。

表 8-2　　C 调各音符频率与计数值 T 的关系

音符	频率（Hz）	简谱码（T 值）	音符	频率（Hz）	简谱码（T 值）
低 1 Do	262	62 018	中 5 So	784	64 360
低 2 Re	294	62 401	中 6 La	880	64 488
低 3 Mi	330	62 491	中 7 Si	988	64 603
低 4 Fa	349	62 895	高 1 Do	1046	64 654
低 5 So	392	63 184	高 2 Re	1175	64 751
低 6 La	440	63 441	高 3 Mi	1318	64 836
低 7 Si	494	63 506	高 4 Fa	1397	64 876
中 1 Do	523	63 773	高 5 So	1568	64 948
中 2 Re	587	63 965	高 6 La	1760	65 012
中 3 Mi	659	64 137	高 7 Si	1967	65 067
中 4 Fa	698	64 215			

（2）音乐节拍的产生。每个音符使用 1 个字节，字节的高 4 位代表音符的高低，低 4 位代表音符的节拍，表 8-3 为节拍数与节拍码的对照。如果 1 拍为 0.4s，1/4 拍为 0.1s，只要设定延迟时间就可求得节拍的时间。假设 1/4 拍为 1 DELAY，那么 1 拍应为 4 DELAY，以此类

推。所以只要求得 1/4 拍的 DELAY 时间，其余的节拍就是它的倍数，表 8-4 为 1/4 和 1/8 节拍的时间设定。

表 8-3 节拍数与节拍码的对照

节拍码	节拍数	节拍码	节拍数
1	1/4 拍	1	1/8 拍
2	2/4 拍	2	1/4 拍
3	3/4 拍	3	3/8 拍
4	1 拍	4	1/2 拍
5	$1\frac{1}{4}$ 拍	5	5/8 拍
6	$1\frac{1}{2}$ 拍	6	3/4 拍
8	2 拍	8	1 拍
A	$2\frac{1}{2}$ 拍	A	$1\frac{1}{4}$ 拍
C	3 拍	C	$1\frac{1}{2}$ 拍
F	$3\frac{3}{4}$ 拍		

表 8-4 **1/4 和 1/8 节拍的时间设定**

1/4 节拍的时间设定		1/8 节拍的时间设定	
曲调值	DELAY	曲调值	DELAY
调 4/4	125ms	调 4/4	62ms
调 3/4	187ms	调 3/4	94ms
调 2/4	250ms	调 2/4	125ms

（3）移调。一般的歌曲有 3/8、2/4、3/4、4/4 等节拍类型，但不管有几拍，基本上是在 C 调下演奏的。如果是 C 调，则音名 C 唱 Do，音名 D 唱 Re，音名 E 唱 Mi，音名 F 唱 Fa，音名 G 唱 So，音名 A 唱 La，音名 B 唱 Ti 等。但并不是所有的歌曲都是在 C 调下演奏的，还有 D 调、E 调、F 调、G 调等。D 调是将 C 调各音符上升一个频率实现的，即 C 调下的音名 D 在 D 调下唱 Do，C 调下的音名 E 在 D 调下唱 Re，C 大调的音名 F 在 D 调下升高半音符 F#唱 Mi，C 调下的音名 G 在 D 调下唱 Fa，C 调下的音名 A 在 D 调下唱 So，C 调下的音名 B 在 D 调下唱 La，C 调下的音名 C 在 D 调下升高半音 C#符唱 Ti。这种改变唱法称为移调。

E 调是在 D 调的基础上进行移调的，而 F 调是在 E 调的基础上进行移调的……表 8-5 所列为各大调音符与音名的关系。

表 8-5　　各大调音符与音名的关系

音名 / 调	Do	Re	Mi	Fa	So	La	Ti
C 调	C	D	E	F	G	A	B
D 调	D	E	F#	G	A	B	C
E 调	E	F#	G#	A	B	C	D
F 调	F	G	A	B	C	D	E
G 调	G	A	B	C	D	E	F#
A 调	A	B	C#	D	E	F#	G#
B 调	B	C	D	E	F	G	A

2. 音乐软件的设计

（1）音乐代码库的建立方法。

1）先找出乐曲的最低音和最高音范围，然后确定音符表 *T* 的顺序。

2）把 *T* 值建立在 TABLE1，构成发音符的计数值放在“TABLE1”。

3）简谱码（音符）为高 4 位，节拍（节拍数）为低 4 位，音符节拍码放在程序的“TABLE”处。

4）音符节拍码 00H 为音乐结束标志。

（2）选曲。在一个程序中，若需演奏两首或两首以上的歌曲时，音乐代码库的建立有两种方法：一种方法是将每首歌曲建立相互独立的音符表 *T* 和发音符计数值 TABLE。另一种方法是在建立共用的音符表 *T* 后，再写每首歌的发音计数值 TABLE 中的代码。无论采用哪种方法，当每首歌曲结束时，在 TABLE 中均需加上音乐结束符 00H。

3. 电子音乐播放器的设计

下面以《送别》歌曲的设计为例，讲述歌曲在单片机中的实现。《送别》的歌曲如图 8-23 所示。

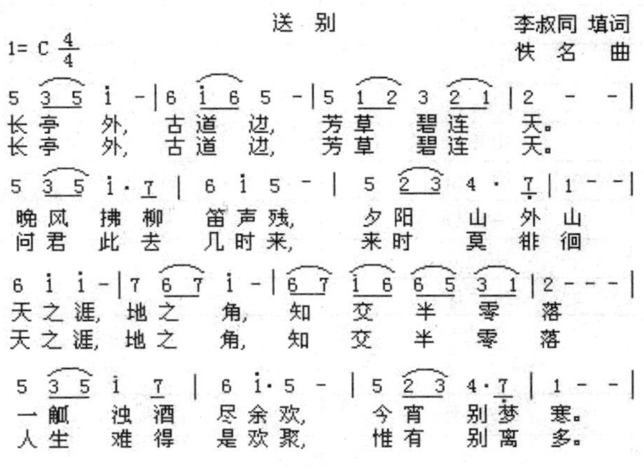

图 8-23　《送别》歌曲

（1）硬件设计。根据系统的功能要求，选择 AT89C2051 比较适宜。AT89C2051 是 Atmel 公司把 51 内核与其擅长的闪速存储器（Flash Memory）制造技术相结合的产品之一。与 MCS-51 系列单片机相比有三大优势：第一，片内程序存储器采用闪速存储器，使程序的写入更加方便；第二，芯片尺寸小，使整个电路体积更小；第三，价格低廉。另外，其 I/O 口作输出时可接收 20mA 的电流，可直接驱动 LED，节省系统硬件。

电子音乐播放器最终要通过扬声器将电信号转换成声音信号。可用一根 I/O 口线输出方波音乐信号，通过 PNP 型三极管（如 9012）驱动一个 64Ω/0.25W 的扬声器（这样选择对于本设计从功耗和音量角度来说比较适中，如需要大的功率，更好的音质可外接音箱）。电子音乐播放器的电路原理如图 8-24 所示。

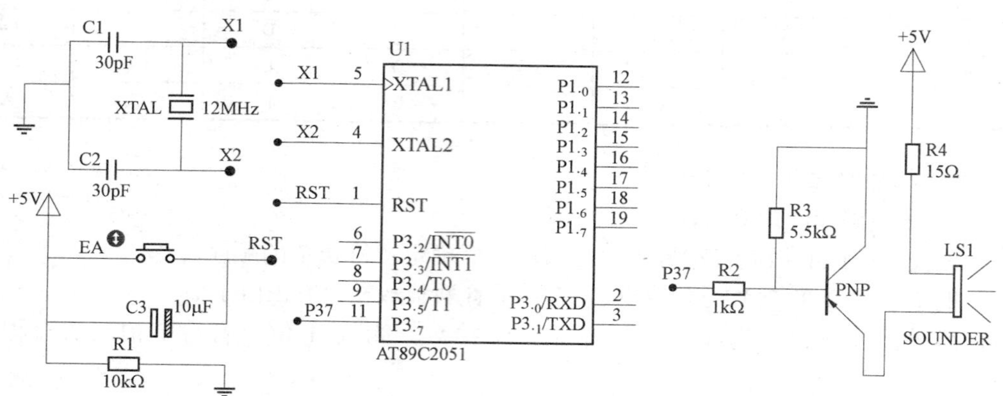

图 8-24 电子音乐播放电路原理

（2）软件设计。从《送别》的歌曲中可看出，它的最低音为低 7 Si，最高音为高 1 Do，根据音乐软件的设计方法，其简谱对应的简谱码、*T* 值、节拍数见表 8-6 和表 8-7。程序流程如图 8-25 所示。

表 8-6 简谱对应的简谱码、*T* 值

简谱	发音	简谱码	*T* 值
7̣	低音 Si	1	64 524
1	中音 Do	2	64 580
2	中音 Re	3	64 684
3	中音 Mi	4	64 777
4	中音 Fa	5	64 820
5	中音 So	6	64 898
6	中音 La	7	64 968
7	中间 Si	8	65 030
1̇	高音 Do	9	65 058

表 8-7 节 拍 数

节拍码	节拍数	节拍码	节拍数
1	1/4 拍	5	$1\frac{1}{4}$ 拍
2	2/4 拍	6	$1\frac{1}{2}$ 拍
3	3/4 拍	8	2 拍
4	1 拍		

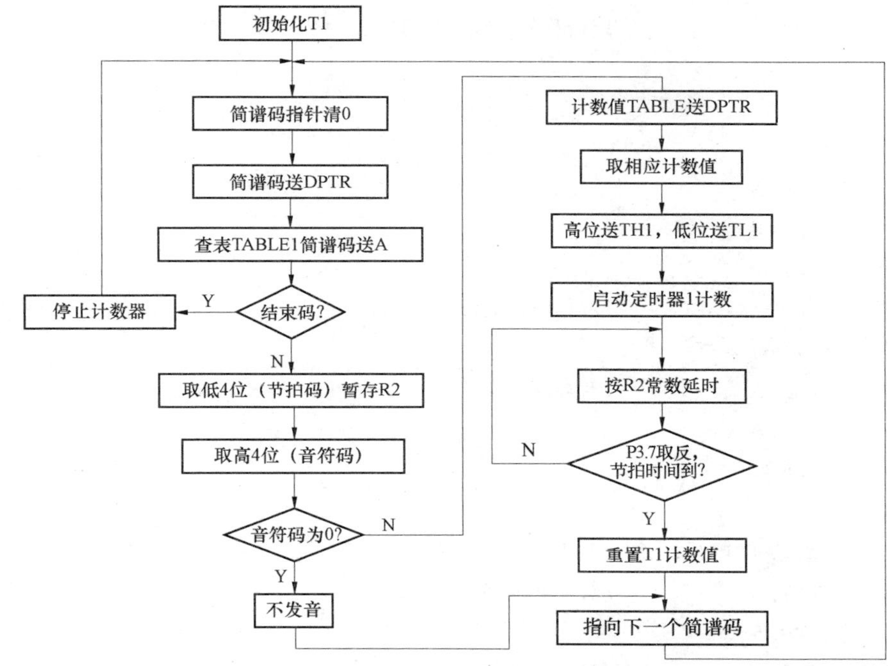

图 8-25　电子音乐播放流程

程序编写如下。

```
        SOUND  BIT   P3.7
        ORG    0000H
        LJMP   START
        ORG    001BH
        LJMP   TIME1
        ORG    0030H
START:  MOV    TMOD,#10H       ;T1 工作在方式 1
        MOV    IE,#88H         ;中断使能
MAIN:   MOV    40H,#00H        ;设简谱码指针初始值
NEXT:   MOV    A,40H           ;简谱码指针暂存累加器 A
        MOV    DPTR,#TABLE     ;取简谱码
        MOVC   A,@A+DPTR
        CJNE   A,#00H,PLAY     ;取到的简谱码不是结束码,转
        LJMP   STOP            ;是结束码,退出
PLAY:   MOV    R1,A            ;R1 暂存简谱码
        ANL    A,#0FH          ;取节拍码
        MOV    R2,A            ;节拍码暂存 R2
        MOV    A,R1
        ANL    A,#0F0H         ;取音符码
        CJNE   A,#00H,MUSIC    ;音符码不为 0,调发音子程序
```

```
        CLR     TR1              ;音符码为 0,不发音
        LJMP    DEL
MUSIC:  SWAP    A
        DEC     A
        MOV     22H,A
        ADD     A,22H
        MOV     R3,A
        MOV     DPTR,#TABLE1     ;取相应计数值
        MOVC    A,@A+DPTR
        MOV     TH1,A            ;暂存高位字节
        MOV     21H,A
        MOV     A,R3
        INC     A
        MOVC    A,@A+DPTR        ;取相应计数值的低位字节
        MOV     TL1,A            ;暂存低位字节
        MOV     20H,A
        SETB    TR1              ;启动定时器
DEL:    LCALL   DELAY
        INC     40H              ;指向下一个简谱码
        LJMP    NEXT
STOP:   CLR     TR1              ;停止定时器
        LJMP    MAIN
TIME1:  PUSH    ACC              ;现场保护
        PUSH    PSW
        CPL     SOUND            ;P3.7反相输出,演奏音乐
        MOV     TL1,20H          ;重设计数值
        MOV     TH1,21H
        POP     PSW
        POP     ACC
        RETI
DELAY:  MOV     R7,#02H          ;4/4 曲调,延时 125ms 子程序
DELA1:  MOV     R6,#125
DELA2:  MOV     R5,#248
        DJNZ    R5,$
        DJNZ    R6,DELA2
        DJNZ    R7,DELA1
        DJNZ    R2,DELAY
        RET
TABLE1:DW       64524,64580,64684,64777          ;简码值: 7,1,2,3
```

```
        DW      64820,64898,64968,65030,65058 ;简码值: 4,5,6,7,i
TABLE:;第 1 行曲子
        DB      64H,42H,62H,98H
        DB      74H,92H,72H,68H
        DB      64H,22H,32H,44H,32H,22H
        DB      3CH
        ;第 2 行曲子
        DB      64H,42H,62H,94H,04H,82H
        DB      74H,94H,68H
        DB      64H,32H,42H,54H,04H,12H
        DB      2CH
        ;第 3 行曲子
        DB      74H,94H,98H
        DB      84H,72H,82H,98H
        DB      72H,82H,92H,72H,72H,62H,42H,22H
        DB      3CH
        ;第 4 行曲子
        DB      64H,42H,62H,94H,04H,82H
        DB      74H,94H,68H
        DB      64H,32H,42H,54H,04H,12H
        DB      2CH
        DB      00H                               ;结束码
        END
```

8.2.2　简易数字钟的设计

使用单片机系统设计一个具有 LED 数码管显示的时、分、秒的简易数字钟。该数字钟上电或按键复位后，进入数字钟运行状态。在数字钟运行过程中，通过两个按键可进行小时和分钟的调整。数字钟采用 24h 计时方式，使用 8 位 LED 数码管进行时间显示，其中，时、分、秒各占用 2 位数码管，在时与分、分与秒之间用“-”表示，数字钟显示初值为 12-30-58。

1. 硬件设计

显示时、分、秒的简易数字钟需要使用 8 位 LED 数码管，在此可采用动态扫描的方式实现。再加上两个按键进行时、分数据的调整，所以单片机可使用 40 个引脚的标准 80C51，其电路原理如图 8-26 所示。

2. 软件设计

编写简易数字钟程序时，需使用两个定时中断子程序：TIMER0 和 TIMER1，其中，TIMER0 用于数码管的动态扫描显示；TIMER1 用于计时。

8 位 LED 数码管采用动态扫描显示方式，因此各位 LED 数码管的切换时间可设置为 1ms，因此在 TIMER0 中首先将中断现场进行保护后，需对 T0 重新赋值。T0 赋值后，需将显示段码送给 P1，LED 数码管的位选通数据送给 P2，以控制相应的 LED 数码管进行显示。

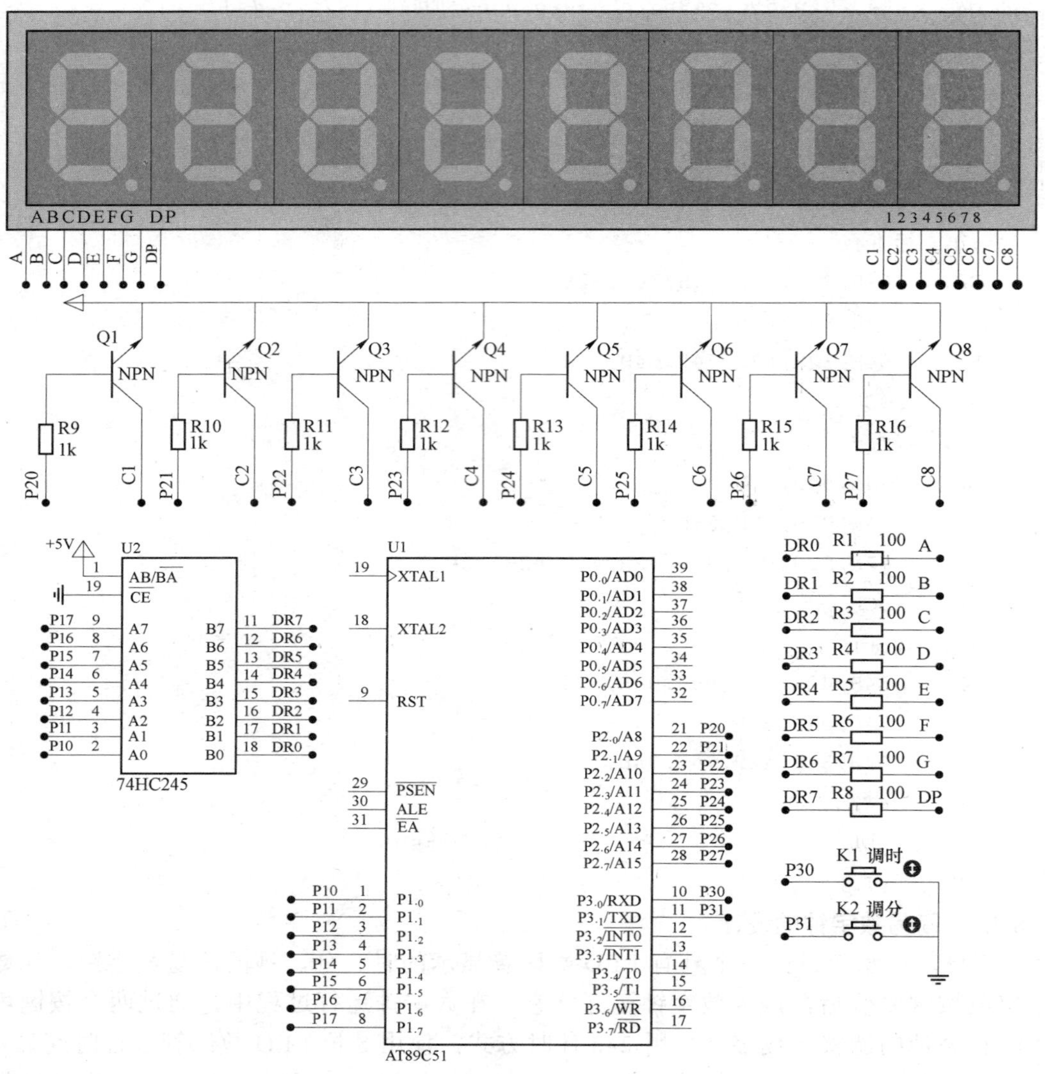

图 8-26　简易数字钟电路原理

由于单片机实验开发板使用的晶振频率为 11.059 2MHz，使用定时器直接定时的最大时间为71.11ms，因此可设置 T1 的定时初值为 50ms。在 TIMER1 中，对中断现场进行保护后，需对 T1 重新赋值。T1 赋值后，判断 T1 的中断次数是否达到 20 次，达到 20 次表示已定时 1s，此时秒值加 1。如果当前的秒值等于 59，那么秒加 1 后，需将秒值清零，并且分值加 1。如果当前的分值等于 59，那么分加 1 后，需将分值清零，并且时值加 1。如果当前的时值等于 24，则将时值清零。

在主程序中，先对相关寄存器进行初始化，且设置时间显示初值为“12-30-58”，然后启动 T0 和 T1，并进行按键扫描。如果在按键扫描中，发现 K1 或 K2 的状态发生改变时，则将时值或分值加 1，实现小时和分钟的手动调整。

程序编写如下。

```
K1          BIT     P3.0          ;时调整
K2          BIT     P3.1          ;分调整
LED         EQU     P1
CS          EQU     P2
KEY_S       DATA    20H
KEY_V       DATA    21H
DIS_DIGIT   DATA    22H           ;位选通值，传送到 P2 口用于选通当前数码管的数值
SEC         DATA    23H
DIS_INDEX   DATA    24H           ;显示索引，用于标识当前显示的数码管和缓冲区的偏移量
HOUR        DATA    25H
MIN         DATA    26H
SEC50       DATA    27H
DIS_BUF     DATA    28H           ;显于缓冲区基地址
SEC_L       EQU     DIS_BUF       ; 秒个位
SEC_H       EQU     DIS_BUF+1     ; 秒十位
MIN_L       EQU     DIS_BUF+3     ; 分个位
MIN_H       EQU     DIS_BUF+4     ; 分十位
HOUR_L      EQU     DIS_BUF+6     ; 小时个位
HOUR_H      EQU     DIS_BUF+7     ;小时十位
            ORG     00H
            AJMP    MAIN
            ORG     0BH
            LJMP    TIMER0        ; 定时器 0 中断服务程序，用于数码管的动态扫描
            ORG     1BH
            LJMP    TIMER1        ; 定时器 1 中断服务程序，产生时基信号 10ms
            ORG     100H
      MAIN: MOV     SP,#60H
            MOV     LED,#0FFH
            MOV     CS,#00H       ; 先关闭所有数码管
            MOV     TMOD,#011H    ; 定时器 0, 1 工作模式 1, 16 位定时方式
            MOV     TH0,#0FCH
            MOV     TL0,#017H
            MOV     TH1,#4CH
            MOV     TL1,#00H
            CLR     A
            MOV     TL1,A
            MOV     HOUR,#12      ; 时分秒初值设置
            MOV     MIN,#30
            MOV     SEC,#58
```

```
        MOV     SEC50,A
        MOV     A,HOUR
        MOV     B,#10
        DIV     AB
        MOV     DPTR,#DIS_CODE
        MOVC    A,@A+DPTR
        MOV     HOUR_H,A            ; 时十位
        MOV     A,HOUR
        MOV     B,#10
        DIV     AB
        MOV     A,B
        MOVC    A,@A+DPTR
        MOV     HOUR_L,A            ; 时个位
        MOV     A,MIN
        MOV     B,#10
        DIV     AB
        MOVC    A,@A+DPTR
        MOV     MIN_H,A             ; 分十位
        MOV     A,MIN
        MOV     B,#10
        DIV     AB
        MOV     A,B
        MOVC    A,@A+DPTR
        MOV     MIN_L,A             ; 分个位
        MOV     A,SEC
        MOV     B,#10
        DIV     AB
        MOVC    A,@A+DPTR
        MOV     SEC_H,A             ; 秒十位
        MOV     A,SEC
        MOV     B,#10
        DIV     AB
        MOV     A,B
        MOVC    A,@A+DPTR
        MOV     SEC_L,A             ; 秒个位
        MOV     SEC_L+02H,#0BFH ; " - "
        MOV     SEC_L+05H,#0BFH ; " - "
        MOV     DIS_DIGIT,#07FH
        CLR     A
```

```
            MOV     DIS_INDEX,A
            MOV     IE,#08AH        ;开启总中断,允许 T0 和 T1 中断
            SETB    TR0             ;启动 T0
            SETB    TR1             ;启动 T1
            MOV     KEY_V,#03H      ;按键 K1 和 K2 初始状态均为高电平状态
       LOOP:LCALL   SCAN_KEY        ; 键扫描
            JZ      LOOP            ; 无键返回
            MOV     R7,#10          ; 延时 10ms
            LCALL   DELAYMS         ; 延时去抖动
            LCALL   SCAN_KEY        ; 再次扫描
            JZ      LOOP            ; 无键返回
            MOV     KEY_V,KEY_S     ; 保存键值
            LCALL   PROC_KEY        ; 键处理
            SJMP    LOOP            ; 调回主循环
   SCAN_KEY:CLR     A
            MOV     C,K1            ; 读按键 K1
            MOV     ACC.0,C
            MOV     C,K2            ; 读按键 K2
            MOV     ACC.1,C
            MOV     KEY_S,A         ;保存按键状态到 key_s
            XRL     A,KEY_V         ;获取键值状态
            RET
   PROC_KEY:CLR     EA              ;暂时不响应 T0 和 T1 中断
            MOV     A,KEY_V
            JNB     ACC.0,PROC_K1   ;K1 按下,跳转 PROC_K1
            JNB     ACC.1,PROC_K2   ;K2 按下,跳转 PROC_K2
            SJMP    END_PROC_KEY
    PROC_K1:LCALL   INC_HOUR        ; 小时加 1
            SJMP    END_PROC_KEY
    PROC_K2:INC     MIN             ; 分钟加 1
            MOV     A,MIN
            SETB    C
            SUBB    A,#59
            JC      K2_UPDATE_MIN   ; 如果分钟等于 60,则分清 0,小时加 1
            MOV     A,#00H
            MOV     MIN,A
K2_UPDATE_MIN: MOV  A,MIN           ; 更新分显示缓冲区
            MOV     B,#10
            DIV     AB
```

```
                MOV     DPTR,#DIS_CODE
                MOVC    A,@A+DPTR
                MOV     MIN_H,A            ; 更新分十位
                MOV     A,MIN
                MOV     B,#10
                DIV     AB
                MOV     A,B
                MOVC    A,@A+DPTR
                MOV     MIN_L,A            ; 更新分个位
END_PROC_KEY:SETB       EA                 ;继续响应 T0 和 T1 中断
                RET
    TIMER0:     PUSH    ACC
                PUSH    PSW
                MOV     TH0,#0FCH
                MOV     TL0,#017H
                MOV     CS,#00H            ; 先关闭所有数码管
                MOV     A,#DIS_BUF         ; 获得显示缓冲区基地址
                ADD     A,DIS_INDEX        ; 获得偏移量
                MOV     R0,A               ; R0 = 基地址 + 偏移量
                MOV     A,@R0              ; 获得显示段码
                MOV     LED,A              ; 显示段码传送到 P1 口
                MOV     A,DIS_DIGIT
                CPL     A
                MOV     CS,A
                MOV     A,DIS_DIGIT        ; 位选通值左移, 下次中断时选通下一位数码管
                RR      A
                MOV     DIS_DIGIT,A
                INC     DIS_INDEX          ; DIS_INDEX 加 1, 下次中断时显示下一位
                ANL     DIS_INDEX,#0x07 ; 当 DIS_INDEX 等于 8(0000 1000)时, 清 0
                POP     PSW
                POP     ACC
                RETI
    TIMER1:     PUSH    PSW
                PUSH    ACC
                PUSH    B
                PUSH    DPH
                PUSH    DPL
                MOV     TH1,#4CH           ;50ms 初始值
                MOV     TL1,#00H
```

```
            INC     SEC50
            MOV     A, SEC50
            CLR     C
            SUBB    A,#20          ; 是否中断 20 次(达到 1s)
            JC      EXIT_T1        ; 未到 1s
            MOV     SEC50,#00H     ; 达到 1s
            LCALL   INC_SEC        ; 秒加 1
EXIT_T1:    POP     DPL
            POP     DPH
            POP     B
            POP     ACC
            POP     PSW
            RETI
INC_SEC:    INC     SEC
            MOV     A,SEC
            SETB    C
            SUBB    A,#59
            JC      UPDATE_SEC     ;秒当前值为 59
            MOV     A,#00H         ;将秒值清零
            MOV     SEC,A
            LCALL   INC_MIN        ;调用分加 1 子程序
UPDATE_SEC: MOV     A,SEC          ;更新秒显示缓冲区
            MOV     B,#10
            DIV     AB
            MOV     DPTR,#DIS_CODE
            MOVC    A,@A+DPTR
            MOV     SEC_H,A        ;秒十位
            MOV     A,SEC
            MOV     B,#10
            DIV     AB
            MOV     A,B
            MOVC    A,@A+DPTR
            MOV     SEC_L,A        ;秒十位
            RET
INC_MIN:    INC     MIN            ; 分钟加 1
            MOV     A,MIN
            SETB    C
            SUBB    A,#59
            JC      UPDATE_MIN     ;分当前值为 59
```

```
                MOV     A,#00H          ;分清零
                MOV     MIN,A
                LCALL   INC_HOUR        ;调用小时加 1 子程序
UPDATE_MIN:     MOV     A,MIN           ;更新分显示缓冲区
                MOV     B,#10
                DIV     AB
                MOV     DPTR,#DIS_CODE
                MOVC    A,@A+DPTR
                MOV     MIN_H,A;更新分十位
                MOV     A,MIN
                MOV     B,#10
                DIV     AB
                MOV     A,B
                MOVC    A,@A+DPTR
                MOV     MIN_L,A         ;更新分个位
                RET
INC_HOUR:       INC     HOUR            ;小时加 1
                MOV     A,HOUR
                SETB    C
                SUBB    A,#24
                JC      UPDATE_HOUR     ;如果小时等于 24,则小时清 0
                MOV     A,#00H
                MOV     HOUR,A          ;小时清 0
UPDATE_HOUR:    MOV     A,HOUR
                SETB    C
                SUBB    A,#9
                JC      UPDATE_HOUR1    ;如果小时小于 10,则十位 0 不显示
                MOV     A,HOUR
                MOV     B,#10
                DIV     AB
                MOV     DPTR,#DIS_CODE
                MOVC    A,@A+DPTR
                MOV     HOUR_H,A
                SJMP    UPDATE_HOUR2
UPDATE_HOUR1:   MOV     HOUR_H,#0FFH
UPDATE_HOUR2:   MOV     A,HOUR
                MOV     B,#10
                DIV     AB
                MOV     A,B
```

```
            MOV     DPTR,#DIS_CODE
            MOVC    A,@A+DPTR
            MOV     HOUR_L,A
            RET
DELAYMS:    MOV     R6,#50          ;10ms 延时子程序
   DELA:    MOV     R7,#100
            DJNZ    R7,$
            DJNZ    R6,DELA
            RET
DIS_CODE:   DB      0C0H,0F9H,0A4H,0B0H  ;0,1,2,3     共阳极段码
            DB      99H,92H,82H,0F8H ;4,5,6,7
            DB      80H,90H,88H,83H  ;8,9,A,B
            DB      0C6H,0A1H,86H,8EH    ;C,D,E,F
            END
```

8.2.3　数字秒表的设计

使用单片机系统设计一个基于 LCD1602 显示的数字秒表。具体设计要求为秒表上电或按键复位后，LCD 的第 1 行显示字符串“DigitalStopwatch”；第 2 行显示字符串“czpmcu@126.com”，该内容显示 3s 后，LCD 的第 1 行显示的内容为“Press the Button”；第 2 行显示内容为“TIME 00：00：00：00”。第 1 次按下 K1 时，启动秒表计时，LCD 的第 1 行显示的内容为“BEGIN COUNT　1”；第 2 行显示内容为“TIME ××：××：××：××”（××表示当前秒表的计时值）。第 2 次按下 K1 时，秒表暂停计时，LCD 的第 1 行显示的内容为“PAUSE COUNT 2”；第 2 行显示内容为“TIME ××：××：××：××”（××表示当前秒表暂停时的计时值）。第 3 次按下 K1 时，秒表继续计时，LCD 的第 1 行显示的内容为“ContinueCOUNT 3”；第 2 行显示内容为“TIME ××：××：××：××”（××表示当前秒表继续计时的计时值）。第 4 次按下 K1 时，秒表停止计时，LCD 的第 1 行显示的内容为“Final COUNT　4”；第 2 行显示内容为“TIME ××：××：××：××”（××表示当前秒表停止时的计时值）。按下 K2 时，秒表复位，LCD 的第 1 行显示字符串“DigitalStopwatch”；第 2 行显示字符串“czpmcu@126.com”。

1. 硬件设计

电路的核心是一片 AT89C2051 单片机，其片内带有 2KB Flash ROM、128B 的 RAM，以及 15 根 I/O 口线，可直接驱动 LCD，能满足设计要求。两个按键采用独立键盘结构形式，分别与单片机的 $P3._0$、$P3._1$ 连接。LCD1602 的 RS、RW、EP 分别与单片机的 $P3._2$～$P3._4$ 连接，LCD 的数据线 D0～D7 分别与 $P1._0$～$P1._7$ 连接，其硬件电路原理如图 8-27 所示。

2. 软件设计

编写秒表程序时，需使用 1 个 TIMER0 定时中断子程序，该程序主要是用于秒表计时。由于秒表对时间要求的精度较高，因此，秒表的时基数为 10ms。T0 每隔 10ms 计数 1 次，如果当前计数值为 100，秒值加 1；如果秒值为 60，则分钟值加 1；如果分钟值为 60，则小时值加 1。

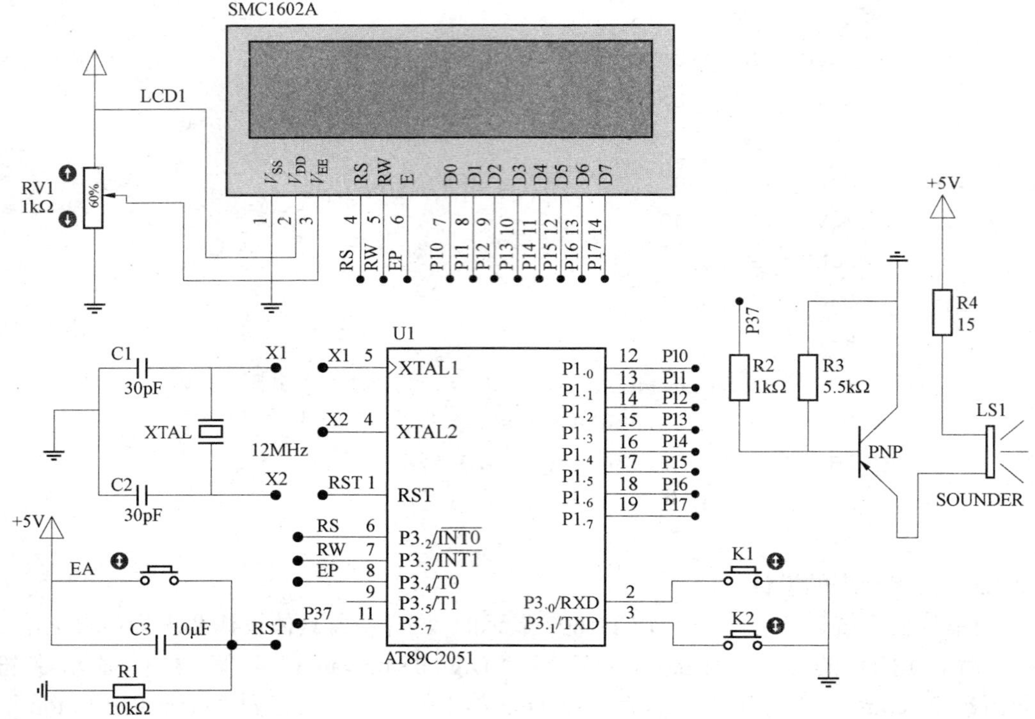

图 8-27　数字秒表电路原理

在主程序中，先对 LCD 进行初始化，并设置上电时的显示内容。上电显示内容达 3s 后，根据按键 K1 或 K2 的状态，调用相应的显示内容即可。程序编写如下。

```
THIGH     EQU     0DCH          ;10ms 定时初值
TLOW      EQU     00H
HOUR      EQU     30H           ;时存放单元
MIN       EQU     31H           ;分存放单元
SEC       EQU     32H           ;秒存放单元
SEC0      EQU     33H           ;10ms 计数值存放单元
KEY_S     EQU     34H           ;按键当前的端口状况
KEY_V     EQU     35H           ;按键上次的端口状况
KEY_C     EQU     36H           ;键计数单元
LCD_X     EQU     37H           ;LCD 地址变量
BEEP      EQU     P3.7          ;蜂鸣器控制端口
LCD_RS    EQU     P3.2          ;LCD 控制端口定义
LCD_RW    EQU     P3.3
LCD_EN    EQU     P3.4
K1        EQU     P3.0          ;功能键
K2        EQU     P3.1          ;复位键
          ORG     00H
```

```
        AJMP    START
        ORG     0BH
        AJMP    TIMER0
START:  MOV     SP,#60H         ;设堆栈初值
        MOV     KEY_V,#01H      ;设初值
        ACALL   INIT_LCD        ;初始化 LCD
        ACALL   SET_LCD1        ;第一行初始显示信息
        MOV     R5,#30          ;停留时间设置
        ACALL   SET_LCD2        ;第二行初始显示信息
LOOP1:  ACALL   DELAY100        ;LCD1602 是慢速显示器件，故 100ms 显示一次
        DJNZ    R5,LOOP1
        ACALL   INIT_LCD        ;初始化 LCD
        ACALL   SET_LCD3        ;第一行显示信息
        ACALL   SET_LCD4        ;第二行显示信息
        ACALL   INIT            ;初始化变量
        ACALL   INIT_TIMER      ;初始化定时器
LOOP2:  ACALL   CONV            ;时间数据处理
        JB      K2,LOOP3        ;判清零键是否按下
        ACALL   BEEP_BL         ;蜂鸣器响一声
        JNB     K2,$            ;等待 K4 键释放
        AJMP    START           ;软件复位
LOOP3:  ACALL   SKEY            ;判是否有键按下
        JZ      LOOP2           ;无键按下转 LOOP
        MOV     KEY_V,KEY_S     ;交换数据
        ACALL   P_KEY           ;功能键处理
        AJMP    LOOP2
;判是否有键按下,有键按下，A 中内容不为零
SKEY:   CLR     A
        MOV     KEY_S,A
        MOV     C,K1
        RLC     A
        ORL     KEY_S,A
        MOV     A,KEY_S
        XRL     A,KEY_V
        RET
;根据 K1 键按下的次数来执行相应的功能
P_KEY:  MOV     A,KEY_V
        JB      ACC.0,P_KEY4
        INC     KEY_C           ;键按下次数加 1
```

```
        MOV     A,KEY_C
        CJNE    A,#01H,P_KEY1   ;K3 键是否第一次按下?
        SETB    TR0             ;启动中断
        MOV     DPTR,#MADJ      ;显示执行信息
        MOV     A,#1            ;LCD 第一行显示信息字符串
        ACALL   LCD_PRINT
        ACALL   BEEP_BL         ;蜂鸣器响一声
        RET
P_KEY1: MOV     A,KEY_C
        CJNE    A,#02H,P_KEY2   ;K3 键是否第二次按下?
        CLR     TR0             ;停止中断
        MOV     DPTR,#MADJ1     ;显示执行信息
        MOV     A,#1            ;LCD 第一行显示信息字符串
        ACALL   LCD_PRINT
        ACALL   BEEP_BL         ;蜂鸣器响一声
        RET
P_KEY2: MOV     A,KEY_C
        CJNE    A,#03H,P_KEY3   ;K3 键是否第三次按下?
        SETB    TR0             ;启动中断
        MOV     DPTR,#MADJ2     ;显示执行信息
        MOV     A,#1            ;LCD 第一行显示信息字符串
        ACALL   LCD_PRINT
        ACALL   BEEP_BL         ;蜂鸣器响一声
        RET
P_KEY3: MOV     A,KEY_C
        CJNE    A,#04H,P_KEY4   ;K3 键是否第四次按下?
        CLR     TR0             ;关闭中断
        MOV     DPTR,#MADJ3     ;显示执行信息
        MOV     A,#1            ;LCD 第一行显示信息字符串
        ACALL   LCD_PRINT
        ACALL   BEEP_BL
P_KEY4: NOP
        RET
SET_LCD1:MOV    DPTR,#LMESS1    ;设置 LCD 初始化显示,指针指到显示信息 1
        MOV     A,#1            ;显示在第一行
        CALL    LCD_PRINT
        RET
SET_LCD2:MOV    DPTR,#LMESS2    ;指针指到显示信息 2
        MOV     A,#2            ;显示在第二行
```

```
          ACALL   LCD_PRINT
          RET
SET_LCD3: MOV     DPTR,#LMESS3
          MOV     A,#1
          ACALL   LCD_PRINT
          RET
SET_LCD4: MOV     DPTR,#LMESS4
          MOV     A,#2
          ACALL   LCD_PRINT
          RET
INIT_LCD: ACALL   DELAY5MS          ;LCD 初始化
          ACALL   DELAY5MS
          ACALL   DELAY5MS
          MOV     A,#38H            ;双行显示，字形 5×7 点阵，8 位数据
          ACALL   WCOM_NC           ;不检测忙信号
          ACALL   DELAY5MS
          MOV     A,#38H            ;双行显示，字形 5×7 点阵
          ACALL   WCOM_NC           ;不检测忙信号
          ACALL   DELAY5MS
          MOV     A,#38H            ;双行显示，字形 5×7 点阵
          ACALL   WCOM_NC           ;不检测忙信号
          ACALL   DELAY5MS
          MOV     A,#38H            ;双行显示，字形 5×7 点阵
          ACALL   WCOM              ;检测忙信号
          ACALL   DELAY5MS
          MOV     A,#0CH            ;开显示，不显示光标，光标不闪烁
          ACALL   WCOM
          ACALL   DELAY5MS
          MOV     A,#01H            ;清除   LCD 显示屏
          ACALL   WCOM
          ACALL   DELAY5MS
          RET
;初始化控制变量
INIT:     CLR     A
          MOV     KEY_C,A
          MOV     SEC0,A
          MOV     SEC,A
          MOV     MIN,A
          MOV     HOUR,A
```

```
            MOV     KEY_S,A
            MOV     KEY_V,A
            SETB    BEEP
            CLR     TR0
            RET
INIT_TIMER: MOV     TMOD,#01H          ;设置定时器 0 工作模式为模式 1
            MOV     IE,#82H            ;启用定时器 0 产生中断
            MOV     TL0,#TLOW
            MOV     TH0,#THIGH
            RET
  ;定时器 0 计时中断服务子程序
  TIMER0:   PUSH    ACC                ;10ms 中断一次
            MOV     TL0,#TLOW
            MOV     TH0,#THIGH
            INC     SEC0
            MOV     A,SEC0             ;10ms 计数值加 1
            CJNE    A,#100,EXIT_TIMR
            MOV     SEC0,#0
            INC     SEC                ;秒加 1
            MOV     A,SEC
            CJNE    A,#60,EXIT_TIMR
            INC     MIN                ;分加 1
            MOV     SEC,#0
            MOV     A,MIN
            CJNE    A,#60,EXIT_TIMR
            INC     HOUR               ;时加 1
            MOV     MIN,#0
            MOV     A,HOUR
            CJNE    A,#24,EXIT_TIMR
            MOV     SEC0,#0
            MOV     SEC,#0             ;秒、分、时单元清零
            MOV     MIN,#0
            MOV     HOUR,#0
EXIT_TIMR:  POP     ACC
            RETI
  ;时间数据转换为 ASCII 码并显示
  CONV:     MOV     A,HOUR             ;加载小时数据
            MOV     LCD_X,#5           ;设置位置
            CALL    SHOW_DIG2          ;显示数据
```

```
            INC     LCD_X
            MOV     A,#':'          ;显示“:”
            MOV     B,LCD_X
            CALL    LCDP2
            MOV     A,MIN           ;加载分钟数据
            INC     LCD_X           ;设置位置
            CALL    SHOW_DIG2       ;显示数据
            INC     LCD_X
            MOV     A,#':'          ;显示“:”
            MOV     B,LCD_X
            CALL    LCDP2
            MOV     A,SEC           ;加载秒数数据
            INC     LCD_X           ;设置位置
            CALL    SHOW_DIG2       ;显示数据
            INC     LCD_X
            MOV     A,#':'          ;显示“:”
            MOV     B,LCD_X
            CALL    LCDP2
            MOV     A,SEC0          ;加载秒数数据
            INC     LCD_X           ;设置位置
            CALL    SHOW_DIG2
            RET
;在 LCD1602 的第二行显示数字
SHOW_DIG2:MOV       B,#10           ;设置被除数
            DIV     AB              ;结果 A 存商数，B 存余数
            ADD     A,#30H          ;A 为十位数，转换为字符
            PUSH    B               ;B 放入堆栈暂存
            MOV     B,LCD_X         ;设置 LCD 显示的位置
            CALL    LCDP2           ;由 LCD 显示出来
            POP     B
            MOV     A,B             ;B 为个位数
            ADD     A,#30H          ;转换为字符
            INC     LCD_X           ;LCD 显示位置加 1
            MOV     B,LCD_X         ;设置 LCD 显示的位置
            CALL    LCDP2           ;由 LCD 显示出来
            RET
;在 LCD 的第二行显示字符
LCDP2:      PUSH    ACC             ;入栈保护
            MOV     A,B             ;设置显示地址
```

```
            ADD     A,#0C0H         ;设置 LCD 的第二行地址
            ACALL   WCOM            ;写入命令
            POP     ACC             ;由堆栈取出 A
            ACALL   WDATA           ;写入数据
            RET
;在 LCD 的第一行或第二行显示字符
LCD_PRINT:  CJNE    A,#1,LINE2      ;判断是否为第一行
LINE1:      MOV     A,#80H          ;设置 LCD 的第一行地址
            ACALL   WCOM            ;写入命令
            ACALL   CLR_LINE        ;清除该行字符数据
            MOV     A,#80H          ;设置 LCD 的第一行地址
            ACALL   WCOM            ;写入命令
            AJMP    FILL
LINE2:      MOV     A,#0C0H         ;设置 LCD 的第二行地址
            ACALL   WCOM            ;写入命令
            ACALL   CLR_LINE        ;清除该行字符数据
            MOV     A,#0C0H         ;设置 LCD 的第二行地址
            ACALL   WCOM
FILL:       CLR     A               ;填入字符
            MOVC    A,@A+DPTR       ;取出字符
            CJNE    A,#0,LC1        ;判断是否为结束码
            RET
LC1:        ACALL   WDATA           ;写入数据
            INC     DPTR            ;指针加 1
            AJMP    FILL            ;继续填入字符
            RET
CLR_LINE:   MOV     R0,#24          ;清除 LCD 指定行的字符
CL1:        MOV     A,#20H          ;“”的 ASCII 代码为 20H
            ACALL   WDATA
            DJNZ    R0,CL1
            RET
WCOM:       ACALL   CHECKBUSY       ;写控制指令到 LCD
WCOM_NC:    MOV     P1,A            ;写入指令
            CLR     LCD_EN
            NOP
            NOP
            CLR     LCD_RS
            CLR     LCD_RW
            SETB    LCD_EN
```

```
            ACALL   DEL_250
            CLR     LCD_EN
            RET
;写显示数据到 LCD
WDATA:      ACALL   CHECKBUSY
            MOV     P1,A                ;写入数据
            CLR     LCD_EN
            NOP
            NOP
            SETB    LCD_RS
            CLR     LCD_RW
            SETB    LCD_EN
            ACALL   DEL_250
            CLR     LCD_EN
            RET
DEL_250:    MOV     R7,#125             ;延时 250μs
            DJNZ    R7,$
            RET
;检测 LCD 控制器忙碌状态
CHECKBUSY:PUSH      ACC
            MOV     P1,#0FFH            ;置 P0 口为输入状态
            CLR     LCD_EN
            NOP
            NOP
            SETB    LCD_RW
            CLR     LCD_RS
            SETB    LCD_EN
BUSYLOOP:   NOP
            JB      P1.7,BUSYLOOP
            CLR     LCD_EN
            POP     ACC
            RET
;蜂鸣器响一声子程序
BEEP_BL:    MOV     R6,#100
      B1:   ACALL   DEX
            CPL     BEEP
            DJNZ    R6,B1
            MOV     R5,#10
            ACALL   DELAY
```

```
            RET
   DEX:     MOV     R7,#180
   DE1:     NOP
            DJNZ    R7,DE1
            RET
DELAY:      MOV     R6,#50          ;延时 10ms
  D1:       MOV     R7,#100
            DJNZ    R7,$
            DJNZ    R6,D1
            DJNZ    R5,DELAY
            RET
DELAY5MS:MOV        R6,#25
DEL1:       MOV     R7,#100
            DJNZ    R7,$
            DJNZ    R6,DEL1
            RET
LMESS1:     DB       "DigitalStopwatch",0 ;LCD 第一行初始显示内容
LMESS2:     DB       "czpmcu@126.com",0   ;LCD 第二行初始显示内容
LMESS3:     DB       "Press the Button",0 ;LCD 第一行显示
LMESS4:   DB         "TIME            ",0 ;LCD 第二行显示
MADJ:       DB       " BEGIN COUNT  1 ",0
MADJ1:      DB       " PAUSE COUNT  2 ",0
MADJ2:      DB       " ContinueCOUNT 3 ",0
MADJ3:      DB       " Final COUNT  4 ",0
DELAY100:MOV        R7,#200         ;延时 100ms 子程序
DELAY10:  MOV       R6,#228
            DJNZ    R6,$
            DJNZ    R7,DELAY10
            RET
            END
```

8.2.4 数字温度计的设计

使用单片机系统设计一个基于 LCD1602 显示的数字温度计。要求用 DS18B20 作为温度传感器，所测温度范围为 0～+125℃。

1. 硬件设计

电路仍以 AT89C2051 单片机为核心，DS18B20 的数字信号端 DQ 与单片机的 $P3_{.0}$ 连接。LCD1602 的 RS、RW、EP 分别与单片机的 $P3_{.2}$～$P3_{.4}$ 连接，LCD 的数据线 D0～D7 分别与 $P1_{.0}$～$P1_{.7}$ 连接，其硬件电路原理如图 8-28 所示。

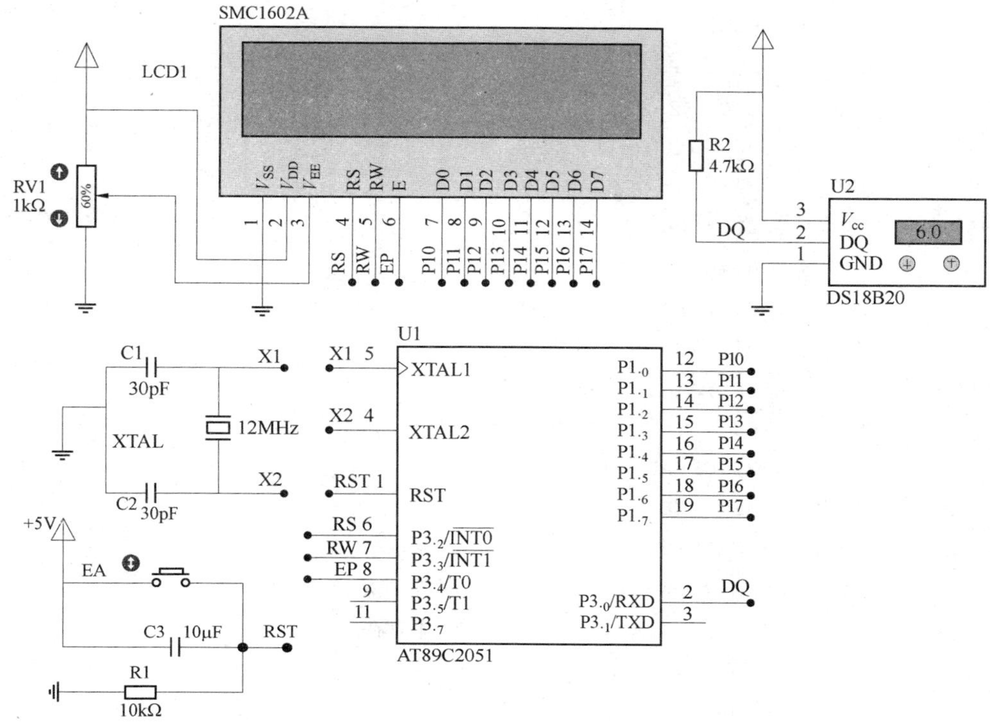

图 8-28　数字温度计电路原理

2. 软件设计

由于 DS18B20 属于单总线芯片，单片机访问它时应先对其进行初始化，然后等待 DS18B20 发送回复信息。如果 DS18B20 回复了信息，说明它与单片机已建立了连接，否则说明 DS18B20 未与单片机连接好。单片机与 DS18B20 建立了连接关系后，单片机要向其发送命令代码 44H（44H 为 DS18B20 的温度转换命令字），启动 DS18B20 进行测温。启动测温后，单片机还要向其发送命令代码 BEH（BEH 为读取 DS18B20 暂存器的命令字），读取 DS18B20 测量温度后转换的数字。如果温度大于 0℃，那么需将 DS18B20 测量温度后转换的数字乘上 0.062 5 即可得到对应的温度值。由于温度值是用十六进制的方式表示，因此，还需对其进行 BCD 码转换。转换相应的 BCD 码数值后，分别送到相应的寄存器中进行存储。然后分时将这些数值送给 P1 端口，使 LCD 显示所测温度值。程序编写如下。

```
TEMP_ZH  DATA  24H          ;实时温度值存放单元
TEMPL    DATA  25H
TEMPH    DATA  26H
TEMPHC   DATA  29H
TEMPLC   DATA  2AH
DQ       EQU   P3.0         ;DS18B20 的数字信号端接单片机的 P3.0
LCD      EQU   P1           ;LCD 的数据端接单片机的 P1 口
LCD_X    EQU   2FH          ;LCD 地址变量
LCD_RS   EQU   P3.2
```

```
        LCD_RW    EQU    P3.3
        LCD_EN    EQU    P3.4
        FLAG1     EQU    20H.0        ;DS18B20 是否存在标记
        ORG       0000H
        LJMP      MAIN
MAIN:   MOV       SP,#60H
        MOV       A,#00H
        MOV       R0,#24H             ;将 24H-2AH 单元清零
        MOV       R1,#7H
CLEAR:  MOV       @R0,A
        INC       R0
        DJNZ      R1,CLEAR
        LCALL     SET_LCD
        LCALL     RE_18B20
START:  LCALL     RESET               ;18B20 复位子程序
        JNB       FLAG1,START1        ;DS1820 不存在
        LCALL     MENU_OK
        LCALL     READ_E2
        LCALL     TEMP_BJ             ;显示温度标记
        AJMP      START2
START1: LCALL     MENU_ERROR
        LCALL     TEMP_BJ             ;显示温度标记
        AJMP      $
START2: LCALL     RESET
        JNB       FLAG1,START1        ;DS1820 不存在
        MOV       A,#0CCH             ; 跳过 ROM 匹配
        LCALL     WRITE
        MOV       A,#44H              ; 发出温度转换命令
        LCALL     WRITE
        LCALL     RESET
        MOV       A,#0CCH             ; 跳过 ROM 匹配
        LCALL     WRITE
        MOV       A,#0BEH             ; 发出读温度命令
        LCALL     WRITE
        LCALL     READ
        LCALL     CONVTEMP
        LCall     DISPBCD
        LCALL     CONV
        SJMP      START2
```

```
TEMP_BJ: MOV     A,#0CBH          ;显示温度标记子程序
         LCALL   WCOM
         MOV     DPTR,#BJ1        ;指针指到显示消息
         MOV     R1,#0
         MOV     R0,#2
BBJJ1:   MOV     A,R1
         MOVC    A,@A+DPTR
         LCALL   WDATA
         INC     R1
         DJNZ    R0,BBJJ1
         RET
BJ1:     DB      00H,"C"
MENU_OK: MOV     DPTR,#M_OK1      ;指针指到显示消息
         MOV     A,#1             ;显示在第一行
         LCALL   LCD_PRINT
         MOV     DPTR,#M_OK2      ;指针指到显示消息
         MOV     A,#2             ;显示在第一行
         LCALL   LCD_PRINT
         RET
M_OK1:   DB      "DS18B20 OK     ",0
M_OK2:   DB      "TEMP:          ",0
MENU_ERROR:MOV   DPTR,#M_ERROR1   ;指针指到显示消息 1
         MOV     A,#1             ;显示在第一行
         LCALL   LCD_PRINT
         MOV     DPTR,#M_ERROR2   ;指针指到显示消息 1
         MOV     A,#2             ;显示在第一行
         LCALL   LCD_PRINT
         RET
M_ERROR1:DB      "DS18B20 ERROR ",0
M_ERROR2:DB      "TEMP: ----     ",0
RESET:   SETB    DQ
         NOP
         CLR     DQ
         MOV     R0,#6BH          ;主机发出延时复位低脉冲
         MOV     R1,#04H
TSR1:    DJNZ    R0,$
         MOV     R0,#6BH
         DJNZ    R1,TSR1
         SETB    DQ               ;然后拉高数据线
```

```
            NOP
            NOP
            NOP
            MOV     R0,#32h
    TSR2:   JNB     DQ,TSR3         ;等待 DS18B20 回应
            DJNZ    R0,TSR2
            AJMP    TSR4            ; 延时
    TSR3:   SETB    FLAG1           ; 置标志位,表示 DS1820 存在
            AJMP    TSR5
    TSR4:   CLR     FLAG1           ; 清标志位,表示 DS1820 不存在
            AJMP    TSR7
    TSR5:   MOV     R0,#06BH
    TSR6:   DJNZ    R0,$            ; 时序要求延时一段时间
    TSR7:   SETB    DQ
            RET
RE_18B20:   JB      FLAG1,RE_18B20A
            RET
RE_18B20A:  LCALL   RESET
            MOV     A,#0CCH         ;跳过 ROM 匹配
            LCALL   WRITE
            MOV     A,#4EH          ;写暂存寄存器
            LCALL   WRITE
            MOV     A,#7FH          ;12 位精确度
            LCALL   WRITE
            RET
READ_E2:    LCALL   RESET
            MOV     A,#0CCH         ;跳过 ROM 匹配
            LCALL   WRITE
            MOV     A,#0B8H         ;把 E²PROM 里的温度报警值拷贝回暂存器
            LCALL   WRITE
            RET
WRITE:      MOV     R2,#8           ;一共 8 位数据
            CLR     C
    WR1:    CLR     DQ              ;开始写入 DS18B20 总线要处于复位（低）状态
            MOV     R3,#07
            DJNZ    R3,$            ;总线复位保持 16μs 以上
            RRC     A               ;把一个字节 DATA 分成 8 个 BIT 环移给 C
            MOV     DQ,c            ;写入一个 BIT
            MOV     R3,#3CH
```

```
        DJNZ    R3,$            ;等待 100μs
        SETB    DQ              ;重新释放总线
        NOP
        DJNZ    R2,WR1          ;写入下一个 BIT
        SETB    DQ
        RET
READ:   MOV     R4,#4           ; 将温度低位、高位、TH、TL 从 DS18B20 中读出
        MOV     R1,#TEMPL       ; 存入 25H、26H、27H、28H
RE00:   MOV     R2,#8
RE01:   CLR     CY
        SETB    DQ
        NOP
        NOP
        CLR     DQ              ;读前总线保持为低
        NOP
        NOP
        NOP
        SETB    DQ              ;开始读总线释放
        MOV     R3,#09          ;延时 18μs
        DJNZ    R3,$
        MOV     C,DQ            ;从 DS18B20 总线读得一个 BIT
        MOV     R3,#3CH
        DJNZ    R3,$            ;等待 100μs
        RRC     A               ;把读得的位循环移给 A
        DJNZ    R2,RE01         ;读下一个 BIT
        MOV     @R1,A
        INC     R1
        DJNZ    R4,RE00
        RET
CONVTEMP:MOV    A,TEMPH         ;处理温度 BCD 码子程序,判温度是否零下
        ANL     A,#80H
        JZ      TEMPC1          ;温度零上转
        CLR     C
        MOV     A,TEMPL         ;二进制数求补（双字节）
        CPL     A               ;取反加 1
        ADD     A,#01H
        MOV     TEMPL,A
        MOV     A,TEMPH
        CPL     A
```

```
          ADDC    A,#00H
          MOV     TEMPH,A
          SJMP    TEMPC11
TEMPC1:   MOV     TEMPHC,#0AH
TEMPC11:  MOV     A,TEMPHC
          SWAP    A
          MOV     TEMPHC,A
          MOV     A,TEMPL
          ANL     A,#0FH          ;乘 0.0625
          MOV     DPTR,#TEMPDOTTAB
          MOVC    A,@A+DPTR
          MOV     TEMPLC,A        ;TEMPLC LOW=小数部分 BCD
          MOV     A,TEMPL         ;整数部分
          ANL     A,#0F0H         ;取出高四位
          SWAP    A
          MOV     TEMPL,A
          MOV     A,TEMPH         ;取出低四位
          ANL     A,#0FH
          SWAP    A
          ORL     A,TEMPL         ;重新组合
          MOV     TEMP_ZH,A
          LCALL   HEX2BCD1
          MOV     TEMPL,A
          ANL     A,#0F0H
          SWAP    A
          ORL     A,TEMPHC        ;TEMPHC LOW = 十位数 BCD
          MOV     TEMPHC,A
          MOV     A,TEMPL
          ANL     A,#0FH
          SWAP    A               ;TEMPLC HI = 个位数 BCD
          ORL     A,TEMPLC
          MOV     TEMPLC,A
          MOV     A,R4
          JZ      TEMPC12
          ANL     A,#0FH
          SWAP    A
          MOV     R4,A
          MOV     A,TEMPHC        ;TEMPHC HI = 百位数 BCD
          ANL     A,#0FH
```

```
            ORL     A,R4
            MOV     TEMPHC,A
TEMPC12:    RET
HEX2BCD1:   MOV     B,#64H              ;十六进制-> BCD
            DIV     AB                  ;B= A % 100
            MOV     R4,A                ;R7 = 百位数
            MOV     A,#0AH
            XCH     A,B
            DIV     AB                  ;B = A % B
            SWAP    A
            ORL     A,B
            RET
TEMPDOTTAB: DB      00H,00H,01H,01H,02H,03H,03H,04H  ;小数部分码表
            DB      05H,05H,06H,06H,07H,08H,08H,09H
DISPBCD:    MOV     A,TEMPLC
            ANL     A,#0FH
            MOV     70H,A               ;小数位
            MOV     A,TEMPLC
            SWAP    A
            ANL     A,#0FH
            MOV     71H,A               ;个位
            MOV     A,TEMPHC
            ANL     A,#0FH
            MOV     72H,A               ;十位
            MOV     A,TEMPHC
            SWAP    A
            ANL     A,#0FH
            MOV     73H,A               ;百位
            MOV     A,TEMPHC
            ANL     A,#0F0H
            CJNE    A,#010H,DISPBCD0
            SJMP    DISPBCD2
DISPBCD0:   MOV     A,TEMPHC
            ANL     A,#0FH
            JNZ     DISPBCD2            ;十位数是 0
            MOV     A,TEMPHC
            SWAP    A
            ANL     A,#0FH
            MOV     73H,#0AH            ;符号位不显示
```

```
         MOV     72H,A           ;十位数显示符号
DISPBCD2:RET
    CONV:MOV     A,73H           ;LCD1602 显示子程序,加载百位数据
         MOV     LCD_X,#6        ;设置位置
         CJNE    A,#1,CONV1
         AJMP    CONV2
   CONV1: MOV    A,#"  "
         MOV     B,LCD_X
         LCALL   LCDP2
         AJMP    CONV3
   CONV2: LCALL  SHOW_DIG2       ;显示数据
   CONV3: INC    LCD_X
         MOV     A,72H           ;十位
         ACALL   SHOW_DIG2
         INC     LCD_X
         MOV     A,71H           ;个位
         ACALL   SHOW_DIG2
         INC     LCD_X
         MOV     A,#'.'
         MOV     B,LCD_X
         ACALL   LCDP2
         MOV     A,70h           ;加载小数点位
         INC     LCD_X           ;设置位置
         ACALL   SHOW_DIG2       ;显示数据
         RET
SHOW_DIG2:ADD    A,#30H          ;在 LCD 的第二行显示数字
         MOV     B,LCD_X
         ACALL   LCDP2
         RET
   LCDP2: PUSH   ACC             ;在 LCD 的第二行显示字符
         MOV     A,B             ;设置显示地址
         ADD     A,#0C0H         ;设置 LCD 的第二行地址
         ACALL   WCOM            ;写入命令
         POP     ACC             ;由堆栈取出 A
         ACALL   WDATA           ;写入数据
         RET
 SET_LCD: CLR    LCD_EN          ;对 LCD 做初始化设置及测试
         ACALL   INIT_LCD        ;初始化 LCD
         RET
```

```
INIT_LCD:MOV    A,#38H       ;8 位 I/O 控制 LCD 接口初始化
         ACALL  WCOM         ;双列显示，字形 5×7 点阵
         ACALL  DELAY1
         MOV    A,#38H
         ACALL  WCOM
         ACALL  DELAY1
         MOV    A,#38H
         ACALL  WCOM
         ACALL  DELAY1
         MOV    A,#0CH       ;开显示，显示光标，光标不闪烁
         ACALL  WCOM
         ACALL  DELAY1
         MOV    A,#01H       ;清除 LCD 显示屏
         ACALL  WCOM
         ACALL  DELAY1
         RET
CLR_LINE1:MOV   A,#80H       ;清除 LCD 的第一行字符
         ACALL  WCOM         ;设置 LCD 的第一行地址
         MOV    R0,#24       ;设置计数值
      C1: MOV   A,#' '       ;载入空格符至 LCD
         ACALL  WDATA        ;输出字符至 LCD
         DJNZ   R0,C1        ;计数结束
         RET
LCD_PRINT:                   ;在 LCD 的第一行或第二行显示字符
         CJNE   A,#1,LINE2   ;判断是否为第一行
   LINE1: MOV   A,#80H       ;设置 LCD 的第一行地址
         ACALL  WCOM         ;写入命令
         ACALL  CLR_LINE     ;清除该行字符数据
         MOV    A,#80H       ;设置 LCD 的第一行地址
         ACALL  WCOM         ;写入命令
         AJMP   FILL
   LINE2: MOV   A,#0C0H      ;设置 LCD 的第二行地址
         ACALL  WCOM         ;写入命令
         ACALL  CLR_LINE     ;清除该行字符数据
         MOV    A,#0C0H      ;设置 LCD 的第二行地址
         ACALL  WCOM
    FILL: CLR   A            ;填入字符
         MOVC   A,@A+DPTR    ;由消息区取出字符
         CJNE   A,#0,LC1     ;判断是否为结束码
```

```
         RET
    LC1: ACALL   WDATA          ;写入数据
         INC     DPTR           ;指针加 1
         AJMP    FILL           ;继续填入字符
         RET
CLR_LINE: MOV    R0,#24         ;清除该行 LCD 的字符
    CL1: MOV     A,#' '
         ACALL   WDATA
         DJNZ    R0,CL1
         RET
     DE: MOV     R7,#250
         DJNZ    R7,$
         RET
   WCOM: MOV     LCD,A          ;写入命令,以 8 位控制方式将命令写至 LCD
         CLR     LCD_RS         ;RS=L,RW=L,D0-D7=指令码, E=高脉冲
         CLR     LCD_RW
         SETB    LCD_EN
         ACALL   DELAY1
         CLR     LCD_EN
         RET
  WDATA: MOV     LCD,A          ;写入数据,以 8 位控制方式将数据写至 LCD
         SETB    LCD_RS
         CLR     LCD_RW
         SETB    LCD_EN
         ACALL   DE
         CLR     LCD_EN
         ACALL   DE
         RET
  DELAY: MOV     R6,#50         ;(R5)*延时 10ms
    DL1: MOV     R7,#100
         DJNZ    R7,$
         DJNZ    R6,DL1
         DJNZ    R5,DELAY
         RET
 DELAY1: MOV     R6,#25         ;延时 5ms
    DL2: MOV     R7,#100
         DJNZ    R7,$
         DJNZ    R6,DL2
         RET
         END
```

8.3 单片机应用系统抗干扰技术

所谓干扰，就是有用信号以外的噪声或造成恶劣影响的变化部分的总称。在工业现场，一般都有大量的电气设备，这些电气设备之间会产生一些干扰，因此单片机系统在此环境下也会受到一定的干扰。保证单片机应用系统能够长期、可靠工作，在系统设计时必须考虑系统的抗干扰能力。

工业现场产生的干扰一般以脉冲的形式进入系统，进入系统的途径主要有：

（1）空间干扰，即通过电磁波辐射窜入系统。

（2）过程通道干扰，即通过与主机相连的前向通道、后向通道及与其他主机的相互通道进入系统。

（3）供电系统干扰。

8.3.1 抗空间干扰措施

空间干扰不一定来自系统外部，系统接地是抑制空间干扰的主要方法，因此在设计时应将系统接地和系统屏蔽有效结合起来。

在控制系统中，地线主要有：① 数字地，即逻辑地，作为逻辑开关网络的零电位；② 模拟地，作为 A/D 转换前置放大器或比较器的零电位，对 0～50mV 小信号进行 A/D 转换器时，应认真对待模拟地，否则会给系统带来不可估量的误差；③ 功率地，作为大电流网络部件的零电位；④ 信号地，通常作为传感器的地；⑤ 屏蔽地，即机壳地，为防止静电感应和磁场感应而设。

地线如何处理是单片机控制系统中设计、安装、调试的一个大问题，下面就这些问题做些简单分析。

1. 单点接地与多点接地

通常低频电路应单点接地，高频电路应就近多点接地。在低频电路中，信号的工作频率小于 1MHz 时，它的布线和元器件间的电感影响较小，而接地电路形成的环流对干扰影响较大，因而屏蔽线采用一点接地。在高频电路中，当信号的工作频率大于 10MHz 时，地线上具有电感，增加地线阻抗，同时各地线间又产生电感耦合，特别是当地线长度为 1/4 波长的奇数倍时，地线阻抗就变得很高，此时地线变成了天线，可向外辐射形成噪声干扰。为尽量降低地线阻抗，应采用就近多点接地。当信号的工作频率在 1～10MHz 时，如果地线长度没超过波长的 1/20，可采用单点接地，否则就采用多点接地。

2. 数字、模拟电路分开

电路板上既有数字电路又有模拟电路时，就使它们尽量分开，且两者的地线不要相混，应分别与电源端地线相连。

3. 信号地 SG 和屏蔽地 FG 的连接必须避免形成闭环回路

系统中有 A、B 两装置，若将两装置的 SG 和 FG 分别连接上时，就会形成闭环回路，如图 8-29 中虚线所示。若闭环回路中有链接磁通ϕ时，闭环回路产生磁感应电压，SGA 与 SGB 间就存在电位差，而形成干扰信号。因此，信号地 SG 和屏蔽地 FG 的连接必须避免形成闭环回路，若存在此干扰信号时，根据具体情况可使用的方法有：① 把装置的公共接地点悬空，使 SG 和 FG 断开；② 使用光电耦合元件或隔离变压器进行隔离，而 SG 与 FG 仍连接；③ FG

和 SG 间短路，使动作稳定，对低频而言，又不会形成闭环回路。

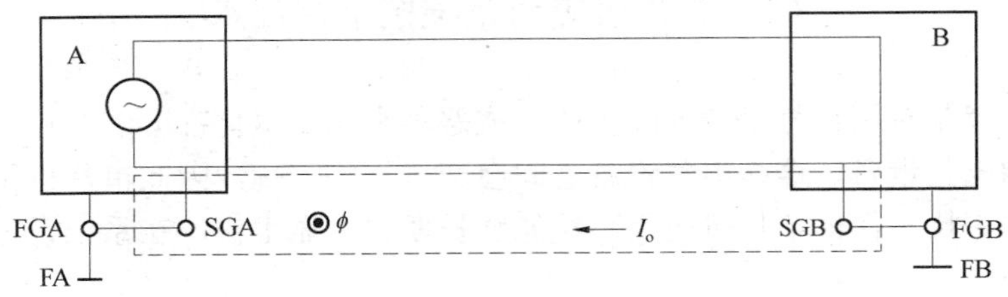

图 8-29 形成闭环回路的 SG 和 FG 接线图

4. 印刷电路板相关电路的处理

对于印刷板的安装设计，同样要注意相关事宜：① 只用数字电路组成的印刷电路板接地时，将地线形成网状做成闭环回路可有效提高抗噪声干扰能力，而印刷电路板上其他电路布线不要形成环路，特别是环绕外周的环路；② 印刷电路板上的接地线应根据电流通路最好逐渐加宽，使它能通过 3 倍于印刷电路板上的允许电流，并且不要小于 3mm；③ 印刷电路板上的电源线、地线的走向与数据传递方向一致，有利于增强抗噪声能力；④ 在印刷电路板的关键部位配置去耦电容，如在电源输入端跨接 10～100μF 的电解电容；⑤ 印刷电路板大小适中，过大，印刷线条长，阻抗增加，抗噪声能力不降；过小，易受邻近线条干扰。器件布置时，应将相互有关的器件尽量放在一块，而易产生噪声的器件、小电流电路、大电流电路应尽量远离逻辑电路。对于大规模集成电路芯片，应让芯片跨越平行的地线和电源线。

8.3.2 抗过程通道干扰措施

过程通道是前向接口、后向接口与主机或主机与主机之间信息传输的路径。前向、后向接口与主机信息传输时主要是 A/D 和 D/A 转换时产生的某些干扰；主机与主机间信息传输时要考虑长线传输的干扰。

1. A/D 和 D/A 转换器的抗干扰措施

A/D 和 D/A 转换器是一种精密的测量装置，在现场使用时，会有某些干扰。对于这些干扰可采用抗常态干扰方法和抗共态干扰方法。

（1）抗常态干扰方法。对于抗常态干扰分 3 种情况进行。

1）低频干扰时，对其进行低通滤波，采用同步采样的方法进行排除。也就是首先检测出干扰频率，然后选取与此成整数倍的采样频率，并使两者同步。

2）常态干扰严重时，采用积分或双积分式 A/D 转换器进行抗干扰。

3）传感器和 A/D 转换器相距较远时，用电流传输代替电压传输。传感器直接输出 4～20mA 电流，在长线上传输，接收端并联 250Ω 左右的电阻，将此电流转换成 1～5V 电压，然后送 A/D 转换器。

（2）抗共态干扰方法。利用屏蔽法改善高频共模抑制。在高频时，由于两条输入线 RC 时间常数不平衡会导致共模抑制的下降，当加入屏蔽防护后，此误差可以降低，同时屏蔽本身也减少了其他信号对电路的干扰耦合。

2. 长线传输时的防干扰措施

计算机实时控制系统中，传输线上的信息多为脉冲波，由现场到主机的连接线往往长达几十米，甚至数百米。长距离的传输使信息在传输过程中发生延时、畸变、衰减和干扰等。

为保证信息在长线传输中的可靠性，可采用双绞线传输、光电耦合隔离、阻抗匹配等措施来防止一些干扰。

（1）双绞线传输。屏蔽导线对静电感应作用比较大，但对电磁感应却不太起作用。电磁感应噪声是磁通在一来一往的导线构成的闭环回路中链接产生的。为了消除这种噪声，将一来一往的导线改用双绞线即可。双绞线是计算机实时控制系统中较常用的一种传输线，双绞线中感应电流的方向前后相反，使各个小环节的电磁感应干扰相互抵消，如图 8-30 所示。

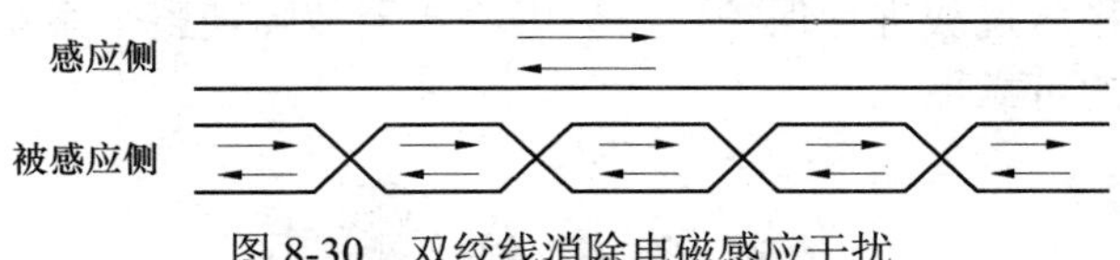

图 8-30　双绞线消除电磁感应干扰

长线传输数字信号时，根据传送距离不同，双绞线的使用也有所不同。若传输距离小于 5m，发送和接收端接负载电阻。当传输距离大于 5m 或经过噪声大的区域时，要用平衡输出的驱动器和平衡输入的接收器，发送和接收信号末端接电阻，双绞线也需阻抗匹配。

（2）光电耦合隔离。光电耦合器件可将主机与前向、后向，以及其他主机部分切断电路的联系，能有效防止干扰从过程通道进入主机，概括起来将其应用分为输入输出的隔离和抑制噪声两类。

在逻辑电路中，将逻辑门电路的不同电位信号通过光电耦合器件送到输出端，而输入端的噪声被隔离，没有送入输出端。在测量微弱的电流时，如果使用机械换流器或场效应线路，这些器件的响应速度慢，还会出现尖峰干扰，影响电路工作。若采用光电耦合器件就不会出现此种情况，因为光电耦合器件的输入和输出之间是光电隔离的，尖峰噪声被隔离了。当负载为感性开关电路时，若负载产生尖峰噪声，采用光电耦合器件将尖峰噪声抑制，不让其反馈到输入的逻辑电路中。

8.3.3　抗供电系统干扰措施

现在的计算机系统大都使用 220V、50Hz 的交流电，电网的冲击、频率的波动直接影响到实时控制系统的可靠性、稳定性，因此必须有相应措施来抑制电源系统的干扰。

1. 输入电源与强电设备动力线分开

计算机系统所使用的交流电源要与接有强电设备的动力线分开，最好从变电站单独拉一组专用供电线，或者使用一般照明电，可有效降低干扰。

2. 交流稳压器

对于功率不大的小型或微型计算机系统，为抑制电网电源过压或欠压的影响，可设置交流稳压器，这样有利于提高整个系统的可靠性。

3. 隔离变压器

隔离变压器的初次级间均用隔离屏蔽层隔离，用漆包线或铜等非导磁材料绕一层，而后引一个头接地。初次级间的静电屏幕各与初级间的零电位线相接，这样减少分布电容，提高抗共模干扰能力，有利于抑制高频噪声。

4. 低通滤波器

由谐波频谱分析可知，电源系统的干扰源大部分是高次谐波，而基波成分甚少，因此可用低通滤波器让 50Hz 的基波通过，以滤除高次谐波，改善电源波形。在低压下，当滤波电路载有大电流时，宜采用小电感和大电容构成的滤波电路；当滤波电路处于高压下工作时，则应采用小电容和允许的最大电感构成的滤波电路。

使用滤波器时，滤波器本身要屏蔽，并保证屏蔽盒和机壳有良好的电气接触；全部导线要靠近地面布线，尽量减少耦合，滤波器的输入端引线必须相互隔离。

5. 采用独立功能块单独供电

在每块系统功能模块上用三端稳压集成块，如7805、7905、7812、7815等组成稳压电源。每个功能模块单独对稳压过载进行保护，不会因稳压器故障使整个系统受到破坏，有利于稳压器散热，提高供电的可靠性。

本章小结

对于初学者来说，进行单片机系统开发时会使用到Keil C51和Proteus，其中Keil C51用来编写、编译、调试程序；Proteus用于系统开发的软件虚拟仿真。

电子音乐播放器、简易数字钟、数字秒表、数字温度计非常适合初学者了解单片机系统的设计过程，本章中进行了详细的阐述。电子音乐播放器使初学者了解通过改变单片机内部定时器的计数初值来输出不同的频率，从而控制蜂鸣器发出相应的音调。简易数字钟是使用8位LED数码管显示，通过此例的学习使读者进一步了解数码管动态显示的相关知识。数字秒表是使用LCD1602进行数据显示，通过此例的学习使读者进一步了解液晶显示的相关知识。数字温度计是基于DS18B20进行温度转换、LCD1602完成温度显示的系统，通过此例的学习使读者进一步了解单总线的相关知识。

单片机系统在工业环境下会受到一定的干扰，为保证系统能够长期、可靠工作，在系统设计时必须考虑系统的抗干扰能力。

习 题

1. 在Keil C51中怎样重新选择CPU？
2. 简述Keil C51软件操作流程。
3. 在Proteus中怎样设置元件属性？
4. 在Proteus中怎样进行单片机程序的仿真？
5. 简述电子音乐播放器的工作原理。
6. 干扰主要有哪些来源？

附录 A　ASCII（美国标准信息交换）码表

高3位 低4位	000（0H）	001（1H）	010（2H）	011（3H）	100（4H）	101（5H）	010（6H）	111（7H）
0000（0H）	MUL	DLE	SP	0	@	P	`	p
0001（1H）	SOH	DC1	!	1	A	Q	a	q
0010（2H）	STX	DC2	"	2	B	R	b	r
0011（3H）	ETX	DC3	#	3	C	S	c	s
0100（4H）	EOT	DC4	$	4	D	T	d	t
0101（5H）	ENQ	NAK	%	5	E	U	e	u
0110（6H）	ACK	SYN	&	6	F	V	f	v
0111（7H）	BEL	ETB	`	7	G	W	g	w
1000（8H）	BS	CAN	(	8	H	X	h	x
1001（9H）	HT	EM	)	9	I	Y	i	y
1010（AH）	LF	SUB	*	:	J	Z	j	z
1011（BH）	VT	ESC	+	;	K	[	k	{
1100（CH）	FF	FS	,	<	L	\	l	|
1101（DH）	CR	GS	-	=	M	]	m	}
1110（EH）	SO	RS	.	>	N	^	n	～
1111（FH）	SI	US	/	?	O	–	o	DEL

说明：

MUL：空　　DLE：数据链换码
SOH：标题开始　　DC1：设备控制 1
STX：正文结束　　DC2：设备控制 2
ETX：本文结束　　DC3：设备控制 3
EOT：传输结束　　DC4：设备控制 4
ENQ：询问　　NAK：否定
ACK：承认　　SYN：空转同步
BEL：报警　　ETB：信息组传输结束
BS：退格　　CAN（DEL）：作废
HT：横向列表　　EM：纸尽
LF：换行　　SUB：减
VT：垂直列表　　ESC：换码
FF：走纸控制　　FS：文字分隔符
CR：按 Enter 键　　GS：组分隔符
SO：移位输出　　RS：记录分隔符
SI：移位输入　　US：单元分隔符
SP：空格

附录B 单片机指令

单片机指令系统所用符号和含义。

addr11	11 位地址
addr16	16 位地址
bit	位地址
rel	相对偏移量，为 8 位有符号数（补码形式）
direct	直接地址单元（RAM、SFR、I/O）
#data	立即数
R*n*	工作寄存器 R0～R7
A	累加器
R*i*	*i*=0，1，数据指针 R0 或 R1
X	片内 RAM 中的直接地址或寄存器
@	间接寻址方式中，表示间接地址寄存器的符号
(X)	在直接寻址方式中，表示直接地址 X 中的内容
((X))	在直接寻址方式中，表示间接寄存器 X 指出的地址单元中的内容
→	数据传送方向
⊕	逻辑异或
∧	逻辑与
∨	逻辑或
√	对 PSW 中相应标志位产生影响
×	对 PSW 中相应标志位不产生影响

表 B-1　　单片机指令表

指令名称和助记符	机器码	指令功能	P	OV	AC	CY	字节	周期
ACALL　addr11	01H	(PC)←(PC)+1, (SP) ←(SP)+1, ((SP))←(PC)7～0, (SP) ←(SP)+1, ((SP)) ←(PC)15～8, (PC) 10～0←addr11	×	×	×	×	2	2
ADD　A,Rn	28H～2FH	(A) ←(A)+(Rn)	√	√	√	√	1	1
ADD　A,direct	25H	(A) ←(A)+(direct)	√	√	√	√	2	1
ADD　A,@Ri	26H～27H	(A) ←(A)+((Ri))	√	√	√	√	1	1
ADD　A,#data	24H	(A) ←(A)+data	√	√	√	√	2	1
ADD　A,Rn	38H～3FH	(A) ←(A)+(Rn)+CY	√	√	√	√	1	1
ADDC A,direct	35H	(A) ←(A)+(direct)+CY	√	√	√	√	2	1
ADDC A,@Ri	36H～37H	(A) ←(A)+((Ri))+CY	√	√	√	√	1	1

续表

指令名称和助记符	机器码	指令功能	P	OV	AC	CY	字节	周期
ADDC A,#data	34H	(A) ←(A)+data+CY	√	√	√	√	2	1
AJMP addr11	01H	(PC)←(PC)+2, (PC) 10～0←addr11	×	×	×	×	2	2
ANL　A,Rn	58H～5FH	(A) ←(A)∧(Rn)	√	×	×	×	1	2
ANL　A,direct	55H	(A) ←(A)∧(direct)	√	×	×	×	2	1
ANL　A,@Ri	56H～57H	(A) ←(A)∧((Ri))	√	×	×	×	1	1
ANL　A,#data	54H	(A) ←(A)∧data	√	×	×	×	2	1
ANL　direct,A	52H	(direct) ←(A)∧(direct)	×	×	×	×	2	1
ANL　direct,#data	53H	(direct) ←(direct)∧data	×	×	×	×	3	2
ANL　C,bit	82H	(C) ←(C)∧(bit)	×	×	×	√	2	2
ANL　C, $\overline{bit}$	B0H	(C) ←(C)∧($\overline{bit}$)	×	×	×	√	2	2
CJNE A,direct,rel	B5H	若(A)=(direct),(PC)←(PC)+3+rel,CY←0 若(A)＞(direct),(PC)←(PC)+3+rel,CY←0 若(A)＜(direct),(PC)←(PC)+3+rel,CY←1	×	×	×	×	3	2
CJNE A,#data,rel	B4H	若(A)=data,(PC) ←(PC)+3+rel,CY←0 若(A)＞data,(PC)←(PC)+3+rel,CY←0 若(A)＜data,(PC)←(PC)+3+rel,CY←1	×	×	×	×	3	2
CJNE Rn,#data,rel	B8H～BFH	若(Rn)=data,(PC) ←(PC)+3+rel,CY←0 若(Rn)＞data,(PC)←(PC)+3+rel,CY←0 若(Rn)＜data,(PC)←(PC)+3+rel,CY←1	×	×	×	×	3	2
CJNE @Ri,#data,rel	B6H～B7H	若((Ri))=data,(PC) ←(PC)+3+rel,CY←0 若((Ri))＞data,(PC)←(PC)+3+rel,CY←0 若((Ri))＜data,(PC)←(PC)+3+rel,CY←1	×	×	×	×	3	2
CLR　A	E4H	(A)←0	√	×	×	×	1	1
CLR　C	C3H	CY←0	×	×	×	√	1	1
CLR　bit	C2H	(bit)←0	×	×	×	×	2	1
CPL　A	F4H	(A) ←($\overline{A}$)	×	×	×	×	1	1
CPL　C	B3H	(C) ←($\overline{C}$)	×	×	×	√	1	1
CPL　bit	B2H	(bit) ←($\overline{bit}$)	×	×	×	×	2	1
DA　A	D4H	对(A)进行十进制调整	√	×	√	√	1	1
DEC　A	14H	(A) ←(A)-1	×	×	×	×	1	1
DEC　Rn	18H～1FH	(Rn)←(Rn)-1	×	×	×	×	1	1
DEC　direct	15H	(direct) ←(direct)-1	×	×	×	×	2	1
DEC　@Ri	16H～17H	(Ri) ←(Ri)-1	×	×	×	×	1	1
DIV　AB	84H	(A)←(A)/(B)的商(B)←(A)/(B)的余数	√	√	√	√	1	4
DJNZ Rn,rel	D8H～DFH	(Rn)←(Rn)-1 若 Rn≠0，则(PC)←(PC)+2+rel 若 Rn=0，则(PC)←(PC)+2	×	×	×	×	3	2
DJNZ direct,rel	D5H	(direct)←(direct)-1 若(direct)≠0，则(PC)←(PC)+3+rel 若(direct)=0，则(PC)←(PC)+3	×	×	×	×	3	2
INC　A	04H	(A) ←(A)+1	√	×	×	×	1	1

续表

指令名称和助记符	机器码	指令功能	P	OV	AC	CY	字节	周期
INC Rn	08H～0FH	(Rn) ←(Rn)+1	×	×	×	×	1	1
INC direct	05H	(direct) ←(direct)+1	×	×	×	×	2	1
INC @Ri	0H6～07H	((Ri)) ←((Ri))+1	×	×	×	×	1	1
INC DPTR	A3H	(DPTR) ←(DPTR)+1	×	×	×	×	1	2
JB bit,rel	20H	若(bit)=1，则(PC)←(PC)+3+rel 若(bit)≠1，则(PC)←(PC)+3	×	×	×	×	3	2
JBC bit,rel	10H	若(bit)=1，则(PC)←(PC)+3+rel, (Rn)←0 若(bit)≠1，则(PC)←(PC)+3	×	×	×	×	3	2
JC rel	40H	若(C)=1，则(PC)←(PC)+2+rel 若(C)≠1，则(PC)←(PC)+2	×	×	×	×	2	2
JMP @A+DPTR	73H	(PC)←(A)+(DPTR)	×	×	×	×	1	2
JNB bit,rel	30H	若(bit)=0，则(PC)←(PC)+3+rel 若(bit)≠0，则(PC)←(PC)+3	×	×	×	×	3	2
JNC rel	50H	若(bit)=0，则(PC)←(PC)+2+rel 若(bit)≠0，则(PC)←(PC)+2	×	×	×	×	2	2
JNZ rel	70H	若(A)=0，则(PC)←(PC)+2+rel 若(A)≠0，则(PC)←(PC)+2	×	×	×	×	2	2
JZ rel	60H	若(A)≠0，则(PC)←(PC)+2+rel 若(A)=0，则(PC)←(PC)+2	×	×	×	×	2	2
LACLL addr16	12H	(PC)←(PC)+3 (SP)←(SP)+1 ((SP))←(PC)7～0 (SP)←(SP)+1 ((SP))←(PC)15～8 (PC)←addr16	×	×	×	×	3	2
LJMP addr16	02H	(PC)←addr16	×	×	×	×	3	2
MOV A,Rn	E8H～EFH	(A)←(Rn)	√	×	×	×	1	1
MOV A,direct	E5	(A)←(direct)	√	×	×	×	2	1
MOV A,@Ri	E6H～E7H	(A)←((Ri))	√	×	×	×	1	1
MOV A,#data	74H	(A)←data	√	×	×	×	2	1
MOV Rn,A	F8H～FFH	(Rn)←(A)	×	×	×	×	1	1
MOV Rn,direct	A8H～AFH	(Rn)←(direct)	×	×	×	×	2	2
MOV Rn,#data	78H～7FH	(Rn)←data	×	×	×	×	2	1
MOV direct,A	F5H	(diarec)←(A)	×	×	×	×	2	1
MOV direct,Rn	88H～8FH	(diarec)←(Rn)	×	×	×	×	2	2
MOV direct1,direct2	85H	(diarec1)←(direct2)	×	×	×	×	3	2
MOV direct,@Ri	86H～87H	(diarec)←((Ri))	×	×	×	×	2	2
MOV direct,#data	75H	(diarec)←data	×	×	×	×	3	2
MOV @Ri,A	F6H～F7H	((Ri))←(A)	×	×	×	×	1	1
MOV @Ri,direct	A6H～A7H	((Ri))←(direct)	×	×	×	×	2	2
MOV @Ri,#data	76H～77H	((Ri))←data	×	×	×	×	2	1
MOV C,bit	A2H	(C)←(bit)	×	×	×	√	2	1

续表

指令名称和助记符	机器码	指令功能	P	OV	AC	CY	字节	周期
MOV　bit,C	92H	(bit)←(c)	×	×	×	×	2	2
MOV　DPTR,#data16	90H	(DPH)←addr15～8　(DPL)←addr7～0	×	×	×	×	3	2
MOVC A,@A+DPTR	93H	(A)←((A)+(DPTR))	√	×	×	×	1	2
MOVC A,@A+PC	83H	(A)←((A)+(PC))	√	×	×	×	1	2
MOVX A,@Ri	E2H～E3H	(A)←((Ri))	√	×	×	×	1	2
MOVX A,@DPTR	E0H	(A)←((DPTR))	√	×	×	×	1	2
MOVX @Ri,A	F2H～F3H	((Ri))←(A)	×	×	×	×	1	2
MOVX @DPTR,A	F0H	((DPTR))←(A)	×	×	×	×	1	2
MUL　AB	A4H	(B)(A)←(A)×(B)	√	√	×	√	1	4
NOP	00H	(PC)←(PC)+1	×	×	×	×	1	1
ORL　A,Rn	48H～4FH	(A)←(A)∨(Rn)	√	×	×	×	1	1
ORL　A,direct	45H	(A)←(A)∨(direct)	√	×	×	×	2	1
ORL　A,@Ri	46H～47H	(A)←(A)∨(Ri)	√	×	×	×	1	1
ORL　A,#data	44H	(A)←(A)∨data	√	×	×	×	2	1
ORL　direct,A	42H	(direct)←(direct)∨(A)	×	×	×	×	2	1
ORL　direct,#sata	43H	(direct)←(direct)∨data	×	×	×	×	3	2
ORL　C,bit	72H	(C)←(C)∨(bit)	×	×	×	√	2	2
ORL　C, $\overline{bit}$	A0H	(C)←(C)∨($\overline{bit}$)	×	×	×	√	2	2
POP　direct	D0H	(direct)←((SP))　(SP)←(SP)-1	×	×	×	×	2	2
PUSH direct	C0H	(SP)←(SP)+1　(SP)←(direct)	×	×	×	×	2	2
RET	22H	(PC)15～8　←((SP)) (SP)←(SP)-1 (PC)7～0　←((SP))　(SP)←(SP)-1	×	×	×	×	1	2
RETI	32H	(PC)15～8　←((SP)) (SP)←(SP)-1 (PC)7～0　←((SP))　(SP)←(SP)-1	×	×	×	×	1	2
RL　A	23H	(A)n+1　←(A)n　(A)0　←(A)7	×	×	×	×	1	1
RLC　A	33H	(A)n+1　←(A)n (A)0　←(C) (C)←(A)7	√	×	×	√	1	1
RR　A	03H	(A)n　←(A)n+1　(A)7　←(A)0	×	×	×	×	1	1
RRC　A	13H	(A)n　←(A)n+1 (A)7　←(C) (C)←(A)0	√	×	×	√	1	1
SETB C	D3H	(C)←1	×	×	×	√	1	1
SETB bit	D2H	(bit)←1	×	×	×	×	2	1
SJMP rel	80H	(PC)←(PC)+2　(PC)←(PC)+rel	×	×	×	×	2	2
SUBB A,Rn	98H～9FH	(A)←(A)-(Rn)-(CY)	√	√	√	√	1	1
SUBB A,direct	95H	(A)←(A)-(direct)-(CY)	√	√	√	√	2	1
SUBB A,@Ri	96H～97H	(A)←(A)-((Ri))-(CY)	√	√	√	√	1	1
SUBB A,#data	94H	(A)←(A)-data-(CY)	√	√	√	√	2	1
SWAP A	C4H	(A)7～8　⇌　(A)3～0	×	×	×	×	1	1

续表

指令名称和助记符	机器码	指令功能	P	OV	AC	CY	字节	周期
XCH A,Rn	C8H～CFH	(A) ⇌ (Rn)	√	×	×	×	1	1
XCH A,direct	C5H	(A) ⇌ (direct)	√	×	×	×	2	1
XCH A,@Ri	C6H～C7H	(A) ⇌ ((Ri))	√	×	×	×	1	1
XCHD A,@Ri	D6H～D7H	(A)3～0 ⇌ ((Ri))3～0	√	×	×	×	1	1
XRL A,Rn	68H～6FH	(A) ⇌ (A)⊕(Rn)	√	×	×	×	1	1
XRL A,direct	65H	(A) ⇌ (A)⊕(direct)	√	×	×	×	2	1
XRL A,@Ri	66H～67H	(A) ⇌ (A)⊕((Ri))	√	×	×	×	1	1
XRL A,#data	64H	(A) ⇌ (A)⊕data	√	×	×	×	2	1
XRL direct,A	62H	(direct) ⇌ (direct)⊕(A)	×	×	×	×	2	2
XRL direct,#data	63H	(direct) ⇌ (direct)⊕data	×	×	×	×	3	2

参　考　文　献

[1] 陈忠平，曹巧媛，曹琳琳，等. 单片机原理及接口技术. 2 版. 北京：清华大学出版社，2011.

[2] 徐刚强，陈忠平，曹巧媛，等. 单片机原理及接口技术应用指导. 2 版. 北京：清华大学出版社，2011.

[3] 陈忠平. 基于 Proteus 的 51 系列单片机设计与仿真. 3 版. 北京：电子工业出版社，2015.

[4] 侯玉宝，陈忠平，邬书跃. 51 单片机 C 语言程序设计经典实例. 2 版. 北京：电子工业出版社，2016.

[5] 刘同法，陈忠平，彭继卫. 单片机外围接口电路与工程实践. 北京：北京航空航天大学出版社，2009.